BIM 应用系列教程

BIM 施工组织设计

李思康　李 宁　冯亚娟　主编

化学工业出版社

·北京·

本书按照现行的《建筑施工组织设计规范》中对施工组织设计的内容要求，编写了九个模块内容，重点介绍如何编写单位工程概况、编制单位工程施工部署、确定主要分部分项工程施工方案、编制单位工程施工进度计划、编写施工准备资源配置计划、绘制单位工程施工现场布置图、编制保障措施、编制专项施工方案，简要介绍了施工组织在BIM5D中的应用，为读者了解和学习BIM技术在施工过程中的应用奠定了基础。

本书可以作为本科、高职高专院校土木工程、工程管理、工程造价、建筑工程技术、工程监理等建筑类相关专业的教材，亦可作为广大工程技术相关人员学习的参考用书。本书中的软件实训部分也适用于中职建筑类相关专业使用。

图书在版编目（CIP）数据

BIM施工组织设计/李思康，李宁，冯亚娟主编.北京：化学工业出版社，2018.2（2025.2重印）
BIM应用系列教程
ISBN 978-7-122-31001-9

Ⅰ.①B… Ⅱ.①李…②李…③冯… Ⅲ.①建筑工程-施工组织-应用软件 Ⅳ.①TU71-39

中国版本图书馆CIP数据核字（2017）第281053号

责任编辑：吕佳丽　　装帧设计：张　辉
责任校对：宋　夏

出版发行：化学工业出版社（北京市东城区青年湖南街13号　邮政编码100011）
印　　装：三河市航远印刷有限公司
787mm×1092mm　1/16　印张21.5　字数500千字　2025年2月北京第1版第12次印刷

购书咨询：010-64518888　　售后服务：010-64518899
网　　址：http://www.cip.com.cn
凡购买本书，如有缺损质量问题，本社销售中心负责调换。

定　　价：49.00元

前言

为推动建筑行业信息化技术的发展，培养土建类相关专业学生对建筑工程施工组织设计的编制能力，来自全国十多家建筑类高校和企业共同开发了这门以BIM技术应用为核心的施工组织设计理实一体化课程。

时至今日，基于BIM技术的施工组织类信息化软件日渐成熟，如BIM施工现场布置软件、斑马·梦龙网络计划软件、标书制作软件、BIM5D、BIM模板脚手架设计软件等。这些软件的应用也较为广泛，在很多大、中型项目得到了深度的应用，为项目的成本、质量、进度、安全发挥了巨大的作用，这也成为了BIM进入课堂的前提条件和有力保障。

传统教学设置一般以理论为主，学生很难在学习过程中充分理解并运用所学的知识解决实际业务问题。本课程整体采用了理实相结合的教学方式，理论体系完整，增加了现行的法律法规，还融入了虚拟仿真技术的应用，学生可通过扫描二维码就能够深入直观地理解所学知识点。本书将两个不同结构类型（一个为钢筋混凝土结构，另一个为钢结构）的工程案例穿插在了各个章节的实训过程中，学生可以通过对应的BIM软件完成任务要求，实现BIM技术在编制施工组织设计过程中的应用，培养他们运用BIM技术解决实际问题的能力以及编制施工组织设计的能力。

本书采用了“总—分—总”的结构形式。首先，通过一个活动和绪论部分充分地让学生了解施工组织设计所包含的内容，以及BIM技术在施工组织设计中的应用价值；其次，按照现行的《建筑施工组织设计规范》中对施工组织设计的内容要求，分为了编写单位工程概况、编制单位工程施工部署、确定主要分部分项工程施工方案、编制单位工程施工进度计划、编写施工准备资源配置计划、绘制单位工程施工现场布置图、编制保障措施七个模块，同时考虑到以模板、脚手架为主的专项方案在实际应用的重要性，特别增加了第八个模块，即“编制专项施工方案”，并将其作为拓展部分；最后，以“施工组织在BIM5D中的应用”作为第九模块，为读者学习和了解BIM技术在施工过程中的应用奠定了基础。

本书由来自广联达科技股份有限公司李思康、北京经济管理职业学院李宁、辽宁工程技术大学冯亚娟担任主编，山东理工大学谢丹凤、吉林电子信息职业技术学院张永锋、绍兴文理学院王伟、广联达科技股份有限公司焦明明担任副主编，泰州职业技术学院钱军、北京工业大学耿丹学院高金桥、防灾科技学院于改花、大连民族大学王丰等人参与了主要章节的编写。

特别感谢来自中国新兴建设开发总公司陈拥军、韦洪刚，中国新兴建筑工程总公司赵志刚，中铁建设集团康雷等几位技术总工提出宝贵的业务指导，同时也感谢来自广联达科技股份有限公司的布宁辉、王全杰等领导对本课程在开发过程中给予的指导意见，在此也对在本书编著过程中给予支持和帮助过的老师及参考文献的原作者致以衷心的感谢！

若想了解更多建筑类专业基础微课及软件实操课，请扫码下载“建筑云课”APP。

老师端

学生端

教学资源包的获得方式如下：

（1）申请资格：讲授本课程的专业教师；

（2）申请加入广联达施组课程教师群：296378835，进群需修改群名片（院校简称＋姓名）；

（3）教学资源包联系李思康老师申请；

（4）教学资源包包含：授课电子课件、电子案例图纸、案例学习视频、工程文件、软件基础视频、软件安装程序、软件操作手册、课程标准等。

在本书的编著过程中，为了使教材更加适合应用型人才培养的需要，我们做出了全新的尝试与探索，但是由于基于BIM的工程类理实相结合的教材尚属空白，可供直接参考的文献有限。由于编者的认知水平不足和编著时间仓促，书中难免有遗漏或不妥之处，恳请广大师生和读者批评指正。教材及软件应用问题可反馈至 glodonlisk@163.com，以期再版时不断提高。

编者

2018年2月

编审委员会名单

编写人员名单

主　编　李思康　广联达科技股份有限公司

　　　　　李　宁　北京经济管理职业学院

　　　　　冯亚娟　辽宁工程技术大学

副主编　谢丹凤　山东理工大学

　　　　　张永锋　吉林电子信息职业技术学院

　　　　　王　伟　绍兴文理学院

　　　　　焦明明　广联达科技股份有限公司

参　编（排名不分先后）

　　　　　钱　军　泰州职业技术学院

　　　　　姜　屏　绍兴文理学院

　　　　　李　娜　绍兴文理学院

　　　　　于改花　防灾科技学院

　　　　　高金桥　北京工业大学耿丹学院

　　　　　王　丰　大连民族大学

　　　　　张　新　山东建筑大学

　　　　　王　鑫　辽宁城市建设职业技术学院

　　　　　陈拥军　中国新兴建设开发总公司

　　　　　韦洪刚　中国新兴建设开发总公司

　　　　　康　雷　中铁建设集团

　　　　　赵志刚　中国新兴建筑工程总公司

　　　　　彭红涛　中国农业大学

　　　　　刘　菁　北京交通大学

　　　　　魏春林　辽宁工程技术大学

　　　　　张西平　武昌工学院

　　　　　刘如兵　泰州职业技术学院

　　　　　陈　正　广西大学

　　　　　匡　星　北京京北职业技术学院

王少辉　广西理工职业技术学院
高艳华　北京城市学院
陈偲勤　郑州航空工业管理学院
苏　菊　广西理工职业技术学院
吕　成　徐州工程学院
朱　峰　山东商务职业学院
王英杰　内蒙古赤峰学院
董晓丽　北京城市学院
王志如　北京科技大学
王　铁　吉林电子信息职业技术学院
郭米娜　北京财贸职业技术学院
程　辉　贵州建设职业技术学院
江德明　湖南文理学院
李秋红　河南质量工程职业学院
申玲玲　北京工业大学耿丹学院
王英丽　吉林电子信息职业技术学院
周二峰　北京交通职业技术学院
曾宪忠　北京经济管理职业学院
林永清　北京交通职业技术学院
朱溢镕　广联达科技股份有限公司
吴　林　广联达科技股份有限公司
陈伟伟　广联达科技股份有限公司
杨　军　广联达科技股份有限公司
王妮坤　广联达科技股份有限公司
楚仲国　广联达科技股份有限公司
李晓博　广联达科技股份有限公司
李栋栋　广联达科技股份有限公司
郑卫锋　广联达科技股份有限公司
李洪涛　广联达科技股份有限公司
李　聪　中铁城建集团有限公司
张树坤　展视网（北京）科技有限公司

目录 CONTENTS

绪论

模块1 编写单位工程工程概况

模块2 编制单位工程施工部署

模块3 分部分项工程施工方案

模块4 编写单位工程进度计划

模块5 施工准备及资源配置计划

模块 6 绘制单位工程施工现场布置图

模块 7 保障措施

模块 8 编制专项施工方案

模块 9 施工组织设计在 BIM5D 中的应用

模块 10 装配式建筑施工组织与管理

绪　论

0.1　畅想未来——建造属于自己的大厦

0.1.1　引言

随着时代的发展、人类的进步、科学技术的日新月异，同时，随着人类对宜居环境的美观舒适近乎苛刻的、不同价值取向的多样化追求，未来的建筑将呈现出集美观、舒适、实用、环保而又个性化的高科技现代化景象。

未来建筑兼具了美学、建造技术和材料革新带来的未来感，更加符合人们对未来生活的功能需求。未来，充满了无限可能，你是否设想过在未来拥有一幢属于自己的大厦？一幢自己组织建造的大厦，独特的城市设计并辅以高科技设计手法、超高超大尺度震撼、其他学科的内容渗透……

◇ 设想一下你组织建造的未来建筑。

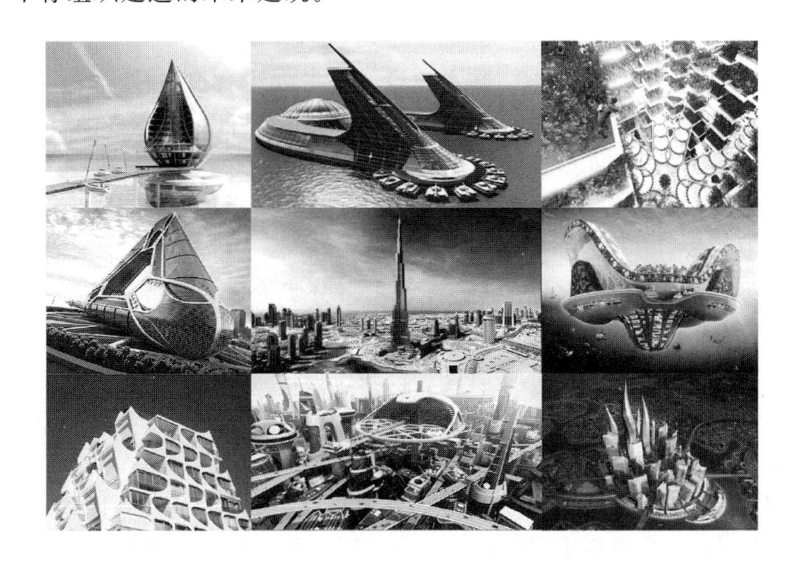

0.1.2 活动

◇ 规则如下。

（1）每人准备一张 A4 的白纸，发挥自己的想象，开动脑洞，绘制一幢属于自己的未来建筑。

（2）思考自己未来建筑的结构形式、建造工期、需要的资源。

（3）思考建造该建筑的成本，怎样可以最大限度地节省资金。

（4）列出该建筑在建造过程中的计划安排。

（5）检视你的计划安排能否支撑你项目的实施。

（6）将以上内容写在白纸的背面，时长 15min。

（7）选择有代表性的作品，进行介绍陈述。

（8）活动结束后作品统一提交由任课教师保存，以供课程结束后进行回顾与对比。

0.2 施工组织概述

0.2.1 基本建设与建筑施工

0.2.1.1 基本建设及其内容

基本建设及其工作程序

基本建设是指建设单位利用国家预算拨款、国内外贷款、自筹基金以及其他专项资金进行投资，以扩大生产能力、改善工作和生活条件为主要目标的新建、扩建、改建等建设经济活动。如工厂、矿山、铁路、公路、桥梁、港口、机场、农田、水利、商店、住宅、办公用房、学校、医院、市政基础设施、园林绿化、通信等建造性工程。

建设单位也称为业主单位或项目业主，指建设工程项目的投资主体或投资者，它也是建设项目管理的主体，主要履行提出建设规划、提供建设用地和建设资金的责任。

0.2.1.2 基本建设项目

（1）基本建设项目的概念　基本建设项目简称建设项目，是指按一个总体设计组织施工，建成后具有完整的系统，可以独立地形成生产能力或者使用价值的建设工程。工业建设中的一座工厂、一个矿山，民用建设中的一个居民区、一幢住宅、一所学校等均为一个建设项目。

（2）建设工程项目的分类　基本建设的分类方法有很多种。按建筑性质划分为：新建项目、扩建项目、改建项目、迁建项目和恢复项目；按建设项目的用途划分为：生产性建设工程项目和非生产性建设工程项目；按国民经济各行业性质和特点划分为：竞争性项目、基础性项目和公益性项目；按项目的规模大小划分为：大型、中型、小型建设项目。

（3）建设项目的组成内容　按照建设项目分解管理的需要，可将建设项目分解为单项工程、单位工程（子单位工程）、分部（子分部）工程、分项工程、检验批。

① 单项工程　具有独立的设计文件，竣工后能单独发挥设计所规定的生产能力或效益。如某工厂建设项目中的生产车间、办公楼、住宅等即可称为单项工程；某学校建设项目中中的教学楼、食堂、宿舍等也可称为单项工程。

② 单位（子单位）工程　具有单独设计和独立施工条件，不能独立发挥生产能力或效益的工程，它是单项工程的组成部分。如生产车间这个单项工程是由一般土建工

程、给排水及暖卫工程、通风空调工程、电器照明工程和机械设备及安装工程、电气设备及安装工程、热力设备及安装工程等单位工程组成。

③ 分部（子分部）工程　分部（子分部）工程是建筑物按单位（子单位）工程的部位、专业性质划分的，即单位（子单位）工程的进一步分解。《建筑工程施工质量验收统一标准》（GB 50300—2013）将建筑工程划分为地基与基础、主体结构、建筑装饰装修、建筑屋面、建筑给水排水及采暖、建筑电气、智能建筑、通风与空调、电梯等9个分部工程。

当分部（子分部）工程较大或较复杂时，可按材料种类、施工特点、施工程序、专业系统及类别等划分为若干子分部工程。

④ 分项工程　分项工程是分部（子分部）工程的组成部分，一般是按主要工种、材料、施工工艺、设备类别等进行划分。例如，混凝土结构工程中按主要工种分为钢筋工程、模板工程、混凝土工程等；按施工工艺分为预应力、现浇结构、装配式结构等分项工程。分项工程是建筑施工生产活动的基础，也是计量工程用工用料和机械台班消耗的基本单元。

分项工程的具体划分见《建筑工程施工质量验收统一标准》（GB 50300—2013）。

⑤ 检验批　分项工程可由一个或若干个检验批组成，检验批可根据施工及质量控制和专业验收的需要按照施工段、楼层、变形缝等进行划分。建筑工程地基基础分部工程中的分项工程一般划分为一个检验批；有地下层的基础工程按不同地下层划分检验批；屋面分部工程中的分项工程按照不同楼层屋面划分为不同的检验批；单层建筑工程中的分项工程按变形缝等划分检验批，多层及高层建筑工程中主体分部工程的分项工程按照楼层或施工段来划分检验批；对工程量较少的分项工程可统一划分为一个检验批。安装工程一般按照一个设计系统划分为一个检验批。室外工程统一划分为一个检验批。散水、台阶、明沟等含在地面检验批中。

0.2.1.3　基本建设程序

基本建设程序是指一个建设项目从决策、实施、验收及交付使用的全部过程。整个工程建设过程中，工作量大、涉及面广、活动空间有限、协作关系复杂且工程风险较大，因此工程建设必须要分阶段、按步骤地进行。

按据中国现行工程建设法规规定，基本建设程序一般概括为项目决策、建设准备和工程实施三大阶段。

（1）项目决策阶段　项目决策阶段可以分为项目建议书和可行性研究两项工作。

① 项目建议书　项目建设单位，依据国民经济和社会发展的长远规划、行业规划、产业政策、生产力布局、市场、所在地的内外部条件等要求，经过调查、预测分析后，提出的某一具体项目的建议文件，是基本建设程序中最初阶段的工作，是对拟建项目的框架性设想，也是政府选择项目和可行性研究的依据。项目建议书的内容一般包括以下几个方面。

a. 建设项目提出的必要性和依据；

b. 拟建规模、建设方案；

c. 建设的主要内容；

d. 建设地点的初步设想情况、资源情况、建设条件、协作关系等的初步分析；

e. 投资估算和资金筹措及还贷方案；项目进度安排；

f. 经济效益和社会效益的估计；

g. 环境影响的初步评价。

项目建议书编制完成后，报送有关部门审批。

② 可行性研究　项目建议书获得批准后，对项目在技术上是否可行和经济上是否合理进行科学的分析和论证。通过对建设项目在技术、工程和经济上的合理性进行全面分析论证和多方案的比选，提出科学的评价意见。

可行性研究报告主要内容包括：技术方案是否可行、生产建设条件是否具备、项目建设是否经济合理、项目建成后的经济效益、社会效益、环境效益等。

可行性研究报告的审批与项目建议书的审批程序基本相同。获得批准后的可行性研究报告是建设项目的最终决策文件，其一经审查通过，拟建的建设项目便可正式获得批准立项。

（2）建设准备阶段　建设项目获准立项后，进行建设准备工作，主要包括工程项目的设计工作和施工准备工作。

① 工程项目设计　工程项目设计由建设单位通过招标或委托有相应资质的设计单位进行设计。编制设计文件是复杂的工作，是分阶段进行的。一般项目进行两阶段设计，即初步设计和施工图设计。技术上比较复杂、缺少设计经验的项目进行三阶段设计，在初步设计后增加技术设计阶段。

a. 初步设计。根据批准的可行性研究报告与建设项目相关的设计基础资料，对建设项目进行概略的设计，在指定的时间、空间等限制条件下，做出技术上可行、经济上合理的设计，同时要编制工程建设项目的总概算。

初步设计由建设单位组织审批。批准后不得随意改变建设规模、建设地址等主要指标。

b. 技术设计。在初步设计的基础上，深入调查研究资料，确定建筑、结构、工艺、设备等技术要求，以便建设项目的设计更具体、更完善。

c. 施工图设计。是在前一阶段的基础上完成建筑、结构、设备、智能化系统等全部的施工图纸以及设计说明书、结构计算书和施工图预算等内容。

依据《建设工程质量管理条例》的规定，建设单位应将设计单位设计的施工图设计文件，报当地相应一级建设行政主管部门或其他有关部门进行施工图审查，批准后方可使用，未经审查批准的施工图设计文件不得使用。

② 施工准备阶段　施工准备是工程建设中非常重要的一个环节。在可行性研究报告批准后就要着手进行。其主要工作内容如下。

a. 征地、拆迁和场地平整；

b. 工程地质勘察；

c. 完成施工用水/电路等工程；

d. 收集设计基础资料，组织设计文件的编审；

e. 组织材料订货；

f. 组织施工招投标，选定施工单位；

g. 办理开工报建手续。

（3）工程实施阶段　工程实施阶段是在建设程序中时间最长、工作量最大、资源消耗最多的阶段，也是关键环节。这个阶段的主要内容是按照施工图进行建筑施工，以及做好生产准备、试车运行、竣工验收、交付使用等内容。

① 建筑施工　建筑施工是将设计施工图变为实物的过程，是建设程序中的一个重要环节。各单位应各司其职。

建设单位在施工阶段的主要工作是：主持建设项目施工阶段与项目建设有关的工作；为建设项目建成投产做准备工作。

施工单位在施工阶段的主要工作有：执行国家工程建设有关法律、法规及工程建设合同等强制性条文；加强施工安全管理，实现安全文明施工；完成工程技术资料的编制、整理及归档。

勘察设计单位在施工阶段的主要工作有：监督勘察设计文件的执行情况；对工程中重要施工阶段及重要部位进行现场监督。

监理单位在施工阶段的主要工作有：按照中国有关工程建设的法律、法规及工程建设的技术标准、规范、规程，实现“三控三管一协调”，确保工程建设目标的实现。

② 生产准备　是项目投资前由建设单位进行的一项工作，是建设和生产的桥梁。建设单位应及时组成专门班子做好生产准备工作。

③ 竣工验收　按照设计文件和合同规定的内容建成的工程项目，都要及时组织竣工验收，办理移交固定资产手续。竣工验收是考核建设成果、检验设计和工程质量的重要步骤，是投资成果转入生产使用的标志。

④ 后评价　建设项目经过1～2年生产运营后，要进行一次系统的项目后评价。目的是总结经验、研究问题、吸取教训、提出建议、改进工作，不断提高项目决策水平。项目后评价一般分为项目法人的自我评价、项目行业的评价和主要投资方的评价三个层次组织实施。

0.2.1.4　建筑施工

(1) 建筑施工及其内容　建筑施工是各类建筑物的建造过程，也就是把设计图纸，在指定的地点，变成实物的过程。它包括土方工程、基础工程、主体结构、屋面工程、装饰工程、电气设备工程、给排水等工程的施工。

建筑施工生产周期长，耗资大，可变因素多，必须有严密的组织计划和有效的管理体系，才能完成。由此可见，建筑施工是基本建设意图能否最终实现的关键步骤。建筑施工作业场所称为“建筑施工现场”，也叫施工现场、工地。

(2) 建筑施工管理程序　建筑施工管理程序就施工实践经验的总结，主要由以下环节组成。

① 编制投标书并进行投标，签订施工合同。施工单位承接工程任务的方式一般有三种：一是国家或上级主管单位统一安排，直接下达的任务；二是建筑施工企业自己主动对外接受的任务或是建设单位主动委托的任务；三是参加社会公开的招标而中标得到的任务。

投标前施工单位要从多方面掌握大量信息，编制既能使企业盈利，又有竞争力和有望中标的投标书。如果中标，则依法签订施工合同。合同中应明确规定承包范围、工期、合同价、供料方式、工程付款和结算方法、甲乙双方的责任义务等条款。

② 选定项目经理，组建项目经理部。签订施工合同后，施工单位应选定项目经理，项目经理接受企业法定代表人的委托组建项目经理部，配备管理人员。企业法定代表人依据施工合同和经营管理目标，与项目经理签订“项目管理目标责任书”，明确规定项目经理部应达到的成本、质量、进度和安全等控制目标。

③ 项目部编制施工组织设计，进行项目开工前的准备。施工组织设计是在工程开工之前由项目经理主持编制的，用于指导施工项目实施阶段管理活动的文件。施工组织设计应经会审后，由项目经理签字并报企业主管领导审批。

④ 在施工组织设计的指导下进行施工。在施工过程中项目经理应按照施工组织设计组织施工，加强各单位各部门的配合，使施工活动顺利开展，保证质量、进度、成本、安全目标的实现。

⑤ 项目验收、交工与竣工结算。在工程项目具备竣工验收条件后，建设单位组织勘察、设计、施工、监理等相关的单位进行竣工验收。建设工程经过工程竣工验收后，建设单位应按照规定到项目所在地的建设工程主管部门备案后才能交付使用。

⑥ 工程回访保修。工程竣工验收之后，按照《建设工程质量管理条例》的规定，工程进入保修期。保修期内施工单位对发生的质量问题应按照施工合同的约定和“工程质量保修书”的承诺，进行修理并承担相应的经济责任。

0.2.2 建筑产品的特点及生产特点

0.2.2.1 建筑产品的特点

（1）建筑产品的固定性　建筑产品在建造过程中直接与地基基础连接，因此，只能在建造地点固定地使用，而无法转移。这种一经造就就在空间固定的属性，叫做建筑产品的固定性。固定性是建筑产品与一般工业产品最大的区别。

建设产品的特点及生产特点

（2）建筑产品的多样性　建筑产品既要满足各种使用功能的要求，还要体现各地区的民族风格、物质文明和精神文明，同时也受到地区的自然条件诸多因素的限制，使建筑产品在规模、结构、构造、形式、基础和装饰等方面变化纷繁，因此建筑产品的类型多样。

（3）建筑产品体形庞大　无论是复杂的建筑产品，还是简单的建筑产品，为了满足其使用功能的需要，并结合建筑材料的物理力学性能，需要大量的物质资源，占据广阔的平面与空间，因而建筑产品的体形庞大。

0.2.2.2 建筑产品生产的特点

（1）建筑产品生产的流动性　建筑产品地点的固定性决定了产品生产的流动性。一般的工业产品都是在固定的工厂、车间内进行生产，而建筑产品的生产是在不同的地区，或同一地区的不同现场，或同一现场的不同单位工程，或同一单位工程的不同部位组织工人、机械围绕着同一建筑产品进行生产。因而，使建筑产品的生产在地区之间、现场之间和单位工程不同部位之间流动。

（2）建筑产品生产的单件性　建筑产品地点的固定性和类型的多样性决定了产品生产的单件性。一般的工业产品是在一定的时期里、统一的工艺流程中进行批量生产，而具体的一个建筑产品应在国家或地区的统一规划内，根据其使用功能，在选定的地点上单独设计和单独施工。即使是选用标准设计、通用构件或配件，由于建筑产品所在地区的自然、技术、经济条件的不同，也使建筑产品的结构或构造、建筑材料、施工组织和施工方法等也要因地制宜加以修改，从而使各建筑产品生产具有单件性。

（3）建筑产品生产的地区性　由于建筑产品的固定性决定了同一使用功能的建筑产品因其建造地点的不同必然受到建设地区的自然、技术、经济和社会条件的约束，使其结构、构造、艺术形式、室内设施、材料、施工方案等方面均各异。因此建筑产品的生产具有地区性。

（4）建筑产品生产周期长　建筑产品的固定性和体形庞大的特点，决定了建筑产品的生产周期长。因为建筑产品体形庞大，使得最终建筑产品的建成必然耗费大量的人力、物力和财力。同时，建筑产品的生产全过程还要受到工艺流程和生产程序的制约，使各专业、工种间必须按照合理的施工顺序进行配合。又由于建筑产品地点的固定性，使施工活动的空间具有局限性，从而导致建筑产品生产具有生产周期长、占用流动资金大的特点。

(5) 建筑产品生产的露天作业多　建筑产品地点的固定性和体形庞大的特点，决定了建筑产品生产露天作业多。因为形体庞大的建筑产品不可能在工厂、车间内直接进行施工，即使建筑产品生产达到了高度的工业化水平的时候，也只能在工厂内生产其各部分的构配件，仍然需要在施工现场内进行总装配后才能形成最终建筑产品。因此建筑产品的生产具有露天作业多的特点。

(6) 建筑产品生产的高空作业多　由于建筑产品体形庞大，决定了建筑产品生产具有高空作业多的特点。特别是随着城市现代化的发展，高层建筑物的施工任务日益增多，使得建筑产品生产高空作业的特点日益明显。

(7) 建筑产品生产组织协作的综合复杂性　由上述建筑产品生产的特点可以看出，建筑产品生产的涉及面广。在建筑企业的内部，它涉及工程力学、建筑结构、建筑构造、地基基础、水暖电、机械设备、建筑材料和施工技术等学科的专业知识，要在不同时期、不同地点和不同产品上组织多专业、多工种的综合作业。在建筑企业的外部，它涉及各专业的施工企业，以及城市规划、征用土地、勘察设计、消防、公用事业、环境保护、质量监督、科研试验、交通运输、银行财政、机具设备、物质材料、电、水、热、气的供应、劳务等社会各部门和各领域的相互协作配合，从而使建筑产品生产的组织协作关系综合复杂。

0.2.3　建筑施工组织概述

0.2.3.1　建筑施工组织的研究对象

建筑施工组织是研究和制定组织建筑安装工程施工全过程既合理又经济的方法和途径，它是针对不同工程施工的复杂程度来研究工程建设的统筹安排与系统管理的客观规律的一门科学。具体地说，建筑工程施工组织的任务是根据建筑产品施工特点，以及各项具体的技术规范、规程、标准、实现工程建设计划和设计要求，提供各阶段的施工准备工作内容，对人、资金、材料和施工方法等进行合理安排，协调施工中各专业施工单位、工种、资源与时间之间的合理关系。

0.2.3.2　建筑施工组织的任务

从施工的全局出发，根据具体的条件，以最优的方式解决施工组织的问题，对施工的各项活动做出全面的、科学的规划和部署，使人力、物力、财力、技术资源得以充分利用，达到优质、低耗、高速地完成施工任务。

0.2.3.3　建筑施工组织的基本原则

(1) 严格执行基本建设程序。

基本建设必须遵循的总程序是计划、设计和施工三个阶段。一般情况下，施工阶段应该在设计阶段结束后方可正式开始进行。如果违背建设程序就会给施工带来混乱，造成时间和资源的浪费、质量的低劣。

(2) 搞好项目排队，确保重点，统筹安排。

建筑施工单位和建设单位的根本目的是尽快完成拟建工程的建设任务，使其早日投产或交付使用，尽快发挥工程建设投资效益。这就要求施工企业计划决策人员，必须根据拟建工程项目的重要程度和工期要求，进行统筹安排，把有限的资源优先用于国家和建设单位急需的重点工程项目，使其早日建成投产使用。同时安排好一般工程项目，注意处理好主体工程和配套工程，准备工程项目、施工项目和收尾项目之间施工力量的分配，以获得总体的最佳效果。

(3) 遵循施工工艺及其技术规律，合理地安排施工程序和施工顺序。

建筑施工工艺及其技术规律是分部分项工程固有的客观规律，其中的每一道工序都不能省略或颠倒。因此在组织施工中必须遵循施工工艺及其技术规律。

建筑施工程序和施工顺序是建筑产品生产过程中的固有规律。建筑产品生产活动是在同一场地和不同空间，同时或前后交错进行，前面的工作不完成，后面的工作就不能开始。这种前后顺序是客观规律决定的，平面交错、立体交叉则是计划决策人员争取时间的主观努力。

建筑施工程序和施工顺序是随拟建工程项目的规模、性质、设计要求、施工条件和使用功能的不同而变化的。但是经验证明仍有共同规律可循，均要处理好以下几种关系。

① 施工准备与正式施工的关系。施工准备是后续施工生产活动能够按时开始的充分必要条件。准备工作没有完成就开始施工，不仅会引起工地混乱，而且还会造成资源的浪费。因此安排施工程序的同时，首先应安排其相应的准备工作。

② 全场性工程与单位工程的关系。正式施工时，应首先进行全场性工程的施工，然后按照工程排队的顺序逐个进行单位工程的施工。例如：平整场地、架设电线、敷设管网、修建铁路、修筑道路等全场性的工程均应在拟建工程正式开工之前完成。这样就可以使这些永久性工程在全面施工期间为工地的供电、给水和运输服务，不仅文明施工，而且能够获得可观的经济效益。

③ 场内与场外的关系。在安排架设电线、敷设管网和修筑公路的施工程序时，应该先场外后场内；场外由远及近，先主干后分支；排水工程先下游后上游。这样既能保证工程质量，又能加快施工速度。

④ 地下与地上的关系。在处理地下工程与地上工程时，应遵循先地下后地上和先深后浅的原则。对于地下工程要加强安全技术措施，保证安全施工。

⑤ 主体结构与装饰工程的关系。一般情况，主体结构工程施工在前，装饰工程施工在后。当主体结构工程进展到一定程度后，为装饰工程的施工提供了工作面时，装饰工程可以穿插进行。

⑥ 空间顺序与工种顺序的关系。在安排施工顺序时，既要考虑施工组织要求的空间顺序，又要考虑施工工艺要求的工种关系。空间顺序要以工种顺序为基础，工种顺序应该尽可能为空间顺序提供有利的施工条件。

(4) 采用流水施工方法和网络计划技术。

流水施工方法具有生产专业化强、劳动效率高的特点。实践经验证明，采用流水施工方法组织，不仅能使拟建工程的施工有节奏、均衡、连续进行，而且会带来显著的技术经济效果。

网络计划技术是当代计划管理的最新方法。它应用网络图形表达计划中各项工作的相互关系，逻辑严密、层次清晰、关键工作明确，有利于计划方案的优化、控制及调整，有利于应用计算机在计划管理中的应用，因而在各种计划管理中广泛应用。

(5) 合理安排冬雨期施工项目，保证全年生产的均衡和连续。

建筑产品生产具有露天的特点，建筑施工必然要受气候和季节的影响，严寒和雨天都不利于建筑施工的正常进行。如不采取相应的技术措施，冬期和雨期就不能连续施工。随着施工工艺及其技术的发展，有些分部分项工程已经可以在冬雨期进行正常施工，但是要采取一些特殊的技术组织措施，也必然会增加一些费用。因此在安排施工进度计划时应科学对待，恰当地安排冬雨期施工的项目。

(6) 提高工业化程度。

建筑技术进步的重要标志之一是建筑产品工业化，建筑产品工业化的前提条件是建筑施工中广泛运用预制装配式构件。将原来在现场完成的构配件加工制作活动转移到工厂中进行，改善工作条件，实现优质、快速、低耗的规模生产，用标准化、工厂化、机械化的成套技术来代替建筑业传统的生产方式，将其转移到现代化工业生产的轨道上来，为实现现场施工装配化创造条件。

（7）尽量采用国内外先进的施工技术和管理方法。

先进的施工技术和管理手段相结合，是改善建筑施工企业和工程项目经理部的生产经营管理素质，提高劳动生产率，保证工程质量，缩短工期，降低工程成本的重要途径。因此在进行施工组织时应广泛采用国内外的先进技术和科学的施工管理方法。

（8）尽量减少暂设工程，科学地布置施工平面图。

建筑产品生产需要的建筑材料、构（配）件、制品种类繁多、数量庞大，各种物资的储存量、储存方式都必须科学合理，在保证正常供应的前提下，尽可能减少储存量。这样可以减少仓库、堆场的占地面积，有利于降低工程成本，提高工程项目部的经济效益。

上述原则，既是建筑产品生产的客观需要，又是保证工程质量、降低工程成本、加快施工进度、提高施工企业经济效益的需要，因此在组织工程项目施工过程中必须认真贯彻执行。

0.2.4 建筑施工组织设计概论

0.2.4.1 施工组织设计的概念

施工组织设计是以施工项目为对象编制的，用以指导施工的技术、经济和管理的综合性文件。

施工组织设计是中国在工程建设领域长期沿用下来的名称，西方国家一般称为施工计划或工程项目管理计划。在《建设项目工程总承包管理规范》（GB/T 50358—2017）中，把施工单位这部分工作分成了两个阶段，即项目管理计划和项目实施计划。施工组织设计既不是这两个阶段的某一阶段内容，也不是两个阶段内容的简单合成，它是综合了施工组织设计在中国长期使用的惯例和各地方的实际使用效果而逐步积累的内容精华。施工组织设计在投标阶段通常被称为技术标，但它不是仅包含技术方面的内容，同时也涵盖了施工管理和造价控制方面的内容，是一个综合性的文件。

组织施工的基本方式

0.2.4.2 施工组织设计的作用

施工组织设计是施工准备工作的重要组成部分，又是做好施工准备工作的主要依据和重要保证。其主要作用如下。

（1）是对工程施工全过程合理安排、实行科学管理的重要手段和措施。编制施工组织设计，可以全面考虑拟建工程的各种施工条件，扬长避短，制定合理的施工方案、技术经济组织措施和合理的进度计划，提供最优的临时设施及材料和机具在施工现场的布置方案，保证施工顺利进行。

（2）施工组织设计统筹安排和协调施工中各种关系。把拟建工程的设计与施工、技术与经济、施工企业的全部施工安排与具体工程的施工组织工作更紧密地结合起来；把直接参与施工的各单位、协作单位之间的关系，各施工阶段和过程之间的关系更好地协调起来。

（3）施工组织设计为有关建设工作决策提供依据。为拟建工程的设计方案在经济上的合理性、在技术上的科学性和在实际施工上的可能性提供论证依据。为建设单位编制工程建设计划和施工企业编制企业施工计划提供依据。

0.2.4.3 施工组织设计的分类

施工组织设计的分类方法有很多，其中应用比较多的是按编制目的和编制对象范围不同分类。

（1）按编制目的不同分类　按编制目的不同，可以分为投标性施工组织设计和实施性施工组织设计。

① 投标性施工组织设计　在投标前，由企业有关职能部门负责牵头编制，在投标阶段以招标文件为依据，为满足投标书和签订施工合同的需要编制。

② 实施性施工组织设计　在中标后施工前，由项目经理负责牵头编制，在实施阶段以施工合同和中标施工组织设计为依据，为满足施工准备和施工需要编制。

（2）按编制对象范围不同分类　按编制对象范围不同，将其分为施工组织总设计、单位工程施工组织设计、分部（分项）工程施工组织设计。

① 施工组织总设计　是以整个建设项目或群体工程为对象，规划其施工全过程各项活动的技术、经济的全局性、指导性文件，是整个建设项目施工的战略部署，内容比较概括。一般是在初步设计或扩大设计批准之后，由总承包单位的总工程师负责，会同建设、设计和分包单位的总工程师共同编制。

② 单位工程施工组织设计　是以单位工程为对象编制的，是用以直接指导单位工程施工全过程各项活动的技术，经济的局部性、指导性文件，是施工组织总设计的具体化，具体地安排人力、物力和实施过程。它是在施工图设计完成后，以施工图为依据，由工程项目的项目经理或主管工程师负责编制的。

③ 分部（分项）工程施工组织设计　一般针对工程规模大、特别重要的、技术复杂、施工难度大的建筑物或构筑物，或采用新工艺、新技术的施工部分，或冬雨季施工等为对象编制，是专门的、更为详细的专业工程设计文件。

0.2.4.4 施工组织设计的基本内容

施工组织设计根据拟建工程的规模和特点，编制内容的繁简程度有所差异，但不论何种施工组织设计，要完成组织施工的任务，一般都具备以下内容。

（1）工程概况；

（2）施工部署或施工方案；

（3）施工进度计划；

（4）施工准备与资源配置计划；

（5）施工现场平面布置；

（6）质量、安全和节约等技术组织保证措施；

（7）主要施工管理计划；

（8）各项主要技术经济指标。

由于施工组织设计的编制对象不同，以上各方面内容包括的范围也不同，结合拟建工程的实际情况，可有所变化。

0.2.5 施工组织设计的编制和贯彻

0.2.5.1 施工组织设计的编制

（1）施工组织设计的编制程序

① 施工组织总设计的编制程序，如图 0-1 所示。

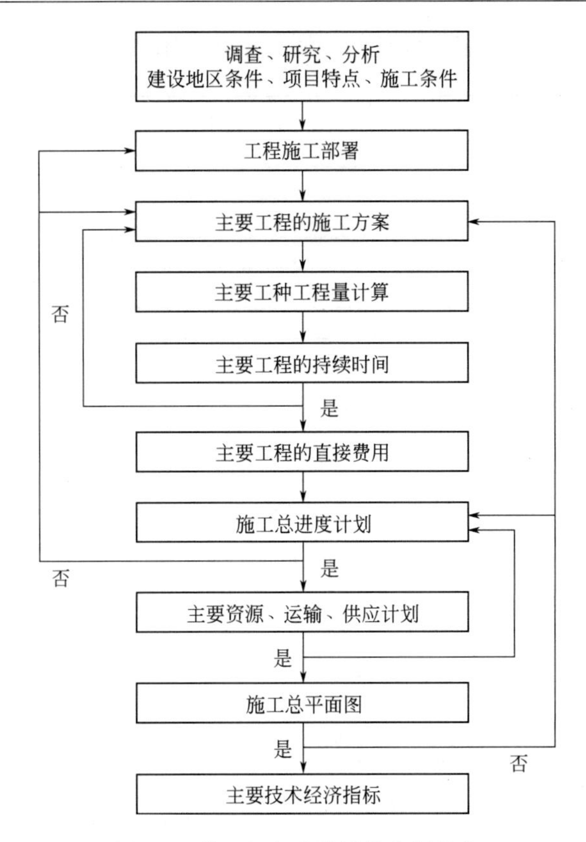

图 0-1　施工组织总设计的编制程序

② 单位工程施工组织设计的编制程序，如图 0-2 所示。

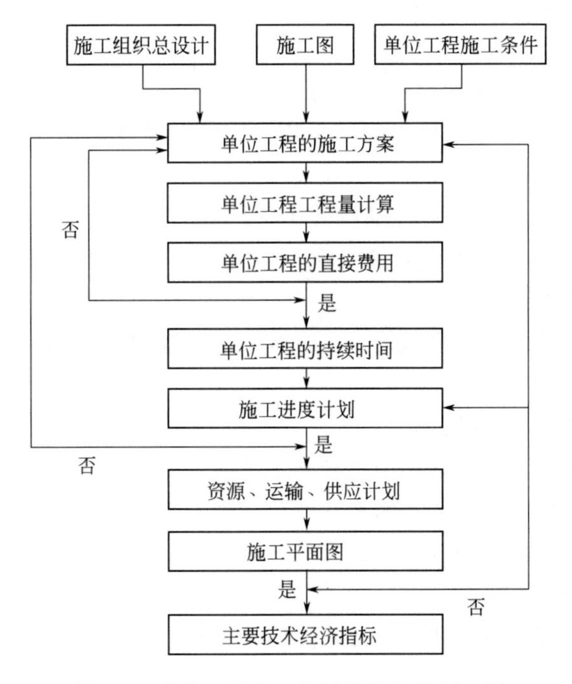

图 0-2　单位工程施工组织设计的编制程序

③ 分部（分项）工程施工组织设计的编制程序，如图0-3所示。

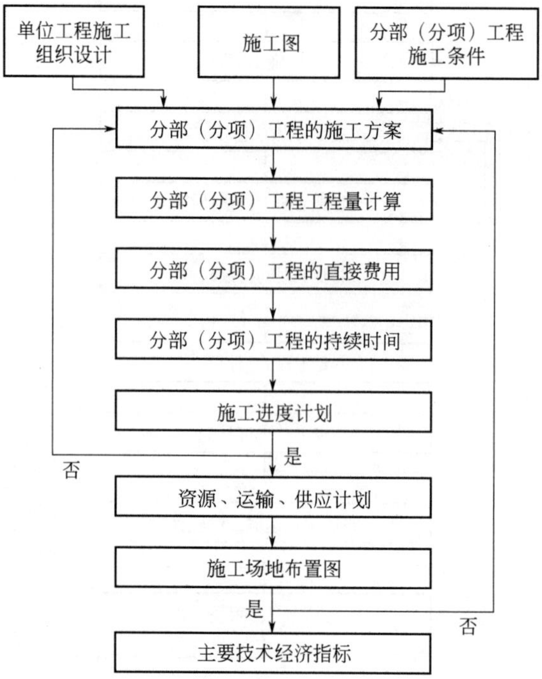

单位工程施工组织设计
施工图
分部（分项）工程施工条件
分部（分项）工程的施工方案
分部（分项）工程工程量计算
分部（分项）工程的直接费用
分部（分项）工程的持续时间
施工进度计划
否
是
资源、运输、供应计划
施工场地布置图
是
否
主要技术经济指标

图0-3 分部（分项）工程施工组织设计的编制程序

由上述编制程序可以看出，在编制施工组织设计时必须注意有关信息的反馈。施工组织设计的编制过程是由粗到细，反复协调进行的，最终达到优化施工组织设计的目的。

（2）施工组织设计的编制注意事项　为使施工组织设计能真正起到指导施工的作用，在编制施工组织设计时要注意以下几点。

① 对施工现场的具体情况要深入调查研究。

② 对复杂的和难度大的施工项目以及采用“四新”技术的施工项目要组织专业性专题讨论和必要的专题考察，邀请有经验的专业技术人员参加。

③ 在编制过程中，发挥各个职能部门的作用。

④ 必须统筹规划，科学地组织，充分利用空间，合理安排时间，用最少的人力和财力取得最佳的经济效益和社会效益。

未编制施工组织设计或施工组织设计没有批准的工程项目，都不准开工，经审批的施工组织设计必须严格执行。

0.2.5.2　施工组织设计的贯彻

施工组织设计是在施工前编制用于指导施工的技术文件，必须加以贯彻，并不断进行对比检查，对于在施工过程中由于某些因素的变化而使施工组织设计的指导作用弱化，必须及时分析问题产生的原因，采取相应的改进措施，调整施工组织设计的相关内容，保证施工组织设计的科学性和合理性。

施工组织设计的贯彻、检查和调整必须随施工的进展不断进行，贯彻整个施工过程的始终，其程序如图0-4所示。

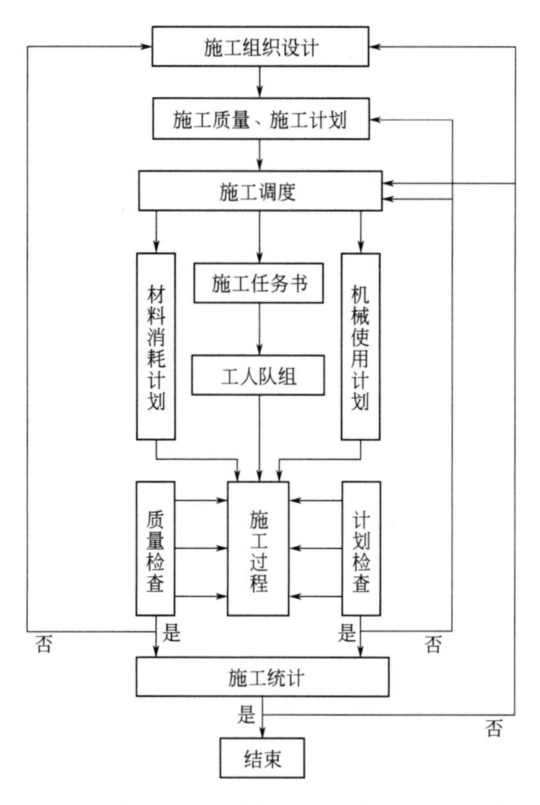

图 0-4　施工组织设计的贯彻、检查、调整程序

0.2.6　结语

本绪论从基本建设到建筑施工、从建筑施工组织到施工组织设计，循序渐进地概括介绍了基本建设的程序、建筑施工的内容及其管理程序，结合《建筑施工组织设计规范》(GB/T 50502—2009) 阐述了建筑施工组织、建筑施工组织设计及与其相关的基本概念、作用、内容。

0.3　BIM 技术对施工组织的影响

当前，中国经济发展正从传统粗放式的高速增长阶段，进入高效率、低成本、可持续的中高速增长阶段，与此同时，传统建造模式已不再符合可持续发展的要求，迫切需要利用以信息技术为代表的现代科技手段，实现中国建筑产业转型升级与跨越式发展。

在互联网时代，随着建筑施工行业对信息化建设的探索不断深入，信息化建设也越来越趋向具体工程项目的落地应用，通过信息技术的集成用于改变传统管理方式，实现传统施工模式的变革，使施工现场更智慧化。近年来，随着 BIM 技术、大数据技术、物联网技术、云计算等信息技术的不断发展，施工现场管理逐渐由人工方式转变为信息化、智能化管理。极大地提高工程质量、进度、安全等管理效率，显著提升了管理效率和效果，节省了工程管理成本。

在工程建设领域，三维图形技术的一个重要应用体现在 BIM 技术应用上。相比传统的二维 CAD 设计，BIM 技术以建筑物的三维图形为载体进一步集成各种建筑信息参数，形成了数字化、参数化的建筑信息模型，然后围绕数字模型实现施工模拟、碰撞检测、5D 虚拟施工等应用。借助BIM技术，能在计算机内实现设计、施工和运维数字化的虚拟建造过程，并形成优化的方案指导实际的建造作业，极大地提高了设计质量，降低了施工变更，提升了工程可实施性。

目前，BIM技术已经被广泛应用在施工组织中。在施工方案制定环节，利用BIM技术可以进行施工模拟，分析施工组织、施工方案的合理性和可行性，排除可能的问题。例如，管线碰撞问题、施工方案（深基坑、脚手架）模拟等的应用，对于结构复杂和施工难度高的项目尤为重要。在施工过程中，将成本、进度等信息要素与模型集成，形成完整的5D施工模拟，帮助管理人员实现施工全过程的动态物料管理、动态造价管理、计划与实施的动态对比等，实现施工过程的成本、进度和质量的数字化管控。

同时，BIM技术的应用也可以更高效地进行施工策划，进而使“智慧施工”策划成为可能。智慧施工策划主要特征是，应用信息系统，自动采集项目相关数据信息，结合项目施工环境、节点工期、施工组织、施工工艺等因素，对项目施工场地布置、施工机械选型、施工进度、资源计划、施工方案等内容做出智能决策或提供辅助决策的数据。

如今许多施工企业和BIM软件服务商正在积极探索智慧施工策划应用，但是由于智慧施工才刚刚起步，加之受软件系统的制约，现阶段智慧施工策划只是在施工场地布置、进度计划编制、资源计划编制和施工方案模拟等方面取得了一些成果。这些成果主要是以BIM技术等相关技术为基础开展的。

0.3.1 基于BIM的施工现场布置应用背景

施工现场布置策划是在拟建工程的建筑平面上（包括周边环境），布置为施工服务的各种临时建筑、临时设施及材料、施工机械等的过程。施工现场布置方案是施工方案在现场的空间体现，它反映已有建筑与拟建工程间、临时建筑与临时设施间的相互空间关系，表达建筑施工生产过程中各生产要素的协调与统筹。布置得恰当与否对现场的施工组织、文明施工、施工进度、工程成本、工程质量和安全都将产生直接的影响。施工现场布置策划是施工管理策划最重要的内容之一，也是最具“含金量”的部分。合理、前瞻性强的总平面管理策划可以有效地降低项目成本，保证项目的发展进度。

传统模式下的施工场地布置策划是由编制人员依据现场情况及自己的施工经验指导现场的实际布置。一般在施工前很难分辨其布置方案的优劣，更不能在早期发现布置方案中可能存在的问题。施工现场活动本身是一个动态变化的过程，施工现场对材料、设备、机具等的需求也是随着项目施工的不断推进而变化的。传统模式下的施工场地布置普遍采用不参照项目进度进行的二维静态布置方案，随着项目的进行，很有可能变得不适应项目施工的需求。这样一来，就得重新对场地布置方案进行调整，再次布置必然会需要更多的拆卸、搬运等程序，需要投入更多的人力、物力，进而增加施工成本，降低项目效益。布置不合理的施工场地甚至会产生施工安全问题。所以，随着工程项目的大型化、复杂化，传统静态的二维施工场地布置方法已经难以满足实际需要。

基于BIM模型及理念，运用BIM工具对传统施工场地布置策划中难以量化的潜在空间冲突进行量化分析，同时结合动态模拟从源头减少安全隐患，可方便后续施工管理、降低成本、提高项目效益。

基于BIM的场地布置策划运用三维信息模型技术表现建筑施工现场，运用BIM动画技术形象模拟建筑施工过程，结合建筑施工过程中施工现场场景布置的实际情况或远景规划，将现场的施工情况、周边环境和各种施工机械等运用三维仿真技术形象地表现出来，并通过虚拟模拟进行合理性、安全性、经济性评估，实现施工现场场地布置的合理、合规。

0.3.2 基于BIM的进度计划编制和模拟应用背景

施工进度计划是施工单位进行生产和经济活动的重要依据，它从施工单位取得建设单位提供的设计图纸进行施工准备开始，直到工程竣工验收为止，是项目建设和指导工程施工的重要技术和经济文件。进度控制是施工阶段的重要内容，是质量、进度、成本三大建设管理环节的中心，直接影响工期目标的实现和投资效益的发挥。工期控制是实现项目管理目标的主要途径，施工项目进度控制与质量控制、成本控制一样，是项目施工中的主要内容之一，是实现项目管理目标的主要有效途径。因此，项目的前期策划工作时目标和进度整体的确立，其对项目的整体进展起着决定性作用，通过智慧施工策划，对整个项目的成败有着重要的影响。通过分析可知，传统施工进度计划编制流程及方法存在以下问题。

（1）编制过程杂乱，工作量大　进度计划的编制过程考虑因素多、相关配套资源分析预测难度大、丢项漏项时有发生，不合理的进度安排给后续施工埋下进度隐患。

（2）编制审核工作效率低　传统的施工进度计划大部分工作都要由人工来完成，比如工作项目的划分、逻辑关系的确定、持续时间的计算，以及最后进度计划的审核、调整、优化等一系列的工作。

（3）进度信息的静态性　施工进度计划一旦编制完成，就以数字、横道、箭线等方式存储在横道图或者网络图中，不能表达工程的变更信息。工程的复杂性、动态性、外部环境的不确定性等都可能导致工程变更的出现。由于进度信息的静态性，常常会出现施工进度计划与实际施工不一致的情况。

随着国内建设项目不断地大型化、复杂化，传统的施工策划方式已经不能满足项目管理的要求，传统的进度计划编制也无法处理施工过程中产生的大量信息以及高度复杂的数据处理。通过智慧策划中BIM技术对编制的计划进行模拟，结合BIM技术特点在计划编制期间利用BIM模型提供的各类工程量信息，结合工种工效、设备工效等业务积累数据更加科学地预测出施工期间的资源投入，并进行合理性评估，为支撑过程提供了有力的帮助。在施工策划阶段编制切实有效的进度计划是项目成功的基石，通过基于BIM技术进行模拟策划以确保计划的最优及最合理性。

0.3.3 基于BIM的资源计划应用背景

策划阶段的资源控制作为进度计划的重要组成部分，是决定工程进度能否执行、能否按期交工的重要环节。资源控制的核心是制定资源的相关计划，资源计划是通过识别和确定分项目的资源需求，确定出项目需要投入的劳动力、材料、机械、场地交通等资源种类，包括项目资源投入的数量和项目资源投入的时间，从而制定出项目资源供应计划，满足项目从立项阶段到实施过程使用的目的。

在传统的资源计划制定过程中，主要依据平面图、施工进度计划、技术文件要求等进行制定，资源计划编制时依据文件多、涉及资源众多，对人员计算的能力要求较高，在策划阶段难免在施工过程中对资源种类、工程量计算有缺失疏忽，由此导致在策划阶段埋下较大的不可控因素、进度计划不合理等隐患。施工资源管理的现状不尽如人意，施工资源管理往往涉及多种劳动力，不同规格、数量的材料，种类繁多的机械设备等，正是由于其复杂性，导致在实际管理过程中，资源管理出现各种问题。通过分析，发现传统的资源计划存在以下不足。

(1) 各类资源（主要包括劳动力、材料、机械设备等）的名称及项目种类杂多，常造成漏项情况的发生。

(2) 策划阶段时间紧迫，难以在有限的时间内高效计算、难以精确计算，造成计划的工程量不准确、偏差较大，给后期施工造成资源供应不足等情况的发生，影响施工进度。

(3) 资源计划投入时间的节点与进度计划的制定不匹配，造成进度计划难以直接指导后期施工，导致资金的价值难以做到最大化、施工安排不合理的情况发生。

(4) 劳动力计划在策划阶段制定不合理时，可能会导致劳动力安排与实际用工需要不对应，在后期的施工过程中经常会出现人员闲置、窝工或少工和断工等现象；人数安排不当导致在小的工作面安排过多人员，在大的工作面安排过少人员，不能充分发挥出劳动力的工作效率，影响工程进度；各劳动工种人数结构安排不合理，各工种之间协调性差，效率低。

上述问题给项目造成进度和资金两方面的损失是很大的，使用 BIM 技术对解决上述问题有较好的效果。BIM 模型包含了建筑物的所有信息，需要什么直接对模型操作即可，BIM 技术的可视化及虚拟施工等特性，能让管理者在策划阶段即可提前直观地了解建筑物完成后的形态，以及具体的施工过程，通过 BIM 模型可以获取完整的实体工程量信息，进而计算出劳动力需求量，以及其他资源信息，通过 BIM 模拟技术来评估资源投入量的合理性，可在策划阶段制定出合理完善的资源项目、资源工程量及进场时间等信息，为后期施工过程中减少返工和浪费、保证进度的正常进行提供前期的保障。

0.3.4 基于 BIM 的施工方案及工艺模拟应用背景

施工策划的一项重要工作就是确定项目主要的施工方案和特殊部位的作业流程。当前，施工方案编制主要依靠项目技术人员的经验及类似项目案例，实施过程主要依靠简单的技术交底和作业人员自身技术素养。面对越来越庞大且复杂的建筑工程项目，传统的方案编制和作业工人交底模式显得越来越力不从心，给工程项目的安全、质量和成本带来了很大的压力。

在智慧施工策划模式下，运用基于 BIM 技术的施工方案及工艺模拟不仅可以检查和比较不同的施工方案、优化施工方案，还可以提高向作业人员技术交底的效果。整个模拟过程包括了施工工序、施工方法、设备调用、资源（包括建筑材料和人员等）配置等。通过模拟发现不合理的施工程序、设备调用程序与冲突、资源的不合理利用、安全隐患、作业空间不充足等问题，也可以及时更新施工方案，以解决相关问题。施工过程模拟、优化是一个重复的过程，即“初步方案→模拟→更新方案”，直至找到一个最优的施工方案，尽最大可能实现“零碰撞、零冲突、零返工”，从而降低了不必要的返工成本，减少了资源浪费与施工安全问题。同时，施工模拟也为项目各参建方提供沟通与协作的平台，帮助各方及时、快捷地解决各种问题，从而大大提高了工作效率，节省了大量的时间。

工程常用的模拟分为方案模拟和工艺模拟。方案模拟是对分项工程施工方案或重要施工作业方案进行模拟，主要是验证、分析、优化和展示施工进度计划、工序逻辑顺序和穿插时机、施工工艺类型、机械选型和作业过程、资源配置、质量要求和施工注意事项等内容。工艺模拟主要是对某一具体施工作业内容进行模拟，主要是验证、分析、优化和展示每个施工步骤的施工方法、措施、材料、工具、机械、人员配置、质量要求、检查方法和注意事项等内容。

模块1 编写单位工程工程概况

通过阅读以上内容，相信大家对 BIM 技术在施工组织中的应用有了一定的了解。本书将对上述的这些成果从理论、案例及软件应用三方面进行讲解。

知识目标：

1. 了解单位工程工程概况的编制依据；
2. 熟悉单位工程工程概况的内容；
3. 掌握单位工程工程概况的编写方法。

教学目标：

1. 能解释单位工程工程概况的编制依据；
2. 能列出单位工程工程概况的内容；
3. 能编写单位工程工程概况。

【模块介绍】

工程概况是施工组织设计基本内容之一，也是编制后续施工组织内容的依据。其内容应包括工程主要情况、各专业设计简介和工程施工条件等。

【模块分析】

工程概况是对本工程各种基本情况进行描述，其编制依据有：施工图、勘察报告、招标文件、气象资料、所在地管线资料、资源供应资料等。编制单位工程工程概况首先要收集这些资料，并对资料进行整理筛选，形成清晰的工程概况资料用于单位工程施工组织设计。

【基础知识】

1.1 工程概况

工程概况包括的个体内容如下。

(1) 工程主要情况

① 工程名称、性质和地理位置;

② 工程的建设、勘察、设计、监理和总承包等相关单位的情况;

③ 工程承包范围和分包工程范围;

④ 施工合同、招标文件或总承包单位对工程施工的重点要求;

⑤ 其他应说明的情况。

(2) 各专业设计简介

① 建筑设计　建筑设计简介应依据建设单位提供的建筑设计文件进行描述,包括建筑规模、建筑功能、建筑特点、建筑耐火、防水及节能要求等,并应简单描述工程的主要装修做法。

② 结构设计　结构设计简介应依据建设单位提供的结构设计文件进行描述,包括结构形式、地基基础形式、结构安全等级、抗震设防类别、主要结构构件类型及要求等。

③ 机电及设备安装专业设计　机电及设备安装专业设计简介应依据建设单位提供的各相关专业设计文件进行描述,包括给水、排水及采暖系统、通风与空调系统、电气系统、智能化系统、电梯等各个专业系统的做法要求。

(3) 工程施工条件

① 项目建设地点气象状况　简要介绍项目建设地点的气温、雨、雪、风和雷电等气象变化情况,以及冬、雨期的期限和冬季土的冻结深度等情况。

② 项目施工区域地形和工程水文地质状况　简要介绍项目施工区域地形变化和绝对标高,地质构造、土的性质和类别、地基土的承载力,河流流量和水质、最高洪水和枯水期水位,地下水位的高低变化,含水层的厚度、流向、流量和水质等情况。

③ 项目施工区域地上、地下管线及相邻的地上、地下建(构)筑物情况。

④ 与项目施工有关的道路、河流等状况。

⑤ 当地建筑材料、设备供应和交通运输等服务能力状况　简要介绍建设项目的主要材料、特殊材料和生产工艺设备供应条件及交通运输条件。

⑥ 当地供电、供水、供热和通信能力状况　根据当地供电、供水、供热和通信情况,按照施工需求描述相关资源提供能力及解决方案。

⑦ 其他与施工有关的主要因素。

【实战演练】

1.2　任　务　一

1.2.1　任务下发

根据"广联达办公大厦"资料编制本工程的工程概况。

1.2.2　任务实施

"广联达办公大厦"工程概况如下。

(1) 建设概况

① 本建筑物为"广联达办公大厦";

② 本建筑物建设地点位于北京上地科技园区北部;

③ 本建筑物用地概貌属于平缓场地；

④ 本建筑物为二类多层办公建筑；

⑤ 本建筑物合理使用年限为50年；

⑥ 本建筑物抗震设防烈度为8度；

⑦ 本建筑物结构类型为框架-剪力墙结构体系；

⑧ 本建筑物布局为主体呈“一”形内走道布局方式；

⑨ 本建筑物总建筑面积为4745.6m^2；

⑩ 本建筑物建筑层数为地下一层，地上四层；

⑪ 本建筑物高度为檐口距地面为18.6m；

⑫ 本建筑物设计标高±0.000相当于绝对标高41.50m；

⑬ 承包方式为包工包料；

⑭ 要求质量标准：达到国家施工验收规范合格标准；

⑮ 招标范围为基础、土建、水、电、防震等图纸范围所有工程。

(2) 结构概况

① 本工程基础采用筏板基础；

② 柱、梁、板为现浇混凝土；

③ 墙体。外墙：地下部分均为250mm厚自防水钢筋混凝土墙，地上部分均为250mm厚陶粒空心砖及35mm厚聚苯颗粒保温复合墙体；内墙：均为200mm、100mm厚煤陶粒空心砖墙体；基础顶面到0.200m以下为砂浆空心砖混合砂浆砌混凝土小型砌块墙；电梯间为砌实心砖墙。

(3) 装饰装修概况

① 室外装修　屋面1为铺地砖保护层上人屋面；屋面2为40mm厚现喷硬质发泡聚氨酯，防水保温层不上人屋面。

② 室内装修　主要装修做法见下表。

主要装修做法表　　　　单位：mm

地面	地面1	细石混凝土地面
	地面2	水泥地面
	地面3	防滑地砖地面
楼面	楼面1	防滑地砖楼面(砖采用400×400)
	楼面2	防滑地砖防水楼面(砖采用400×400)
	楼面3	大理石楼面(大理石尺寸800×800)
踢脚	踢脚1	水泥砂浆踢脚(高度100)
	踢脚2	地砖踢脚(用400×100深色地砖,高度100)
	踢脚3	大理石踢脚(用800×100深色地砖,高度100)
内墙面	内墙面1	水泥砂浆墙面
	内墙面2	瓷砖墙面(面层用200×300高级面砖)
顶棚	顶棚1	抹灰顶棚
	顶棚2	涂料顶棚
吊顶	吊顶1	铝合金条板吊顶:燃烧性能为A级
	吊顶2	岩棉吸音板吊顶:燃烧性能为A级
门窗	门窗	门有木门、钢质防火门,窗为铝合金窗
屋面防水	屋面防水工程	坡屋面采用1.5厚聚氨酯涂膜防水,平屋面采用3厚高聚物改性沥青卷材防水层

(4) 场地的工程地质条件

① 本工程基础依据是勘察研究院提供的《广联达办公大厦岩土勘察报告》(2006年7月20日) 设计施工;

② 地形地貌 场地位于北京上地科技园区的北部边缘地带，地势平坦，孔口地面高程为40.60～44.61m;

③ 地层岩性 勘察孔深范围内岩土层划分为十大层，每层土特征详见地质报告;

④ 地下水 地下水稳定水位为24.21～30.12m;

⑤ 场地类别 拟建场地土类型为中型中软场地土，建筑场地类别为Ⅱ类，当地震烈度为8度时，场地地基土不液化。

(5) 施工条件 施工场地已进行“三通一平”，材料、构件、加工品由建设方提供，施工的建设机械由施工方自行租赁，劳动力的投入按照进度计划实施，施工严格按照规范，现场管理按照文明工地要求进行管理。

(6) 施工重点、难点 基坑较深，及时做好支护，以及做好雨季施工降水工作。

1.2.3 任务总结

编制单位工程工程概况时必须细致研读工程相关资料，全面了解工程情况后按照工程概况包含的内容逐项编写。

1.3 任 务 二

1.3.1 任务下发

根据“钢结构厂房”资料编制本工程的工程概况。

1.3.2 任务实施

“钢结构厂房”工程概况如下。

(1) 建设概况

① 本建筑物为“钢结构厂房”;

② 本建筑物建设地点位于某市;

③ 本建筑物用地概貌属于平缓场地;

④ 本建筑物为二类厂房建筑;

⑤ 本建筑物合理使用年限为50年;

⑥ 本建筑物抗震设防烈度为8度;

⑦ 本建筑物结构类型为门式钢架结构体系;

⑧ 本建筑物总建筑面积为831m^2;

⑨ 本建筑物建筑层数一层;

⑩ 本建筑物檐口高度6.600m;

⑪ 本建筑物设计标高±0.000;

⑫ 要求质量标准：达到国家施工验收规范合格标准。

(2) 结构概况

① 本工程为一层门式钢架结构，双坡单跨，跨度为18m，基本柱距6.6m;

② 基础采用混凝土独立基础;

③ 墙体。外墙：标高1.200m以下采用240mm厚MU10粉煤灰蒸压砖，标高1.200m以上采用200mm厚彩钢复合板；内墙：均为蒸压加气混凝土砌块；

④ 屋面为坡屋面彩钢板。

(3) 装饰装修概况

① 室内外装修　抹灰、涂料。

② 地面装修　水泥砂浆地面。

(4) 施工条件　施工场地已进行“三通一平”，材料、构件、加工品由建设方提供，施工的建设机械由施工方自行租赁，劳动力的投入按照进度计划实施，施工严格按照规范，现场管理按照文明工地要求进行管理。

(5) 施工重点、难点　钢结构安装。

1.3.3　任务总结

编制单位工程工程概况时必须细致研读工程相关资料，全面了解工程情况后按照工程概况包含的内容逐项编写。

知识目标：

1. 了解单位工程施工部署的编制依据；
2. 熟悉单位工程施工部署的内容；
3. 掌握单位工程施工部署的编制方法。

教学目标：

1. 能解释单位工程施工部署的编制依据；
2. 能列出单位工程施工部署的内容；
3. 能编写单位工程施工部署。

【模块介绍】

施工部署由于单位工程的性质、规模和客观条件不同，其内容和侧重点会有所不同。一般应包括以下内容：确定施工目标、建立施工现场项目组织机构、工作岗位及职责划分、确定施工进度安排和空间组织、明确重点与难点工程的施工要求等。

【模块分析】

施工部署是在充分了解单位工程情况、施工条件和建设要求的基础上，对单位工程施工组织做总体的布置和安排。施工部署是否合理，将直接影响到工程的施工质量、施工速度、工程造价及企业的经济效益，是单位工程施工组织设计的核心。施工部署的编制依据为：施工合同或招投标文件，施工图纸，勘察报告，工程地质及水文地质、气象等资料，施工组织总设计，资源供应资料等。

【基础知识】

2.1 施工目标

单位工程施工目标应根据施工组织总设计、施工合同、招标文件及单位对工程管理目标的要求确定，包括进度目标、质量目标、安全目标、文明施工环境目标、降低施工成本目标等。各项目标必须满足施工组织总设计中确定的总体目标要求。其中，进度目标应以施工合同或施工组织总设计要求为依据，根据总工期目标制定单位工程的工期控制目标。质量目标应按合同约定，制定出总目标和分解目标。质量目标如：确保省优、市优，争创国优（鲁班奖）。分解目标指各分部工程拟达到的质量等级。安全目标应按政府主管部门和企业要求以及合同约定，制定出事故等级、伤亡率、事故频率的限制目标。

2.2　施工组织机构

确定施工现场组织机构，主要包括确定施工管理组织机构形式、制定岗位职责和选定管理人员、制定施工管理工作程序、制度和考核标准等。

（1）确定施工管理组织机构形式　项目部应明确项目管理组织机构形式，并宜采用框图的形式表示，组织机构框图参照图 2-1。组织机构形式是根据工程规模、复杂程度、专业特点及企业的管理模式与要求，按照合理分工与协作、精干高效原则来确定，并按因事设岗、因岗选人的原则配备项目管理班子。

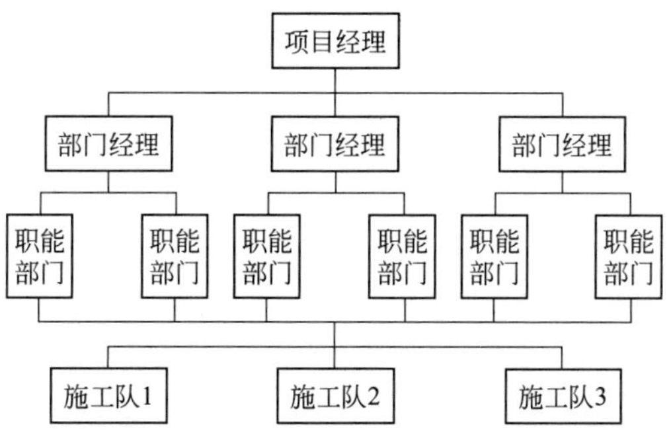

图 2-1　施工管理组织机构框图

（2）制定岗位职责和选定管理人员　项目部管理组织内部的岗位职务和职责必须明确，责权必须一致，并形成规章制度。同时按照岗位职责需要，选派称职的管理人员，组成精炼高效的项目管理班子，并以表格列出，如表 2-1 所示。

表 2-1　工程管理人员明细表

姓名	岗位职务	技术职称及执业证号	岗位职责

（3）制定施工管理工作程序、制度和考核标准　为了提高施工管理工作效率，要按照管理客观性规律，制定出管理工作程序、制度和相应考核标准。

2.3　施工进度安排和空间组织

2.3.1　施工程序确定

施工程序是指单位工程建设过程中各施工阶段、各分部分项工程、各专业工种之间的先后次序及其制约关系，主要解决时间搭接上的问题。确定施工顺序应遵循以下基本原则。

（1）一般建筑工程的施工展开程序

① 先地下后地上　是指首先完成土石方工程、地基处理和基础工程施工以及地下管道、管线等地下设施的施工，再开始地上工程施工。地下工程施工一般按先深后浅的次序进行，这样既可以为后续工程提供良好的施工场地，避免造成重复施工和影响施工质量，又可以避免对地上部分的施工产生干扰。

② 先主体后围护　是指对框架结构或排架结构等结构形式的建筑物，首先进行主体结构施工再进行围护结构的施工。为了加快施工进度，高层建筑的围护结构施工与主体结构施工应尽量搭接施工，即主体施工数层后，围护结构也随后开始，这样既可以扩大现场施工作业面，又能缩短工期。

③ 先结构后装饰　是指首先施工主体结构，再进行装饰装修工程施工。对于工期要求紧的建筑工程，为了缩短工期，也可部分搭接施工，如有些临街建筑往往是上部主体结构施工时，下部一层或数层就进行装饰装修，并开门营业，这样可以提高效益；又如一些多层或高层建筑在进行一定层数的主体结构施工后，穿插搭接部分的室内装修施工，以缩短建设周期，加快施工进度。

④ 先土建后设备　是指首先进行土建工程的施工，再进行水、电、暖、气、卫等建筑设备安装的施工。但它们之间还要考虑穿插和配合的关系，即设备安装的某一工序穿插在土建施工的某一工序之前或某一工序的施工过程中，如住宅或办公建筑中的各种预埋管线必须穿插在土建施工过程中进行。

（2）工业厂房土建与设备的施工程序　工业厂房施工，应根据厂房的工艺特点、设备的性质、设备的安装方法等因素，合理安排土建施工与设备安装之间的施工程序，确保施工进度计划的实现。通常情况下，土建施工与设备安装可采取以下三种施工程序。

① 封闭式施工　是指土建主体结构（或装饰装修工程）完成后，再进行设备安装的施工程序。

② 敞开式施工　是指先进行设备基础施工，然后进行设备安装，最后建厂房的施工程序。电站、冶金厂房、水泥厂的主车间等重型工业厂房施工通常采用这种方式。

③ 同建式施工　是指土建施工与设备安装穿插进行或同时进行的施工程序。

针对工程特点和合同工期要求，确定工程分期分批施工的合理开展顺序，还应考虑以下几个方面内容。

（1）在保证总工期的前提下，实行分批分期建设，既可使各具体项目迅速建成，尽早投入使用，又可在全局上实现施工的连续性和均衡性，减少暂设工程数量，降低工程成本。

（2）统筹安排各类项目施工。保证重点，兼顾其他，确保工程项目按期投产。按照各工程项目的重要程度，应优先安排的工程项目有：

① 按生产工艺的要求，需先期投入生产或起主导作用的工程项目；

② 工程量大、施工难度大、工期长的项目；

③ 运输系统、动力系统，如厂区内外的道路、铁路和变电站等；

④ 生产上需前期使用的机修车间、办公楼及宿舍等；

⑤ 供施工使用的工程项目，如采砂（石）厂、木材加工厂、各种构件加工厂、混凝土搅拌站等施工附属企业及其他施工附属的临时设施。

（3）考虑季节对施工的影响，如大规模土方工程的深基础施工，最好避开雨季；寒冷地区入冬以后，最好封闭房屋并转入室内作业的设备安装。

2.3.2　划分施工段

划分施工段是将施工对象在空间上划分成多个施工区域，以适应流水施工的要求，使多个专业队能在不同的施工段上平行作业，并减少机具、设备及周转材料的配置量，从而缩短工期，降低成本，使生产连续、均衡地进行。几种常见建筑物的施工段划分如下。

（1）多层砖混住宅　基础应少分段或不分段，以利于整体性。结构施工阶段应以 2～3 个单元分 1 段，每层分 2～3 段以上，面积小而不便于分段施工时，宜组织各栋号间流水。外装饰每层可按墙面分段。内装饰可将每个单元作为一个施工段，或每个楼层分为 2～3 个施工段。

（2）现浇框架结构公共建筑　独立柱基础时常按模板配置量分段。结构阶段的施工工序较多，宜按施工工种的个数（如钢筋、模板、混凝土三大工种）确定施工段数，即每层宜分为 3 段以上，每段宜含 10～15 根柱子以上的面积。

（3）剪力墙结构高层住宅　该类建筑多为有地下室的筏板基础或箱形基础，往往有整体性和防水要求，因此地下部分最好不分段或少分段，当有后浇带时可按后浇带位置分段。主体结构阶段的最主要施工过程有四个：绑扎墙筋、安装墙体大模板、支梁板模板、绑扎梁板钢筋，因此，每层宜不少于 4 个施工段，以便于流水。

2.3.3　确定施工起点和流向

施工起点、流向是单位工程在平面及竖向空间上，施工开始的部位及其流动方向，主要解决建筑物在空间上的合理施工顺序问题。对于单层建筑物，要确定在各区、段在平面上的施工方向。对于多层建筑物，除了确定其每层平面上的施工起点、流向外，还需确定其层间或单位空间竖向上的施工起点、流向。特别是室内装饰装修工程，不同的竖向流向可产生较大的质量、工期和成本差异。确定单位工程施工起点、流向时，一般应考虑以下因素。

（1）考虑各个车间的生产工艺流程及使用要求。确定施工流向应考虑生产工艺流程的要求，先试车投产的区段和部位优先施工。建设单位急需使用的区段和部位先施工。

（2）考虑施工的难易程度。通常技术复杂、施工进度慢、工期长的区段和部位先行施工。

（3）考虑施工方法的要求。确定施工流向时，应结合所选的施工方法及所制定的施工组织要求进行安排。如在结构吊装工程中，采用分件吊装法时，其施工流向不同于综合吊装法的施工流向。

（4）考虑构造合理、施工方便。如基础施工应“先深后浅”，一般为由下向上（逆做法除外）；屋面卷材防水层应由檐口铺向屋脊；使用模板相同的施工段连续进行以减少更换运输，有外运土的基坑开挖应从距大门的远端开始等。

（5）考虑保证质量、安全和工期。如室内装饰和外墙装饰施工一般宜采用自上而下施工流向，如图 2-2 所示。这种施工流向的工序交叉少，便于组织施工，有利于成品保护，但需主体结构和二次结构完成后开始，工期较长。当工期紧张时，也可采用自下而上施工，如图 2-3所示，但装饰施工应与结构施工保持足够的安全间隔，并应加强施工质量、安全管理。对高层建筑，可采取沿竖向分区、在每区内自上而下的装饰施工流向，既可使装饰工程提早开始而缩短工期，又易于保证施工质量和安全，如图 2-4 所示。

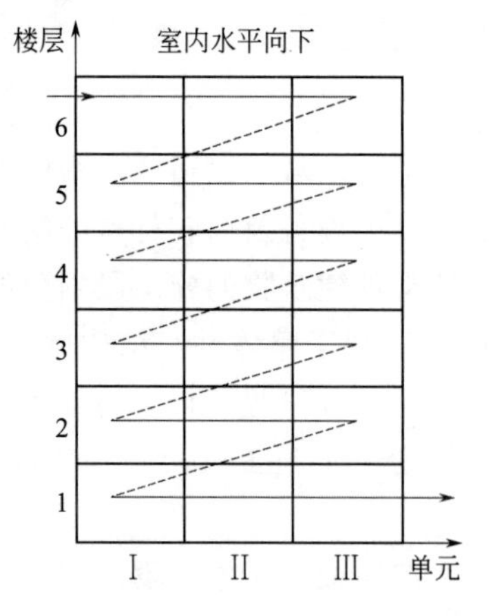

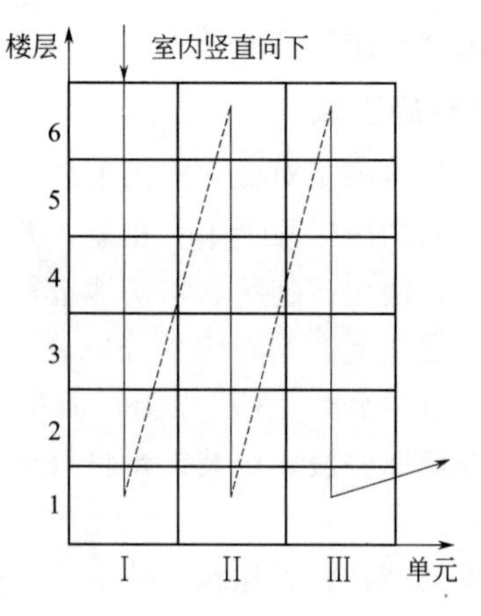

图 2-2　自上而下施工流向

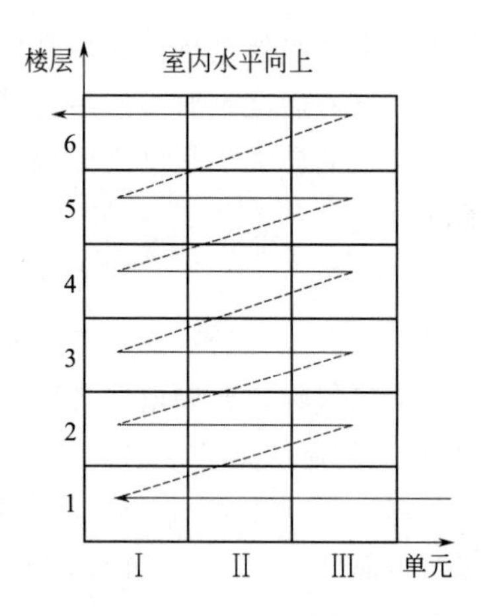

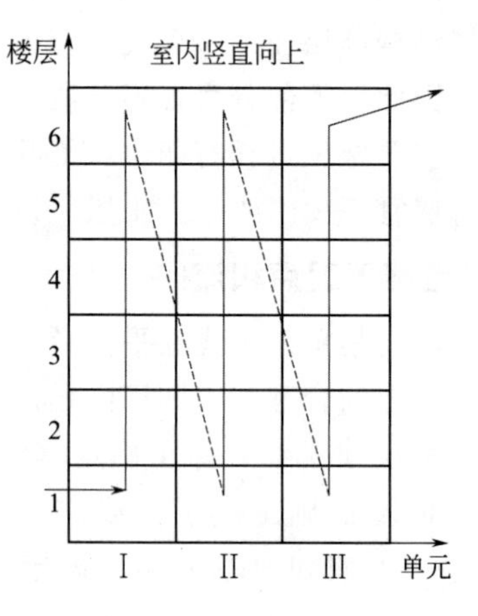

图 2-3　自下而上施工流向

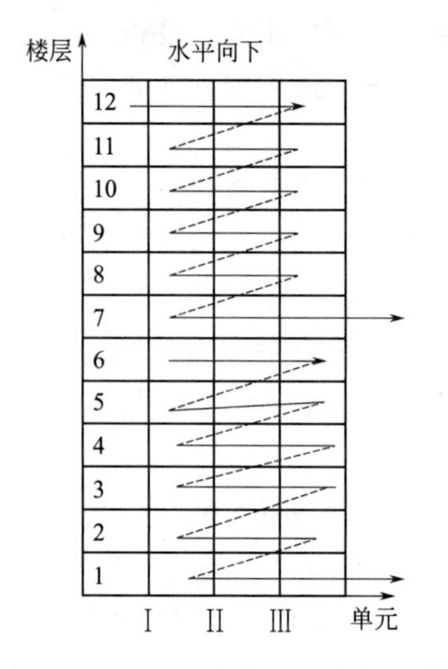

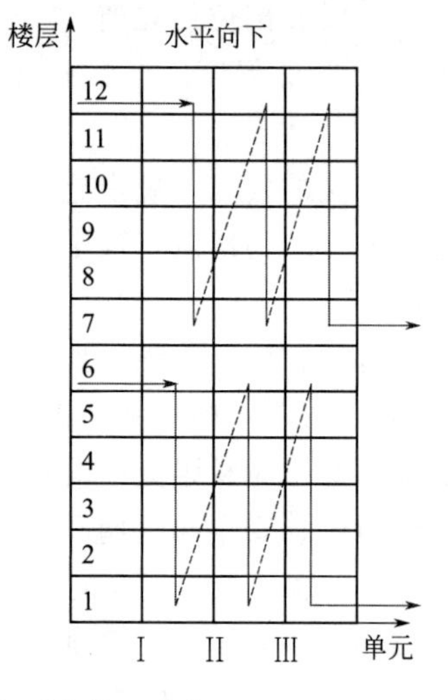

图 2-4　自中而下再自上而中施工流向

2.3.4　确定施工顺序

确定施工顺序就是在已定的施工展开程序和流向的基础上，按照施工的技术规律和合理的组织关系，确定出各分项工程或工序之间时间上的先后顺序和搭接关系，以期做到工艺合理、保证质量、安全施工、充分利用工作面、争取时间的目的。

2.3.4.1　确定施工顺序时应考虑的因素

(1) 符合施工工艺的要求　施工过程之间客观存在着的工艺顺序关系，在确定施工顺序时必须顺从这个关系。例如：建筑物现浇楼板的施工过程的先后顺序是：支模板→绑扎钢筋→浇混凝土→养护→拆模。

(2) 符合施工方法和施工机械的要求　选用不同施工方法和施工机械时，施工过程的先后顺序是不同的。例如，在装配式单层工业厂房安装时，如采用综合吊装法，施工顺序应该是吊装完一个节间的柱、梁、屋架、屋面板后，再重新吊装另一节间的所列构件；如果是采用分件吊装法，施工顺序应该是先吊装柱，再吊装梁，最后吊装屋架及屋面板。又如，在安装装配式多层多跨工业厂房时，如果采用塔式起重机，则可以自下向上逐层吊装；如果使用桅杆式起重机，则只能把整个房屋在平面上划分成若干个单元，由下向上吊完一个单元（节间）构件后，再吊下一个单元（节间）的构件。

(3) 考虑施工组织的要求　施工过程的先后顺序与施工组织要求有关。例如：地下室的混凝土地坪施工，可以安排在地下室的上层楼板施工之前完成，也可以安排在上层楼板施工之后进行，从施工组织角度来看，前一方案施工方便，较合理。

(4) 保证施工质量　施工过程的先后顺序是否合理，将影响到施工的质量。如预制楼板的水磨石面层，只能在上一层水磨石面层完成之后才能进行下一层的顶棚抹灰工程，否则易造成质量缺陷。

(5) 符合安全施工要求　合理的施工顺序，能够避免各施工过程安全事故的发生。例如：不能在同一个施工段上，边进行楼板施工，边进行其他作业。

(6) 考虑当地的气候条件　不同的气候特点会影响施工过程先后的顺序，例如在华东和南方地区，应首先考虑到雨季施工的特点，而在华北、西北、东北地区，则应多考虑冬季施工特点。土方、砌墙、屋面等工程应尽可能地安排在雨季到来之前施工，而室内工程则可适当推后。

2.3.4.2　常见的几种建筑的施工顺序

(1) 现浇钢筋混凝土框架结构建筑　现浇框架结构建筑的施工，一般可划分为五个施工过程，即地基基础工程、主体结构工程、屋面工程、装饰装修工程和安装工程。具体施工顺序及安排要求如下。

① 基础工程　现浇框架建筑的基础工程一般可分为有地下室和无地下室的基础工程。若有一层地下室且又建在软土地基层上时，其施工顺序为：土方开挖→桩基→土方开挖→桩头及垫层→基础地下室底板→地下室墙、柱（防水处理）→地下室顶板→回填土。若无地下室且也建在软土地基上时，其施工顺序为：挖土→桩基→挖土→垫层→钢筋混凝土基础→钢筋混凝土地梁→基础回填土。

② 主体结构工程　主体结构工程的施工，主要是指柱、梁、楼板的施工。由于柱、梁、板的施工工程量很大，所需的材料、劳力很多，而且对工程质量和工期起决定性作用，故需将多层框架在竖向上分层，在平面上分段进行流水施工。若采用木胶合板模板，其施工顺序为：绑扎柱钢筋→支柱、梁、板模板→浇筑柱混凝土→安装梁、板钢筋→浇梁、板混凝土。

若采用钢模板，其施工顺序为：绑扎柱钢筋→支柱模板→浇筑柱混凝土→支梁、板模板→绑扎梁、板钢筋→浇梁、板混凝土。

③ 屋面工程　屋面工程在主体结构完成后应及早进行，以避免屋面板因温度变形而影响结构，也为进行室内外装修创造条件。

屋面工程由于南北方区域不同，故选用的屋面材料不同，其施工顺序也不相同。北方地区卷材防水屋面的施工顺序为：抹找平层→铺隔气层及保温层→找平层→刷冷底子油结合层→做防水层及保护层。这里要注意的是刷冷底子油层一定要等到找平层干燥以后进行。南方地区卷材防水屋面的施工顺序为：抹找平层→做防水层→隔热层。

④ 装饰装修工程　装饰装修工程应在主体结构完成并经验收合格后进行。主要工作包括砌筑围护墙及隔墙、墙面抹灰、楼地面砖铺贴、安装门窗、油漆涂料等分项工程。其中，砌墙、室内外抹灰是主导施工过程。安排施工顺序的关键是确定其施工的空间顺序，以保证施工质量和安全，并缩短工期。

室内、外装饰施工顺序通常有先内后外、先外后内及内外同时进行三种。一般来说，先外后内有利于脚手架的及时拆除、周转，并避免脚手架连接结构杆对室内装修的影响，也有利于室内成品的保护。但室外装饰要注意气候条件，尽量避开不利季节。

室内抹灰工程在同一层内的顺序一般为：楼地面→天棚、墙体抹灰。这种顺序便于收集落地灰，可保证楼地面施工质量，但由于地面施工后需养护7天以上，所以工期较长。当工期较紧时，也可按天棚、墙体抹灰→楼地面进行施工，但做楼地面前必须注意做好基层的清理。楼梯间和踏步易在施工期间受到破坏，故常在其他部位抹灰完成后，自上而下统一进行，并封闭养护。

某框架结构建筑的装饰施工顺序为：砌墙→安钢门框、窗副框→外墙抹灰→养护、干燥→拆脚手架及外墙涂料施工→室内墙面抹灰→安室内门框或包木门口→铺贴楼地面砖→养护→吊顶安装→安装塑钢窗→木装饰→顶、墙腻子、涂料→安门扇→木质品油漆。

⑤ 安装工程　安装工程包括水、暖、电、卫、燃、消防、电梯等管线及设备的安装，需要与土建工程穿插施工，且应紧密配合，以保证质量，便于施工操作，有利于成品保护作为确定配合关系的原则。一般配合关系为：砌墙和现浇钢筋混凝土楼板的同时，预留上下水、暖立管和配电箱等的孔洞，预埋电线管、接线盒及其他预埋件；装饰装修施工前，完成各种管道、设备箱体的安装及电线管内的穿线；各种设备的安装与装饰装修施工穿插配合进行；室外上下水及暖气等管道安装，可安排在基础工程之前或主体结构完工后进行。

(2) 多层砖混结构住宅建筑　多层砖混结构住宅建筑的施工，一般也划分为三个分部工程，具体施工顺序如下。

① 基础工程　基础工程的施工顺序一般是：挖土→垫层→钢筋混凝土基础→墙基础→回填土或挖土→垫层→钢筋混凝土基础→墙基础→铺防潮层→地圈梁→回填土。有地下障碍物、坟穴、防空洞，并存在软弱地基的时候，则需要事先处理；有地下室时，应在基础完成后，砌地下室墙，然后做防潮层，最后浇筑地下室顶板和回填土。这里要特别注意，挖土与垫层之间的施工要紧凑，以防积水与暴晒地基，影响到地基承载能力。同时，垫层施工后，应留有一定的时间，使其达到一定的强度后，才能进行下一步工序施工。对于各种管沟的施工，应尽可能与基础同时进行，平行施工，在基础工程施工时，应注意预留孔洞。

② 主体结构工程　主体结构工程施工阶段的工作内容较多，有搭设脚手架、砌筑墙体、浇筑圈梁、楼梯、阳台、楼板、梁、构造柱、雨篷等施工过程。若主体结构的楼板为现浇

时，其施工顺序一般可归纳为：绑扎构造柱筋→砌墙→支构造柱模→浇构造柱混凝土→梁板梯模→梁板梯筋→梁板梯混凝土，若楼板为预制构件时，则施工顺序一般为绑扎构造柱筋→砌墙→支构造柱模→浇构造柱混凝土→圈梁支模绑筋→浇筑圈梁混凝土→吊装楼板→灌缝。在主体结构施工阶段，砌墙与楼板施工是主导施工过程，要注意这两者在流水施工中的连续性，避免不必要的窝工现象发生。

③ 屋面工程、装饰工程及安装工程　屋面工程、装饰工程和安装工程的施工顺序与钢筋混凝土框架结构房屋的施工顺序相同。

(3) 装配式单层工业厂房　装配式单层工业厂房的施工特点是基础施工复杂，构件预制量大、施工时要求土建与设备的安装配合紧密。

① 基础工程　基础工程包括厂房的基础与设备基础两个方面。通常，这个阶段的施工顺序是挖土→铺垫层→杯形基础和设备基础→养护拆模→回填土。在基础施工阶段，如果厂房基础设备较多，就必须对设备基础和设备安装的施工顺序进行分析研究，根据建设工期，来确定合理的施工顺序。基础施工与设备安装的施工顺序有两种，一种是先进行厂房建设，后进行设备安装，即封闭式施工；另一种是先进行厂房基础和设备基础施工，后进行厂房的结构吊装，即敞开式施工。前者适用于基础设备不大，厂房建成后再进行设备基础施工及设备安装的工程，而后者相反。

② 预制工程　非预应力混凝土预制工程的施工顺序是场地平整→支模板→绑扎钢筋→埋设配件→浇混凝土→养护→拆模板。预应力混凝土预制工程的施工顺序包括先张法和后张法两种。先张法的施工顺序为场地平整→张拉预应力筋→支模板→扎普通钢筋→浇混凝土并养护→拆模。后张法施工顺序为场地平整→浇筑混凝土并预留孔道→养护拆模→穿预应力筋并张拉→孔道灌浆。目前一般采用后张法施工。

③ 吊装工程　结构吊装工程是装配式单层工业厂房的主导工程，通常其施工顺序是：柱、梁（吊车梁与连系梁）、屋架、屋面板及天窗的吊装、校正及固定。在这一施工阶段，结构吊装顺序主要取决于施工方法。若采用分件吊装法时，其施工顺序为：吊装、固定、校正柱→吊装、固定、校正梁→吊装、固定、校正屋架及屋面板。若采用综合吊装法，其施工顺序是先吊装、校正、固定一个施工段的柱、梁、屋架及屋面板，然后再吊装下一个施工段的柱、梁、屋架及屋面板，如此按施工段进行吊装，直到全部厂房结构吊装完毕。

结构吊装流向通常与预制构件制作流向一致。如果车间为多跨且有高低跨时，结构吊装流向，应从高低跨并列处开始，以满足其施工工艺要求。

2.4　施工重点、难点分析

对于单位工程施工的重点和难点应进行简要分析，包括施工技术和组织管理两个方面，并从以下几个方面解决单位工程施工重点与难点的问题。对于单位工程施工中开发和使用的新材料、新技术、新工艺、新方法应做出分析，对主要分包工程施工单位的选择要求及管理方式应进行简要说明，明确验收的程序与要求。对基坑工程、模板工程、脚手架工程、起重吊装工程、临时用水用电工程、季节性施工等专项工程所采用的施工专项方案做出分析和部署。

对施工过程来讲，按不同的施工方法施工，其施工效果和经济效果也不相同。施工方法的选择直接影响到施工进度、施工质量、工程造价及生产的安全等。因此，正确地选用施工方法在施工组织设计中占有相当重要的地位。

（1）土石方与基坑支护工程　土石方与基坑支护工程的重点和难点通常是支护方案和地下水处理方案以及土方开挖方案。若不重视就有可能出现塌方等安全事故。所以应根据施工图纸结合实际情况选择施工方法。如按照土的种类、土石方数量、运距、施工机械、工期等具体条件来决定土石方开挖和调配方案，并确定土方边坡坡度系数、土壁支撑方法、地下水位降低值等。

（2）基础工程　基础工程种类繁多，其重点和难点不尽相同，但浅基础施工重点主要考虑局部地基的处理，深基础施工重点和难点主要是机械的选择和防水的处理。如桩基础的施工，除了桩机选择外，重点应预防常见桩基质量事故的发生，如钢筋混凝土基础及地下室工程应考虑防水处理等。

（3）钢筋混凝土工程　钢筋混凝土工程的重点和难点主要是模板系统、混凝土浇捣等。所以应重点选择模板和支架类型及支撑方法；选择钢筋连接的方式；选择混凝土供应、输送及浇筑顺序和方法，确定混凝土振捣设备类型；确定施工缝留设位置，确定预应力混凝土的施工方法及控制应力等。

（4）结构安装工程　结构安装工程的重点和难点，主要是确定结构安装方法和起重机类型，确定构件运输要求及堆放位置。

（5）屋面工程　屋面工程的重点和难点，主要是确定屋面工程的施工方法及要求，确定屋面材料的运输方式等。

（6）装饰工程　装饰工程的重点主要在于选择装饰工程施工方法及其要求，确定施工工艺流程及流水施工安排。

【实战演练】

2.5 任　务　一

2.5.1　任务下发

根据“广联达办公大厦”资料编制本工程的施工部署。

2.5.2　任务实施

“广联达办公大厦”施工部署。

2.5.2.1　施工目标

（1）质量目标　根据工程招标文件确定的本工程达到国家施工验收规范合格标准，确保该工程竣工一次性验收合格率100%，分部工程优良率达到80%以上，观感质量得分率90%以上。单位工程争创省优质工程。

（2）工期目标　开工时间：2017年5月23日；

地下结构完工：2017年6月4日，共13个日历天；

主体结构封顶：2017年8月24日，共81个日历天；

竣工时间：2017年11月14日，共176个日历天。

详见本工程施工进度网络计划。

（3）安全目标　采取有效措施，将轻伤频率控制在6‰以下，无火灾、重大设备损坏及人员伤亡等重大事故，创安全生产样本工地。

（4）文明目标　实施高标准、高质量的文明标准化措施和管理，创建市文明工地。

(5) 成本目标　为实现上述工程质量、工期、安全、文明施工等目标，充分发挥科技是第一生产力的作用，在工程施工中，积极采用新技术、新工艺、新材料、新设备和现代化的管理技术，降低成本率 1.7%以上。

2.5.2.2　施工组织机构及任务划分

(1) 管理组织机构　本工程按项目法组织施工。组建项目管理部，设项目经理、项目副经理、项目总工程师，全面负责本工程的协调管理工作，履行合同规定的职责和义务。项目管理部下设技术部、工程部、质量部、安全部、材料部、经营部、行政后勤部，配备相应各专业技术人员，担任各专业的具体专业工作，组织机构框图如图 2-5 所示。

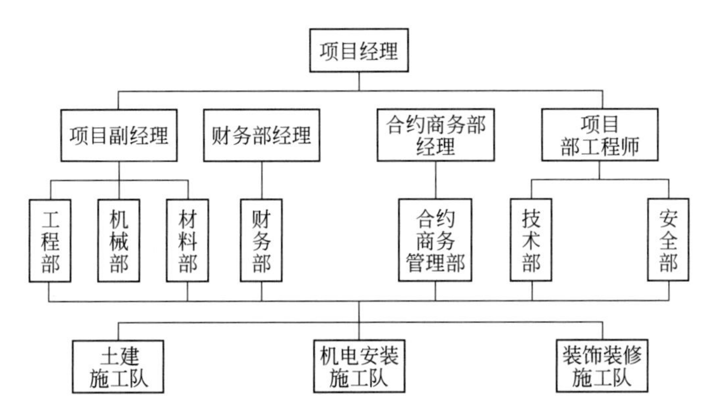

图 2-5　广联达办公大厦项目经理部组织机构框图

主要职责分工如下。

① 领导班子　由项目经理、项目副经理、财务部经理、合约商务部经理、项目总工程师组成，负责对工程的领导、指挥、协调、决策等重大事宜，对工程进度、成本、质量、安全和创优及现场文明施工等负全部责任。

② 技术部　负责编制施工组织设计，对特殊过程编制作业指导书，对关键工序编制施工方案，对分项工程进行技术交底，组织技术培训，办理工程变更，及时收集整理工程技术档案，组织材料检验、试验、施工试验和施工测量，检查监督工序质量，调整工序设计，并及时解决施工中出现的一切技术问题。

③ 工程部　负责制定生产计划，组织实施现场各阶段的平面布置，安全文明施工及劳动力组织安排，工程质量管理；负责各劳务分包和工程分包的协调管理。

④ 安全部　负责施工现场安全防护、文明施工、工序质量日常监督检查工作。

⑤ 材料部　负责工程材料及施工材料和工具的购置、运输，监督控制现场各种材料和工具的使用情况等。

⑥ 机械部　负责施工机械调配、进场安装及维修、保养等日常管理工作，确保机械处于良好运行状态。

⑦ 财务部　负责工程款的回收、工程成本核算、工程资金管理。

⑧ 合约商务管理部　负责合同管理工作；及时做好设计变更、施工签证等经济签证的统计和结算工作；编制工程预算、决算，验收及统计等工作。

(2) 任务划分

① 施工承包范围　承包合同范围包括土方工程、降水工程、主体结构工程、二次结构工程、屋面工程、装饰装修工程、给排水工程、采暖通风工程、照明工程、动力工程、防雷

工程、弱电工程。

② 甲方自行施工范围　电梯工程、消防报警系统。

③ 分包施工项目　土方工程、降水工程、给排水工程、采暖通风工程、照明工程、动力工程、防雷工程、弱电工程。

2.5.2.3　施工进度安排及空间组织

(1) 施工开展程序　本单位工程的分部、分项施工总体原则为：先地下，后地上；先结构，后围护；先主体，后装饰；先土建，后设备的程序组织施工。

本工程施工分四个阶段进行，各阶段划分如下。

第一阶段：地下工程施工阶段。

第二阶段：地上主体施工阶段。包括主体结构、二次结构和屋面工程施工。

第三阶段：内外装饰装修、专业设备安装施工阶段。

第四阶段：竣工验收阶段。

其中，暖通、给排水、电气、煤气等专业设备安装在地下结构验收完后即可插入土建专业施工，并随土建施工的进度计划交叉作业。电梯在主体结构验收完后即可进场安装。

在施工过程中坚持计划先行，预控为主，制度明确，精心组织施工，总包全面负责。

(2) 施工段及施工起点、流向　地下工程施工，土方工程施工、垫层混凝土施工不分施工段。底板和地下室施工按施工图中的后浇带划分为 2 段。流水方向为：从①轴向⑩ 轴。

地上主体施工，按施工图中后浇带每施工层划分为 2 段，各施工段工程量基本相等。流水方向为：从①轴向⑩ 轴。

室内装饰施工，每个楼层作为一个施工段，流水方向为自上而下方式。

(3) 施工顺序

① 地下工程　定位放线→降水→挖土方→钎探、验槽→浇混凝土垫层→底板防水、砌砖胎膜→绑底板钢筋→浇底板混凝土→地下室墙和柱的钢筋、模板、混凝土→养护→地下室顶板模板、钢筋、混凝土→地下室外墙防水层及保护层→回填土。

② 主体结构工程　标准层顺序：放线→绑扎柱、剪力墙钢筋→支柱、墙模板→浇柱、墙混凝土→支梁、板模板→绑梁、板钢筋→浇筑梁、板混凝土→养护→拆模。

③ 装饰装修工程

a. 室内装饰施工（包括二次结构及专业设备安装工程）：结构处理→二次结构施工→顶墙抹灰、楼地面→水、电、气设备管线安装→贴墙面砖→吊顶龙骨→铺楼地面砖→门窗安装→吊顶板→刷顶墙涂料→灯具、设备安装→清理→竣工。

b. 室外装饰施工（包括屋面工程）：屋面工程→结构处理→外墙保温→外墙面层→细部处理→台阶、散水→清理。

2.5.3　任务总结

施工部署是对单位工程施工组织做总体的布置和安排，是单位工程施工组织设计的核心内容，编制前必须全面了解工程情况，然后按照施工部署内容编写。

2.6　任　务　二

2.6.1　任务下发

根据“钢结构厂房”资料编制本工程的施工部署。

2.6.2　任务实施

“钢结构厂房”施工部署。

2.6.2.1　施工目标

(1) 质量目标　实现对业主的质量承诺，以领先行业水平为目标，严格按照合同条款要求及现行规范标准组织施工，工程一次验收合格率达 100%，主体工程优良，安装工程优良率达到 85%以上，质量损失率≤0.15%。质量管理体系持续有效运行。

(2) 工期目标　开工时间：2017 年 5 月 1 日；

基础完工：2017 年 5 月 18 日，共 18 个日历天；

钢结构施工及吊装完成：2017 年 5 月 30 日，共 12 个日历天；

竣工时间：2017 年 6 月 12 日，共 42 个日历天。

详见本工程施工进度网络计划。

(3) 安全目标

① 无因工死亡、重伤和重大机械设备事故；

② 无火灾事故；

③ 无严重污染扰民；

④ 无重大交通事故；

⑤ 创安全生产样本工地。

(4) 文明目标　责任到位，实施文明标准化措施和管理，创文明施工样板工地。

(5) 成本目标　在工程实施过程中，按照工序指定生产成本控制计划，满足施工需求和从不发生额外损耗的角度出发，细化人、材、机的投入，力争将消耗控制在行业最低消耗水平。采用先进的建筑施工技术，提高施工进度，降低成本，力争实现行业最低成本目标，提高经济效益和社会效益。

2.6.2.2　施工组织机构及职责分工

本工程按项目法组织施工。项目经理选派承担过钢结构单层厂房工程项目管理、并具备丰富施工管理经验的项目经理担任。项目总工选派具有较高技术业务素质和技术管理水平、并有钢结构单层厂房管理经验的工程技术人员担任。项目经理部对本项目的人、财、物按照项目法施工管理的要求实行统一组织，统一布置，统一计划，统一协调，统一管理，充分发挥各职能部门、各岗位人员的职能作用，认真履行管理职责，确保本项目质量体系持续、有效地运行，组织机构框图如图 2-6 所示。

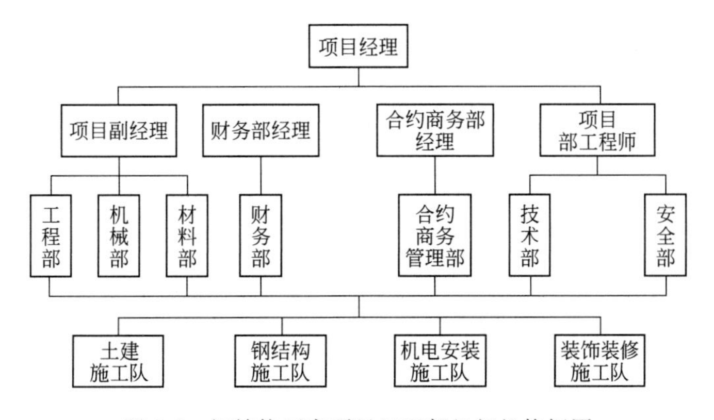

图 2-6　钢结构厂房项目经理部组织机构框图

主要职责分工如下。

① 领导班子　由项目经理、项目副经理、财务部经理、合约商务部经理、项目总工程师组成，负责对工程的领导、指挥、协调、决策等重大事宜，对工程进度、成本、质量、安全和创优及现场文明施工等负全部责任。

② 技术部　负责编制施工组织设计，对特殊过程编制作业指导书，对关键工序编制施工方案，对分项工程进行技术交底，组织技术培训，办理工程变更，及时收集整理工程技术档案，组织材料检验、试验、施工试验和施工测量，检查监督工序质量，调整工序设计，并及时解决施工中出现的一切技术问题。

③ 工程部　负责制定生产计划，组织实施现场各阶段的平面布置，安全文明施工及劳动力组织安排，工程质量管理；负责各劳务分包和工程分包的协调管理。

④ 安全部　负责施工现场安全防护、文明施工、工序质量日常监督检查工作。

⑤ 材料部　负责工程材料及施工材料和工具的购置、运输，监督控制现场各种材料和工具的使用情况等。

⑥ 机械部　负责施工机械调配、进场安装及维修、保养等日常管理工作，确保机械处于良好运行状态。

⑦ 财务部　负责工程款的回收，工程成本核算，工程资金管理。

⑧ 合约商务管理部　负责合同管理工作；及时做好设计变更、施工签证等经济签证的统计和结算工作；编制工程预算、决算，验收及统计等工作。

2.6.2.3　施工进度安排及空间组织

本工程工期短，质量目标高，为保证基础、结构、吊装、装修等均有充裕的时间施工，保质如期完成施工任务，必须充分考虑到各方面的影响因素，合理安排任务、人力、资源，进行进度、空间的总体布局。

(1) 施工开展程序　本工程的施工总体原则为：先地下，后地上；先结构，后围护；先主体，后装饰；先土建，后设备的程序组织施工。

本工程的施工程序安排按如下考虑。

① 独立基础及基础梁施工时，按从①轴到⑦轴顺序施工，为钢结构构件提供条件。

② 生产厂房构件预制和吊装与现浇钢筋混凝土部分同时进行。

③ 在场外进行柱、梁、支撑等构件的预制。

④ 厂房柱子吊装时，按①轴→⑦轴顺序施工。

(2) 施工顺序　土方开挖→基础垫层→独立基础及地基梁施工→土方回填→柱、梁等构件预制→车间结构吊装→墙体砌筑→专业安装→屋面工程→内外装修→室外工程→清理收尾→竣工报验

2.6.3　任务总结

施工部署是对单位工程施工组织做总体的布置和安排，是单位工程施工组织设计的核心内容，编制前必须全面了解工程情况，然后按照施工部署内容编写。

模块3 分部分项工程施工方案

知识目标：

1. 了解单位工程中包含的分部分项施工方案的内容；
2. 掌握如何选择主要分部分项工程的施工方法和施工机械。

教学目标：

1. 能应用给定的条件确定单位工程中各分部分项工程的施工方案；
2. 能正确选择主要分部分项工程的施工方法和相应的施工机械。

【模块介绍】

施工方案是指按照科学、经济、合理的原则，正确地确定工程项目的施工方法，选择适用的施工机械。本模块主要涉及的施工方案有土方工程、基础工程、钢筋混凝土工程、砌筑工程、屋面防水工程等分部分项工程。

【模块分析】

本模块依据《建筑工程施工质量验收统一标准》（GB 50300—2013）对建筑工程的分部分项工程进行划分，编制施工方案前必须了解工程概况和施工部署，按照各分部分项工程的特点选择施工方法和施工机械，对于一些特殊分部分项工程需编制专项施工方案。

【基础知识】

3.1 土方工程施工方案

土方工程施工中主要有：土壤的开挖、运输、填筑、夯实、平整和弃土等。

土方工程的特点是：面广量大，劳动繁重，施工条件复杂。为了减轻繁重体力劳动，提高劳动生产率，加快工程进度，降低工程成本，组织施工时应尽可能采用新技术和机械化施工。准确计算土方量，是合理选择施工方案和组织施工的前提；尽可能减少土方量，是降低工程成本的有效措施。

3.1.1 土的分类与工地鉴别方法

在土方工程施工中，根据土的开挖难易程度，将土分为松软土、普通土、坚土、砂砾坚土、软石、次坚石、坚石、特坚石等八类。前四类为一般土，后四类为岩石。正确区分和鉴别土的种类，有助于合理选择施工方法。

3.1.2 土方边坡与土壁支撑

（1）土方边坡　为了防止塌方，保证施工安全，在挖方或填方的开挖深度或填筑高度超过一定限度时，均应在其边沿做成具有一定坡度的边坡。土方边坡的坡度以其高度 H 与宽度 B 之比表示，即

$$\text{土方边坡坡度}=\frac{H}{B}=\frac{1}{\frac{B}{H}}=1:m \tag{3-1}$$

式中　m——坡度系数，当边坡高度为已知 H 时，其边坡宽度 $B=mH$。

根据相关规范的规定，当地下水位低于基底，在湿度正常的土层中开挖基坑或管沟，且敞露时间不长时，可做成直立壁不加支撑，但挖方深度不宜超过下列规定：①砂土和碎石土不大于1m；②轻亚黏土及亚黏土不大于1.25m；③黏土不大于1.5m；④坚硬的黏性土不大于2m。施工过程中应经常检查沟壁的稳定情况。

（2）土壁支撑　土壁稳定主要是由土体内摩阻力和黏结力来保持平衡的。一旦土体失去平衡，土壁就会塌方。造成土壁塌方的原因主要有：边坡过陡或土质差，基坑开挖深度大；雨水、地下水渗入基坑，使土泡软，抗剪能力降低；基坑上边缘有静荷载或动荷载作用。为了保证土体稳定和施工安全，可采取放足边坡和设置支撑两种措施。

3.1.3 施工排水

开挖基坑时，流入坑内的地下水和地面水如不及时排走，不但会使施工条件恶化，造成土壁塌方，而且还会影响地基的承载力。因此，在土方施工中，做好施工排水工作，保持土体干燥是十分重要的。

施工排水可分为明沟排水和人工降低地下水位两类。

（1）明沟排水　明沟排水是采用截、疏、抽的方法。截：是截住水流；疏：是疏干积水；抽：是在基坑开挖过程中，在坑底设置集水井，并沿坑底的周围或中央开挖排水沟，使水流入集水井中，然后用水泵抽走。

（2）人工降低地下水位　人工降低地下水位就是在基坑开挖前，先在基坑周围埋设一定数量的滤水管（井），利用抽水设备从中抽水，使地下水位降落到坑底以下，直到施工完毕为止。这样，可使基坑在保持干燥状态下开挖，防止流沙发生，改善了工作条件。

3.1.4 填土压实

（1）对填土的要求

① 含水量大的黏土、淤泥土、冻土、膨胀性土、有机物含量大于8%的土、硫酸盐含量大于5%的土，均不能用作填土；

② 应水平分层填土、分层夯实，每层的厚度根据土的种类及压实机械而定；

③ 采用两种透水性不同的土料时，应分别分层填筑，透水性较小的土宜在上层；

④ 各种土不得混杂使用。

（2）压实方法

① 碾压法　利用机械滚轮的压力压实土壤，使之达到所需的密实度，适用于大面积填筑。

碾压机械有平足碾和羊足碾。压实时，行驶速度不宜过快，平足碾不大于 2km/h，羊足碾不大于 3km/h。

② 夯实法　利用夯锤下落的冲击力来夯实土壤，此法主要用于小面积回填土。常用夯实法有人工夯实法（如木夯、石夯等）和机械夯实法（夯实机械，如夯锤、内燃夯土机、蛙式打夯机等）。

③ 振动压实法　将振动压实机置于土层表面，在压实机械振动作用下，土颗粒发生相对位移而达到紧密状态。此方法用于振实非黏性土效果较好。

3.1.5　土方机械化施工

3.1.5.1　主要土方机械

（1）推土机　推土机是土方工程施工的主要机械之一，可以独立完成铲土、运土及卸土三种作业。它操纵灵活，运转方便，所需工作面较小，转移方便，因此应用范围广。其推运距离宜在 100m 以内，运距在 50m 左右经济效果最好。

（2）铲运机　铲运机是一种能综合完成全部土方施工工序（挖土、运土、卸土和平土）的机械。铲运机管理简单，生产效率高，且运行费用低，常用于大面积场地平整、开挖大型基坑、填筑路基等。

（3）单斗挖土机　单斗挖土机在土方工程中应用较广，种类很多，按其工作装置可分为正铲、反铲、拉铲和抓斗等不同挖土机，但常用的就正铲和反铲挖土机。正铲挖土机适用于开挖停机面以上的土方，且需与汽车配合完成整个挖运作业。反铲挖土机用以挖掘停机面以下的土方，主要用于开挖基坑、基槽或管沟。

3.1.5.2　土方机械的选择

当地形起伏不大，坡度在 20°以内，土方开挖的面积较大，土的含水量适当，平均运距在 1km 以内时，采用铲运机较合适。

地形起伏较大，一般挖土高度在 3m 以上，运距超过 1km，工程量较大且又集中时，一般可根据情况从下述三种方式中进行选择：①正铲挖土机配合自卸汽车进行施工，并在弃土区配备推土机平整土堆；②用推土机将土推入漏斗，用自卸汽车在漏斗下装土并运走；③用推土机预先将土推成一堆，用装载机把土装到汽车上运走。

开挖基坑时，可根据运距长短、挖掘深浅，分别采用推土机、铲运机或挖土机配合自卸汽车进行施工。

3.2　基础工程施工方案

一般多层建筑物当地基较好时多采用天然地基，它造价低、施工简便。天然地基有深基础和浅基础之分，埋深小于或等于 5m 为浅基础。随着高层建筑的发展，深基础被越来越广泛地采用。深基础工程形式主要有桩基础、地下连续墙、沉井基础、墩基础等，其中最常用的是桩基础。

3.2.1　浅基础

浅基础的类型按其形式不同可以分为独立基础、条形基础（带形基础）、井格基础、筏板基础、箱形基础、桩基础。建筑物上部结构采用框架结构或单层排架结构承重时，基础常采用方形或矩形的独立基础。

（1）独立基础　独立基础是柱下基础的基本形式。按照其断面的形式有踏步形（阶梯形）、锥形和杯形。当柱为预制时，将基础做成杯口形，然后将柱子插入，并嵌固在杯口内，故称杯口基础。有时因建筑物场地起伏或局部工程地质条件变化，以及避开设备基础等原因，可将个别柱基础底面降低，做成高杯口基础，或称长颈基础。

（2）条形基础　条形基础呈连续的带形，也称为带形基础。分为墙下条形基础和柱下条形基础两类。墙下条形基础：一般为黏土砖、灰土、三合土等材料的刚性条形基础，当建筑物荷载大、地基承载力较小或上部结构有需要时，可用钢筋混凝土条形基础。

（3）井格基础　条形基础的衍生，纵横向均相连，形成井字形；当地基条件较差或上部荷载较大时，为了提高建筑的整体刚度，提高建筑物的整体性，防止柱子之间产生不均匀沉降，常将柱下基础沿纵横两个方向扩展连接起来，做成十字交叉的井格基础。

（4）筏板基础　当建筑物上部荷载大，而地基又较弱，这时采用简单的条形基础或井格基础已不能适应地基变形的需要，通常将墙或柱下基础连成一片钢筋混凝土板，使建筑物的荷载承受在一块整板上称为片筏基础。

（5）箱形基础　箱形基础由钢筋混凝土底板、顶板和若干纵横墙体组成，是一个整体的空心箱体结构。

3.2.2　深基础

（1）预制桩　钢筋混凝土预制桩能承受较大的荷载，沉降变形小，施工速度快，故在工程中被广泛应用。中国施工领域采用较多的预制桩主要是混凝土预制桩和钢桩两大类，其具备易于控制质量、速度快、制作方便、承载力高，并能根据需要制作成不同尺寸、不同形状的截面和长度、且不受地下水位的影响等特点，它是建筑工程最常用的一种桩型。预制桩主要有混凝土预制桩和钢桩两大类，其中预制桩常用的类型有混凝土实心方桩和预应力混凝土空心管桩，如图3-1所示。

（a）混凝土实心方桩

（b）预应力混凝土空心管桩

图3-1　预制混凝土桩

（2）灌注桩　灌注桩能适应各种地层的变化，无需接桩，施工时无振动、无挤土、噪声小，宜在建筑物密集地区采用。但与预制桩相比，它也存在操作要求严格、质量不易控制、成孔时排出大量泥浆、桩需养护检测后才能开始下一道作业等缺点。

3.3　钢筋混凝土工程施工方案

3.3.1　模板工程

3.3.1.1　模板类型

模板是使混凝土构件按几何尺寸成形的模型板。模板的种类较多，就其所用的材料不同，可分为木模板、竹模板、钢木模板、钢模板、塑料模板、铝合金模板、玻璃模板等；按成形对象划分梁模、柱模、板模、梁板模、墙模、电梯井模、隧道和涵洞模、基础模、桥模、渠道模等；按组拼方式划分整体式模板、组拼整体式模板、现配式模板、整体装拆式模板。模板的选用要因地制宜、就地取材，要求形状、尺寸准确，接缝严密，有足够的强度和刚度，稳定性好，并且装拆方便、灵活，能多次周转使用。

3.3.1.2　支模方法

(1) 柱模板支模法　一般支模法：系用两块长柱头板加两面门子板支模或用四面柱头板支模，柱模外一般隔 50～100cm 加柱箍一道。提升模板法：系用两块贴面模板用螺栓连接而成，拆模时，松动两对角螺栓，用人工或提升架将模板提升到上一段，并与已浇捣好的混凝土搭接 30cm 左右，然后拧紧螺栓，经校正固定后，继续浇捣上段混凝土。

(2) 梁模板支模法　梁模板由底板加两侧板组成。梁模板的种类有矩形梁模板、T 形梁模板、花篮梁模板、深梁模板和圈梁模板等，梁底的支撑系统一般采用支柱（琵琶撑）、桁架和钢管支模。

(3) 挑檐板支模法　挑檐板支模，其支柱一般不落地，多采用在下层窗口线上用斜撑支承挑檐部分或采用钢三角支模法，由砖墙承担挑檐重量。对支柱不落地的挑檐板支模，应保证不发生倾覆，因此，应对模板和成型后的挑檐板的倾覆进行核算。

(4) 墙体模板支模法　有一般支模法和定型模板墙模两种，一般支模法系由侧板、立档、横档、斜撑和水平撑组成模板支设系统；定型模板墙模系由钢木定型板加水平撑及对销螺栓组成模板支设系统。

(5) 现场预制混凝土构件模板支模法　常用的有分节脱模法和构件重叠支模法，所谓分节脱模法，是指沿构件长度可设置若干砖墩或方木作固定支点，支点间距 2m 左右，支点间配制的支模，当混凝土强度达到 50％设计强度后拆除；所谓构件重叠支模法，系指将构件平卧重叠浇捣。其他支模法，如土、砖、混凝土、胎模、地坪底模、翻转模、拉模等，有时也采用。

3.3.2　钢筋工程

钢筋工程是混凝土结构施工的重要分项工程之一，是混凝土结构施工的关键工作。

3.3.2.1　钢筋的加工

钢筋加工分为钢筋强化和钢筋成型，加工的方法有冷拉、冷拔、调直、切断和弯曲等。

3.3.2.2　钢筋连接

(1) 绑扎连接　绑扎搭接连接是通过钢筋与混凝土之间的黏结力来传递钢筋应力的方式。两根相向受力的钢筋分别锚固在搭接连接区段的混凝土中而将力传递给混凝土，从而实现钢筋之间应力的传递。搭接钢筋由于横肋斜向挤压作用造成的径向推力引起了两根钢筋的分离趋势，两根搭接钢筋之间容易出现纵向劈裂裂缝，甚至因两筋分离而破坏，因此必须保证强有力的配箍约束。

受拉钢筋绑扎连接的搭接长度应符合表 3-1 的规定，受压钢筋绑扎连接的搭接长度，应取受拉钢筋搭接长度的 0.7 倍。

表 3-1 受拉钢筋绑扎连接的搭接长度

钢筋类型	混凝土强度等级		
	C20	C25	≥C30
HPB235 级钢筋	35d	30d	25d
HRB335 级钢筋	45d	40d	35d
HRB400 级钢筋	55d	50d	45d
冷拔低碳钢丝	300mm		

由于绑扎搭接连接是一种比较可靠的连接方式，质量容易保证，仅靠现场检测即可确保质量，且施工非常简便，不需特殊的技术，因而应用也最广泛，至今仍是水平钢筋连接的主要形式。但当钢筋较粗时，绑扎搭接施工困难且容易产生较宽的裂缝，因此对其直径有明确限制。绑扎搭接接头不仅浪费主受力钢筋，而且也大大增加了箍筋的用量，绑扎搭接接头区段的箍筋用量相当于非接头区域的两倍。

（2）焊接连接　常用的焊接方法有：闪光对焊、电弧焊、电渣压力焊、电阻点焊、埋弧压力焊及气压焊等。

（3）机械连接　钢筋机械连接的形式很多，主要有：挤压套筒连接、锥螺纹套筒连接、直螺纹套筒连接、熔融金属填充套筒连接、水泥灌浆填充套筒连接、受压钢筋端面平接头等。这里主要介绍挤压套筒连接、锥螺纹套筒连接和直螺纹套筒连接三种方法。

钢筋挤压套筒连接是将需要连接的变形钢筋插入特制的钢套筒内，利用液压驱动的挤压机进行径向或轴向挤压，使钢套筒产生塑性变形，使它紧紧咬住变形钢筋实现连接。

锥螺纹套筒连接就是把钢筋的连接端加工成锥形螺纹（简称丝头），通过锥螺纹连接套筒把两端带丝头的钢筋，按规定的力矩值连接成一体的连接方式。

直螺纹套筒连接是将两根钢筋的连接端加工成螺纹丝头，然后将两根已套丝的钢筋连接端穿入配套加工的连接套筒，拧紧后形成接头的一种连接方式，如图 3-2 所示。

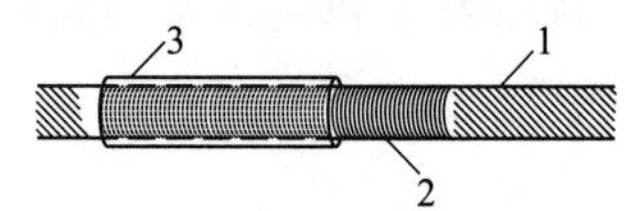

图 3-2　直螺纹套筒连接示意图

1—钢筋；2—螺纹接头；3—直螺纹套筒

3.3.3 混凝土工程

混凝土工程包括配料、搅拌、运输、浇捣、养护等过程。在整个工艺过程中，各工序紧密联系又相互影响，如其中任一工序处理不当，都会影响混凝土工程的最终质量。对混凝土的质量要求，不但要具有正确的外形，而且要获得良好的强度、密实性和整体性，因此，在施工中确保混凝土工程质量是一个很重要的问题。

（1）混凝土搅拌　混凝土搅拌机械按原理可分为自落式搅拌机和强制式搅拌机，其中自落式搅拌机搅拌叶片和搅拌筒之间无相对运动，强制式搅拌机的搅拌叶片和搅拌筒之间有相对运动。

（2）混凝土运输　混凝土自搅拌机中卸出后，应及时送到浇筑地点。其运输方案的选择，应根据建筑结构特点、混凝土工程量、运输距离、地形、道路和气候条件以及现有设备进行综合考虑。应根据结构特点、混凝土浇筑量、运距、现场道路情况、现有设备进行选择水平运输设备。其中短距离运输有多用双轮手推车、机动翻斗车、轻轨翻斗车；长距离运输包括自卸汽车、混凝土搅拌运输车；垂直运输设备用各种升降机、卷扬机及各种塔式起重机并配合采用吊斗等容器。

（3）混凝土浇筑　混凝土浇筑前应做好施工组织工作和技术、安全交底工作以及材料、器具检查等准备工作。浇筑时，混凝土的自由倾落高度：对于素混凝土或少筋混凝土，由料斗、漏斗进行浇筑时，不应超过 2m；对竖向结构（如柱、墙），浇筑混凝土的高度不超过 3m；对于配筋较密或不便捣实的结构，不宜超过 60cm。否则应采用串筒、溜槽和振动串筒下料，以防产生离析。混凝土浇筑时的坍落度应符合表 3-2 的规定。

表 3-2　混凝土浇筑时的坍落度

结构种类	坍落度/mm
基础或地面等的垫层、无配筋和大体积结构（挡土墙、基础等）或配筋稀疏的结构	10～30
板、梁和大型及中型截面的柱子等	30～50
配筋密列的结构（薄壁、斗仓、筒仓、细柱等）	50～70
配筋特密的结构	70～90

注：1. 本表采用机械振捣混凝土时的坍落度，当采用人工捣实混凝土时，其值可适当增大。

2. 当需要配制大坍落度混凝土时，应添加外加剂。

施工缝位置应在混凝土浇筑之前确定，并宜留置在结构受剪力较小且便于施工的部位。柱应留水平缝，梁、板、墙应留垂直缝。柱子施工缝宜留在基础的顶面、梁或吊车梁牛腿的下面、吊车梁的上面、无梁楼板柱帽的下面。与板连成整体的大截面梁，施工缝留置在板底面以下 20～30mm 处。当板下有梁托时，留在梁托下部。单向板的施工缝留置在平行于板的短边的任何位置。有主次梁的楼板宜顺着次梁方向浇筑，施工缝应留置在次梁跨度的中间 1/3 范围内。

（4）混凝土振捣　混凝土振捣分为人工振捣和机械振捣。人工振捣是利用捣锤、插钎等工具的冲击力来使混凝土密实成形。机械振捣是振动器的振动力以一定的方式传给混凝土，使之发生强迫振动破坏水泥浆的凝胶结构，降低了水泥浆的黏度和骨料之间的摩擦力，提高了混凝土拌合物的流动性，使混凝土密实成型。机械捣实混凝土效率高、密实度大、质量好，且能振实低流动性或干硬性混凝土。因此，一般应尽可能使用机械捣实。

混凝土振捣器是一种借助动力通过一定装置作为振源产生频繁的振动，并使这种振动传给混凝土，以振动捣固混凝土的设备。振动传递方式分类：插入式振动器、附着式振动器、平板式振动器和振动台。如图 3-3 所示。

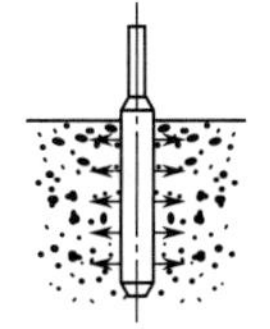

（a）插入式振动器

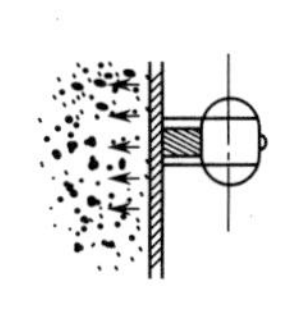

（b）附着式振动器

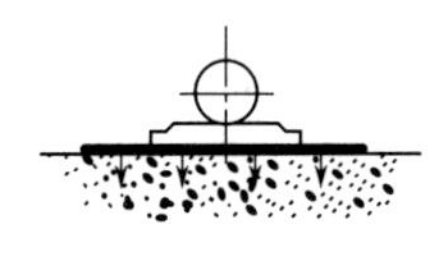

（c）平板式振动器

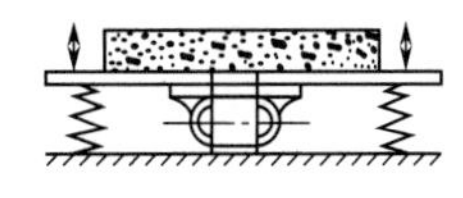

（d）振动台

图 3-3　混凝土振捣器示意图

这些振动机械的构造原理基本相同，主要是利用偏心锤的高速旋转，使振动设备因离心力而产生振动，振动机械的类型、组成和适用范围见表 3-3。

表 3-3　振动机械选型

振动机械	组成	适用范围
插入式振动器	电动马达、软管、振动部分	适用于各种垂直方向尺寸较大的混凝土体
附着式振动器	靠底部的螺栓或其他锁紧装置固定安装在模板外部	适用于振捣钢筋较密、厚度较小等不宜使用插入式振捣器的结构

续表

振动机械	组成	适用范围
平板式振动器	底板、外壳、定子、转子轴、偏心块	适用于混凝土浇筑层不厚，表面较宽敞的混凝土振捣
振动台	一个支撑在弹性支座上的工作平台，平台下设有振动机构	适用于混凝土制品厂预制件的振捣

(5) 混凝土养护　混凝土成型后，为保证水泥水化作用能正常进行，应及时进行养护。养护的目的是为混凝土硬化创造必需的湿度、温度条件，防止水分过早蒸发或冻结，防止混凝土强度降低和出现收缩裂缝、剥皮、起砂等现象，确保混凝土质量。混凝土养护常用方法主要有自然养护、加热养护和蓄热养护。其中蓄热养护多用于冬季施工，而加热养护除用于冬季施工外，常用于预制构件养护。

3.4　砌筑工程施工方案

砌体工程是指烧结普通砖、烧结多孔砖、蒸压灰砂砖、蒸压粉煤灰砖、石材和各种砌块的砌筑。

3.4.1　砌筑方式

用普通黏土砖砌筑的砖墙，按其墙面组砌形式不同，有一顺一丁、三顺一丁、梅花丁等。

(1) 一顺一丁　由一皮顺砖、一皮丁砖间隔相砌而成，上下皮之竖向灰缝都错开 1/4 砖长，是一种常用的组砌方式，其特点是一皮顺砖（砖的长边与墙身长度方向平行的砖），一皮丁砖（砖的长面与墙身长度方向垂直的砖）间隔相砌，每隔一皮砖，丁顺相同，竖缝错开。这种砌法整体性好，多用于一砖墙。

(2) 三顺一丁　这是最常见的组砌形式，由三皮顺砖、一皮丁砖组砌而成，上下皮顺砖搭接半砖长，丁砖与顺砖搭接 1/4 砖长，因三皮顺砖内部纵向有通缝，故整体性较差，且墙面也不易控制平直。但这种组砌方法因顺砖较多，砌筑速度快。

(3) 梅花丁　这种砌法又称沙包式，是每皮中顺砖与丁砖间隔相砌，上下皮砖的竖缝相互错开 1/4 砖长。这种砌法内外竖缝每皮都能错开，整体性较好，灰缝整齐，比较美观，但砌筑效率较低，多用于清水墙面。

(4) 两平一侧　两平一侧又称 18 墙，其组砌特点为，平砌层上下皮间错缝半砖，平砌层与侧砌层之间错缝 1/4 砖。此种砌法比较费工，效率低，但节省砖块，可以作为层数较小的建筑物的承重墙。

(5) 全顺法　此法仅用于砌半砖厚墙。

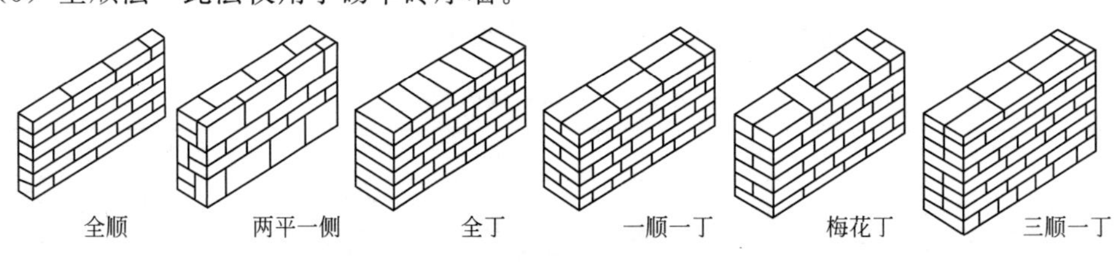

图 3-4　组砌形式

3.4.2　砌筑施工方法

(1) 砌筑砂浆在用塑条布或苫布搭成的暖棚内集中拌制，暖棚内环境温度不可低于5℃。砂浆优先选用外加剂法（外加剂的类型及掺量根据其设计及试验确定），水泥采用普通硅酸盐水泥。水泥放在暖棚内，砂堆采用彩条布覆盖。必要时在搅拌棚内生火，并用水箱烧热水用于搅拌砌筑砂浆。

(2) 砌筑砂浆不得使用污水拌制，且砂浆稠度在较高温度时适当增大。拌制砂浆所用的砂中不得含有直径大于10mm的冻块或冰块。拌和砂浆时，水的温度不得超过80℃。当水温超过规定时，应将水、砂先行搅拌，再加入水泥，以防出现假凝现象，搅拌时间比常温增加1/2倍。

(3) 外加剂设专人先按规定浓度配制成溶液置于专用容器中，然后再按规定掺量加入搅拌机中拌制成所需砂浆，外加剂法砌筑时砂浆温度不要低于5℃。

(4) 对于普通砖、砌块在砌筑前要清除表面冰雪，不得使用遭水浸和受冻的砖或砌块。

(5) 对砖砌体采用"三一"砌法，灰缝不大于10mm。每日砌筑后要及时在砌筑体表面覆盖塑料布及麻袋。砌体表面不得有砂浆，并在继续砌筑前扫净砌筑面。每日可砌高度不超过1.2m。

(6) 砌筑工程的质量控制，在施工日记中除要按常温要求记录外，尚应记录室外空气的温度、砌筑砂浆温度、外加剂掺量等。

(7) 砌筑砂浆掺外加防冻剂的数量由土建试验室确定，专人负责严格按配比进行计量。

(8) 当气温低于−15℃时，提高一级砂浆标号，送砂浆小车加装护盖，以保证一定的砌筑温度使砂浆上墙后不致立即冻结。

(9) 每班砌筑后，砖（浮石块）上不准铺灰，并用草帘等保温材料覆盖，以防止砌体砂浆受冻，继续施工前，先扫净砖面后再施工。

(10) 冬季进行室内抹灰，需在室内生火，并及时将门窗安装好，必要时，用草帘将窗洞封堵，以便增加室内温度。

(11) 室内砂浆涂抹时，砂浆的温度不能低于5℃。

(12) 如墙面涂刷涂料、砌筑砂浆和抹灰砂浆中，均不准掺入含氯盐的防冻剂。

(13) 搅拌所用的砂子不能含有冰块和直径大于10mm的浆块，砂浆随拌随用，严禁使用受冻砂浆，在砌筑时不准随意向砂浆内加热水。

3.4.3　质量要求

砌筑质量的具体要求应符合相关规范的要求。砖墙砌体应横平竖直，砂浆饱满，上下错缝，内外搭砌，接槎牢固。

(1) 组织施工人员学习应用规范。要保证砖砌体的施工质量，就一定要严格地按"规范"的要求施工。如"规范"中对于临时间断留槎方法、构造柱的施工方法、水平灰缝的控制都有明确要求，但有些施工人员并不掌握和了解"规范"。有些队伍施工中出现先砌外墙、后砌内横墙、再砌内纵墙的"三步"砌筑法，就是没有真正掌握"规范"要领。因此要组织广大基层施工人员学习"规范"，使他们能够熟悉"规范"，并准确地应用。

(2) 严格控制进场材料质量，砖的品种、强度等级必须符合设计要求。用于清水墙、柱表面的砖，应边角整齐、色泽均匀。配制砂浆的各种原材料质量、等级必须符合设计要求。

（3）改进操作工艺，采用合适的砌筑方法。水平灰缝砂浆饱满度很大程度是取决于砌筑方法，从目前的施工情况来看，采用“三一”砌砖法（一铲灰、一块砖、一挤揉）。这种砌筑方法只要砂浆稠度适当，一般是能使砂浆饱满度达到80%以上，而且竖缝也能挤进砂浆，能够较好地控制水平灰缝的饱满度。

（4）坚持和发扬传统的施工工艺。多年来砌体施工中采取了一些有效措施，如设置皮数杆，随时吊靠墙体的垂直度和平整度、37cm砖墙两面挂线，当天搅拌砂浆当天用完，干砖不上墙等。通过多年的实践证明，这些传统工艺对于水平灰缝厚度、墙面的平整度、垂直度等指标可以有效地控制，应该继续采用。

（5）加强施工过程中关键工序的检查。检查砌体使用的砖是否符合要求，砂浆是否经过试配和按配比配合。砌体临时间断处是否衔接牢固，构造柱是否有夹层与断柱情况，是否与砌体衔接牢固；组砌形式是否有严重缺陷（如包心砌筑砖柱）。对地震设防区的砖砌体更要严格要求，一般情况下不允许临时间断处留直槎。对砌筑质量差、不能保证砌体整体性与稳定性的，一定要进行处理。

3.4.4 所需机具

① 瓦刀。

② 大铲，用于铲灰、铺灰和刮浆的工具，也可以在操作中用它随时调和砂浆。

③ 井架。

④ 龙门架，用于制造模具、汽修工厂、矿山、土建施工工地及需要起重场合。

⑤ 卷扬机，卷扬机是升降井架和龙门架上吊篮的动力装置。

⑥ 附壁式升降机（施工电梯）。

⑦ 塔式起重机。

3.5 屋面防水工程施工方案

3.5.1 施工技术准备

对施工人员技术交底，保证所有施工人员都能按有关操作规程、规范及有关工艺要求施工。编制屋面工程施工方案、技术措施，并经过建设单位及监理部门审定。屋面工程施工时，应建立工序的自检、交接检和专职人员的“三检”制度。屋面防水施工应由经资质审查合格的防水专业队伍进行施工。

3.5.2 材料准备

屋面防水材料主要是SBS改性沥青防水卷材，其采用SBS改性沥青为主要材料加工制成，是近年来深受推崇的一种新型防水卷材，具有高温不流淌，低温柔度好，延伸率大，不脆裂，耐疲劳，抗老化，韧性强，抗撕裂强度和耐穿刺性能好，使用寿命长，防水性能优异等特点。采用热熔施工法，把卷材热熔搭接，熔合为一体，形成防水层，达到防水效果。基层处理剂：采用改性沥青涂料。辅助材料主要包括：工业汽油等，用于胶黏剂清洗机具、喷灯燃料使用。材料的贮存与保管：卷材应贮存在阴凉通风的室内，避免雨淋、日晒和受潮，严禁接近火源；沥青防水卷材宜直立堆放，其高度不宜超过两层，并不得倾斜或横压；卷材应避免与化学介质及有机溶剂等有害物质接触。

3.6　建筑垂直运输机械方案

结构吊装工程常用的起重安装机械有桅杆式起重机、自行杆式起重机和塔式起重机。

(1) 桅杆式起重机　桅杆式起重机包括独脚把杆、人字把杆、悬臂把杆和牵缆式把杆。

(2) 自行杆式起重机　自行杆式起重机包括以下几种。

① 履带式起重机　履带式起重机由行走装置、回转机构、机身及起重杆等部分组成，目前在单层工业厂房装配式结构吊装中得到了广泛使用，但它的缺点是稳定性较差，不宜超负荷吊装。

② 汽车式起重机　汽车式起重机是把起重机构安装在通用或专用汽车底盘上的全回转起重机。这种起重机的优点是转移迅速，对路面的破坏性很小；缺点是吊重时必须使用支腿，因而不能负荷行驶，适用于构件运输的装卸工作和结构吊装作业。

③ 轮胎起重机　特点是：行驶时对路的破坏性较小，行驶速度比汽车起重机慢，但比履带起重机快；稳定性较好，起重量较大；吊重时一般需要支腿，否则起重量大大减小。

(3) 塔式起重机　塔式起重机具有竖直的塔身，起重臂安装在塔身的顶部，形成"Γ"形的工作空间，具有较高的有效高度和较大的工作半径，起重臂可回转360°，因此，塔式起重机在多层及高层装配式结构吊装中得到了广泛应用。

① 轨行塔式起重机　这是应用最广泛的一种起重机，适用于工业与民用建筑的吊装或材料仓库的装卸等工作。其特点为：起重机借助本身机构能够转弯行驶，起重高度可按需要增减塔身互换节架。

② 爬升式塔式起重机　爬升式塔式起重机是一种安装在建筑物内部（电梯井或特设开间）的结构上，借助爬升机构，随着建筑物的增高而爬升的起重机械。一般每隔2层楼便爬升一次。这种起重机主要用于高层建筑施工。

爬升式塔式起重机不需铺设轨道又不占用施工场地，宜用于施工现场狭窄的高层建筑工程。

③ 附着式塔式起重机　附着式塔式起重机是固定在建筑物近旁混凝土基础上的起重机械，它可借助顶升系统随着建筑施工进度而自行向上接高。为了减小塔身的计算长度，规定每隔20m左右将塔身与建筑物用锚固装置连接起来。这种塔式起重机适用于高层建筑施工。

【实战演练】

3.7　任　务　一

根据"广联达办公大厦"的工程资料编制本工程的施工方案。

根据任务资料要求，该项目的主要分项工程为土方工程、基础工程、钢筋工程、混凝土工程、砌筑工程和屋面防水工程。该工程采用流水施工，根据图纸，以⑤轴和⑥轴之间的后浇带为界限，分为两个施工段。

3.7.1　土方工程施工方案

该办公大厦的建筑层数为地下1层，地上4层。土方开挖顺序为从南往北两头同时进行开挖。土方挖运的工艺流程为：设备进场→挖土→装车→拍土→外运→人工挖土。

根据本工程基础特点，土方采用机械挖运和人工捡底相结合的方法。

3.7.1.1　施工准备

由于施工现场被草皮、腐殖土、淤泥以及不宜作填土和回填土料的稻田湿土覆盖，无法进行放线定位，故先应在施工区域内用装载机平整场地，再按设计图进行定位放线。并待建设方将施工用水用电铺设至现场，再进行降水、开挖作业。

（1）学习和审查图纸　检查图纸和资料是否齐全，核对平面尺寸和坑底标高；熟悉勘察资料，搞清基础平面与周围地下设施管线的关系；研究好开挖程序，明确各专业工序间的配合关系；向施工人员层层进行技术交底。

（2）查勘施工现场　摸清工程场地情况，收集施工需要的各项资料，包括施工场地地形、地质水文、运输道路施工范围内的障碍物和堆积物状况，供水、供电、通信情况，以便为施工规划和准备提供可靠的资料和数据。

（3）平整施工场地　按测量施工要求范围和标高平整场地，凡在施工区域内影响测量工程质量的草皮、腐殖土、淤泥以及不宜作填土和回填土料的稻田湿土，应全部挖除。

（4）设置测量控制网　根据给定的永久性控制坐标和水准点，按建筑总平面要求，引测到现场。在工程施工区域设置测量控制网，做好轴线控制的测量和校核。场地平整时根据甲方、监理、施工单位一同测绘的10m×10m方格网图，进行土方工程的测量定位放线，放出基坑（槽）挖土灰线、上部边线、底部边线和水准标志，并复核无误后，方可进行场地整平和基坑开挖。

（5）修建临时设施及道路　根据工程规模、工期长短、施工力量安排等修建临时性生产和生活设施，同时敷设现场供水、供电线路，并进行试水、试电。修筑施工场地内机械运行的道路，行车路面按双车道考虑，道路的坡度、转弯半径应符合安全要求。

（6）施工废水、污水处理　施工废水、污水采用ϕ100mm的UPVC管有组织地排入现场的废水污水处理点，经三次沉淀清污处理后，达到排污标准后由场内排水暗沟排入指定的排污管网中。

从基础施工开始，在基坑周边设置排水沟、集水坑、沉淀池，尤其做好基础周边挡水坎，防止雨水浸渗地基。集水坑集水采用7.5kW的污水泵抽水。

3.7.1.2　土方开挖施工方案

（1）挖土顺序　土方开挖仍按照工程总体施工部署原则施工。即先深后浅的原则，开挖到距基底标高300mm后，采用人工捡底。

（2）挖土机械　根据土方施工机械的技术性能和工程土方量及工期，按合理的经济效果，挖土机械选用两台液压反铲挖掘机，并配备15台自卸载重汽车。

（3）土方堆放　由于现场需要大量回填土，而施工场地又较为狭窄，工程采用机械大开挖方式，现场土方堆放较为困难。为了避免买土回填、降低工程造价，经土方量平衡，将挖出土方全部堆放于业主指定地点，以便回填时利用，挖土方量约为13000m^3。

（4）基坑开挖施工安全防护措施

① 基坑开挖应严格按要求放坡　由于基坑深度较深，按照有关施工规范的要求采用1∶0.67的放坡系数放坡。首先应放出基坑上口开挖边线，并做好标志线。放线时注意留出放坡尺寸0.67H（H为基础开挖深度）、坑底排水沟尺寸250mm、工作面留置不小于350mm。挖土应由上而下，分段分层进行，边挖边检查坑底宽度和坡度，不够时及时修整。

② 专人指挥挖掘机作业，挖掘机严禁先挖坡脚或逆坡挖土，严禁碰击地下管线，挖掘机回转作业范围内严禁站人。在挖掘机工作范围内不允许进行其他作业。

③ 随时观测边坡稳定，若发现土方滑移及时处理。

④ 机械挖土预留 300mm 采用人工修边捡底。基坑分幢验槽，并做好记录，随即分段浇筑垫层加以封闭。

⑤ 降水工作应持续到基础（包括地下水位回填土）施工完成；

⑥ 土方作业时必须加强保护好测量控制基准桩，轴线引测后立即罩上钢筋笼加以保护，并派专业测量人员随时监护基准桩的安全。

⑦ 基坑挖完后，如发现地基土质与地勘报告、设计要求不符时，应立即与有关人员研究及时处理。

⑧ 坑周边应设 1.2m 高红白相间安全栏杆。

⑨ 土方临时堆放及其他材料堆放至基坑边不得小于 1.5m。

⑩ 夜间施工，应确保现场有足够照明，由专职电工负责。

⑪ 在开挖过程中遇大雨或流沙、地下水位上涨等突发情况，应会同监理、甲方等单位一起到现场确定具体施工措施。

施工方法为机械开挖至基础梁下口标高处，而后再用人工开挖到设计标高，基础梁部分挖至梁下口标高处，并及时将土运到挖土机的作业半径以内，以便将土随机带走。基坑采用 1∶1 进行放坡，并对坡面进行喷锚支护。运输路面用挖土机找平压实，待基础施工完毕后做水泥硬化处理。

3.7.2　基础工程施工方案

3.7.2.1　基础工程施工工序

本工程基础采用筏板基础形式，基础的施工顺序：基础土方开挖（支护）→验槽→垫层施工→基础砖模砌筑→防水卷材施工→防水保护层浇筑→筏板钢筋绑扎→筏板模板→基础筏板混凝土浇灌。

模板工程工作量小，施工简便，所以不考虑划分施工段，整体为一个施工段；钢筋及混凝土浇筑工程，组织简单流水施工。

3.7.2.2　砖胎模、梁侧模工程

本工程主要采用砖胎模，只有基础梁侧模用竹胶合模板。

（1）砖胎模

① 施工准备

a. 混凝土垫层已浇筑完毕，且表面平整、干净，基坑槽的开挖尺寸已复核，符合设计要求。标高检查合格，周围有足够的砌砖空间。

b. 轴线已复核无误，并且又放出砖胎模的外边线，边线尺寸已增加粉刷的厚度，以及已测量好其标高，地下水位已降至混凝土垫层以下 500mm。

c. 皮数杆按其要求制作完毕，并已安放到位，承台四角各放一根，地梁胎模皮数杆以长度 10～12m 放一根，各异形承台按实际需要增减皮数杆的安置根数。

d. 各种预埋件已安装完毕，隐蔽工程已验收。

e. 所需的砌筑材料已运至现场，砖已提前浇水湿润。

f. 施工机具试运转正常，施工人员按工种的施工位置已经安排完成，各自所需的工具、机械已经到位。

g. 做好交班前的技术及安全交底，使施工员对各承台、异形承台的几何尺寸、高度，梁的高度、宽度及其他安全问题彻底的了解。

② 施工方法及工艺

a. 砌砖的工艺流程：浇湿砖块→抄平放线→立皮数杆→送砖、砂浆→摆砖样→砌砖→复测水平标高、修砖缝、清理砖墙→清理落地灰→砖样内侧水泥砂浆粉刷→交付下道工序施工。

b. 施工方法：本工程砖胎模用砖采用240mm×115mm×53mm页岩砖，因此必须提前一天浇水湿润，以免过多吸走砂浆中的水分而影响黏结力，并可除去表面灰尘，但不能浇水过多，含水率宜为10%～15%。砖胎模内侧的粉刷为1∶3水泥砂浆底及面层进行压光，粉刷总厚度不超过10mm。粉刷前应提前浇湿砖墙。水泥砂浆表面应光滑，无砂眼、起砂、起泡等质量缺隙，每完成一个承台及梁的粉刷，落地清理应及时跟上，做到工后场清，为后道工序施工提供方便。砖胎模内侧粉刷时，应在砖胎模内侧上口预先做好底板混凝土垫层厚度的包角，要求边角水平、顺直，要有利与混凝土垫层施工的搭接，且无明显的接槎痕迹。待砖胎模粉刷完成且通过自检合格后，及时上报监理进行验收，及时做好验收签证手续。

（2）基础梁侧模　为保证筏板成型施工，在已开挖完成的大基坑沿边线用页岩实心砖砌筑240mm厚挡土墙，同时为抵抗底板混凝土浇筑时产生的侧压力，挡土墙每隔2.5m在墙体与护壁之间设墙垛370mm宽，直抵基坑护壁面。由于挡墙高度较高，在挡墙与护壁面之间边砌筑边回填砂夹石。基础梁侧模板采用定型组合竹胶合模板。垫层面清理干净后，先分段拼装，模板拼装前先刷好脱模剂。模板加固检验完成后，用水准仪定标高，在模板面上弹出混凝土上表面平线。作为控制混凝土标高的依据。模的顺序为先拆模板的支撑管、木楔等，松连接件，再拆模板，清理，分类归堆。拆模前混凝土要达到一定强度，保证拆模时不损坏棱角。

3.7.3　钢筋混凝土工程施工方案

3.7.3.1　钢筋工程

（1）钢筋质量控制

① 钢筋原材质量控制

a. 进场热轧圆盘条钢筋必须符合《钢筋混凝土用热轧光圆钢筋》、《低碳钢热轧圆盘条》的要求；进场热轧带肋钢筋必须符合《钢筋混凝土用热轧带肋钢筋》的规定。每次进场钢筋必须具有原材质量证明书。

b. 进场钢筋表面必须清洁无损伤，不得带有颗粒状或片状铁锈、裂纹、结疤、折叠、油渍和漆污等。堆放时，钢筋下面要垫以垫木，离地面不宜少于20cm，以防钢筋锈蚀和污染。

② 钢筋接头形式及要求

a. 框架梁、框架柱、抗震墙暗柱当受力钢筋直径≤16mm时，采用绑扎搭接，接头性能等级为一级；当受力钢筋直径≥16mm时，采用螺纹机械连接。

b. 接头位置宜设置在受力较小处，在同一根钢筋上应尽量少设接头。

c. 受力钢筋接头的位置应相互错开。

d. 纵向受压钢筋的锚固长度不应小于纵向受拉钢筋锚固长度的0.7倍。

e. 纵向受压钢筋的搭接长度不应小于纵向受拉钢筋搭接长度的0.7倍，且在任何情况不应小于200mm。

(2) 钢筋施工方法

① 柱基础钢筋绑扎。

工艺流程：弹线→铺放底层钢筋→绑扎→放垫块→安放支架→基础柱插筋→申报隐检→隐检签证。为保证基础柱插筋在浇筑混凝土过程中不移位，柱筋采用专用柱箍固定。

② 混凝土柱钢筋绑扎。

绑扎工艺流程：套柱箍筋→柱主筋连接→画箍筋间距线→由上向下绑扎箍筋→隐检。按图纸要求间距计算好每根柱箍筋数量，把箍筋全部套在主筋上，然后进行主筋连接，接头位置应避开加密区。

③ 梁钢筋绑扎。

工艺流程：安放梁底模→穿梁主筋、套箍筋→绑扎梁钢筋→专业预留→安放垫块→隐检。在绑扎钢筋前先对梁底模预检，确保主筋位置、间距正确，加密箍筋和抗震构造筋按规范设计和施工规范不得遗漏。

④ 楼板钢筋绑扎。

工艺流程：放线→绑扎底层钢筋→安放垫块→专业施工→安放马蹄铁→绑扎上层钢筋→隐检验收。为确保钢筋间距符合设计要求，在上下两层钢筋间布置 ϕ12mm 钢筋支架（马凳），间距 1m。下层钢筋网采用塑料垫块确保混凝土保护层厚度。楼板钢筋绑扎完后，及时搭设马凳。

3.7.3.2　混凝土工程

混凝土的配合比设计需满足设计要求，混凝土的供应采用商品混凝土，水平运输采用机动翻斗车运输，垂直运输采用 1 台 FO/23B（R=50m）塔式起重机。基础工程中底板与基底垫层采用商品混凝土。其他部位的混凝土均现场拌制。在施工中要严格按照配比施工，各种外加剂的添加要辨明品种及数量。由于结构工程横跨秋、冬、春、夏四季，混凝土的养护也是应特别留意的事情，要做到根据不同季节、不同温度、不同天气区别对待，采取相应的措施进行养护。

(1) 混凝土垫层　经钎探合格后，就可进行 C15 素混凝土基础垫层的浇筑，垫层顶面标高应严格控制，4m^2 不得少于一个控制点，垫层沿基础底板边缘向外扩展 200mm，其厚度为 100mm。

(2) 基础混凝土　该工程地下室底板及外墙和水池混凝土应采用防水混凝土，设计抗渗等级为不低于 P8 级。坍落度大于 14cm。地下室采用 HEA 型防水外加剂，掺量为水泥用量的 8%（基础加强带为 12%）。外加剂供应方应提供详细的实验数据，实验数据必须符合国家对外加剂的要求。供应方还应提供详细的施工方案和施工要求，保证外加剂的正确使用。基础底板及地下外墙均掺磨细粉煤灰：70kg/m，质量等级：一级。

(3) 主体混凝土　混凝土浇筑时，应从吊斗口下落的自由高度不超过 2m，浇筑高度若超过 3m，必须采取措施。混凝土浇筑应分段进行，浇筑层高度应根据结构特点、钢筋疏密而定，一般为振捣器作用部分深度的 1.25 倍，最大不超过 50cm。振捣器应快插慢拔，插点均匀，不得遗漏，尤其是边角处，以免漏振。浇筑时应注意观察模板、钢筋、预埋件、孔洞和插筋有无移动、变形或堵塞，发现问题及时处理。

(4) 混凝土养护　墙体拆模后及顶板混凝土浇筑完后，要求延续浇水养护七昼夜，一昼夜至少养护三次以上，天气炎热时要增加浇水次数保证混凝土表面湿润。

(5) 后浇带　后浇带处钢筋不断，沉降后浇带等主体完工两个月后再浇筑（温度后浇带为本层混凝土浇完两个月后），同时后浇带两侧模板等后浇混凝土强度达到设计强度的70%以上才能脱模；后浇混凝土比原混凝土等级高一级并掺水泥用量的8%的HEA型膨胀剂，且后浇带的施工严格按有关规程施工。

3.7.4 砌筑工程施工方案

该办公大厦的外墙的地下部分为250mm厚自防水钢筋混凝土墙体，在地上部分则为250mm厚空心砖。内墙为200mm厚的空心砌块墙体。另外本工程砌块墙体全部使用M5混合砂浆砌筑。

砌砖的工艺流程为：浇湿砖块→抄平放线→立皮数杆→送砖、砂浆→摆砖样→砌砖→复测水平标高、修砖缝、清理砖墙→清理落地灰→砖样内侧水泥砂浆粉刷→交付下道工序施工。

砌块收缩变形较大，为了避免工程中砌体出现收缩裂缝，应严把质量关，选择达到养护期的砌块。上墙砌块必须在砌筑前一天浇水湿润，含水率为10%～15%，不得使用含水率达饱和状态的砖砌墙。严禁雨天施工，砌块表面有浮水时也不得进行砌筑。

砂浆配合比应采用重量比，计量精度水泥为±2%，砂、灰膏控制在±5%以内。用机械搅拌，搅拌时间不少于1.5min。

砌筑工程施工方案如下。

（1）砌筑前应将普通砖、空心砖、灰砂砖、混凝土小型空心砌块、加气混凝土砌块和石材表面的污物、冰、雪、霜清除掉，遭水浸泡冻结后的砖或砌块不得使用。

（2）石灰膏、黏土膏或电石膏等宜保温防冻，如遭冻结，应经融化后方可使用。

（3）拌制砂浆所用的砂，不得含有直径大于1cm的冻结块和冰块。

（4）冬季砌筑砂浆的稠度，宜比常温施工时适当增加。可通过增加石灰膏或黏土膏的办法来解决。

（5）砌筑砂浆标号一般不应低于M2.5，重要部位和结构不应低于M5，宜采用普通硅酸盐水泥拌制，冬季砌筑不得使用无水泥拌制的砂浆。砂浆掺用的外加剂使用前必须了解其化学成分、性能，使用掺量必须准确。

（6）拌和砂浆时，水的温度不得超过80℃，砂子的温度不得超过40℃。使用时砂浆的温度在环境最低气温低于－10℃以内时，不应低于5℃。当环境气温在－10～－20℃时，则不应低于10℃。砌筑时砖表面与砂浆的温差不宜超过30℃，石表面与砂浆的温差不超过20℃。施工时砂浆的稠度一般控制在9～12cm。

（7）砌体工程的冬季施工，可以采用掺外加剂法、冻结法和暖棚法，冻结法施工应事先与设计联系有关加固事宜。一般以掺氯盐热拌砂浆为主。

采用掺盐砂浆时，砌体中配置的钢筋及钢预埋件应做防腐处理。采取防腐的做法有：

① 涂刷樟丹两道。

② 涂刷沥青漆。其比例为30号沥青∶10号沥青∶汽油＝1∶1∶2。

③ 涂刷防锈涂料。其比例为水泥∶亚硝酸钠∶甲基硅醇钠∶水＝100∶6∶2∶30，配好的涂料涂刷在钢筋表面约1.5mm厚，干燥后即可使用。

3.7.5 屋面防水工程施工方案

本工程屋面防水等级为二级，坡面采用1.5mm厚聚氨酯防水涂膜防水层（刷三遍），撒砂一层粘牢。平屋面采用3mm厚高聚物改性沥青防水卷材防水层，屋面雨水采用

A100UPVC 内排水方式。屋面工程施工前，凡进入隐蔽工程的施工项目时，应对前分项分部工程进行验收。防水施工前，基层应干燥、平整、光滑，阴阳角要做成小圆脚。屋面工程施工时，注意掌握温度，保证防水功能，无渗漏现象，其构造和防水保温层必须符合设计要求。屋面工程施工完成后，应采取妥善保护措施防止损坏。

3.7.5.1　施工准备

对进库的防水卷材应进行抽样复试，其抗拉强度、延伸率、耐热性、低温柔性及不透水性均应达到规定指标。屋面防水工程的人员准备见表 3-4。屋面防水工程的施工机械配备见表 3-5。

表 3-4　屋面防水工程人员及其工作内容

序号	工种	工作内容
1	技术人员	编制方案、制定措施、整理资料、技术交底
2	质安人员	质量安全监督、工程验收
3	测量人员	放线
4	采购人员	材料供应及时通知检验
5	主要施工人员	清除层面杂质灰尘，涂刷胶黏剂、铺贴卷材、表层处理
6	机械设备	维修所有机械小工具等
7	零星	零星工程

表 3-5　施工机械配备

序号	机械设备及工具名称	用途	进场计划
1	小平铲、扫帚	清理基层	开工前全部进场
2	滚动刷	涂布胶黏剂(冷底油)	
3	铁桶	分装胶黏剂(冷底油)	
4	汽油喷灯	热熔卷材用	
5	剪刀	裁剪卷材用	
6	卷尺	度量尺寸用	
7	干粉灭火器	消防设施	

3.7.5.2　施工方法

施工顺序：清理基层→试铺、弹线→卷材→辊压、排气→搭接缝密封处理→清理、检查、验收。

（1）基层处理　将现有防水卷材铲除干净，清除表面尘土、杂物等积存物；表面无浮土、砂粒等污物，表面应平整、光滑、无松动；穿墙管道及连接件应安装牢固，接缝严密，若有铁锈、油污应以钢丝刷、砂纸、溶剂等予以清理干净。

（2）涂刷基层处理剂　高聚物改性沥青卷材施工，按产品说明书配套使用，基层处理剂是将胶黏剂加入工业汽油稀释，搅拌均匀，用长把滚刷均匀涂刷于基层表面上，常温经过 4h 后，开始铺贴卷材。金属穿墙管用油漆刷涂刷，要求不露白，涂刷均匀。

（3）弹线定位　在基层上弹出基准线，把卷材试铺定位。

卷材的配置应将卷材顺长方向进行配置，使卷材长向与排水方向垂直，卷材搭接要顺流水坡方向，不应成逆向。如图 3-5 所示。

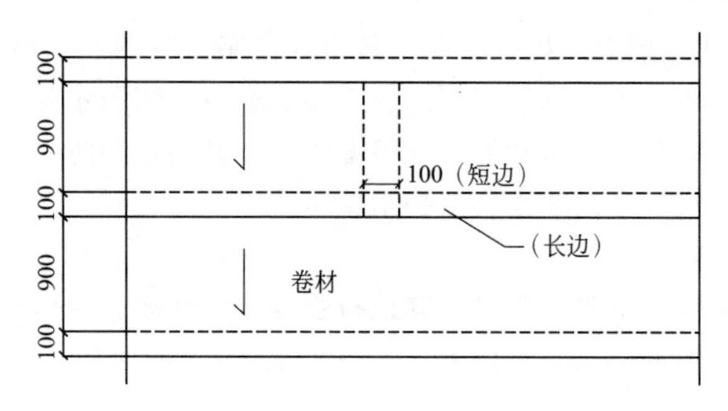

图 3-5 顺水坡方向卷材

先铺设排水比较集中的部位（如排水天沟等处），按标高由低向高的顺序铺设，如图 3-6所示。

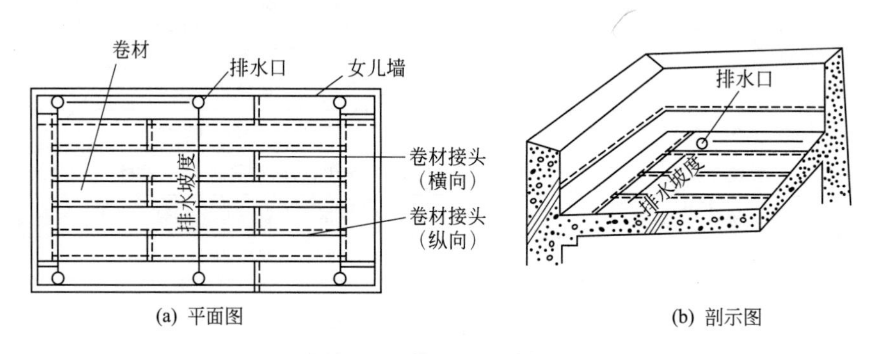

(a) 平面图　　(b) 剖示图

图 3-6 卷材配置示意图

（4）铺贴附加层　根据细部构造的具体要求，铺贴附加层。

（5）卷材热熔铺贴　用高压喷灯在卷材和基层的夹角处均匀加热，待卷材表面融化后把成卷的改性卷材向前滚铺使其粘贴在基层表面上。

火焰加热器的喷嘴距卷材面的距离应适中，幅宽内加热应均匀，以卷材表面熔融至光亮黑色为度，不得过分加热卷材。涂盖层融化（温度控制在 100～180℃之间）后，立即将卷材滚动与基层粘贴，并用压辊滚压，排除卷材下面的空气，使之平展，不得皱褶，并应滚压粘贴牢固。搭接缝处要精心操作，喷烤后趁油毡边沿未冷却，随即用抹子将边封好，最后再用喷灯在接缝处均匀细致地喷烤压实。

（6）防水层蓄水试验　卷材防水层完工后，确认做法符合设计要求，将所有雨水口堵住，然后灌水，水面应高出屋面最高点 20mm，24h 后进行认真观察，尤其是管根、风道根，不渗不漏为合格，否则应进行返工。

（7）检验　卷材防水层施工完成，专业工长自检合格后，应由项目专业质量检查员填写。检验批质量验收应由专业监理工程师组织项目专业质量检查员等进行验收并签认。

3.7.6 垂直运输工程施工方案

该办公大厦采用爬升式塔式起重机。场地及机械设备人员等准备要满足以下条件：

① 在塔基周围，清理出场地，场地要求平整，无障碍物；

② 留出塔吊进出堆放场地及吊车、汽车进出通道，路基必须压实、平整；

③ 塔吊安拆范围上空所有临时施工电线必须拆除或改道；

④ 机械设备准备：汽车吊一台，电工、钳工工具，钢丝绳一套，U 形环若干，水准仪、

经纬仪各一台，万用表和钢管尺各一只；

⑤ 塔吊安拆必须由专业的安拆人员进行操作。

3.8　任　务　二

根据“钢结构厂房”工程资料编制其施工方案。

3.8.1　土木工程施工方案

该钢结构厂房在场地平整的施工准备工作包括以下内容。

(1) 场地清理：包括拆除房屋、墓穴，拆迁或改建通信、电力设备、上下水管道及其他建筑物，迁移树木，去除耕植土及河塘淤泥等。

(2) 排除地面水：场地内低洼地区的积水必须排除，同时应注意雨水的排除，使场地保持干燥，以利土方施工。

(3) 修筑好临时道路及供水、供电等临时设施。

另外基础如遇杂填土。扰动土应全部挖除。

土方开挖前，将施工区域内的地上障碍物清除干净，考察地下障碍物（洞穴、地下管道）的埋设和标高，制定特殊区域的开挖和保护措施。

根据建筑物定位控制桩、基准水准点及基坑开挖平面图，撒白灰线标出基坑开挖上口线并经检验合格，办好预检手续。

夜间施工，购置足够数量的镝灯和其他照明设施，在危险地段应设置明显标志，并要合理安排开挖顺序，防止错挖。

土方开挖前，向施工人员进行安全和技术交底。

3.8.2　基础工程施工方案

本工程的基础采用独立基础，基础施工前必须按《建筑场地基坑探查与处理现行规程》进行探查处理。如果遇到异常情况或与地质勘查报告不符时，应与建设单位、设计院商定处理方案。

(1) 独立基础质量控制

① 本设计基础以2层粉质黏土层为持力层，地基承载力特征值 $f_{ak}=140kPa$；地基开槽后应由勘测单位和设计单位验槽后方可施工；基础如遇杂填土、扰动土应全部挖除；换填有级配砂石并分层夯实，夯实系数0.96。

② 独立基础采用C30混凝土，垫层采用C15，钢筋采用HPB300和HRB335级钢筋。

③ 混凝土保护层厚度：基础底为40mm，其余均为30mm。

④ 为防冻胀外墙基础梁下贴100mm厚苯板。

⑤ 基础必须挖到持力层，地基开槽后应由有关单位验槽后方可施工。

⑥ 基础梁在转角处钢筋应绕过48d，以满足转角处钢筋搭接要求。

⑦ 将所有基础用2根B16以上钢筋互相焊接，形成接地网。

⑧ 本说明未尽事宜应按国家现行施工及验收规范执行。

(2) 施工方法

① 施工顺序　基础开挖→基坑修整→素混凝土垫层→基础承台→基础梁柱→回填土。并按“先出后进”浇筑顺序。

② 基础垫层施工　浇捣C10混凝土垫层时，需留置标准养护及同条件试块各一组，做试块时请监理公司人员在旁边监督，送试验室养护。在垫层浇筑前要对土方进行修整，应用竹签对基坑的标高进行标识。先用竹签钉在基坑的中，然后用水准尺对其进行测定标高。在素混凝土浇筑过程中，将以这些竹签的顶为基准，进行总体标高测定。

③ 钢筋制作与安装　钢筋应有出厂质量证明书和试验报告，不同型号、钢号、规格均要进行复试合格，必须符合设计要求和有关标准的规定方可使用。

④ 模板施工　基础模板由侧模、柱箍、支撑组成，安装前应先将基础内及钢筋上的杂物清理干净，先安装侧模再安装柱箍将其固定，为了保证模板的稳定，模板之间要用水平撑、剪刀撑等互相拉结固定。

⑤ 混凝土施工　浇筑前应先对机械设备进行检查，保证水电及原材料的供应，掌握天气变化情况。检查模板的标高、位置及截面尺寸，支撑和模板的固定是否可靠，钢筋的规格、数量、安装位置是否与设计符合。清理模板内的杂物及钢筋上的油污，并加以浇水润湿，但不积水。

3.8.3　钢结构施工方案

钢结构吊装是本工程中重要的施工内容，钢结构安装的质量直接关系到结构的稳定性与安全性，同时对屋面板及墙面板等下道工序的安装质量有着直接的影响，因此钢结构安装的是工程质量达到标准的关键工序。根据本工程的结构形式，钢结构安装的工艺流程为：

测量（标高、轴线）、构件就位准备→钢柱吊装→校正并临时固定→柱最后固定→柱间支撑吊装→钢屋架或钢梁吊装→支撑吊装→檩条安装→天沟安装→屋面板安装。

(1) 钢构件进场检验　钢构件进入施工现场后，应检查构件的规格、型号、数量，并对运输过程中产生的变形进行检查与校正，确保构件的质量，同时向监理单位报验。

(2) 基础复验　结构基础中地脚螺栓由土建施工人员在浇灌混凝土时安装，安装时钢结构安装人员必须与土建施工人员一道对地脚螺栓位置及固定措施进行检查，保证预埋地脚螺栓的位置的准确性。土建基础施工完毕后，钢结构安装人员应及时与土建方办理好中间交接资料，并使用水准仪及经纬仪对基础轴线、标高进行复测。

(3) 构件清点，卸货及堆放　构件至现场，会随车携带出货清单，现场安装人员根据工厂出货清单卸车，清点数量，并在货料单上签字确认数量；卸货时，厂房地坪铺设压实，事先准备一定数量垫木，构件就位前应先放置于枕木上，以免造成对钢构件油漆损伤，根据出货明细将构件标于平面布置图上，将构件甲料放甲处，乙料放乙处，尽量避免二次倒运材料。现场安装人员依据送货清单，将已进场材料用色笔标于平面布置图上，此方法可随时了解工地进料状况。

(4) 钢构件安装施工方法　钢柱脚与基础用地脚螺栓连接，为了使钢柱就位时顺利套入地脚螺栓，通常使用垂直吊法吊装。吊装钢柱时特别注意保护地脚螺栓和吊索，为了保护吊索不被钢柱边缘锐利的棱角所损伤，在绑扎处垫好护角橡皮。

钢柱吊装前，应预先在地面上把操作吊篮、爬梯等固定在柱子施工需要的部位上。钢柱吊升时，当钢柱吊装回直后，将钢柱插进锚固螺栓固定。柱脚用地脚螺栓紧固后，柱子顶端4根缆绳封固，确保其稳定性。

(5) 钢柱校正　平面位置校正，柱子就位时严格控制位移大小。校正方法采用螺旋千斤顶加链索、套环和托底，沿水平方向顶校钢柱。

钢柱垂直度校正，钢柱垂直度用两台经纬仪架设在纵横轴线上检验，如有偏差，用螺旋千斤顶进行校正。钢柱校正后，重新紧固地脚螺栓，并塞紧钢柱底部的斜垫铁，并用电焊点焊固定。

柱子安装完经验收合格后，在柱底板 50mm 处浇灌 C40 细石混凝土（微膨胀混凝土），然后用 C15 混凝土包裹柱脚。

(6) 柱间支撑、系杆安装　钢柱垂直度校正后，开始安装柱间支撑和系杆，以增加同一轴线钢柱的稳定性。

(7) 钢屋架吊装

① 钢屋架的拼装　钢屋架在现场拼装，按设计图纸屋架几何尺寸，选择平坦的场地，放出一榀屋架 1∶1 大样，尺寸核对无误后方可拼装。为确保拼装质量，应用水准仪对屋架两端、上下弦跨中及主要节点进行抄平，以保证拼装后的屋架在一平面内。拼装焊接一面，需翻身前，应对屋架拼接节点进行加固（可采用绑扎杉木杆或钢管），以防翻身过程造成屋架变形。

② 钢屋架的吊装　吊装采用 32t 吊车单机单榀吊装，吊点采用加横梁四点绑扎起吊，绑扎点，应加垫橡皮等软材料以防钢屋架受损。

屋架吊升时，两端各用 2 根缆绳封固，缆绳方向与屋架成垂直，先将屋架垂直吊离地面约 300mm，待稳定后，转至吊装位置下方，再慢慢提升屋架，升至上弦高出柱顶约 300mm。待屋架稳定后，再缓慢地回落，安装人员配合小撬棍，将屋架端板螺栓孔与柱翼缘板螺栓孔对齐，穿入连接螺栓进行连接固定。

当第一榀屋架吊装就位后，与抗风柱进行连接，或拉缆风绳做临时固定。屋架安装就位时采用三点线锤吊正，并采用水平调整杆控制钢屋架间距和纠正偏差。屋架安装 2 榀以上后要安装支撑、系杆，使局部构件形成稳定空间，施工过程中尽量保证每天安装完的屋架必须将屋面支撑、系杆固定起来，形成一个整体。

3.8.4　砌筑工程

该钢结构厂房的墙体采用的砌体材料为粉煤灰蒸压砖，表观密度为 1400kg/m^3。墙身表面做 20cm 厚 1∶2 水泥砂浆加 5%防水粉防潮层一道。外墙在标高 1.2m 以下采用 240mm 厚的 MU10 粉煤灰蒸压砖，标高 1.2m 以上采用 200mm 厚复合板。内墙采用蒸压加气混凝土砌块。砌筑砂浆采用 M5 混合砂浆砌筑。

工艺流程：墙体放线→墙体拉结筋植筋、构造柱植筋、构造柱绑扎→砌块浇水→制备砂浆→砌块排列→铺砂浆→砌块就位→校正→竖缝灌砂浆→勾缝→墙面清扫→构造柱、过梁、压顶支设模板、浇筑→拆除模板→砌筑斜顶砖或［砌筑顶部加气混凝土砌块（7 天后）→砂浆填塞密实］。

(1) 放线　砌体施工前，将楼层结构面按标高找平，依据施工图纸放出砌体边线和门窗洞口边线。

(2) 墙体拉结筋植筋、构造柱植筋、构造柱绑扎　墙拉筋均为 ϕ6mm 钢筋，锚固时采用 ϕ8 的钻头在柱上标定的位置打孔，孔深不少于 70mm。钻孔时，孔口要稍低于孔底，以便清理孔内灰尘。孔打好后要随时用气筒将孔内尘土清理干净。配料：植筋胶按胶∶固化剂＝20∶1配料，并充分混合均匀。配好的料要在半小时内用完。填装：将胶料注入孔内，同时排出孔内空气。锚固：将钢筋插入孔底，去除孔口多余胶料，并将孔口摁平，然后静置48小时即可。锚固ϕ12mm的构造柱和圈梁钢筋时，孔深不小于150mm，孔径16mm。

（3）制配砂浆　按设计要求的砂浆品种、强度制配砂浆，配合比应由试验室确定，配合比应用重量比，计量精度为：水泥±2%，砂及掺合料±5%，搅拌时间不少于1.5min。砌体应采用设计要求的强度等级砂浆，宜用机械搅拌，投料顺序为砂→水泥→掺合料→水。砂浆应随拌随用，一般在拌和后3～4h内用完，严禁用过夜砂浆。

（4）铺砂浆　将搅拌好的砂浆，通过吊斗、灰车通过龙门架和施工电梯运至砌筑地点，在砌块就位前，用大铲、灰勺进行分块铺灰，较小的砌块最大铺灰长度不得超过1500mm。

（5）砌块就位与校正　砌块砌筑前一天应进行浇水湿润，冲去浮尘，清除砌块表面的杂物后方可吊、运就位。砌筑就位应先远后近、先下后上、先外后内；每层开始时，应从转角处或定位砌块处开始；应砌一皮、校正一皮，皮皮拉线控制砌体标高和墙面平整度。砌块安装时，砌块应避免偏心，使砌块底面能水平下落；就位时对准位置，缓慢地下落，经小撬棍微橇，用托线板挂直、核正为止。

（6）竖缝灌砂浆　每砌一皮砌块，就位校正后，用砂浆灌满灌实垂直缝，随后用PVC管进行灰缝的勒缝（原浆勾缝），深度一般为3～5mm。

3.8.5　屋面防水工程施工方案

（1）施工准备　防水卷材进场后必须按规定抽检，合格后方能投入使用。基层表面涂刷基层胶黏剂的重点和难点是阴阳角、平立面转角处、卷材收头处、排水口、伸出屋面管道根部等节点部位。这些部位有增强层时应用接缝胶黏剂，涂刷工具宜用油漆刷。涂刷时，切忌在一处来回涂滚，以免将底胶“咬起”，形成凝胶而影响质量。

（2）施工方法

① 卷材的铺贴　本工程卷材铺贴采用滚铺法，将涂布完胶黏剂并达到要求干燥的卷材用ϕ50～100mm的塑料管或原来用来装运卷材的纸筒芯重新成卷，使涂布胶黏剂的一面朝外，成卷时两端要平整，不应出现笋状，以保证铺贴时能重新对齐粉线，并要注意防止砂子、灰尘等杂物粘在卷材表面。成卷后用一根ϕ30×1500mm的钢管穿入卷材中心的塑料管或纸筒芯内，由两人分别持钢管两端，抬起卷材的端头，对准粉线，固定在已铺好的卷材顶端搭接部位或基层面上，抬卷材两人同时匀速向前，展开卷材，并随时注意将卷材边缘对准粉线，同时应使卷材铺贴平整，直到铺完一幅卷材。

② 搭接缝的粘贴　卷材铺粘后，应将搭接部位的结合面清除干净，可用棉纱沾少量汽油擦洗。然后采用油漆刷均匀涂刷，不得出现露底、堆积现象。涂胶量可按产品说明控制，待胶黏剂表面干燥后（指触不黏）即可进行粘合。粘合时应从一端开始，边压合边驱除空气，不许有气泡和皱褶现象，然后采手持压辊顺边认真仔细辊压一遍，使其黏结牢固。三层重叠处最不易压严，要用密封材料先加以填封，否则将会成为渗水。

③ 保护层的施工　卷材铺设完毕，经检查合格，应立即按施工图进行保护层或上部饰面工程的施工，及时保护防水层免受损伤。

模块4 编写单位工程进度计划

知识目标：

1. 了解流水施工、网络计划技术的分类、概念；

2. 熟悉依次施工、平行施工和流水施工的组织方式及流水施工的基本参数；熟悉单代号网络计划和单代号搭接网络计划；

3. 掌握等节奏流水、成倍流水和无节奏流水的组织形式；掌握双代号网络计划，双代号时标网络计划；网络计划优化方法。

教学目标：

1. 能应用流水施工原理编制横道图式进度计划；

2. 能应用网络计划技术编制单位工程网络式进度计划；

3. 能综合运用流水施工、网络计划技术编制单位工程进度计划；对工程项目进行工期优化、费用优化。

【模块介绍】

单位工程进度计划是项目完成时间的计划，有控制性计划和指导性计划，形式有图表（水平、垂直）型及网络图型，是施工组织设计核心内容。其内容应包括确定主要分部分项工程名称及施工顺序、确定各施工过程的延续时间、明确各施工过程间的衔接、穿插、平行、搭接等协作配合关系等。合理安排施工计划，可以组织有节奏、均衡、连续的施工，确保施工进度和工期，也是编制后续资源计划、施工场地布置设计的依据。

【模块分析】

单位工程进度计划是项目完成工期的计划书，其编制依据有：各种有关图纸；总设计；开竣工日期；气象资料、施工条件；施工方案；预算文件；施工定额；施工合同等。编制单位工程进度计划首先要收集这些资料，并对资料进行整理筛选，形成清晰的单位工程进度计划资料用于单位工程施工组织设计。

在编制单位工程进度计划时，注意施工过程划分要粗细得当；在套用消耗量定额时注意项目内容；在确定人员和时间时注意两个变量综合考虑；初始进度计划与要求差距很大时，注意改变逻辑关系。编好进度计划有利于合理安排工期，合理安排劳动力、材料、设备、资金等资源；协调各方面的关系，利用好平面和空间作业面；为合理配备资源、设计好施工现场提供保证；为工程控制成本，保证工程质量安全打下良好基础。

【基础知识】

4.1 流水施工原理

4.1.1 流水施工的概念

在工程建设施工过程中，考虑到建筑工程项目的施工特点、工艺流程、资源利用、平面或空间布置等要求，经过多年的工程实践，目前组织施工比较成熟的方法有依次施工、平行施工和流水施工等三种主要方式。

组织施工的基本方式

（1）依次施工　依次施工组织方式是将拟建工程项目的整个建造过程分解成若干个施工过程，按照一定的施工顺序，前一个施工过程完成后，后一个施工过程才开始施工；或前一个工程完成后，后一个工程才开始施工。

（2）平行施工　在拟建工程任务十分紧迫、工作面允许及资源保证供应的条件下，可以组织几个相同的工作队，在同一时间、不同的工作面上进行施工，齐头并进，这样的施工组织方法称为平行施工组织方式。

（3）流水施工　流水施工组织方式是将拟建工程项目的整个建造过程分解成若干个施工过程，同时将拟建工程项目在平面上划分成若干个劳动量大致相等的施工段；在竖向上划分成若干个施工层，按照施工过程分别建立相应的专业工作队；各专业工作队按照一定的施工顺序投入施工，各专业工作队在各施工对象上连续、有节奏地施工，并做最大限度搭接的施工组织方式。

下面以工程案例来分别说明这三种施工组织方式。

【例 4-1】 某工厂拟建三个结构相同的厂房，各厂房基础工程划分为挖土方、现浇混凝土基础和回填土三个施工过程。每个施工过程安排一个施工队组，其中，挖土方工作队由 13 人组成，3 天完成；现浇混凝土基础工作队由 20 人组成，3 天完成；回填土工作队由 10 人组成，3 天完成。

解　（1）依次施工（图 4-1、图 4-2）

由图 4-1、图 4-2 可以看出，依次施工组织方式具有以下特点。

① 施工工期为 27 天，工期拖得很长。

② 各专业工作队不能连续工作，产生窝工现象。

③ 工作面有闲置现象，空间不连续。

④ 单位时间内投入的人力、物力、材料等资源较少，有利于组织资源供应。

⑤ 施工现场的组织管理较简单。

由于采用依次施工工期较长，施工组织的安排上也不尽合理，所以依次施工作业适用于规模较小、工期要求不紧、施工工作面有限的工程项目。

（2）平行施工（图 4-3）

由图 4-3 可以看出，平行施工组织方式具有以下特点。

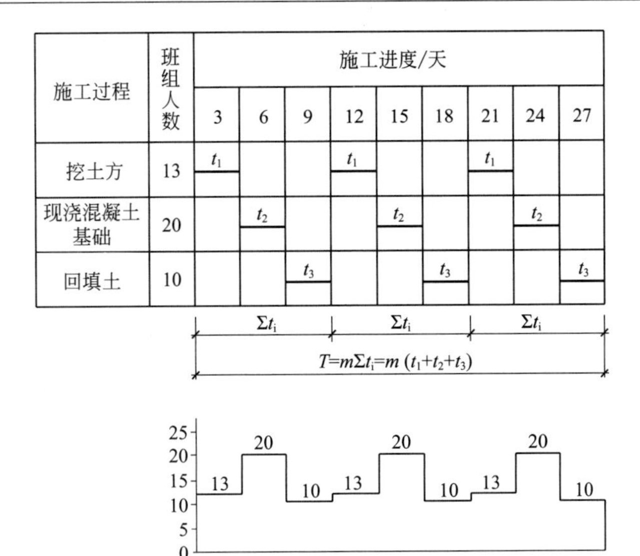

图 4-1　按施工段依次施工

（图中 t 的下标 1，2，3 表示施工过程数）

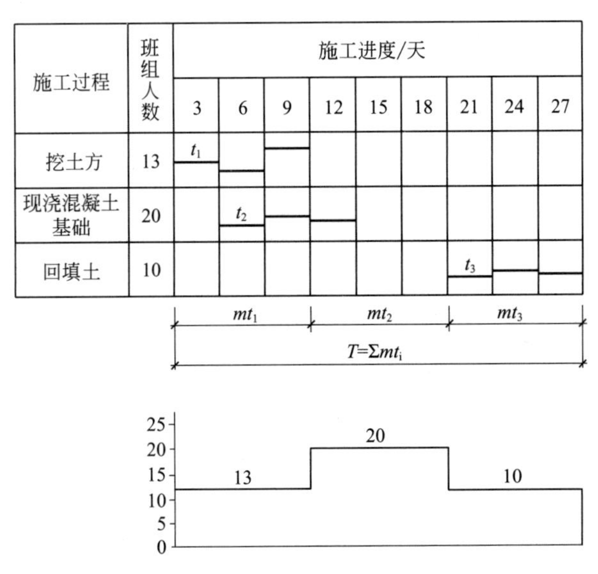

图 4-2　按施工过程依次施工

（图中 t 的小标 1，2，3 表示施工过程数，m 为施工段数）

① 工期最短，为 9 天。

② 工作面能充分利用，空间连续。

③ 单位时间内投入的人力、物力、材料等资源成倍增加，不利于资源供应组织。

④ 施工现场的组织管理复杂。

平行施工作业适用于工期要求紧。大规模的建筑群及分批分期组织施工的工程任务。该组织方式只有在各方面的资源供应有保障的前提下，才是合理的。

(3) 流水施工（图 4-4）

由图 4-4 可以看出，流水施工组织方式具有以下特点。

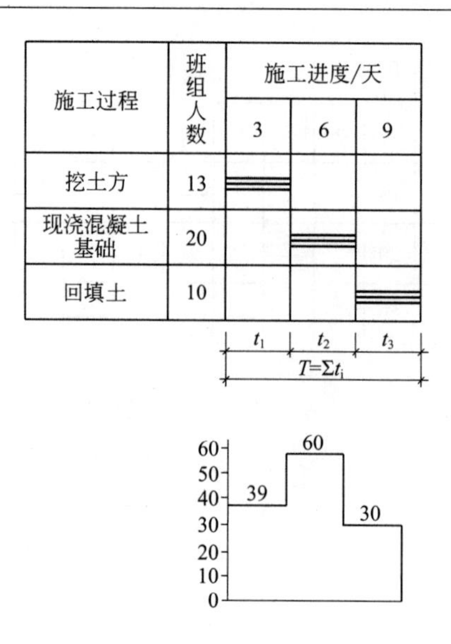

图 4-3　平行施工

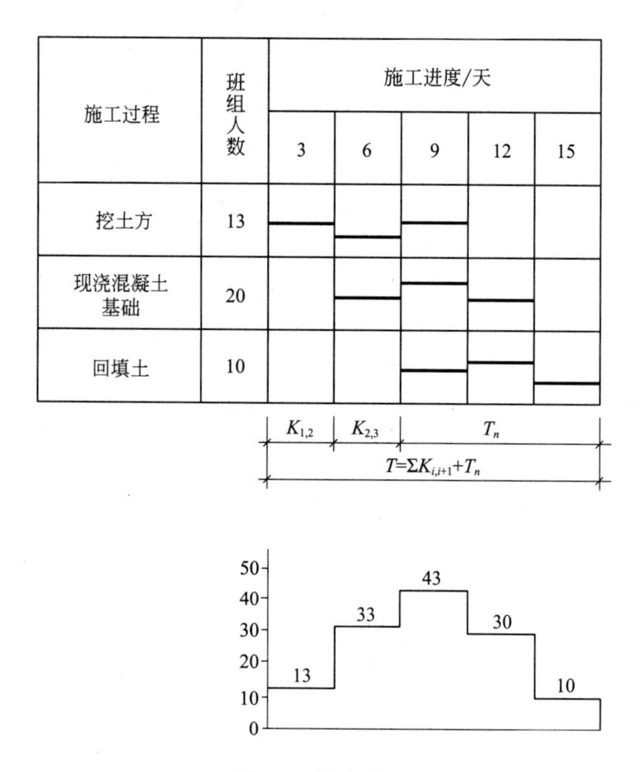

图 4-4　流水施工

① 充分利用了工作面，争取时间，有利于缩短工期。

② 各工程队实现专业化施工，有利于改进操作技术，保证工程质量，提高劳动生产率。

③ 专业工作队能够连续作业，相邻两工作队之间实现了最大限度的合理搭接。

④ 单位时间投入施工的资源量较为均衡，有利于资源供应的组织工作。

⑤ 为施工现场的文明施工和科学管理创造了有利条件。

流水施工组织方式既综合了依次施工和平行施工组织方式的优点，又克服了它们两者的缺点，与之相比较，流水施工组织方式的实质是充分利用了时间和空间，从而达到连续、均衡、有节奏地施工的目的，缩短了工期，提高了劳动生产率，降低了工程成本。因此，流水施工方式是一种先进的、科学的施工组织方式。

4.1.2　流水施工的主要参数

在组织项目流水施工时，用以表达流水施工在施工工艺、空间布置和时间排列方面开展的状态的参数，统称为流水参数。它包括工艺参数、空间参数和时间参数。

流水施工的工艺参数

4.1.2.1　工艺参数

工艺参数是指在组织流水施工时，用以表达流水施工在施工工艺上的开展顺序及其特征的参数，具体包括施工过程数和流水强度两个参数。

（1）施工过程数（n）　组织流水施工时，通常将施工对象划分成若干子项，每个子项称其为一个施工过程。施工过程的数目通常用 n 表示，它是流水施工的主要参数之一。施工过程划分数目多少、粗细程度与下列因素有关。

① 施工进度计划的性质与作用　当编制控制性（或指导性）施工进度计划时，其施工过程划分可粗些，可以是单位工程或分部工程。当编制实施性施工进度计划时，施工过程划分要细，一般划分至分项工程。对月度作业性计划，有些施工过程还可分解为工序，如安装模板、绑扎钢筋、浇混凝土等。

② 施工方案及工程结构　施工过程的划分与工程的施工方案及结构形式有关，如厂房的柱基础与设备基础挖土，若同时施工，可合并为一个施工过程；若先后施工，可分为两个施工过程。砖混结构、装配式框架结构与现浇混凝土框架等不同的结构体系，其施工过程的划分及其内容也各不相同。

③ 劳动组织及劳动量大小　施工过程的划分与施工班组的组织形式有关。如现浇钢筋混凝土结构的施工，如果是单一工种的班组，施工过程可划分为支模板、扎钢筋和浇混凝土。如果为了组织流水施工方便，施工班组由多工种组成，其施工过程可合并成一个。施工过程的划分还与劳动量大小有关。劳动量小的施工过程，可与其他施工过程合并。如垫层劳动量较小时可与挖土合并为一个施工过程。这样，可使各个施工过程的劳动量大致相等，便于组织流水施工。

④ 劳动内容和范围　施工过程的划分与其劳动内容和范围有关。如直接在施工现场与工程对象上进行的劳动过程，可以划入流水施工过程，而场外劳动内容（如预制加工、运输等）可以不划入流水施工过程。

总之，施工过程的划分可依据项目结构特点、施工进度、采用的施工方法及项目的工期要求等因素综合考虑。不宜太多、太细，给工程的计算增添麻烦；但也不宜划分太少，以免计划过于笼统，失去指导施工的作用。

（2）流水强度　某一施工过程在单位时间内所完成的工程量，称为流水强度。流水强度分为机械作业流水强度和人工作业流水强度两种，一般用 V_j 表示。

4.1.2.2　空间参数

流水施工的空间参数

在组织流水施工时，用于表达在空间布置上开展状态的参数，称为空间参数，包括工作面、施工段和施工层三种。

（1）工作面（A）　工作面是指某专业工种的施工人员或施工机械进行施工时，必须具备的活动空间。它的大小表明了施工对象可以安置多少工人操作或布置多少机械同时施工，反映了施工过程在空间布置的可能性。它的大小取决于单位时间内完成的工程量和安全施工的要求。工作面确定得合理与否，直接影响专业工作队的生产效率，因此在组织流水施工时必须合理确定工作面。主要专业工种的工作面参考数据见表 4-1。

表 4-1 主要工种工作面参考数据表

工作项目	每个技工的工作面	说明
砖基础	7.6m/人	以 3/2 砖计 2 砖乘 0.8 3 砖乘 0.5
砌砖墙	8.5m/人	以 3/2 砖计 2 砖乘 0.71 3 砖乘 0.57
砌毛石墙基础	3m/人	以 60cm 计
砌毛石墙	3.3m/人	以 40cm 计
浇筑混凝土柱、墙基础	$8m^3$/人	机拌、机捣
浇筑混凝土设备基础	$7m^3$/人	机拌、机捣
现浇钢筋混凝土柱	$2.5m^3$/人	机拌、机捣
现浇钢筋混凝土梁	$3.20m^3$/人	机拌、机捣
现浇钢筋混凝土墙	$5m^3$/人	机拌、机捣
现浇钢筋混凝土楼板	$5.3m^3$/人	机拌、机捣
预制钢筋混凝土柱	$3.6m^3$/人	机拌、机捣
预制钢筋混凝土梁	$3.6m^3$/人	机拌、机捣
预制钢筋混凝土屋架	$2.7m^3$/人	机拌、机捣
预制钢筋混凝土平板、空心板	$1.91m^3$/人	机拌、机捣
预制钢筋混凝土大型屋面板	$2.62m^3$/人	机拌、机捣
浇筑混凝土地坪及面层	$40m^2$/人	机拌、机捣
外墙抹灰	$16m^2$/人	
内墙抹灰	$18.5m^2$/人	
做卷材屋面	$18.5m^2$/人	
做防水水泥砂浆屋面	$16m^2$/人	
门窗安装	$11m^2$/人	

在流水施工中，有的施工过程在施工一开始，就在整个操作面上形成了施工工作面，如人工开挖基槽；而有的工作面是随着上一个施工过程的完成才形成的，如现浇钢筋混凝土的支模板、绑扎钢筋和浇混凝土。最小工作面对应能够安排现场施工人员和施工机械的最大数量，它决定了专业施工队人数的上限。因此，工作面确定得合理与否，直接决定专业施工队的生产效率。

（2）施工段（m） 为了有效地组织流水施工，通常把拟建施工对象在平面上或空间上划分成若干个劳动量大致相等的施工区段，这些施工区段称为施工段。施工段的数目通常用 m 表示。

划分施工段是为了保证不同工种的专业班组在不同的工作面或不同的工程部位上能够同时进行工作，这样可以消除由于不同的专业班组不能同时在一个工作面上工作而产生的互等、停歇现象，为流水施工创造条件。

在同一时间内，一个施工段只能容纳一个专业施工队施工，不同的专业施工队在不同的施工段上平行作业。所以，施工段数量的多少，将直接影响流水施工的效果。合理划分施工段，一般应遵循以下原则。

① 为了保证流水施工的连续、均衡，划分的各施工段上，同一专业施工队的劳动量应大致相等，其相差幅度不宜超过 10%～15%。

② 每个施工段内要有足够的工作面，以保证相应数量的工人、主要施工机械的生产效率，满足合理的劳动组织要求。

③ 施工段的界限应尽可能与结构界限（如沉降缝、伸缩缝等）相吻合，或在对建筑结构整体性影响小的部位，以保证建筑结构的整体性。

④ 为便于组织流水施工，施工段的数目要满足合理组织流水施工的要求。施工段过多，会降低施工速度，延长工期；施工段过少，不利于充分利用工作面，可能造成窝工。

⑤ 当施工对象有层间关系时，为使各专业工作队能够连续工作，每层施工段数目应满足：$m \geqslant n$。

当 $m > n$ 时，各专业班组能够连续施工，但施工段有空闲。有时，停歇的工作面是必要的。如利用停歇的时间做养护、备料、弹线等工作；

当 $m = n$ 时，各专业班组能连续施工，工作面能充分利用，无停歇现象，也不会产生工人窝工现象，比较理想；

当 $m < n$ 时，各个专业班组不能连续施工，出现窝工现象，这是组织流水作业所不能允许的。

【例 4-2】 某 2 层现浇钢筋混凝土结构办公楼，结构主体施工中对进度起控制性的工序有支模板、扎钢筋和浇混凝土三个施工过程，即 $n=3$，各施工过程在各施工段上的作业时间 $t=2$ 天，施工段的划分有以下三种情况。

（1）当 $m=4$，$n=3$，即 $m>n$ 时，其施工进度计划如图 4-5 所示。

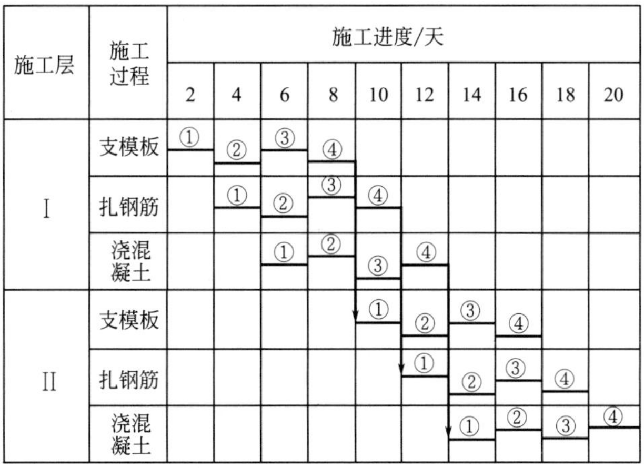

施工层	施工过程	施工进度/天									
		2	4	6	8	10	12	14	16	18	20
I	支模板	①	②	③	④						
	扎钢筋		①	②	③	④					
	浇混凝土			①	②	③	④				
II	支模板					①	②	③	④		
	扎钢筋						①	②	③	④	
	浇混凝土							①	②	③	④

图 4-5　$m>n$ 时施工进度计划

（图中①，②，③，④表示施工段）

由图 4-5 可知，当 $m>n$ 时，各专业班组能够连续施工，但施工段有空闲。各施工段在第一层浇完混凝土后，均空闲 2 天，即工作面空闲 2 天。但是，这种空闲有时候是必要的，如可以利用停歇的时间做养护、备料、弹线和检查验收等工作。

（2）当 $m=3$，$n=3$，即 $m=n$ 时，其施工进度计划如图 4- 6 所示。

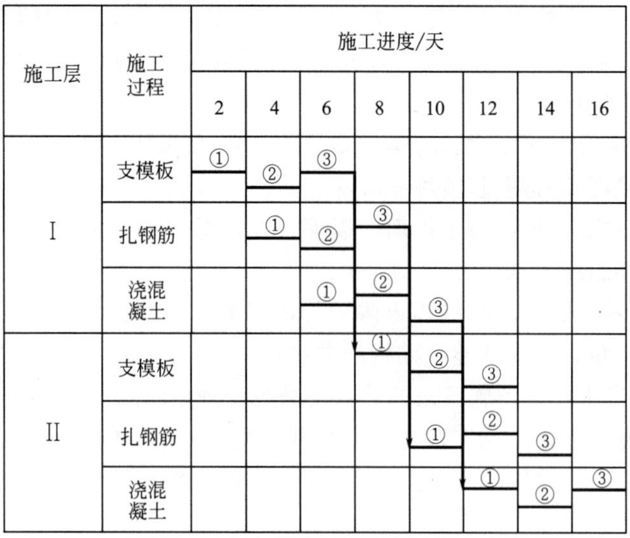

施工层	施工过程	施工进度/天							
		2	4	6	8	10	12	14	16
Ⅰ	支模板	①	②	③					
	扎钢筋		①	②	③				
	浇混凝土			①	②	③			
Ⅱ	支模板				①	②	③		
	扎钢筋					①	②	③	
	浇混凝土						①	②	③

图 4-6　$m=n$ 时施工进度计划

（图中①，②，③表示施工段）

由图 4-6 可知，当 $m=n$ 时，各专业班组能够连续施工，施工段上始终有施工专业队伍，即工作面能充分利用，无停歇现象，也没有产生工人窝工现象，显然，这是理论上最为理想的流水施工组织方式，如果采用这种方式，必须提高施工管理水平，不能允许有任何时间的拖延。

（3）当 $m=2$，$n=3$，即 $m<n$ 时，其施工进度计划如图 4-7 所示。

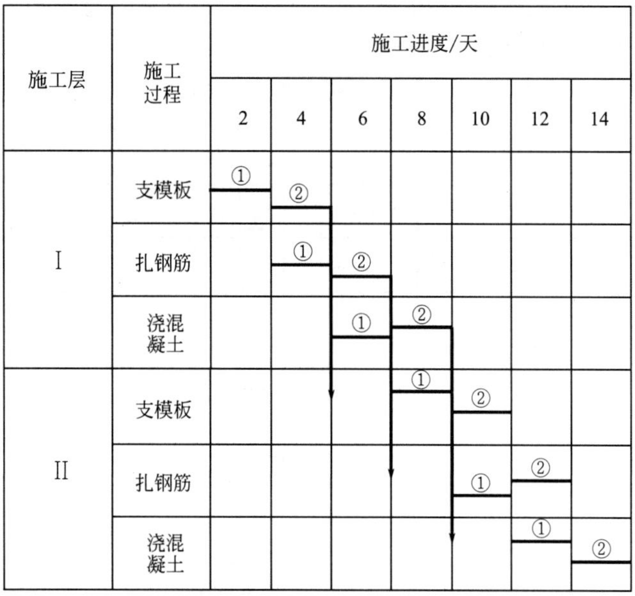

施工层	施工过程	施工进度/天						
		2	4	6	8	10	12	14
Ⅰ	支模板	①	②					
	扎钢筋		①	②				
	浇混凝土			①	②			
Ⅱ	支模板				①	②		
	扎钢筋					①	②	
	浇混凝土						①	②

图 4-7　$m<n$ 时施工进度计划

（图中①，②表示施工段）

由图 4-7 可知，当 $m<n$ 时，各专业班组不能连续施工，施工段没有空闲（特殊情况下施工段也会出现空闲，以致造成大多数专业班组停工），因为一个施工段只供一个专业班组施工，超过施工段数的专业班组因为没有工作面而停工。在图 4-7 中，支模板队完成第一施

工层的任务后，要停工 2 天才能进行第二层第一段的施工，同样，其他班组也要停工 2 天，因此，工期延长，产生工人窝工现象。对于单一建筑物的流水施工来说，应加以杜绝。

（3）施工层（r）　在组织流水施工时，为了满足专业工种对操作高度和施工工艺的要求，将拟建工程项目在竖向上划分为若干个操作层，这些操作层称为施工层，用符号 r 表示。

施工层的划分，要按工程项目的具体情况，根据建筑物的高度、楼层确定。如单层工业厂房砌筑工程一般按 1.2～1.4m（即一步脚手架的高度）划分为一个施工层，内抹灰、木装饰、油漆、玻璃等装饰工程，可按一个楼层为一个施工层。

流水施工的时间参数 A

4.1.2.3　时间参数

在组织流水施工时，用以表达组织流水施工的各施工过程在时间排列上所处状态的参数，称为时间参数。它包括流水节拍、流水步距、间歇时间、平行搭接时间、施工过程流水持续时间及流水施工工期六种。

流水施工的时间参数 B

（1）流水节拍（t）　流水节拍是指在组织流水施工时，某专业施工队在施工段上完成相应的施工任务所需要的工作延续时间，通常用符号 t 表示。其大小可以反映流水速度的快慢、资源供应量的大小，根据其数值特征，一般流水施工又分为等节拍流水、异节拍流水和无节奏流水等施工组织方式。

流水节拍的确定方法主要有定额计算法、经验估算法和工期计算法等三种方法。

① 定额计算法。这是根据各施工段的工程量和能够投入的资源量（劳动力、机械台数和材料量等），按公式（4-1）或公式（4-2）进行计算。

$$t_j^i=\frac{Q_j^i}{S_j^iR_j^iN_j^i}=\frac{P_j^i}{R_j^iN_j^i} \tag{4-1}$$

或

$$t_j^i=\frac{Q_j^iH_j^i}{R_j^iN_j^i}=\frac{P_j^i}{R_j^iN_j^i} \tag{4-2}$$

其中

$$P_j^i=\frac{Q_j^i}{S_j^i}=Q_j^iH_j^i \tag{4-3}$$

式中　t_j^i——某专业工作队在施工段 i 上完成施工过程 j 的流水节拍；

Q_j^i——某施工过程 j 在施工段 i 上的工程量；

S_j^i——某施工过程 j 人工或机械的产量定额；

H_j^i——某施工过程 j 人工或机械的时间定额；

P_j^i——某施工过程 j 在施工段 i 上所需的劳动量（工日数）或机械台班量（台班数）；

R_j^i——某施工过程 j 投入的工人数或机械台班数；

N_j^i——某施工过程 j 专业队的每天工作班次。

② 经验估算法。它是根据以往的施工经验进行估算。一般为提高其准确程度，往往先估算出该流水节拍的最长时间、最短时间、正常（即最可能）时间，然后给这三个时间一定的权数，再求加权平均值，据此求出期望时间作为某专业工作队在某段上的流水节拍。经验估算法适用于没有定额可循的工程或项目。其计算公式（4-4）为：

$$t_j^i=\frac{a+4b+c}{6} \tag{4-4}$$

式中　a——某施工过程 j 在某施工段 i 上的最短估算时间；

b——某施工过程 j 在某施工段 i 上的正常估算时间；

c——某施工过程 j 在某施工段 i 上的最长估算时间。

③ 工期计算法。对某些施工任务在规定日期内必须完成的项目来说，往往采用倒排进度法。具体步骤如下。

a. 根据工期倒排进度，确定某施工过程的工作延续时间；

b. 确定某施工过程在某施工段上的流水节拍。若同一施工过程的流水节拍不等，用估算法；若流水节拍相等，则按公式（4-5）计算：

$$t_j^i=\frac{T}{m+n-1} \tag{4-5}$$

式中　T——流水工期。

（2）流水步距（K）　是指在组织流水施工时，相邻两个专业工作队在保证施工顺序、满足连续施工、最大限度搭接和保证工程质量要求的条件下，相继投入施工的最小时间间隔。用符号 K 表示，通常也取 0.5 的整数倍。当施工过程数为 n 时，流水步距共有 $n-1$ 个。

流水步距的大小，对工期有着较大的影响。如图 4-8 所示，挖土方和浇混凝土基础相邻施工过程相继投入第一段施工的时间间隔为 3 天，即流水步距 $K_{1,2}=3$ 天，浇混凝土基础与回填土两施工过程的流水步距 $K_{2,3}=3$ 天。由此可见，在施工段不变的情况下，流水步距越大，工期越长；流水步距越小，则工期越短。

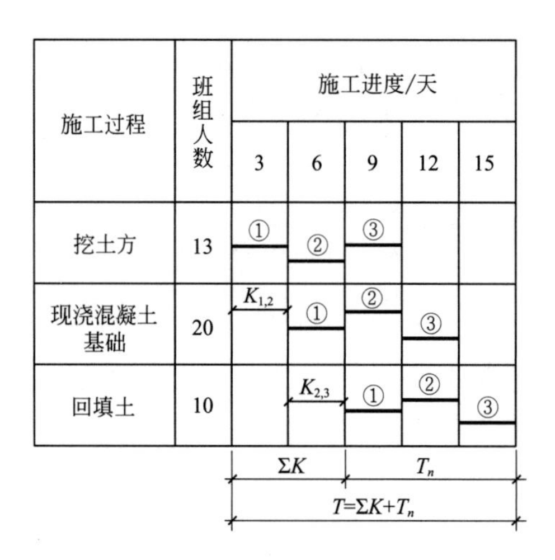

图 4-8　流水步距与工期的关系

（3）间歇时间（Z）　间歇时间是指在组织流水施工时，由于施工过程之间工艺上或组织上的需要，相邻两个施工过程在时间上不能衔接施工而必须留出的时间间隔。根据间歇原因不同，可分为技术间歇时间和组织间歇时间。用符号 $Z_{j,j+1}$ 表示。

① 技术间歇时间。由建筑材料或现浇构件的工艺性质决定的间歇时间。如现浇混凝土构件的养护时间、砂浆抹面和油漆的干燥时间等。

② 组织间歇时间。在流水施工中，某些施工过程完成后要有必要的检查验收时间或为下一个施工过程做准备的时间。如钢筋工程的隐蔽验收、回填土前地下管道的检查验收及其他作业前的准备工作等。

（4）搭接时间（C）　搭接时间是指在同一施工段中，前一个专业工作队完成部分施工任务后，后一个专业工作队就提前投入施工，相邻两个施工过程同时在同一施工段上的工作时间。用符号 $C_{j,j+1}$ 表示。

（5）流水施工工期（T）　流水施工工期是指从第一个专业工作队投入流水施工开始，到最后一个专业工作队完成流水施工为止的整个持续时间。一般可采用公式（4-6）计算：

$$T=\sum K_{j,j+1}+T_n+\sum Z_{j,j+1}-\sum C_{j,j+1} \tag{4-6}$$

式中　T——流水施工工期；

$K_{j,j+1}$——流水施工中各流水步距之和；

T_n——流水施工中最后一个施工过程的持续时间；

$Z_{j,j+1}$——流水施工中各施工过程 j 之间的间歇时间之和；

$C_{j,j+1}$——流水施工中各施工过程 j 之间的平行搭接时间之和。

流水施工的要点及表达方式

4.1.3　流水施工的基本组织方法

流水施工根据各施工过程时间参数的不同特点，可以分为有节奏流水施工和无节奏流水施工。其中有节奏流水施工又可分为等节奏流水施工和异节奏流水施工。如图 4-9所示。

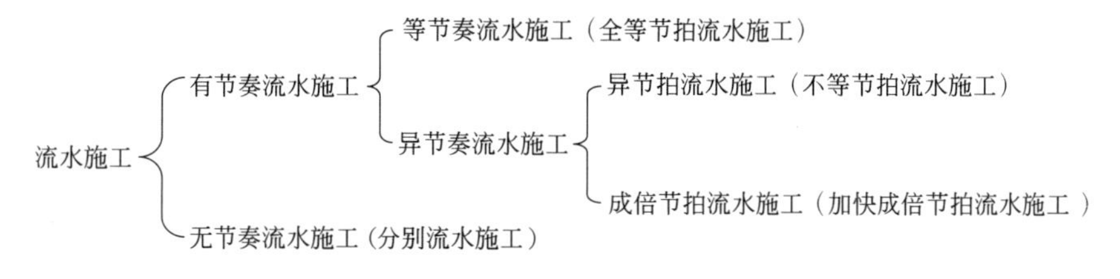

图 4-9　流水施工组织方式的分类

4.1.3.1　等节奏流水施工

等节拍流水施工

等节奏流水施工也称全等节拍流水施工，是指在组织流水施工时，所有的施工过程在各个施工段上的流水节拍彼此相等的一种流水施工方式，也称为固定节拍流水。

（1）等节奏流水施工的特点

① 流水节拍均相等，即：

$$t_1=t_2=\cdots=t_{n-1}=t_n=t$$

② 流水步距均相等，且等于流水节拍，即：

$$K_{1,2}=K_{2,3}=\cdots=K_{n-1,n}=K=t$$

③ 每个专业工作队都能够连续施工，施工段没有空闲。

④ 专业工作队数（n_1）等于施工过程数（n），即：

$$n_1=n$$

（2）等节奏流水施工的组织步骤

① 确定项目施工的起点、流向，分解施工过程。

② 确定施工顺序，划分施工段，施工段的数目 m 确定如下。

a. 无层间关系或无施工层时，施工段数 m 按划分施工段的基本要求确定即可；

b. 有层间关系或有施工层时，为了保证各施工队组连续施工，应取 $m \geqslant n$。具体情况分以下两种情况：当无间歇时间时，取 $m=n$；当有间歇时间时，取 $m>n$。此时，每层施工段空闲数为 $m-n$，一个空闲施工段的时间为 t，则每层的空闲时间为：

$$(m-n)t=(m-n)K$$

若一个楼层内各施工过程间的间歇时间之和为 $\sum Z_1$，楼层间的间歇时间为 Z_2。如果每层的 $\sum Z_1$、Z_2 均相等，则保证各施工队组能连续施工的最小施工段数（m）的确定公式为：

$$(m-n)K=\sum Z_1+Z_2$$

$$m=n+\frac{\sum Z_1}{K}+\frac{Z_2}{K} \tag{4-7}$$

若每层的 $\sum Z_1$、Z_2 都不完全相等时，则应取各层中最大的 $\sum Z_1$ 和 Z_2，按式（4-8）计算：

$$m=n+\frac{\max\sum Z_1}{K}+\frac{\max Z_2}{K} \tag{4-8}$$

式中　m——施工段数；

n——施工过程数；

$\sum Z_1$——一个楼层内各施工过程间的技术、组织间歇时间之和；

Z_2——楼层间的技术、组织间歇时间；

K——流水步距。

③ 根据等节拍专业流水要求，计算流水节拍数值。

④ 确定流水步距，$K=t$。

⑤ 计算流水施工的工期。

无层间关系或无施工层时，可按公式（4-9）进行计算：

$$T=(m+n-1)K+\sum Z_{j,j+1}-\sum C_{j,j+1} \tag{4-9}$$

式中　T——流水施工的总工期；

$\sum Z_{j,j+1}$——$j,j+1$施工过程间的间歇时间；

$\sum C_{j,j+1}$——$j,j+1$施工过程间的搭接时间。

其他符号含义同前。

有层间关系或有施工层时，可按公式（4-10）进行计算：

$$T=(mr+n-1)K+\sum Z_1-\sum C_1 \tag{4-10}$$

式中　r——施工层数；

$\sum Z_1$——同一个施工层中各施工过程之间的技术、组织间歇时间之和；

$\sum C_1$——同一个施工层中各施工过程之间的平行搭接时间之和。

其他符号含义同前。

⑥ 绘制流水施工指示图表。

【例 4-3】 某主体分部工程由测量放线、绑扎钢筋、支模板、浇混凝土 4 个施工过程组成，划分成 5 个施工段，流水节拍均为 3 天。试组织流水施工。

解　由已知条件 $t=3$（天）可知，本分部工程宜组织全等节拍流水施工。

（1）确定流水步距。由全等节拍流水施工的特点可知：

$K=t=3$（天）

（2）计算工期。

$$T=(m+n-1)K+\sum Z_{j,j+1}-\sum C_{j,j+1}$$

$$=(5+4-1)\times 3+0-0=24\text{（天）}$$

（3）用横道图绘制流水施工进度计划，如图 4-10 所示。

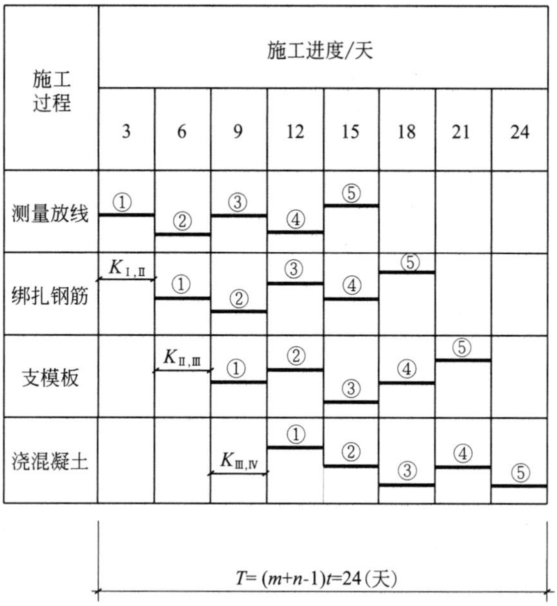

施工过程	施工进度/天							
	3	6	9	12	15	18	21	24
测量放线	①	②	③	④	⑤			
绑扎钢筋	$K_{Ⅰ,Ⅱ}$	①	②	③	④	⑤		
支模板		$K_{Ⅱ,Ⅲ}$	①	②	③	④	⑤	
浇混凝土			$K_{Ⅲ,Ⅳ}$	①	②	③	④	⑤

$T=(m+n-1)t=24$（天）

图 4-10　无间歇时间的全等节拍流水施工进度计划

【例 4-4】 某主体分部工程由测量放线、绑扎钢筋、支模板、浇混凝土 4 个施工过程组成，划分为 2 个施工层，各施工过程流水节拍均为 2 天，其中绑扎钢筋与支模板之间有 2 天的技术间歇时间，层间技术间歇为 2 天。试组织流水施工。

解　由已知条件 $t=2$（天）可知，本项目宜组织全等节拍流水施工。

（1）确定流水步距。由全等节拍流水施工的特点可知：

$$K=t=2\text{(天)}$$

（2）确定施工段数。

$$m=n+\frac{①Z_1}{K}+\frac{Z_2}{K}=4+\frac{2}{2}+\frac{2}{2}=6$$

（3）计算工期。

$$\begin{aligned}T&=(mr+n-1)K+\sum Z_1-\sum C_1\\&=(6\times 2+4-1)\times 2+2-0=32\text{(天)}\end{aligned}$$

（4）用横道图绘制流水施工进度计划，如图 4-11 所示。

（3）适用范围　全等节拍流水施工是一种理想化的流水施工方式，它能够保证专业班组的工作连续，工作面充分利用，能均衡地施工。但其要求所划分的分部、分项工程的流水节拍均相等，这对一个单位工程或建筑群来说，往往十分困难且不易达到。因此，全等节拍流水的实际应用范围不是很广泛，只适用于分部工程流水（即专业流水），不适用于单位工程，特别是大型的建筑群。

4.1.3.2　异节奏流水施工

在组织流水施工时，由于不同的施工过程的工艺复杂程度不同，影响流水节奏的因素也较多，施工过程具有不确定性，要做到不同的施工过程具有相同的流水节奏是非常困难的。

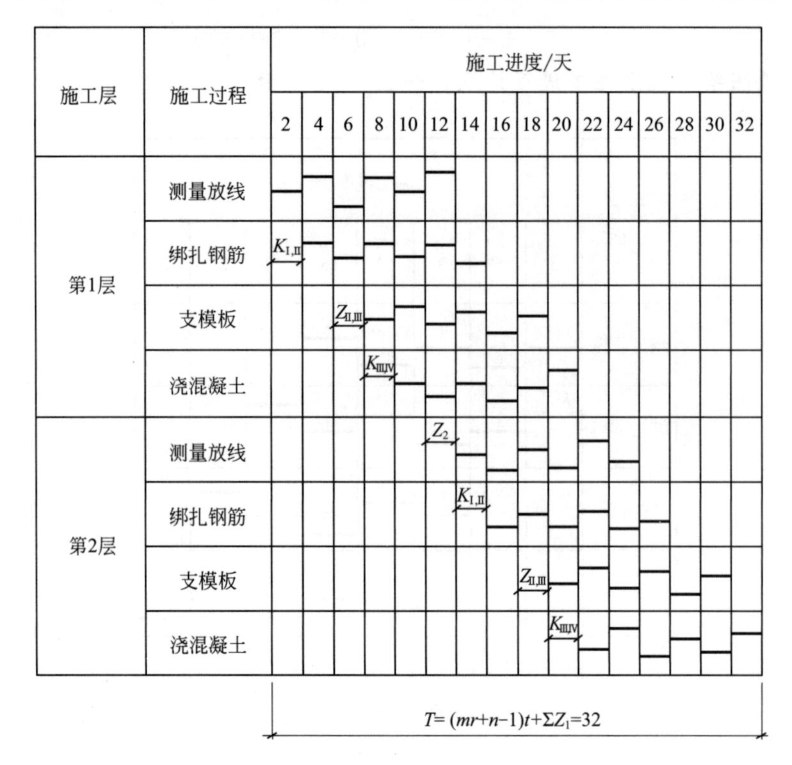

图 4-11 有间歇时间的全等节拍流水施工进度计划

因此，等节奏流水施工的组织形式在实际施工中是很难做到的。如某些施工过程要求尽快完成；某些施工过程工程量较少，流水节拍较小；某些施工过程的工作面受到限制，不能投入较多的人力、机械，使得流水节拍较大等，此时便采用异节奏的流水方式来组织施工。

异节奏的流水施工是指同一个施工过程在各施工段上的流水节拍相等，而不同的施工过程的流水节拍不完全相等的施工组织方法。它包括成倍节拍流水施工和异节拍流水施工两类。

(1) 成倍节拍流水施工 在异节奏流水施工中，当同一施工过程在各个施工段上的流水节拍彼此相等，且不同施工过程的流水节拍互为整数倍关系时的流水施工组织方式，即为等步距成倍节拍流水施工，也称加快成倍节拍流水施工。

① 基本特征

a. 同一施工过程在各个施工段的流水节拍相等，不同施工过程的流水节拍互为整数倍关系；

b. 流水步距彼此相等，且等于流水节拍的最大公约数；

c. 各专业工作队都能够连续作业，施工段没有空闲；

d. 专业工作队数（n_1）大于施工过程数（n），即 $n_1>n$。

② 组织步骤

a. 确定施工的起点、流向，分解施工过程；

b. 确定流水步距。

$$K_{j,j+1}=K_b=\text{最大公约数}(t_j) \tag{4-11}$$

式中 K_b——成倍节拍流水步距，取流水节拍的最大公约数。

c. 确定各施工过程的专业班组数。

$$b_j=\frac{i_j}{K_b} \tag{4-12}$$

$$n_1=\sum b_j \tag{4-13}$$

式中　b_j——某施工过程 j 所需的施工队伍数；

n_1——施工队伍的总数目。

其他符号含义同前。

d. 确定施工顺序，划分施工段，施工段的数目 m 确定如下。

无层间关系或无施工层时，施工段数 m 按划分施工段的基本要求确定即可。

有层间关系或有施工层时，每层最少施工段数目（m）的确定公式为：

$$m=n_1+\frac{\sum Z_1}{K_b}+\frac{Z_2}{K_b} \tag{4-14}$$

式中　$\sum Z_1$——一个楼层内各施工过程间的技术、组织间歇时间之和；

Z_2——楼层间的间歇时间。

其他符号含义同前。

若每层的$\sum Z_1$、Z_2 都不完全相等时，则应取各层中最大的$\sum Z_1$ 和 Z_2，按公式（4-15）计算：

$$m=n_1+\frac{\max\sum Z_1}{K_b}+\frac{\max Z_2}{K_b} \tag{4-15}$$

e. 计算流水施工的工期。

无层间关系或无施工层时，可按公式（4-16）进行计算：

$$T=(m+n_1-1)K_b+\sum Z_{j,j+1}-\sum C_{j,j+1} \tag{4-16}$$

式中　n_1——施工队伍的总数目；

K_b——成倍节拍流水步距。

其他符号含义同前。

有层间关系或有施工层时，可按公式（4-17）进行计算：

$$T=(mr+n_1-1)K_b+\sum Z_1-\sum C_1 \tag{4-17}$$

式中　r——施工层数；

$\sum Z_1$——同一个施工层中各施工过程之间的技术、组织间歇时间之和；

$\sum C_1$——同一个施工层中各施工过程之间的平行搭接时间之和。

其他符号含义同前。

f. 绘制流水施工图表。

【例 4-5】 某住宅小区需建造四幢结构相同的房屋，每幢房屋的主要施工过程及其作业时间为：基础工程 5 天、结构安装 10 天、室内装修 10 天、室外工程 5 天。试组织流水施工。

解　由已知条件 $t_{基础}=5$ 天，$t_{结构}=10$ 天，$t_{室内}=10$ 天，$t_{室外}=5$ 天可知，本项目宜组织成倍节拍流水施工。

（1）计算流水步距。

$$K_b=最大公约数\{5,10,10,5\}=5(天)$$

（2）各个施工过程的专业工作队数分别为：

$$b_{基础}=\frac{b_{基础}}{K_b}=\frac{5}{5}=1$$

$$b_{结构}=\frac{b_{结构}}{K_b}=\frac{10}{5}=2$$

$$b_{室内}=\frac{b_{室内}}{K_b}=\frac{10}{5}=2$$

$$b_{室外}=\frac{b_{室外}}{K_b}=\frac{5}{5}=1$$

确定专业工作队总数。$n_1=\sum b_j=1+2+2+1=6$

（3）确定施工段数。

无分层情况，取 $m=n=4$

（4）确定流水施工工期。

$$\begin{aligned}T&=(m+n_1-1)K_b+\sum Z_{j,j+1}-\sum C_{j,j+1}\\&=(4+6-1)\times 5+0-0\\&=45(天)\end{aligned}$$

（5）绘制流水施工进度计划，如图 4-12 所示。

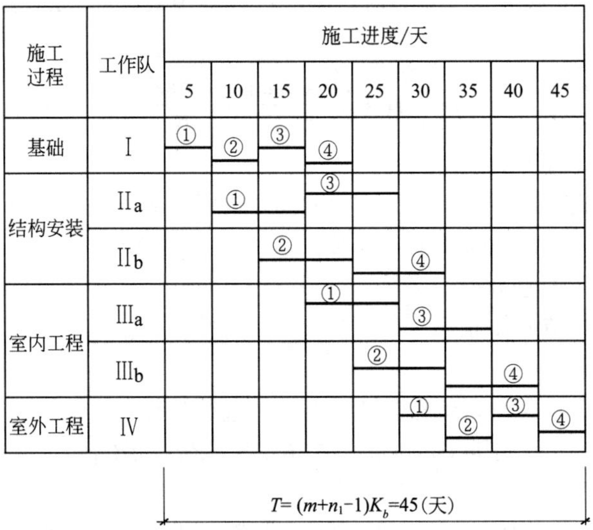

施工过程	工作队	施工进度/天								
		5	10	15	20	25	30	35	40	45
基础	Ⅰ	①	②	③	④					
结构安装	Ⅱa		①		③					
	Ⅱb			②			④			
室内工程	Ⅲa				①		③			
	Ⅲb					②			④	
室外工程	Ⅳ						①	②	③	④

$T=(m+n_1-1)K_b=45$(天)

图 4-12　无间歇时间的成倍节拍流水施工进度计划

【例 4-6】 某两层现浇钢筋混凝土结构楼房，其主要施工过程有支模板、扎钢筋和浇混凝土。已知每层每段各施工过程的流水节拍分别为：$t_{模}=4$ 天，$t_{扎}=4$ 天，$t_{浇}=2$ 天，安装模板施工队在进行第二层第一段施工时，需待第一层第一段的混凝土养护 2 天后才能进行。试组织流水施工作业。

解 由已知条件 $t_{模}=4$ 天，$t_{扎}=4$ 天，$t_{浇}=2$ 天，可知，本项目宜组织成倍节拍流水施工。

（1）计算流水步距。

$$K_b=最大公约数\{4,4,2\}=2(天)$$

（2）各个施工过程的专业工作队数分别为

$$b_{模}=\frac{b_{模}}{K_b}=\frac{4}{2}=2$$

$$b_{扎}=\frac{b_{扎}}{K_b}=\frac{4}{2}=2$$

$$b_{浇}=\frac{b_{浇}}{K_b}=\frac{2}{2}=1$$

确定专业工作队总数　$n_1=\sum b_j=2+2+1=5$

(3) 确定施工段数。

有层间关系，$m=n_1+\frac{\sum Z_1}{K_b}+\frac{Z_2}{K_b}=5+\frac{0}{2}+\frac{2}{2}=6$

(4) 确定流水施工工期。

$$\begin{aligned}T&=(mr+n_1-1)K_b+\sum Z_1-\sum C_1\\&=(6\times2+5-1)\times2+0-0\\&=32(天)\end{aligned}$$

(5) 绘制流水施工进度计划，如图4-13所示。

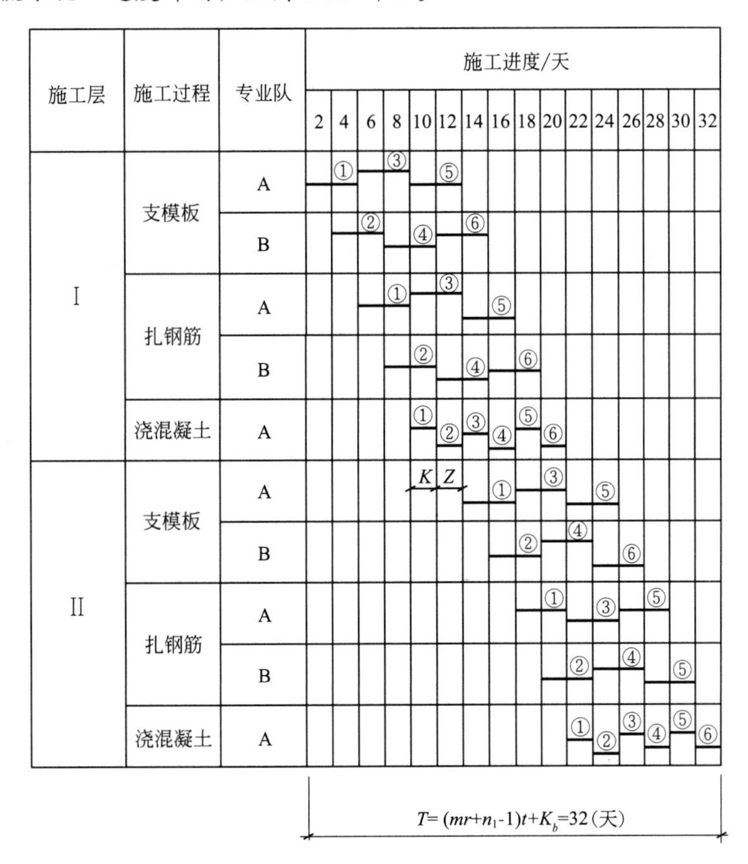

图4-13　有间歇时间的成倍节拍流水施工进度计划

(2) 异节拍流水施工　异节拍流水施工也是异节奏流水施工的一种组织方式。它是指在组织流水施工时，同一个施工过程的流水节拍均相等，不同施工过程之间的流水节拍不完全相等的施工组织方式，也叫不等节拍流水施工。

① 基本特征

a. 同一施工过程的流水节拍相等，不同施工过程的流水节拍不一定相等；

b. 各施工过程的流水步距不一定相等；

c. 各施工专业队都能够连续施工，但有的施工段之间可能有空闲；

d. 专业工作队数（n_1）等于施工过程数（n）。

② 组织步骤

a. 确定施工的起点、流向，分解施工过程；

b. 确定流水步距

$$K_{j,j+1}=\begin{cases}t_j & (\text{当 } t_j \leqslant t_{j+1} \text{时}) \\ mt_j-(m-1)t_{j+1} & (\text{当 } t_j > t_{j+1} \text{时})\end{cases} \tag{4-18}$$

式中 t_j——第 j 个施工过程的流水节拍；

t_{j+1}——第 $j+1$ 个施工过程的流水节拍。

c. 计算流水施工工期

$$T=\sum K_{j,j+1}+mt_n+\sum Z_{j,j+1}-\sum C_{j,j+1} \tag{4-19}$$

式中 t_n——最后一个施工过程的流水节拍。

【例 4-7】 某项目划分为 A、B、C、D 四个施工过程，分为 4 个施工段组织流水施工，各施工过程的流水节拍分别为 $t_A=5$ 天，$t_B=3$ 天，$t_C=4$ 天，$t_D=2$ 天，施工过程 A 完成后需有 2 天的间歇时间，施工过程 C 和 D 之间搭接施工 2 天，试组织流水施工。

解 由已知条件 $t_A=5$ 天，$t_B=3$ 天，$t_C=4$ 天，$t_D=2$ 天，可知，宜组织不等节拍流水施工。

(1) 确定施工的起点、流向，分解施工过程。

(2) 确定流水步距。

$\because t_A>t_B$

$\therefore K_{A,B}=mt_A-(m-1)t_B=4\times5-(4-1)\times3=11$（天）

$\because t_B<t_C$

$\therefore K_{B,C}=t_B=3$（天）

$\because t_C>t_D$

$\therefore K_{C,D}=mt_C-(m-1)t_D=4\times4-(4-1)\times2=10$（天）

(3) 计算流水施工工期。

$$\begin{aligned}T&=\sum K_{j,j+1}+mt_n+\sum Z_{j,j+1}-\sum C_{j,j+1}\\&=(11+3+10)+4\times2+2-2\\&=32(\text{天})\end{aligned}$$

(4) 绘制流水施工进度计划，如图 4-14 所示。

(3) 无节奏流水施工　在实际工程施工中，由于各种建筑物的结构形式不同，因此，各个施工过程在每一个施工段上的工程量彼此也不同，各专业班组的劳动生产率差异也较大，不可能组织等节奏流水或异节奏流水施工。在这种情况下，只能组织无节奏流水施工。

无节奏流水施工

无节奏流水施工也称为分别流水法，是指各施工过程的流水节拍随施工段的不同而改变，不同施工过程之间的流水节拍也有很大的差异的一种流水施工组织方法。它是根据流水施工的基本概念，采用一定的计算方法，合理确定相邻施工过程的流水步距，在保证各施工过程满足工艺顺序的前提下，在时间上实现最大程度的搭接，使各专业班组能够连续、均衡地施工。这种方法较为灵活、实际，应用范围也较广，是实

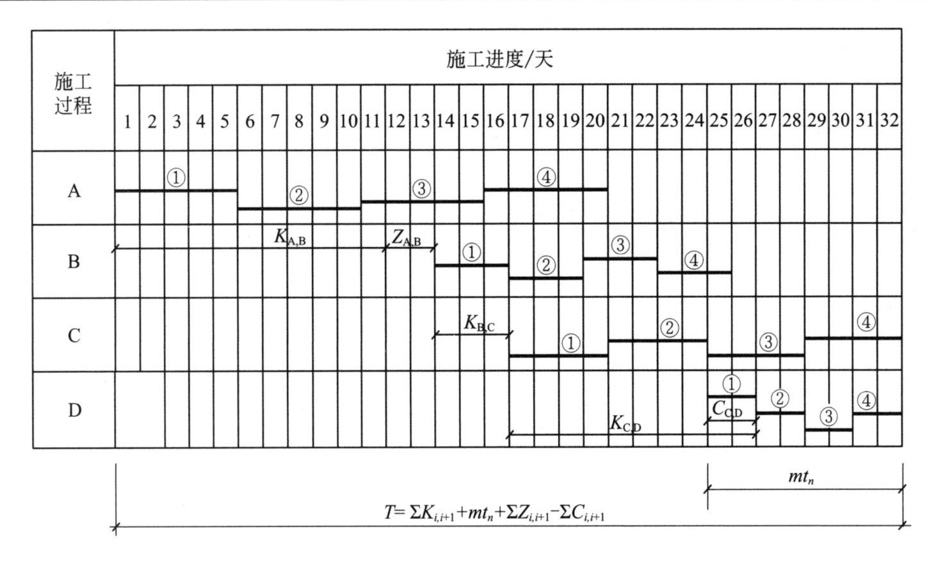

图 4-14　异节拍流水施工进度计划

际工程中普遍采用的一种组织施工的方法。

① 基本特征　各施工过程在各施工段上的流水节拍不全相等；各施工过程之间的流水步距也多数不相等，且差异较大；每个专业工作队都能够在施工段上连续施工，但有的施工段可能有间歇时间；专业工作队数（n_1）等于施工过程数（n）。

② 组织步骤　确定施工的起点、流向，分解施工过程；确定施工顺序，划分施工段；计算各施工过程在各个施工段上的流水节拍；确定相邻两个专业工作队之间的流水步距。

在无节奏流水施工中，通常采用"累加数列、错位相减、取大差法"计算流水步距。这种方法简捷、准确，便于掌握。计算步骤如下。

a. 根据各施工过程在各施工段上的流水节拍，求累加数列；

b. 将相邻两施工过程的累加数列，错位相减；

c. 取差数较大者作为这两个施工过程的流水步距。

③ 计算流水施工的工期。

$$T=\sum K_{j,j+1}+\sum t_n+\sum Z_{j,j+1}-\sum C_{j,j+1} \tag{4-20}$$

式中　$\sum K_{j,j+1}$——流水步距之和；

$\sum t_n$——最后一个施工过程的流水节拍之和。

其他符号含义同前。

【例 4-8】　某项工程流水节拍见表 4-2，试确定流水步距。

表 4-2　某项工程流水节拍

施工过程(n)	施工段(m)			
	①	②	③	④
A	3	2	4	3
B	3	3	3	2
C	4	2	3	5

解　(1) 求各施工过程流水节拍的累加数列。

Ⅰ：3，5，9，12

Ⅱ：3，6，9，11

Ⅲ：4，6，9，14

（2）错位相减。

Ⅰ与Ⅱ　　3，5，9，12

−）　　3，6，9，11

　　3，2，3，3，−11

Ⅱ与Ⅲ　　3，6，9，11

−）　　4，6，9，14

　　3，2，3，2，−14

（3）取差数较大者为流水步距。

$$K_{Ⅰ,Ⅱ}=\max\{3,2,3,3,-11\}=3(天)$$

$$K_{Ⅱ,Ⅲ}=\max\{3,2,3,2,-14\}=3(天)$$

【例 4-9】 已知某分部工程有五个施工过程 A、B、C、D、E，施工时在平面上划分成四个施工段，各个施工过程在各施工段上的流水节拍见表 4-3。规定 B 施工过程完成后，其相应施工段养护 2 天；D 施工过程完成后，其相应施工段准备 1 天，为了按时完成任务，允许 A、B 施工过程搭接 1 天，试组织流水施工。

表 4-3　某工程流水节拍表　　单位：天

施工过程（n）	施工段（m）			
	①	②	③	④
A	3	2	2	5
B	1	3	5	5
C	2	1	3	4
D	4	2	3	1
E	3	4	2	3

解　根据题设条件，该工程应组织无节奏流水施工。

（1）求各施工过程流水节拍的累加数列。

A：3，5，7，12

B：1，4，9，14

C：2，3，6，10

D：4，6，9，10

E：3，7，9，12

（2）计算流水步距。

① $K_{A,B}$　　3，5，7，12

−）　　1，4，9，14

　　3，4，3，3，−14

$$K_{A,B}=\max\{3,4,3,3,-14\}=4$$

② $K_{B,C}$　　1，4，9，14

−）　　2，3，6，10

　　1，2，6，8，−10

$$K_{B,C}=\max\{1,2,6,8,-10\}=8$$

③ $K_{C,D}$

$$\begin{array}{r} 2,\ 3,\ 6,\ 10 \\ -)\quad 4,\ 6,\ 9,\ 10 \\ \hline 2,-1,\ 0,\ 1,-10 \end{array}$$

$$K_{C,D}=\max\{2,-1,0,1,-10\}=2$$

④ $K_{D,E}$

$$\begin{array}{r} 4,\ 6,\ 9,\ 10 \\ -)\quad 3,\ 7,\ 9,\ 12 \\ \hline 4,\ 3,\ 2,\ 1,-12 \end{array}$$

$$K_{D,E}=\max\{4,3,2,1,-12\}=4$$

(3) 计算流水施工工期。

$$T=\sum K_{i,i+1}+\sum t_n+\sum Z_{i,i+1}-\sum C_{i,i+1}$$
$$=(4+8+2+4)+(3+4+2+3)+2+1-1=32(\text{天})$$

(4) 绘制流水施工进度计划，如图 4-15 所示。

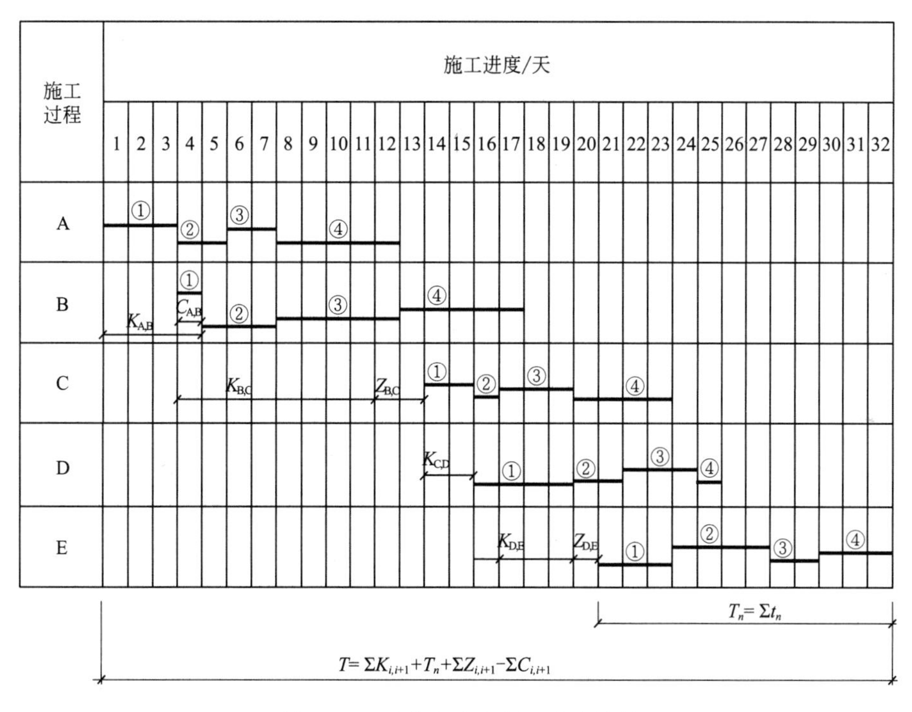

图 4-15　无节奏流水施工进度计划

4.2　网络计划技术原理

4.2.1　网络计划技术概述

网络计划的基本概念

网络计划技术也称为网络计划方法，20 世纪 60 年代中期在华罗庚教授的倡导下，开始在国民经济各个部门试点应用网络计划技术。当时为结合中国国情，并根据“统筹兼顾，全面安排”的指导思想，将这种方法命名为“统筹法”。网络计划方法是利用网络计划进行生产组织与管理的一种方法，用网络图的形式来反映和表达计划的安排。

在建筑工程施工中，网络计划方法主要用来编制建筑施工企业的生产计划和工程项目施工的进度计划，并对计划进行优化、调整和控制，以达到缩短工期、提高工效、降低成本和增加经济效益的目的。

建筑施工进度既可以用横道图表示，也可以用网络图表示，从发展的角度讲，网络图更有优势，因为它具有以下几个特点。

① 组成有机的整体，能全面明确地反映各工序间的制约与依赖关系。

② 通过计算，能找出关键工作和关键线路，便于管理人员抓主要矛盾。

③ 便于资源调整及利用计算机管理和优化。

网络图使用箭线表示一项工作，工作的名称写在箭线的上面，完成该项工作的时间写在箭线的下面，箭头和箭尾处分别画上圆圈，填入事件编号，箭头和箭尾的两个编号代表着一项工作，如图 4-16(a) 所示，$i \longrightarrow j$代表一项工作；或用一个圆圈代表一项工作，节点编号写在圆圈的上部，工作名称写在圆圈的中部，完成该工作所需要的时间写在圆圈下部，箭线只表示该工作与其他工作的相互关系，如图 4-16(b) 所示。把一项工程的所有工作，根据其开展的先后顺序，考虑其相互制约的关系，全部用箭线或圆圈表示，从左向右排列起来，形成网状图形，即网络图。

4.2.2 双代号网络计划

4.2.2.1 双代号网络图的组成

双代号网络图由若干表示工作的箭线和节点组成，工作也称过程、活动、工序，它用一个箭线和两端节点的编号表示一项工作，工作的名称或代号标在箭线的上方，完成该工作的时间标在箭线的下方，箭尾表示工作的开始，箭头表示工作的结束，节点中的号码表示工作的编号，如图 4-17 所示。由于是两个号码表示一项工作，故称双代号网络计划。

双代号网络图的组成

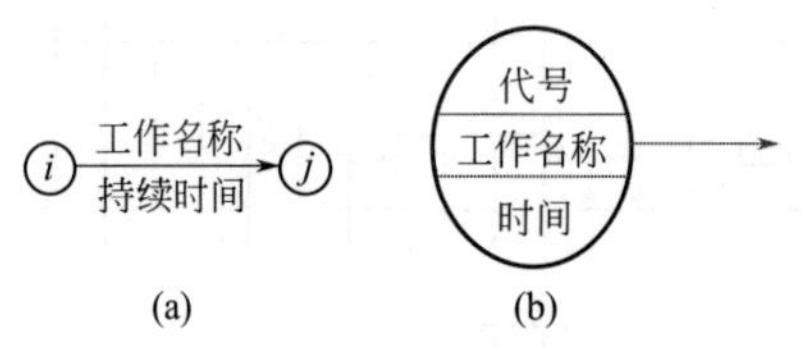

图 4-16 网络图

i
工作名称
持续时间
j
结束节点
节点编号
开始节点

图 4-17 双代号网络图工作表示法

双代号网络图的基本三要素为：箭线、节点和线路。

(1) 箭线　在双代号网络图中，一条箭线与其两端的节点表示一项工作。箭线表达的内容有以下几个方面。

① 一条箭线表示一项工作或表示一个施工过程。根据网络计划的性质和作用的不同，工作既可以是一个简单的施工过程，如挖土、垫层、支模板、绑扎钢筋、浇注混凝土等分项工程或者基础工程、主体工程、装修工程等分部工程，也可以是一项复杂的工程任务，如教学楼土建工程中的单位工程或者教学楼工程等单项工程。如何确定一项工作的大小范围取决于所绘制的网络计划的控制性或指导性作用。

② 一条箭线表示一项工作所消耗的时间。工作通常分为三种：既消耗时间又消耗资源（如挖土方）；只消耗时间不消耗资源（如混凝土凝结）；既不消耗时间又不消耗资源的工作。在实际中前两种工作是真实存在的，称为实工作，用实箭线表示；第三

种是虚工作，用虚箭线表示。

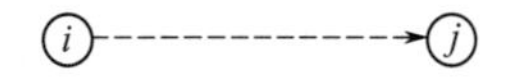

图 4-18　虚工作常用的表示方法

虚工作常用的表示方法如图 4-18 所示。虚箭线的作用是为了更好地表达相关工作的逻辑关系，起到联系作用。

③ 箭线一般画成水平直线，也可画成折线或斜线，但应尽可能以水平直线为主且必须满足网络图的绘制规则。箭线的方向表示工作进行的方向，应该自左向右绘制，箭尾表示工作的开始，箭头表示工作的结束。在无时间坐标的网络图中，箭线的长度不代表时间的长短，在有时间坐标的网络图中，其箭线的长度必须根据完成该项工作所需时间长短绘制。

（2）节点　在网络图中用以标志前面一项或几项工作的结束和后面一项或几项工作的开始的时间点，称为节点，用圆圈表示，圆圈内的数字表示节点的编号。节点编号顺序应该从小到大，可不连续，但不可重复；一项工作应该只有唯一的一条箭线和相应的一对节点，箭尾的节点编号应小于箭头的节点编号。

在双代号网络计划中，节点表示工作之间的逻辑关系，只标志工作结束或开始的瞬间，它既不消耗时间，也不消耗资源，在时间坐标上只是一个点。

节点表达的内容有以下几个方面。

① 节点表示前面工作结束和后面工作开始的瞬间，所以节点不需要消耗时间和资源。

② 箭线的箭尾节点表示该工作的开始，箭线的箭头节点表示该工作的结束。

③ 根据节点在网络图中的位置不同可以分为起点节点、终点节点和中间节点。起点节点是网络图的第一个节点，表示一项任务的开始。终点节点是网络图的最后一个节点，表示一项任务的完成。除起点节点和终点节点以外的节点称为中间节点，中间节点具有双重的含义，既是前面工作的箭头节点，也是后面工作的箭尾节点。

（3）线路　网络图中从起始节点开始，沿箭线方向连续通过一系列箭线和节点，最后到达终点节点的通路称为线路。线路上各工作持续时间之和，称为该线路的长度，也是完成这条线路上所有工作的计划工期。网络图中最长的线路称为关键线路，位于关键线路上的工作称为关键工作。关键工作没有机动时间，其完成的情况直接影响到整个项目的计划工期。其他线路为非关键线路，非关键线路上的工作称为非关键工作，它有一定的机动时间。

【例 4-10】 试分析图 4-19 的关键线路。

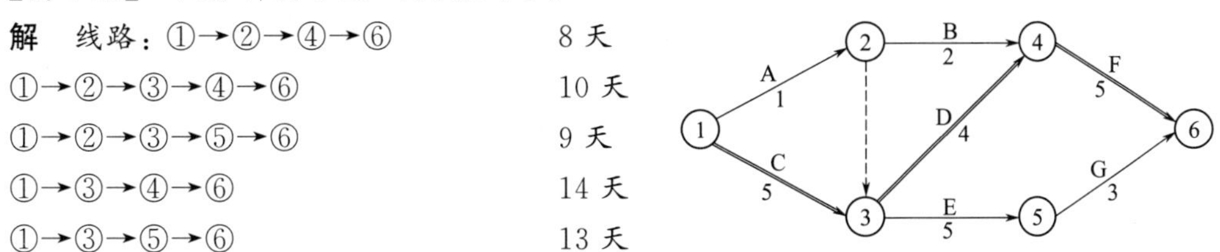

解　线路：①→②→④→⑥　　8 天

①→②→③→④→⑥　　10 天

①→②→③→⑤→⑥　　9 天

①→③→④→⑥　　14 天

①→③→⑤→⑥　　13 天

图 4-19　某项目双代号网络计划图

关键线路是①→③→④→⑥，总持续时间为 14 天，其余线路为非关键线路。

特别提示：

① 关键线路和非关键线路并非一成不变，当采用一定的组织措施，改变关键线路的持续时间，就可能使关键线路变为非关键线路，非关键线路变为关键线路。

② 关键线路在网络图上应用粗线、双线或彩色线标注。

4.2.2.2　双代号网络图的绘制

（1）网络图中常见的各种工作逻辑关系　逻辑关系是指工作进行时客观上存在的一种相互制约或者相互依赖的关系，即网络计划中各个工作之间的先后顺序关系。在表示工程施工

双代号网络图的绘制方法

计划的网络图中，根据施工工艺和施工组织的要求，逻辑关系包括工艺逻辑关系和组织逻辑关系。逻辑关系应正确反映各项工作之间的相互依赖、相互制约关系，这也是网络图与横道图的最大不同之处。各工作之间的逻辑关系表示得是否正确，是网络图能否反映实际情况的关键，也是网络计划实施的重要依据。

① 工艺逻辑关系　由工艺过程或工作程序决定的顺序关系叫做工艺逻辑关系，工艺逻辑关系是客观存在的，不能随意改变。如图4-20(a)所示，槽1→垫1→基1→填1；槽2→垫2→基2→填2为工艺逻辑关系。

② 组织逻辑关系　组织逻辑关系是指在不违反工艺逻辑关系的前提下，安排工作的先后顺序，组织逻辑关系可根据具体情况进行人为安排。如图4-20(b)所示，槽1→槽2；垫1→垫2；基1→基2；填1→填2为组织逻辑关系。

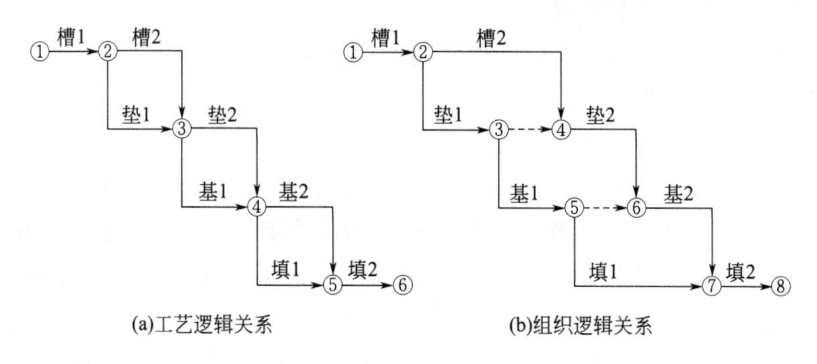

图4-20　逻辑关系

(2) 工作的先后关系与中间节点的双重性

① 起始工作　没有紧前工作的工作称起始工作。

② 结束工作　没有紧后工作的工作称结束工作。

③ 紧前工作　紧前工作是紧排在本工作（被研究的工作）之前的工作。

④ 紧后工作　紧后工作是紧排在本工作之后的工作。

⑤ 平行工作　与本工作同时进行的工作称平行工作。

⑥ 先行工作　自起点节点至本工作之前各条线路上的所有工作为先行工作。

⑦ 后续工作　本工作之后至终点节点各条线路上的所有工作为后续工作。

如图4-21所示，$i-j$ 工作为本工作，$h-i$ 工作为 $i-j$ 工作的紧前工作，$j-k$ 工作为 $i-j$ 工作的紧后工作，$i-j$ 工作之前的所有工作为先行工作，$i-j$ 工作之后的所有工作为后续工作。

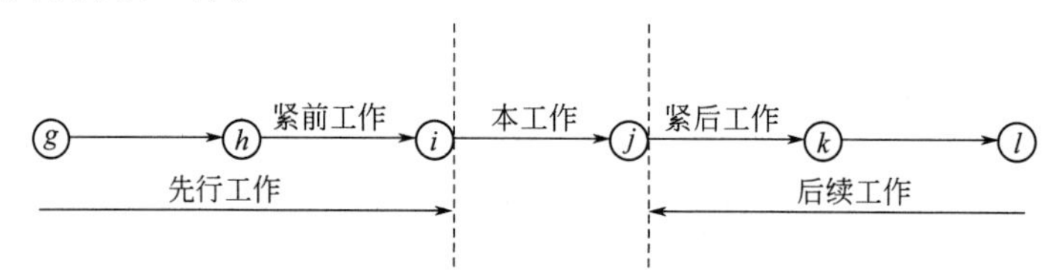

图4-21　工作的先后关系

双代号网络图的绘制规则

(3) 双代号网络计划绘制的基本规则

① 双代号网络图中，要正确反映各工作的逻辑关系，即根据施工顺序和施工组织的要求，正确反映各项工作的先后顺序和相互关系，这些关系是多种多样的，网络图

中常见的逻辑关系及其表达方式见表 4-4。

表 4-4　网络图中工作关系的表示方法

序号	工作之间的逻辑关系	双代号网络图中的表示方法
1	A 完成后进行 B	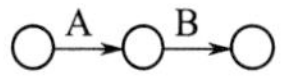
2	A、B、C 同时进行	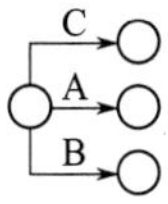
3	A、B、C 同时结束	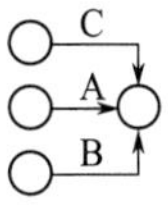
4	A、B 均完成后进行 C	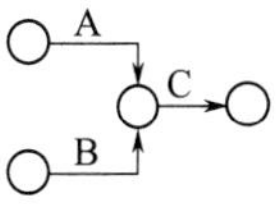
5	A、B 均完成后进行 C、D	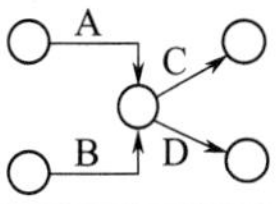
6	A 完成后进行 C、B	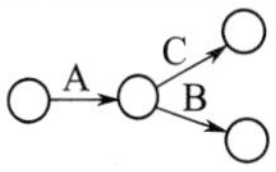
7	A 完成后进行 C，A、B 均完成后进行 D	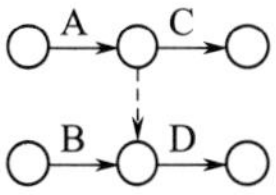
8	A、B、C 均完成后进行 D，B、C 均完成后进行 E	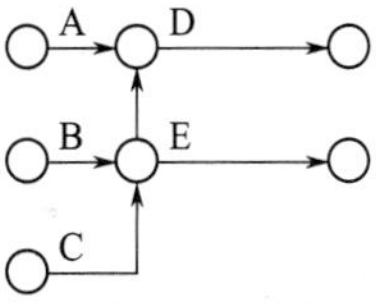
9	A 完成后进行 C，A、B 均完成后进行 D，B 完成后进行 E	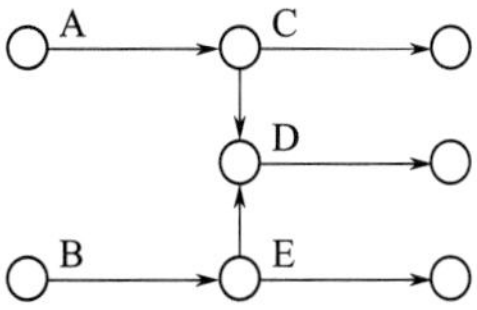
10	A、B 两项工作分成三个施工段，分段流水施工： A_1 完成后进行 A_2、B_1，A_2完成后进行 A_3、B_2，A_2、B_1完成后进行 B_2，A_3、B_2 完成后进行 B_3	有两种表示方法 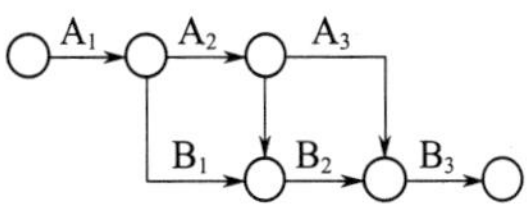 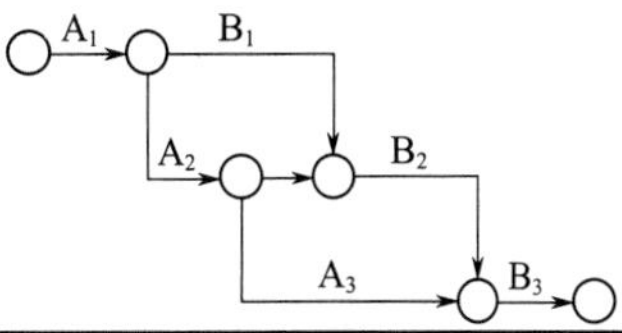

② 在一个网络图中，只能有一个起点节点和一个终点节点。否则，不是完整的网络图。

起点节点：只有外向箭线，而无内向箭线的节点，如图 4-22 所示。

终点节点：只有内向箭线，而无外向箭线的节点，如图 4-23 所示。

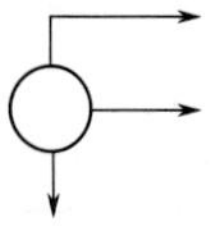

图 4-22　起点节点 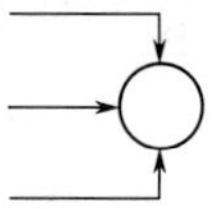　　　　图 4-23　终点节点

③ 网络图中不允许有循环回路，如图 4-24 所示。

④ 网络图中不允许出现相同编号的工序或工作，如图 4-25 所示。

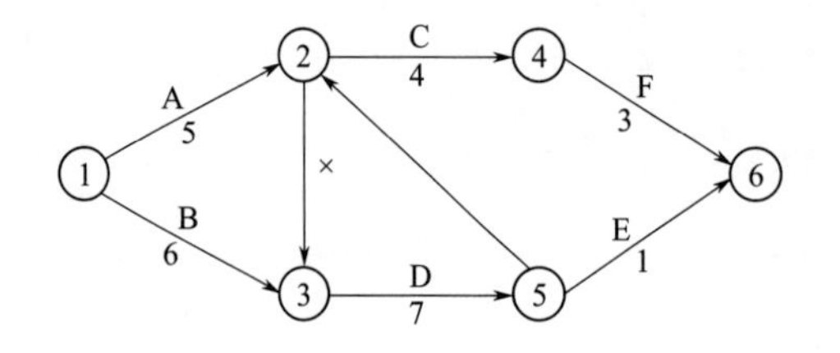

图 4-24　有循环回路的网络图

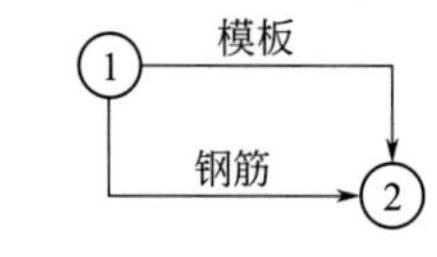

图 4-25　工序或工作的编号不同

⑤ 网络图中不允许有双箭头的箭线和无箭头的线段，如图 4-26 所示。

⑥ 网络图中严禁有无箭尾节点或无箭头节点的箭线，如图 4-27 所示。

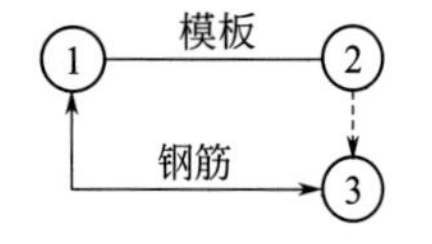

图 4-26　双箭头和无箭头的线

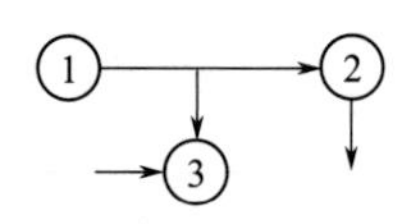

图 4-27　箭线无箭尾节点或无箭头节点

⑦ 绘制网络图时，箭线不宜交叉；当交叉不可避免时，可用过桥法或指向法，如图 4-28所示。

(4) 双代号网络图的绘制步骤　双代号网络计划的绘制首先要根据网络图的逻辑关系，绘制出草图，再根据绘制规则进行调整，形成正式的网络图。根据每一项工作的先后顺序找出其紧前和紧后工作，本工作和相邻工作的关系，如图 4-29 所示。

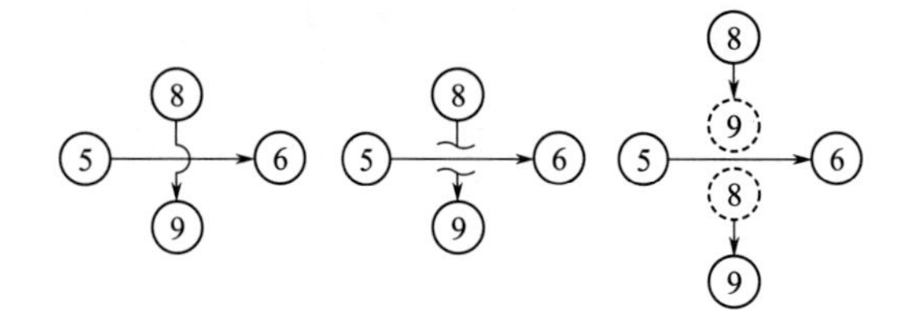

图 4-28　网络图出现交叉情况的画法

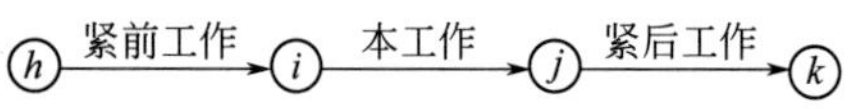

紧前工作　本工作　紧后工作

图 4-29　本工作和相邻工作的关系图

特别提示：如有多项工作无紧前工作，则表示有多项工作可同时开始，起点节点将有多条外向箭线。

① 根据各项工作的紧后工作自左向右依次绘制其他工作，直到终点节点。

② 合并没有紧后工作的节点，即终点节点。

③ 进行网络图节点的编号。

④ 根据逻辑关系和绘制规则进行检查、整理，得到最终结果。

(5) 绘制网络图应注意的其他问题　为使网络图布图合理、重点突出、层次分明，在网络图绘制时，还应注意以下几点。

① 规范布图形式　双代号网络图的布图形式有水平式、对称式、桁构式等形式，如图 4-30所示。

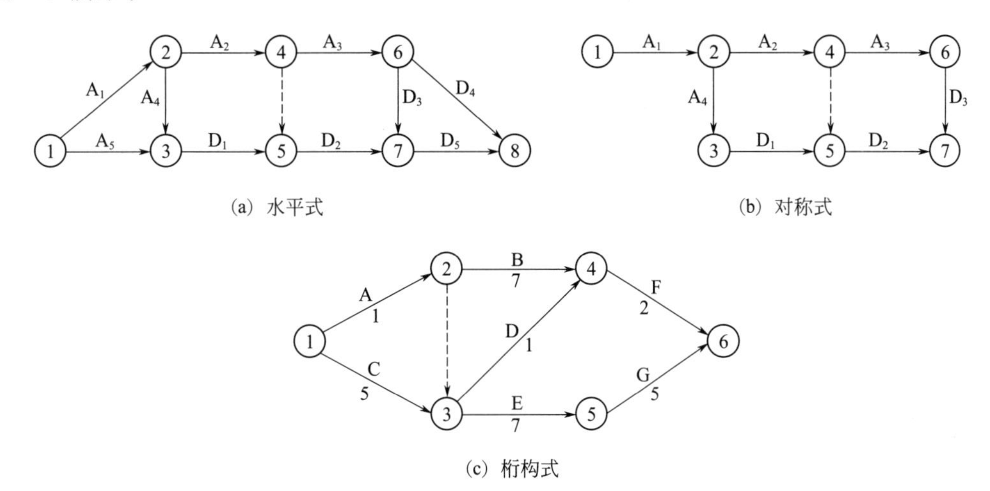

图 4-30　双代号网络图的布图形式

② 网络图中节点编号方法　节点编号应遵守节点编号原则，可采用垂直编号法和水平编号法，如图 4-31 所示。

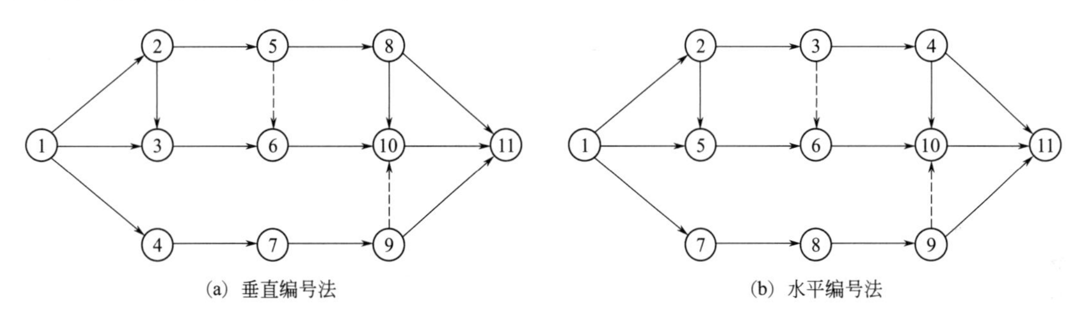

图 4-31　节点编号方法

4. 2. 2. 3　双代号网络计划时间参数的计算

计算双代号网络计划时间参数的目的包括：第一，确定关键线路和关键工作，抓住施工重点；第二，计算非关键工作的机动时间，向非关键工作要资源，进行网络计划优化；第三，进行总工期控制。

双代号网络计划时间参数及其符号介绍如下。

（1）工作持续时间　工作持续时间是指工作 i—j 从开始到完成的时间，用 D_{i-j} 表示。

（2）工期　工期是指完成一项任务所需要的时间，在网络计划中工期一般有以下三种。

① 计算工期 T_c：根据网络计划的时间参数计算所得的工期，即关键线路各工作持续时间之和。

② 要求工期 T_r：根据上级主管部门或建设单位的要求而定或合同规定的工期。

③ 计划工期 T_p：根据要求工期和计算工期所确定的作为实施目标的工期。

双代号网络计划时间参数计算——按工作计算法

a. 当规定了要求工期时，计划工期不应超过要求工期，即

$$T_p \leqslant T_r \tag{4-21}$$

b. 当未规定要求工期时，可令计划工期等于计算工期，即

$$T_p = T_c \tag{4-22}$$

（3）工作的时间参数　网络计划中的工作的时间参数有：最早开始时间、最迟开始时间、最早完成时间、最迟完成时间、总时差、自由时差。

① 最早开始时间和最早完成时间。其时间范围如图 4-32 所示。

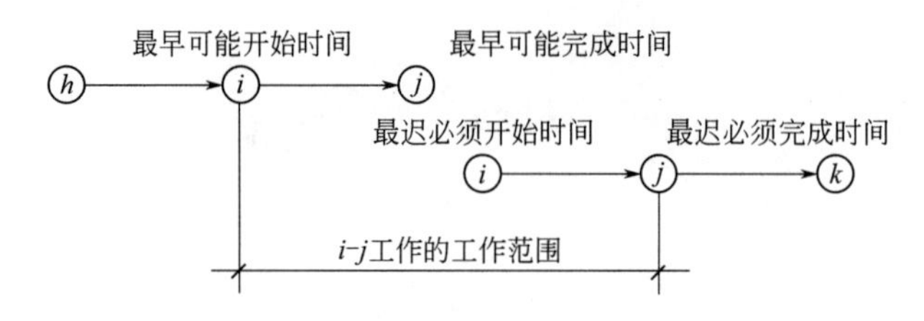

图 4-32　$i-j$ 工作的时间范围

a. 最早开始时间是指所有紧前工作全部完成后，本工作有可能开始的最早时刻，用 ES_{i-j} 表示，$i-j$ 为该工作节点代号。工作 $i-j$ 的最早开始时间 ES_{i-j}，应从网络图的起点节点开始，顺着箭线方向依次逐项进行计算。从起点节点引出的各项外向工作，是整个计划的起始工作，如果没有规定，它们的最早开始时间都定为零，即

$$ES_{i-j} = 0 \tag{4-23}$$

当工作 $i-j$ 只有一项紧前工作 $h-i$ 时，其最早开始时间 ES_{i-j} 为

$$ES_{i-j} = ES_{h-i} + D_{h-i} \tag{4-24}$$

当工作 $i-j$ 有多个紧前工作时，其最早开始时间 ES_{i-j} 为

$$ES_{i-j} = \max\{ES_{h-i} + D_{h-i}\} \tag{4-25}$$

式中　ES_{i-j}——工作最早开始时间；

ES_{h-i}——紧前工作最早开始时间；

D_{h-i}——紧前工作持续时间。

b. 最早完成时间是指所有紧前工作全部完成后，本工作有可能完成的最早时刻，用 EF_{i-j} 表示，计算公式为

$$EF_{i-j} = ES_{i-j} + D_{i-j} \tag{4-26}$$

② 最迟完成时间和最迟开始时间。其时间范围如图 4-32 所示。

a. 最迟完成时间是指在不影响规定工期的条件下，工作最迟必须完成的时刻，用 LF_{i-j} 表示。工作 $i-j$ 的最迟完成时间 LF_{i-j} 应从网络计划的终点节点开始，逆着箭线方向依次逐项进行计算。以终点节点（$j=n$）为结束节点的工作的最迟完成时间 LF_{i-n}，应按网络计划的计划工期 T_p 确定，即

$$LF_{i-n} = T_p \tag{4-27}$$

其他工作 $i-j$ 的最迟完成时间等于其紧后工作最迟完成时间与该紧后工作的工作持续时间之差的最小值，即

$$LF_{i-j} = \min\{LF_{j-k} - D_{j-k}\} \tag{4-28}$$

b. 最迟开始时间是指在不影响任务按期完成的前提下，工作最迟必须开始的时刻。用 LS_{i-j} 表示，计算公式为

$$LS_{i-j}=LF_{i-j}-D_{i-j} \tag{4-29}$$

③ 总时差和自由时差。

a. 总时差是指在不影响总工期的前提下，一项工作可以利用的机动时间，用 TF_{i-j} 表示。总时差的计算简图如图 4-33 所示。一项工作的工作总时差等于该工作的最迟开始时间与其最早开始时间之差，或等于该工作的最迟完成时间与其最早完成时间之差，即

$$TF_{i-j}=LS_{i-j}-ES_{i-j}=LF_{i-j}-EF_{i-j} \tag{4-30}$$

b. 自由时差是指在不影响紧后工作最早开始时间的前提下，一项工作可以利用的机动时间，用 FF_{i-j} 表示。自由时差的计算简图如图 4-34 所示。自由时差也叫局部时差或自由机动时间。工作自由时差的计算应按照以下两种情况分别考虑。

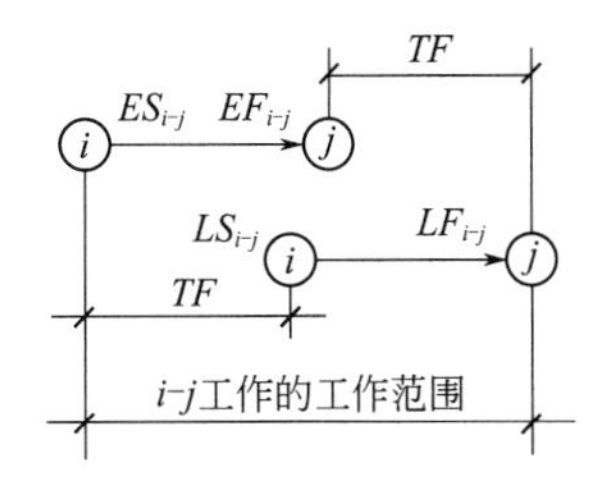

图 4-33　总时差计算简图

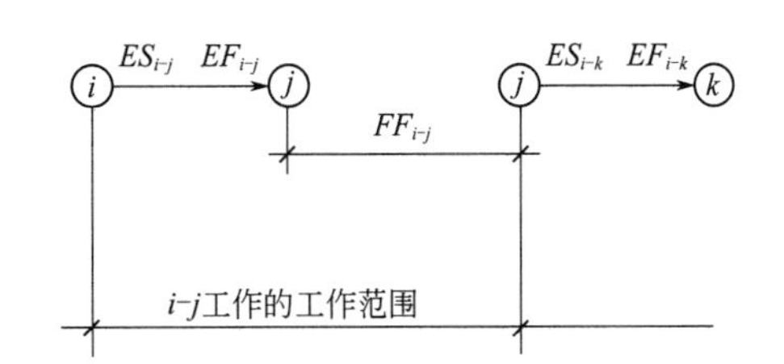

图 4-34　自由时差计算简图

对于有紧后工作的工作，其自由时差等于本工作之紧后工作最早开始时间减去本工作最早完成时间所得之差的最小值，即：

$$FF_{i-j}=\min\{ES_{j-k}-EF_{i-j}\}=\min\{ES_{j-k}-ES_{i-j}-D_{i-j}\} \tag{4-31}$$

对于无紧后工作的工作，即以网络计划终点节点为完成节点的工作，其自由时差等于计划工期与本工作最早完成时间之差，即

$$FF_{i-n}=T_{\mathrm{p}}-EF_{i-n}=T_{\mathrm{p}}-ES_{i-n}-D_{i-n} \tag{4-32}$$

一个网络计划中，工作总时差与自由时差存在如下关系：

$$TF_{i-j}=\min\{TF_{j-k}+FF_{i-j}\} \tag{4-33}$$

（4）节点的时间参数　网络计划中的节点的时间参数有节点最早时间和节点最迟时间。

① 节点最早时间是指该节点前面工作全部完成，后面工作最早可能开始的时间，用 ET_i 表示。节点最早时间应从网络计划的起点节点开始，沿着箭线方向，依次逐项计算。

双代号网络计划时间参数计算——按节点计算法

一般规定网络计划起点节点最早时间为零，即 $ET_i=0$（$i=1$）。

其他节点最早时间计算公式为

$$ET_j=\max\{ET_i+D_{i-j}\} \tag{4-34}$$

② 节点最迟时间是指在不影响终点节点的最迟时间前提下，该节点最迟必须完成的时间，用 LT_i 表示，一般规定网络计划终点节点的最迟时间以工程的计划时间为准，当无规定工期时，终点节点的最迟时间就等于节点的最早时间，即 $LT_n=T_{\mathrm{p}}$。

节点最迟时间应从网络计划的终点节点开始，逆着箭线方向，依次逐项计算。节点 i 最迟时间的计算公式为

$$LT_i=\min\{LT_j-D_{i-j}\} \tag{4-35}$$

（5）双代号网络计划时间参数的计算　双代号网络计划时间参数的计算有许多方

法，《工程网络计划技术规程》(JGJ/T 121—2015) 中有工作计算法和节点计算法，一般在图上直接进行计算。本模块讲述用工作计算法进行网络参数计算。

按工作计算法计算时间参数应在各项工作的持续时间之后进行，虚工作必须视同工作进行计算，其持续时间为 0。时间参数计算的结果标注在箭线之上，如图 4-35 所示。

【例 4-11】 以图 4-36 为例，进行时间参数的计算。

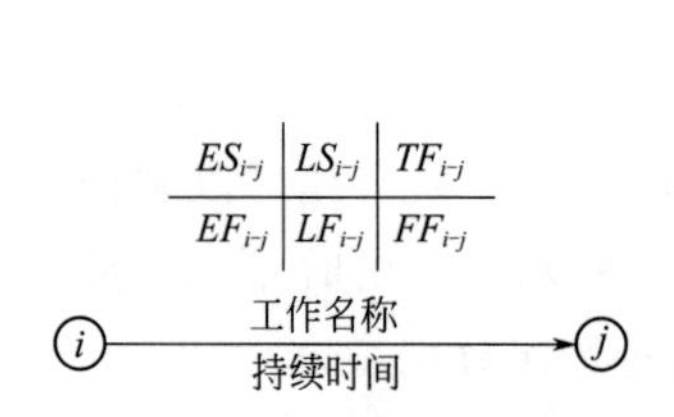

图 4-35 按工作计算法的标注内容

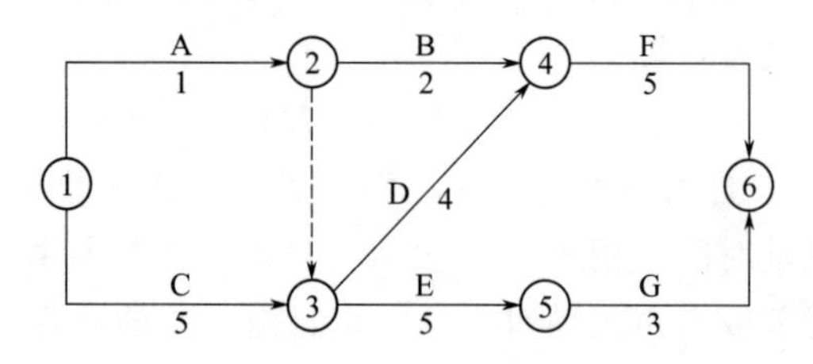

图 4-36 应用案例图

解 (1) 最早开始时间 (ES) 和最早完成时间 (EF) 的计算。计算规则是“顺线累加，逢圈取大”，具体计算如下（图 4-37）。

工作最早开始时间

$ES_{1-2}=0$

$ES_{1-3}=0$

$ES_{2-4}=EF_{1-2}=1$

$ES_{3-4}=\max\{EF_{1-2},EF_{1-3}\}=\max\{1,5\}=5$

$ES_{3-5}=\max\{EF_{1-2},EF_{1-3}\}=\max\{1,5\}=5$

$ES_{4-6}=\max\{EF_{2-4},EF_{3-4}\}=\max\{3,9\}=9$

$ES_{5-6}=EF_{3-5}=10$

工作最早完成时间

$EF_{1-2}=ES_{1-2}+D_{1-2}=0+1=1$

$EF_{1-3}=ES_{1-3}+D_{1-3}=0+5=5$

$EF_{2-4}=ES_{2-4}+D_{2-4}=1+2=3$

$EF_{3-4}=ES_{3-4}+D_{3-4}=5+4=9$

$EF_{3-5}=ES_{3-5}+D_{3-5}=5+5=10$

$EF_{4-6}=ES_{4-6}+D_{4-6}=9+5=14$

$EF_{5-6}=ES_{5-6}+D_{5-6}=10+3=13$

(2) 工作最迟完成时间 (LF) 和最迟开始时间 (LS) 的计算。计算规则是“逆线累减，逢圈取小”。计算结果如下（图 4-38）。

$$T_p=T_c=14$$

工作最迟完成时间

$LF_{5-6}=T_c=14$

$LF_{4-6}=T_c=14$

$LF_{3-5}=LS_{5-6}=11$

$LF_{2-4}=LS_{4-6}=9$

$LF_{3-4}=LS_{4-6}=9$

$LF_{1-3}=\min\{LF_{3-5},LF_{3-4}\}=5$

$LF_{1-2}=\min\{LF_{3-5},LF_{3-4},LF_{2-4}\}=5$

工作最迟开始时间

$LS_{5-6}=LF_{5-6}-D_{5-6}=14-3=11$

$LS_{4-6}=LF_{4-6}-D_{4-6}=14-5=9$

$LS_{3-5}=LF_{3-5}-D_{3-5}=11-5=6$

$LS_{2-4}=LF_{2-4}-D_{2-4}=9-2=7$

$LS_{3-4}=LF_{3-4}-D_{3-4}=9-4=5$

$LS_{1-3}=LF_{1-3}-D_{1-3}=5-5=0$

$LS_{1-2}=LF_{1-2}-D_{1-2}=5-1=4$

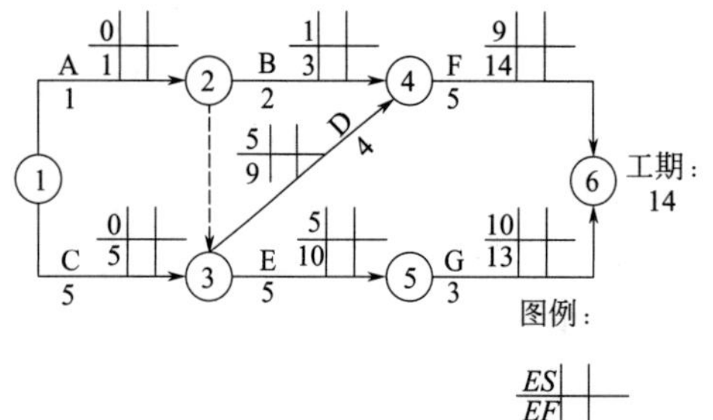

图 4-37 工作 ES、EF 计算图

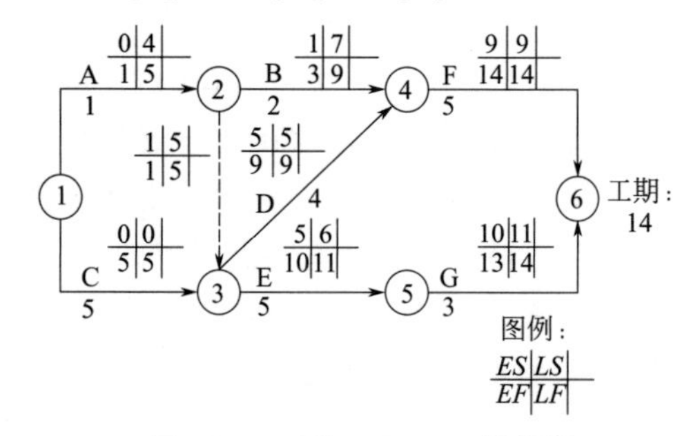

图 4-38 工作 LF、LS 计算图

（3）计算工序总时差（TF）：$TF_{i-j}=LF_{i-j}-EF_{i-j}=LS_{i-j}-ES_{i-j}$

$TF_{1-2}=4-0=4$　　$TF_{1-3}=5-5=0$

$TF_{2-4}=7-1=6$　　$TF_{3-4}=5-5=0$

$TF_{3-5}=6-5=1$　　$TF_{4-6}=9-9=0$

$TF_{5-6}=11-10=1$

如图 4-39 所示。

（4）计算自由时差（FF）：$FF_{i-j}=\min\{ES_{j-k}-EF_{i-j}\}=\min\{ES_{j-k}-ES_{i-j}-D_{i-j}\}$

$$FF_{i-n}=T_p-EF_{i-n}=T_p-ES_{i-n}-D_{i-n}$$

$FF_{1-2}=ES_{2-4}-EF_{1-2}=5-5=0$　　$FF_{1-3}=ES_{3-4}-EF_{1-3}=5-5=0$

$FF_{2-4}=ES_{4-6}-EF_{2-4}=9-3=6$　　$FF_{3-4}=ES_{4-6}-EF_{3-4}=9-9=0$

$FF_{3-5}=ES_{5-6}-EF_{3-5}=10-10=0$　　$FF_{4-6}=T_p-EF_{4-6}=14-14=0$

$FF_{5-6}=T_p-EF_{5-6}=14-13=1$

计算结果如图 4-40 所示。

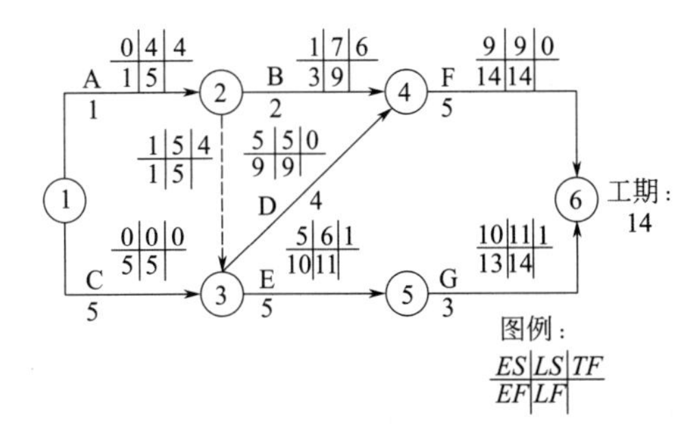

图 4-39　工作 TF 计算图

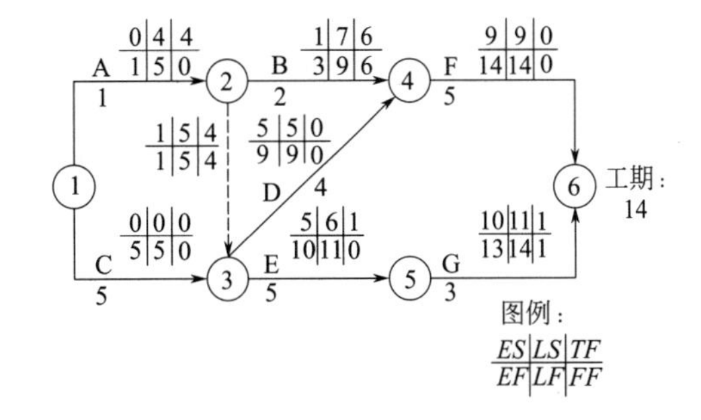

图 4-40　工作 FF 计算图

4.2.3　双代号时标网络计划

4.2.3.1　时标网络计划的概念和特点

（1）时标网络计划的概念　双代号时标网络计划是网络计划的另一种表示形式，简称时标网络计划。它是以水平时间坐标为尺度表示工作持续时间的网络计划，它的时间单位是根据网络计划的需要确定的，可以是时、天、周、月、旬、季等。其箭线的长短和所在位置表示工作的时间进程。双代号时标网络计划综合了横道图的时间坐标和网络计划的原理，既解决了横道图中各项工作不明确，时间参数无法计算的缺点，又解决了双代号网络计划时间表达不直观的问题。

双代号时标网络计划

时标网络计划应以实箭线表示工作，实箭线的水平投影长度表示该工作的持续时间。以虚箭线表示虚工作，以波形线表示工作的自由时差。时标网络计划中所有符号在时间坐标上的水平投影位置，都必须与其时间参数相对应；节点中心必须对准相应的时标位置，由于虚工作的持续时间为零，故虚工作只能以垂直方向的虚箭线表示；以波形线表示工作与其紧后工作之间的时间间隔，以终点节点为完成节点的工作除外，当计划工期等于计算工期时，这些工作箭线中波形线的水平投影长度表示其自由时差。

（2）时标网络计划的特点　时标网络计划是目前普遍受欢迎的计划表示形式，主要特点如下。

① 是网络计划与横道图计划相结合的形式，形象地表明计划的时间进程。

② 双代号时标网络计划中，箭线长度表示工作的持续时间，可从图上显示各项工作的开始和完成时间、时差和关键线路。

③ 双代号时标网络计划中，不会产生闭合回路。

④ 双代号时标网络计划中，可以直接在时标网络图的下方绘出劳动力、材料、机具等资源动态曲线，来进行控制和分析。

⑤ 时标网络计划调整比较麻烦，这是由于时标网络计划的箭线长短表示了每个工作的持续时间。若改变持续时间，就需要改变箭线的长度和位置，这样，往往会引起整个网络计划图的变化。

(3) 时标网络计划的用途　实践证明，时标网络计划对以下两种情况比较适用。

① 编制工作项目较少并且工艺过程较简单的建筑施工计划。它能迅速地边绘、边算、边调整。对于工作项目较多，并且工艺复杂的工程仍以采用常用的网络计划为宜。

② 将已编制并计算好的网络计划再复制成时标网络计划，以便在图上直接表示各项工作的进程。目前我国已编出相应的程序，可应用计算机来完成这项工作，并已经用于生产实际。

4.2.3.2　绘制双代号时标网络计划的一般规定

时标网络图的箭线宜用水平箭线或由水平段和垂直段所组成的箭线，不宜用斜箭线，虚工作也如此，但虚工作的水平段应绘成波形线。而所有符号在时间坐标上的水平位置及其水平投影，都必须与其所代表的时间值相对应，且节点的中心必须对准时标的刻度线。

(1) 双代号时标网络计划是以水平时间坐标为尺度表示工作时间，时标的时间单位应根据需要在网络计划编制之前确定，可为时、天、周、月、季。

(2) 时标网络计划以实箭线表示实工作，以虚箭线表示虚工作，以波形线表示工作的自由时差。

(3) 时标网络计划中的所有符号在时间坐标上的水平投影位置，都必须与时间参数相对应，节点中心必须对准相应的时标位置，虚工作必须以垂直方向的虚箭线表示，自由时差通过追加波形线表示。

(4) 时标网络计划宜按最早时间编制。

4.2.3.3　双代号时标网络计划的绘制

时标网络计划的绘制方法有间接绘制法和直接绘制法两种。

(1) 间接绘制法　间接绘制法是先画出非时标双代号网络计划，计算时间参数，再根据时间参数在时间坐标上进行绘制的方法。具体步骤如下。

① 先绘制非时标双代号网络计划，计算时间参数，确定关键工作及关键线路。

② 确定时间单位，绘制时间坐标。

③ 根据工作的最早开始时间或节点的最早时间，从起点节点开始将各节点逐个定位在时标坐标上。

④ 依次在各节点间画出箭线。绘制时先画出关键线路和关键工作，再画出其他工作。箭线最好画成水平箭线或水平线段和竖直线段组成的折线箭线，以直接反映工作的持续时间。如箭线长度不够与该工作的结束节点直接相连时，用波形线补足，波形线的水平投影长度为工作的自由时差。

⑤ 把时差为零的箭线从起点节点到终点节点连接起来，并用粗箭线、双箭线或彩色箭

线表示，即形成时标网络计划的关键线路。

【例 4-12】 如表 4-5 所示的逻辑关系，根据间接绘制法的步骤，绘制时标网络计划图。

解 （1）计算各节点最早的时间参数（或各工作的最早开始时间），确定关键工作及关键线路。如图 4-41(a) 所示。

（2）根据需要确定的时间单位即计算工期 $T_c=9$ 天绘制时间坐标轴。时标可标注在时标网络图的顶部，单位：天。如图 4-41(b) 所示。

表 4-5　工作间逻辑关系表

工作	A	B	C	D	E	F	G	H
紧前工作	—	—	—	A	A	B	C	E、F、G
紧后工作	D、E	F	G	H	H	H	H	—
持续时间	2	3	4	5	3	4	2	2

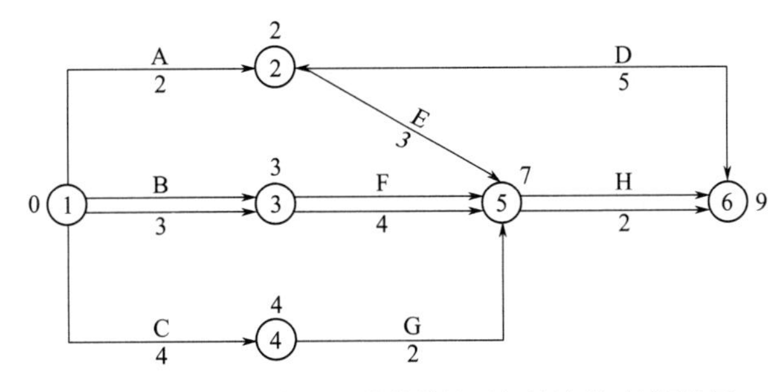

(a) 按节点最早时间（或各工作的最早开始时间）的时标网络图

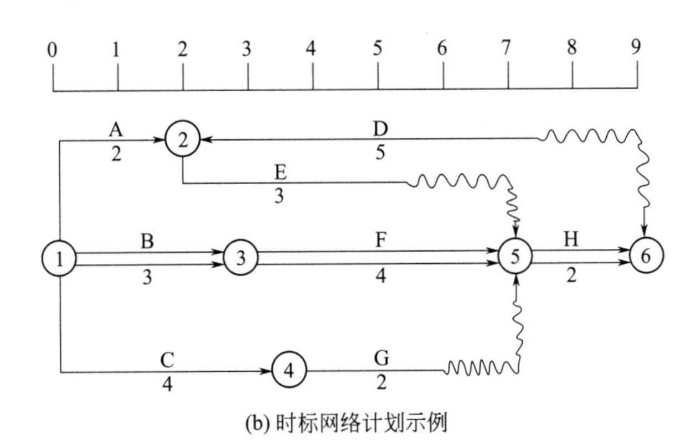

(b) 时标网络计划示例

图 4-41　绘制时标网络计划图

（3）定节点位置。

① 从起点节点①开始，将起点节点①定位在时标计划表的起始刻度线 0 的纵轴位置上。

② 按节点的编号顺序，根据图 4-41(a) 所示各节点的最早时间（或各工作的最早开始时间），逐个定位在时间坐标的纵轴上。如节点②的最早时间为 2 天，故把节点②定位在时间坐标 2 天所对应的纵轴位置上；节点③的最早时间为 3 天，把节点③定位在时间坐标 3 天所对应的纵轴位置上；节点④的最早时间为 4 天，把节点④定位在时间坐标 4 天所对应的纵轴位置上；节点⑤的最早时间为 7 天，把节点⑤定位在时间坐标 7 天所对应的纵轴位置上；结束节点⑥定位在工期坐标轴 9 天所对应的纵轴位置上。

（4）根据各工作的持续时间，依次在各节点后面绘出各工作的箭线长度及自由时差。

① 先绘关键线路①→③→⑤→⑥，因为关键线路上的关键工作没有自由时差（或者说关键线路上的关键工作的自由时差为0），直接用双箭线连接节点①、③、⑤、⑥，则形成关键线路，在关键箭线的上方标注各关键工作名称：B、F、H，在关键箭线下方相对应处标注各关键工作的持续时间。

② 再绘非关键工作。在节点①和节点②之间作工作A，工作A的持续时间为2天，节点①、②之间的时间坐标间距也是2天，故直接用实箭线表示工作A；同理在节点①、④之间作非关键工作C；在节点②、⑤之间作非关键工作E，工作E的持续时间为3天，用实箭线表示，长度达不到节点⑤的后面部分用波浪线补足，波浪线的水平投影长度为该工作的自由时差。同理，可作非关键工作D和工作G。最后完成完整的时标网络如图4-41(b)所示。

（2）直接绘制法　直接绘制法是先画出非时标双代号网络计划，不进行时间参数的计算，直接在时间坐标上进行绘制的方法。其绘制步骤和方法可归纳为如下绘图口诀："时间长短坐标限，曲直斜平利相连，画完箭线画节点，节点画完补波线"。

① 时间长短坐标限：箭线的长度代表着具体的施工持续时间，受到时间坐标的制约。

② 曲直斜平利相连：箭线的表达方式可以是直线、折线或斜线等，但布图应合理，直观清晰，尽量横平竖直。

③ 画完箭线画节点：工作的开始节点必须在该工作的全部紧前工作都画完后，定位在这些紧前工作全部完成的时间刻度上。

④ 节点画完补波线：某些工作的箭线长度不足以达到其完成节点时，用波形线补足，箭头指向与位置不变。

【例4-13】 根据图4-42的网络图；按直接法绘制时标网络计划，并判定关键线路（用双箭线表示），求工期 T_c，标注总时差 TF_{i-j}。

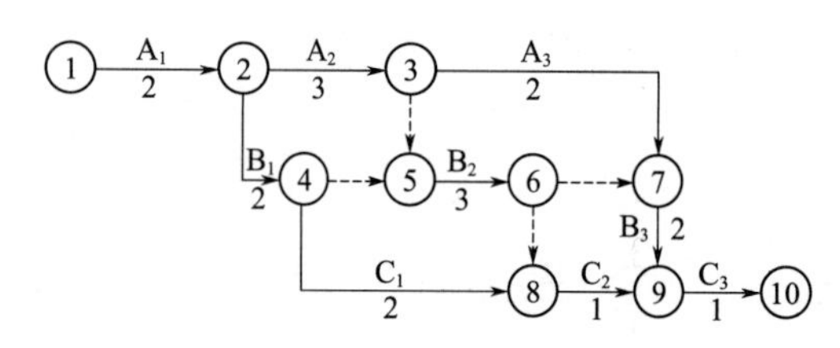

图4-42　某工程施工网络计划

解　绘制步骤如下。

（1）将起点节点①定位在时标计划表的零刻度上。表示 A_1 工作的最早开始时间，A_1 工作的持续时间为2天，定位节点②。因节点③、④之前只有一个箭头，无自由时差，按 A_2 和 B_1 的持续时间为3天和2天可定位节点③和④。虚箭线连接节点③→⑤不占用时间，直接用垂直虚线连接节点③→⑤，虚箭线④→⑤不占用时间，要绘成用垂直线，但长度不足以到达节点⑤，用波形线表示一天的自由时差。节点⑥之前只有一项实工作 B_2，持续时间3天，可直接连接节点⑤和⑥。节点⑧之前有节点⑥和④，⑥→⑧为虚工作，垂直虚线无时差，可定位节点⑧，连接⑥→⑧。节点④之后 C_1 工作持续时间为1天，自由时差有3天，用波形线连接至节点⑧。节点⑦定位由节点⑥确定，说明虚工作⑥→⑦无自由时差，用垂直虚线连接节点⑥和⑦。A_3 工作的持续时间为2天，用波形线补足1天才到达节点⑦。节点⑨之前 B_3 工作和 C_2 工作，持续时间分别为2天和1天。所以，节点⑨的定位应由节点⑦和 B_3 工作持续时间来确定。工作 C_2 持续时间为1天，且有1天时差，用波形线连接到达节点⑨。终点节点⑩定位直接由 C_3 工作持续时间1天确定。终点节点⑩定位后，时标网络计划绘制完成，如图4-43所示。

（2）自终点节点⑩逆着箭线方向朝起点节点①检验，始终不出现波形线的只有一条①→②→③→⑤→⑥→⑦→⑨→⑩，为关键线路，并用双箭线表示。

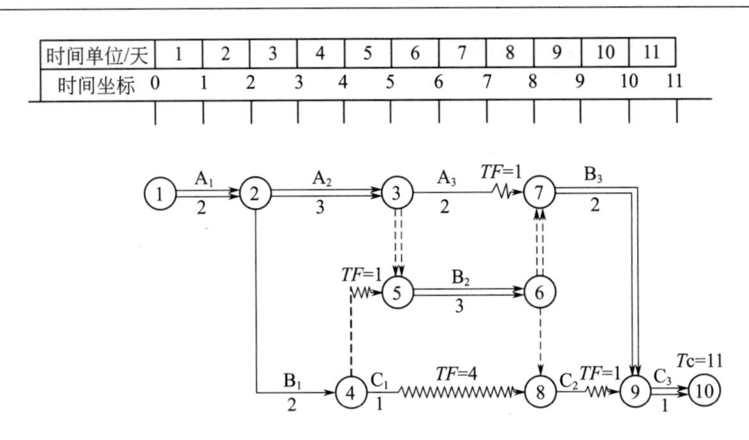

图 4-43　时标网络计划（按最早时间绘制）

（3）时标网络计划的计算工期 $T_c=11-0=11$ 天。

（4）波形线在坐标轴上的水平投影长度，即为该工作的自由时差。

（5）工作的总时差标注在相应的箭线上，如图 4-43 所示。

4.2.4　单代号网络计划

单代号
网络计划

4.2.4.1　单代号网络计划的要素

单代号网络图是以节点及其编号表示工作，以箭线表示工作之间逻辑关系的网络图。它是网络计划的另一种表达方法，如图 4-44 所示。

单代号网络图的基本要素是箭线、节点和线路。

（1）箭线。单代号网络图中，箭线表示相邻工作之间的逻辑关系，只有实箭线，没有虚箭线，箭线的水平投影方向应自左向右，表达工作的进行方向。

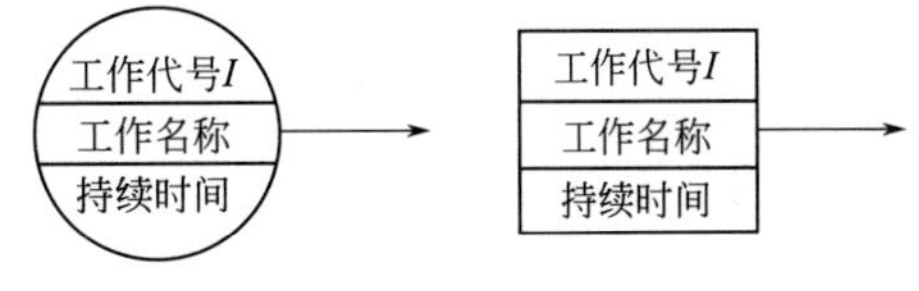

图 4-44　单代号网络图工作的表示方法

（2）节点。在单代号网络图中，用节点表示工作，一个节点表示一个工作，节点用圆圈或矩形表示，节点所表示的工作名称、持续时间和工作代号等应标注在节点内，节点编号顺序应该从小到大，可不连续，但不可重复；一项工作应该只有唯一的一个节点和相应的一个编号，箭尾的节点编号应小于箭头的节点编号。

（3）线路。线路表示的意思与双代号网络计划相同。

4.2.4.2　单代号网络计划绘制的基本规则

（1）绘制单代号网络图应遵循以下规则。

① 单代号网络图必须正确表述已定的逻辑关系。

② 单代号网络图中，严禁出现循环回路。

③ 不允许出现代号相同的工作。

④ 单代号网络图中，严禁出现双向箭头或无箭头的连线。

⑤ 单代号网络图中，严禁出现没有箭尾节点的箭线和没有箭头节点的箭线。

⑥ 绘制网络图时，箭线不宜交叉，当交叉不可避免时，可采用过桥法和指向法绘制。

⑦ 单代号网络图只应有一个起点节点和一个终点节点。当网络图中有多项起点节点或多项终点节点时，应在网络图的两端分别设置一项虚工作，作为该网络图的起点节点和终点节点。

（2）绘制步骤　单代号网络计划的绘制步骤请参考双代号网络计划的绘制步骤。

4.2.4.3 单代号网络计划的计算

单代号网络图时间参数的计算应在确定各项工作持续时间之后进行。单代号网络图时间参数的基本内容和形式应按图 4-45 的方式进行标注。

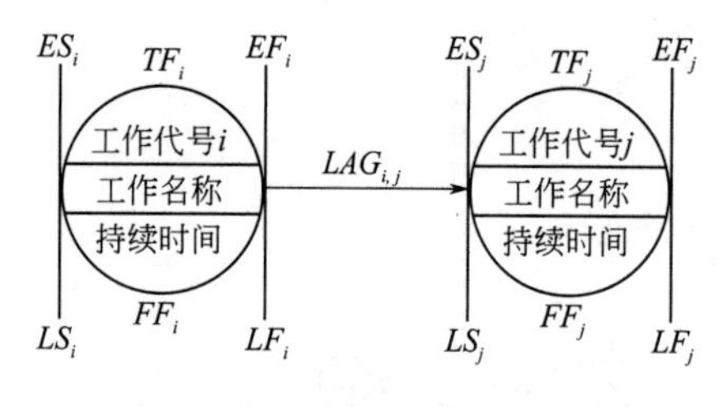

图 4-45 单代号网络图时间参数的标注

(1) 单代号网络计划时间参数的计算步骤 单代号网络计划与双代号网络计划只是表现形式不同，它们所表达的内容则完全一样。工作的各时间参数表达如图 4-45 所示。

① 计算工作的最早开始时间和最早完成时间 工作最早开始时间和最早完成时间的计算应从网络计划的起点节点开始，顺着箭线方向按节点编号从小到大的顺序依次进行。

a. 网络计划起点节点所代表的工作，其最早开始时间未规定时取值为零：$ES_i=0$。

b. 工作的最早完成时间应等于本工作的最早开始时间与其持续时间之和，即

$$EF_i=ES_i+D_i \tag{4-36}$$

式中 EF_i——工作 i 的最早完成时间；

ES_i——工作 i 的最早开始时间；

D_i——工作 i 的持续时间。

c. 其他工作的最早开始时间应等于其紧前工作最早完成时间的最大值，即

$$ES_j=\max\{EF_j\} \tag{4-37}$$

式中 ES_j——工作 j 的最早开始时间；

EF_j——工作 j 的紧前工作 i 的最早完成时间。

d. 网络计划的计算工期等于其终点节点所代表的工作的最早完成时间。

$$T_c=EF_n \tag{4-38}$$

式中 EF_n——终点节点 n 的最早完成时间。

② 计算相邻两项工作之间的时间间隔 相邻两项工作之间的时间间隔是指其紧后工作的最早开始时间与本工作最早完成时间的差值，即

$$LAG_{i,j}=ES_j-EF_i \tag{4-39}$$

式中 $LAG_{i,j}$——工作 i 与其紧后工作 j 之间的时间间隔；

ES_j——工作 i 的紧后工作 j 的最早开始时间；

EF_i——工作 i 的最早完成时间。

③ 确定网络计划的计划工期 网络计划的计算工期 $T_c=EF_n$。假设未规定要求工期，则其计划工期就等于计算工期。

④ 计算工作的总时差 工作总时差的计算应从网络计划的终点节点开始，逆着箭线方向按节点编号从大到小的顺序依次进行。

a. 网络计划终点节点 n 所代表的工作的总时差应等于计划工期与计算工期之差，即

$$TF_n=T_p-T_c \tag{4-40}$$

当计划工期等于计算工期时，该工作的总时差为零。

b. 其他工作的总时差应等于本工作与其各紧后工作之间的时间间隔加该紧后工作的总时差所得之和的最小值，即

$$TF_i=\min\{LAG_{i,j}+TF_j\} \tag{4-41}$$

式中　TF_i——工作 i 的总时差；

$LAG_{i,j}$——工作 i 与其紧后工作 j 之间的时间间隔；

TF_j——工作 i 的紧后工作 j 的总时差。

⑤ 计算工作的自由时差

a. 网络计划终点节点 n 所代表工作的自由时差等于计划工期与本工作的最早完成时间之差，即

$$FF_n = T_p - EF_n \tag{4-42}$$

式中　FF_n——终点节点 n 所代表的工作的自由时差；

T_p——网络计划的计划工期；

EF_n——终点节点 n 所代表的工作的最早完成时间。

b. 其他工作的自由时差等于本工作与其紧后工作之间时间间隔的最小值，即

$$FF_i = \min\{LAG_i, j\} \tag{4-43}$$

⑥ 计算工作的最迟完成时间和最迟开始时间　工作的最迟完成时间和最迟开始时间的计算根据总时差计算，具体如下。

a. 工作的最迟完成时间等于本工作的最早完成时间与其总时差之和，即

$$LF_i = EF_i + TF_i \tag{4-44}$$

b. 工作的最迟开始时间等于本工作最早开始时间与其总时差之和，即

$$LS_i = ES_i + TF_i \tag{4-45}$$

（2）单代号网络计划关键线路的确定

① 利用关键工作确定关键线路　如前所述，总时差最小的工作为关键工作。将这些关键工作相连，并保证相邻两项关键工作之间的时间间隔为零而构成的线路就是关键线路。

② 利用相邻两项工作之间的时间间隔确定关键线路　从网络计划的终点节点开始，逆着箭线方向依次找出相邻两项工作之间时间间隔为零的线路就是关键线路。

③ 利用总持续时间确定关键线路　在网络计划中，线路上工作总持续时间最长的线路为关键线路。

【例 4-14】 试计算图 4-46 所示单代号网络计划的时间参数。

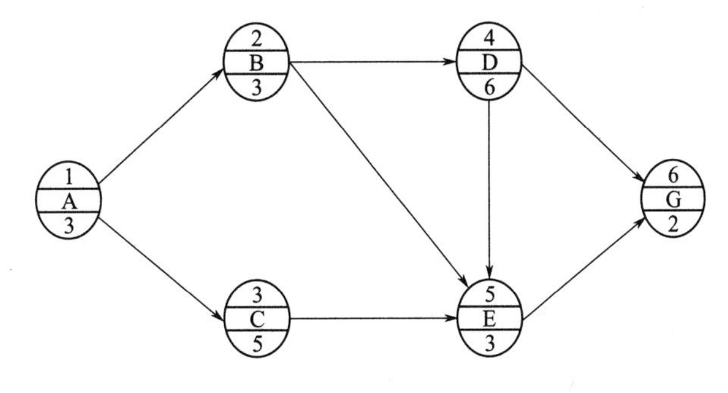

图 4-46　单代号网络图

解　计算结果如图 4-47 所示，现对其计算步骤及具体方法说明如下。

（1）工作最早开始时间和最早完成时间的计算

工作的最早开始时间从网络图的起点节点开始，顺着箭线，用加法。因起点节点的最早开始时间未规定，故 $ES_1=0$。工作的最早完成时间应等于本工作的最早开始时间与其持续时间之和，因此 $EF_1=ES_1+D_1=0+3=3$

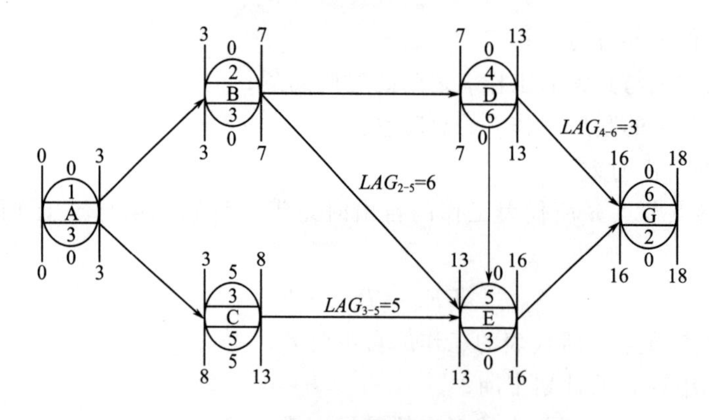

图 4-47　单代号网络计划

其他工作最早开始时间是其各紧前工作的最早完成时间的最大值。

(2) 计算网络计划的工期

按 $T_c=EF_n$ 计算，计算工期 $T_c=EF_6=18$

(3) 计算各工作之间的时间间隔

按 $LAG_{i,j}=ES_j-EF_i$ 计算如图 4-47 所示，未标注的工作之间的时间间隔为 0，计算过程如下：

$$LAG_{1,2}=ES_2-EF_1=3-3=0$$

$$LAG_{1,3}=ES_3-EF_1=3-3=0$$

$$LAG_{2,4}=ES_4-EF_2=7-7=0$$

$$LAG_{2,5}=ES_5-EF_2=13-7=6$$

$$LAG_{3,5}=ES_5-EF_3=13-8=5$$

$$LAG_{4,5}=ES_5-EF_4=13-13=0$$

$$LAG_{4,6}=ES_6-EF_4=16-13=3$$

$$LAG_{5,6}=ES_6-EF_5=16-16=0$$

(4) 计算总时差

终点节点所代表的工作的总时差按 $TF_n=T_p-T_c$ 考虑，没有规定，认为 $T_p=T_c=18$，则 $TF_6=0$。其他工作总时差按公式 $TF_i=\min\{LAG_{i,j}+TF_j\}$ 计算，其结果如下：

$$TF_5=LAG_{5,6}+TF_6=0+0=0$$

$$TF_4=\min\begin{bmatrix}LAG_{4,5}+TF_5\\LAG_{4,6}+TF_6\end{bmatrix}=\min\begin{bmatrix}0+0\\3+0\end{bmatrix}=0$$

$$TF_3=LAG_{3,5}+TF_5=5+0=5$$

$$TF_2=\min\begin{bmatrix}LAG_{2,4}+TF_4\\LAG_{2,5}+TF_5\end{bmatrix}=\min\begin{bmatrix}0+0\\6+0\end{bmatrix}=0$$

$$TF_1=\min\begin{bmatrix}LAG_{1,2}+TF_2\\LAG_{1,3}+TF_3\end{bmatrix}=\min\begin{bmatrix}0+0\\5+0\end{bmatrix}=0$$

(5) 计算自由时差

最后节点自由时差按 $FF_n=T_p-EF_n$，得 $FF_6=0$

其他工作自由时差按 $FF_i=\min\{LAG_{i,j}\}$ 计算，其结果如下：

$$FF_1=\min\begin{bmatrix}LAG_{1,2}\\LAG_{1,3}\end{bmatrix}=\min\begin{bmatrix}0\\0\end{bmatrix}=0$$

$$FF_2=\min\begin{bmatrix}LAG_{2,4}\\LAG_{2,5}\end{bmatrix}=\min\begin{bmatrix}0\\6\end{bmatrix}=0$$

$$FF_3=LAG_{3,5}=5$$

$$FF_4=\min\begin{bmatrix}LAG_{4,5}\\LAG_{4,6}\end{bmatrix}=\min\begin{bmatrix}0\\3\end{bmatrix}=0$$

$$FF_5=LAG_{5,6}=0$$

（6）工作最迟开始和最迟完成时间的计算

$$ES_1=0,LS_1=ES_1+TF_1=0+0=0$$
$$EF_1=0,LF_1=EF_1+TF_1=3+0=3$$
$$ES_2=3,LS_2=ES_2+TF_2=3+0=3$$
$$EF_2=7,LF_2=EF_2+TF_2=7+0=7$$
$$ES_3=3,LS_3=ES_3+TF_3=3+5=8$$
$$EF_3=8,LF_3=EF_3+TF_3=8+5=13$$
$$ES_4=7,LS_4=ES_4+TF_4=7+0=7$$
$$EF_4=13,LF_4=EF_4+TF_4=13+0=13$$
$$EF_5=13,LS_5=ES_5+TF_5=130+=13$$
$$EF_5=16,LF_5=EF_5+TF_5=16+0=16$$
$$ES_6=16,LS_6=ES_6+TF_6=16+0=16$$
$$EF_6=18,LF_6=EF_6+TF_6=18+0=18$$

（7）关键工作和关键线路的确定

当无规定时，认为网络计算工期与计划工期相等，这样总时差为零的工作为关键工作。如图4-47所示关键工作有：A、B、D、E、G工作。将这些关键工作相连，并保证相邻两项关键工作之间的时间间隔为零而构成的线路就是关键线路，即线路A→B→D→E→G为关键线路。本例关键线路用黑粗线表示。仅仅由这些关键工作相连的线路，不保证相邻两项关键工作之间的时间间隔为零，不一定是关键线路，如线路A→B→D→G和线路A→B→E→G均不是关键线路。因此，在单代号网络计划中，关键工作相连的线路并不一定是关键线路。

关键线路按相邻工作之间时间间隔为零的连线确定，则关键线路为A→B→D→E→G。

在单代号网络计划中，线路上工作总持续时间最长的线路为关键线路，其总持续时间为18，即网络计算工期。

（3）单代号网络图与双代号网络图的比较

① 单代号网络图绘制比较方便，节点表示工作，箭线表示逻辑关系，而双代号用箭线表示工作，可能有虚工作。在这一点上，比绘制双代号网络图简单。

② 单代号网络图具有便于说明、容易被非专业人员所理解和易于修改的优点，这对于推广应用统筹法编制工程进度计划，进行全面的科学管理是非常重要的。

③ 双代号网络图表示工程进度比用单代号网络图更为形象，特别是在带时间坐标的网络图中。

④ 双代号网络计划应用电子计算机进行程序化计算和优化更为简便，这是因为双代号网络图中用两个代号代表一项工作，可直接反映其紧前或紧后工作的关系。而单代号网络图

就必须按工作逐个列出其紧前、紧后工作关系，这在计算机中需占用更多的存储单元。

由于单代号网络图和双代号网络图有上述各自的优缺点，故两种表示法在不同的情况下，其表现的繁简程度是不同的。在有些情况下，应用单代号表示法较为简单，而在另外的情况下，使用双代号表示法则更为清楚。因此，单代号网络图和双代号网络图是两种互为补充、各具特色的表现方法。

⑤ 单代号网络图与双代号网络图均属于网络计划，能够明确地反映出各项工作之间错综复杂的逻辑关系。通过网络计划时间参数的计算，可以找出关键工作和关键线路，可以明确各项工作的机动时间。网络计划可以利用计算机进行计算。

单代号网络图与双代号网络图的比较见表4-6。

表4-6　单代号网络图与双代号网络图的比较

网络图 比较项目	单代号网络图	双代号网络图
箭线	表示逻辑关系及工作顺序	表示工作及工作流向
节点	表示工作	表示工作的开始、结束瞬间
虚工作	无	可能有
虚拟节点	可能有虚拟开始节点、虚拟结束节点	无
逻辑关系	反映	反映
关键线路	总持续时间最长的线路	总持续时间最长的线路
	关键工作的连线且相邻关键工作时间间隔为零的线路	关键工作相连的线路

4.2.5　单代号搭接网络计划

4.2.5.1　单代号搭接网络计划的绘制

单代号搭接网络计划是综合单代号网络与搭接施工的原理，使二者结合起来应用的一种网络计划表示方法。在前面介绍的网络计划技术中，有一个共同的特点，组成网络计划的各项工作之间的连接关系是任何一项工作在它的紧前工作全部结束后才能开始，即只能表示工作之间的顺序关系。在实际工作中，并不都是如此。

施工中，为了缩短工期，将一些工作之间的连接关系采用搭接的方式进行。例如某钢筋工程由支模板、绑扎钢筋、浇筑混凝土三个施工过程组成，分三个施工段施工时，各施工段之间的工作搭接。横道图进度计划如图4-48所示。若用双代号网络计划来表示，必须使用

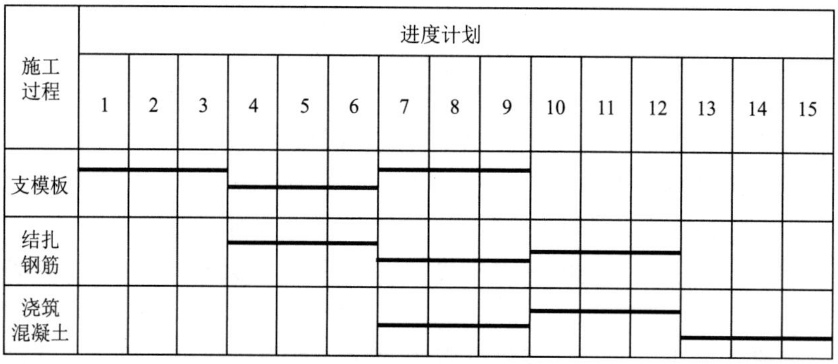

施工过程	进度计划														
	1	2	3	4	5	6	7	8	9	10	11	12	13	14	15
支模板															
结扎钢筋															
浇筑混凝土															

图4-48　横道图进度计划

虚箭线才能严格表示它们的逻辑关系，如图 4-49 所示。若用单代号网络计划来表示，也会增加很多节点数目，如图 4-50 所示。由图 4-48～图 4-50 可以看出，当施工段和施工过程较多时，节点、虚箭线也相应多了，这不仅增加了绘图和计算的工作量，还会使画面复杂，不易被人们理解和掌握。为了表达网络计划中工作间的搭接关系，这里引入单代号搭接网络计划，不仅能够反映各种搭接关系的网络计划技术，而且能更好地表达建筑施工组织的特点。

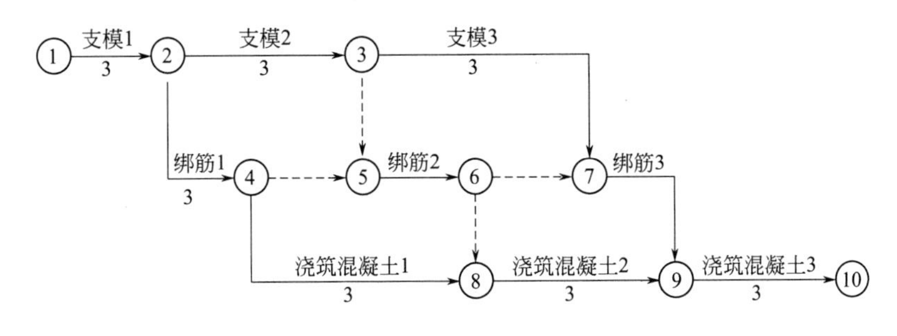

图 4-49　双代号网络图

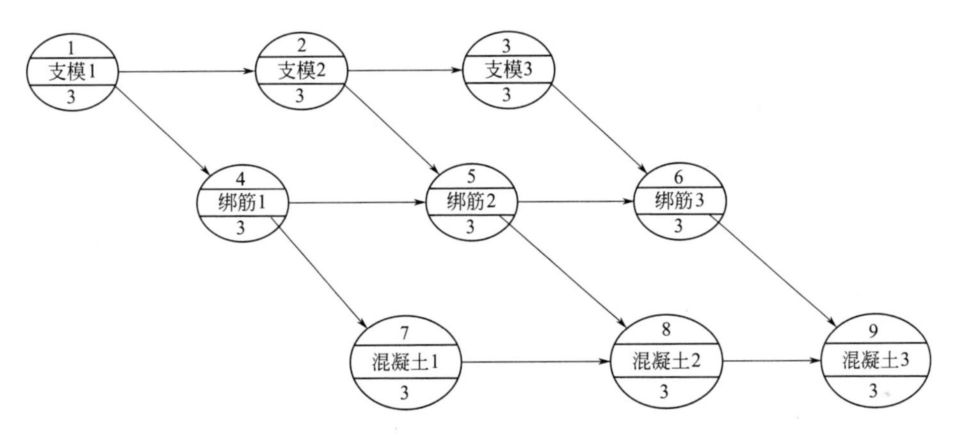

图 4-50　单代号网络图

单代号搭接网络和普通单代号网络图一样，工作仍以节点表示，属工作节点网络图。

它的绘图要点和逻辑规则可概括如下：一个节点代表一项工作，箭线表示工作先后顺序和相互搭接关系，并注明搭接时距。

（1）基本搭接关系　单代号搭接网络计划的基本搭接关系有以下五种。

① 结束到开始的关系（FTS）　两项工作之间的关系通过前项工作结束到后项工作开始之间的时距来表达，当时距为零时，表示两项工作之间没有间歇，这就是普通网络图中的逻辑关系。例如，房屋装修项目中油漆和安玻璃两项工作之间的关系是：先刷油漆，干燥一段时间后才能安装玻璃。这种关系就是 FTS 关系。若干燥时间需要 3 天，则 $FTS=3$。

② 开始到开始的关系（STS）　前后两项工作的关系用其相继开始的时距来表达，就是说，前项工作开始后，要经过两项工作相继开始的时距时间后，后面的工作才能进行。例如，道路工程中的铺设路基和浇筑路面两项工作之间，铺设路基开始一定时间为浇筑路面创造一定工作条件之后，即可开始浇筑路面，这种工作开始时间之间的间隔就是 STS 时距。

③ 结束到结束的关系（FTF）　两项工作之间的关系用前后工作相继结束的时距来表示，就是说，前项工作结束后，要经过两项工作相继结束的时距时间后，后项工作才能结束。

当本工作的作业速度小于紧后工作时，则必须考虑为紧后工作留有充分的余地，否则紧后工作将可能因无工作面而无法进行。这种结束到结束之间的间隔即 FTF 时距。例如，某建筑工程的主体结构分为两个施工段组织流水施工，每段每层砌筑时间为 4 天。则第一个施工段砌筑完成后转移到第二个施工段进行砌筑，同时第一个施工段进行楼板的吊装。由于板的吊装所需时间较短，所以不一定要求砌墙后立即吊装板，但必须在砌墙完成后的第四天完成板的吊装，不影响砌墙人员进行上一层的砌筑。这样就形成了每一施工段砌墙与吊装工作间 4 天的 FTF 关系。

④ 开始到结束的关系（STF）　两项工作之间的关系用前项工作的开始到后项工作的结束之间的时距来表达，即前项工作开始后，要经过前项工作的开始到后项工作的结束之间的时距时间后，后项工作才能结束。

例如，挖掘含有地下水的地基，地下水位以上部分的基础可以在降低地下水位之前就进行挖掘；地下水位以下部分的基础则必须在降低地下水以后才能开始。即降低地下水位的完成与何时挖掘地下水以下部分的基础有关，而降低地下水位何时开始则与挖土的开始无直接关系。若假设挖地下水位以上的基础土方需要 10 天，则挖土方开始与降低水位的完成之间就形成了 10 天的 STF 关系。

⑤ 混合搭接关系　当两项工作之间同时存在上述四种基本搭接关系中的两种或两种以上的限制关系时，称之为混合搭接关系。i、j 两项工作可能同时存在 STS 和 FTF 时距限制，或 STF 和 FTS 时距限制等。例如，某管道工程，挖管沟和铺设管道两工作分段进行，两工作开始到开始的时间间隔为 4 天，即铺设管道至少需 4 天后才能开始。若按 4 天后开始铺设管道，且连续进行，则由于铺设管道持续时间短，挖管沟的第二段尚未完成，而铺设管道人员已要求进入第二段作业，这就出现了矛盾。所以，为解决这一矛盾，除了应考虑 STS 限制时间外，还应考虑结束到结束的限制时间，如设 $FTF=2$ 天才能保证项目的顺利进行。

搭接关系的表达方法和单代号网络计划表示法见表 4-7。

表 4-7　单代号搭接关系的表示方法

序号	工作搭接关系	搭接关系示意图	单代号网络计划表示方法
1	结束到开始（FTS）	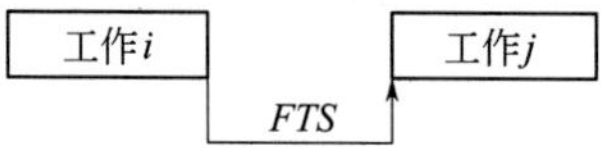 工作i　FTS　工作j	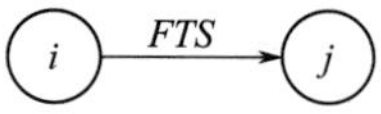 i —FTS→ j
2	开始到开始（STS）	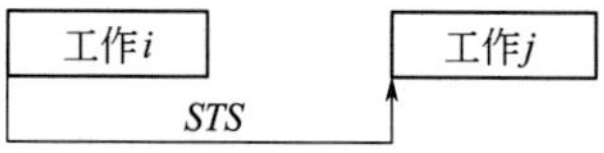 工作i　STS　工作j	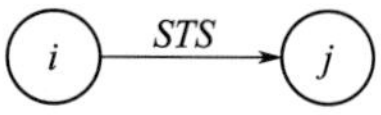 i —STS→ j
3	结束到结束（FTF）	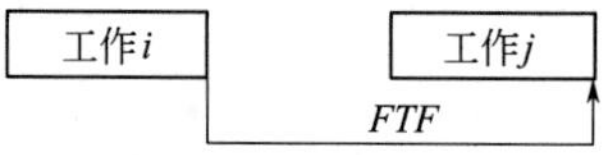 工作i　FTF　工作j	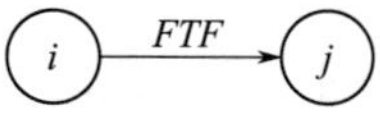 i —FTF→ j
4	开始到结束（STF）	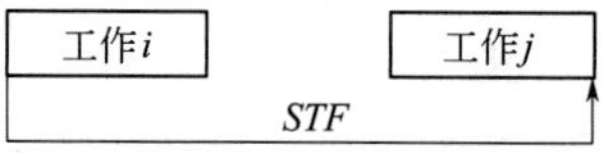 工作i　STF　工作j	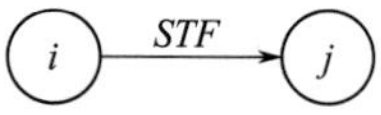 i —STF→ j
5	STS 和 FTF	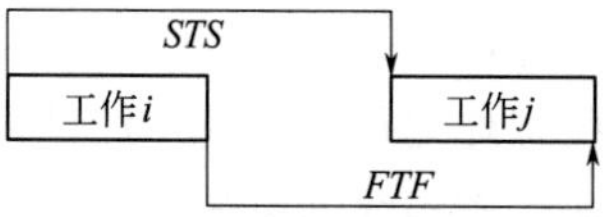 STS　工作i　工作j　FTF	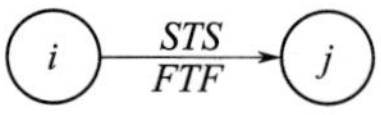 i —STS/FTF→ j

续表

序号	工作搭接关系	搭接关系示意图	单代号网络计划表示方法
6	STS和STF	STS 工作i 工作j STF	i STS/STF j
7	FTF和FTS	FTF 工作i 工作j FTS	i FTF/FTS j

节点可以采用圆形、椭圆或方形等不同的形式，但基本内容必须包括工作名称、工作编号、持续时间及相应的时间参数，如图4-51所示。

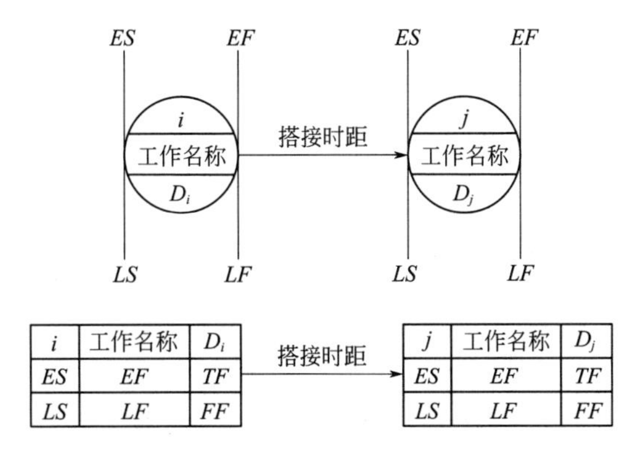

图4-51　单代号搭接网络计划节点表示方法

（2）设置虚拟起点节点和虚拟终点节点。即使最早能够开始或最晚必须结束的工作只有一项，也必须设置虚拟点（虚拟工作），这是为了满足复杂的搭接关系计算的需要。从搭接网络图的起点节点出发，顺着搭接箭线方向，直到终点节点为止，中间经由一系列节点和搭接时距所组成的通道，称为线路。

（3）由起点节点开始，根据工作顺序依次建立搭接关系。

（4）搭接网络计划不能出现闭合回路。

（5）每项工作的开始都必须和开始节点建立直接或间接的关系，并受其制约。每项工作的结束都必须和结束节点建立直接或间接的关系，并受其控制，这种关系在图中均以虚箭线表示。单代号搭接网络图如图4-52所示。

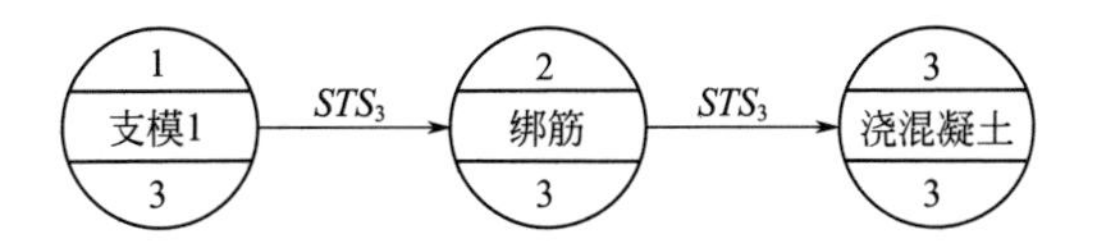

图4-52　单代号搭接网络图

4.2.5.2　单代号搭接网络计划的时间参数计算

单代号搭接网络计划的时间参数包括工作持续时间（D_j）、工作时间参数（ES、EF、LS、LF）、工作时差参数（TF、FF）等。与普通单代号网络计划时间参数计算不同的是，单代号搭接网络计划的时间参数计算受到搭接时距（STS、STF、FTF、FTS）的影响。

(1) 工作时间参数及工期的计算。

在单代号搭接网络计划中，相邻两项工作之间的搭接时距类型不同时，工作时间参数的计算方法也不同。

① 结束到开始（FTS）时距情况的计算

$$ES_j = EF_i + FTS_{i-j} \tag{4-46}$$

$$EF_j = ES_j + D_j \tag{4-47}$$

$$LF_i = LS_j - FTS_{i-j} \tag{4-48}$$

$$LS_i = LF_i - D_i \tag{4-49}$$

② 开始到开始（STS）时距情况的计算

$$ES_j = ES_i + STS_{i-j} \tag{4-50}$$

$$EF_j = ES_j + D_j \tag{4-51}$$

$$LS_i = LS_j - STS_{i-j} \tag{4-52}$$

$$LF_i = LS_i + D_i \tag{4-53}$$

③ 结束到结束（FTF）时距情况的计算

$$EFj = EF_i + FTF_{i-j} \tag{4-54}$$

$$ES_j = EF_j - D_j \tag{4-55}$$

$$LF_i = LF_j - FTF_{i-j} \tag{4-56}$$

$$LS_i = LF_i - D_i \tag{4-57}$$

④ 开始到结束（STF）时距情况的计算

$$EF_j = ES_i + STF_{i-j} \tag{4-58}$$

$$ES_j = EF_j - D_j \tag{4-59}$$

$$LS_i = LF_j - STF_{i-j} \tag{4-60}$$

$$LF_i = LS_i + D_i \tag{4-61}$$

工作最早时间计算顺箭线方向，遇有多项紧前工作时取最大值，紧前工作与本工作有多种时距限制关系时也取最大值；计算工作最早时间可能出现负值，这是不符合逻辑的，故应将该工作与起点节点用虚线相连，并确定其时距为 $STS=0$，即认为其是最早开始的工作之一。

对于一般网络计划来说，计算工期就等于网络计划最后工作最早完成时间的最大值。但对于搭接网络计划，由于存在着比较复杂的搭接关系，这就使得其最后的终点节点的最早完成时间有可能小于前面某些工作完成时间。所以，单代号搭接网络计划的计算工期 T_c应取所有节点最早完成时间的最大值，并在该节点与终点节点之间增加一条虚箭线，时距为 $FTF=0$。

工作最迟时间计算逆箭线方向，遇有多项紧后工作时取最小值，紧后工作与本工作有多种时距限制关系时也取最小值；计算工作最迟时间可能出现大于计算工期情况，这是不符合逻辑的，故应将该工作与终点节点用虚线相连，并确定其时距为 $FTF=0$，即认为该工作是最晚结束的工作之一。最迟时间也可以根据最早时间和总时差进行计算。

(2) 时差参数的计算。

① 相邻工作时间间隔（$LAG_{i,j}$）的计算。搭接网络中，决定相邻工作之间制约关系的是时距，但是有时除此之外，还有多余的空闲时间，称之为时间间隔，用 $LAG_{i,j}$ 表示。前后两工作关系的时间之差超出要求的搭接时间，其值就是该两工作之间的时间间隔。各工作

间的搭接关系不同，其间隔时间的计算公式也不相同。

相邻工作之间的关系是 FTS 时，由式 $ES_j = EF_i + FTS_{i,j}$ 可知，这是最紧凑的搭接关系。在搭接网络中，若出现 $ES_j > EF_i + FTS_{i,j}$ 时，即表明 i、j 两工作之间存在 $LAG_{i,j}$，且

$$LAG_{i,j} = ES_j - (EF_i + FTS_{i,j}) = ES_j - EF_i - FTS_{i,j} \tag{4-62}$$

STS、FTF、STF 关系的时间间隔计算见式（4-63）～式（4-65）。若相邻工作之间存在两种及以上搭接关系时，则应分别计算，然后取其中最小值。

$$LAG_{i,j} = ES_j - EF_i - STS_{i,j} \tag{4-63}$$

$$LAG_{i,j} = ES_j - EF_i - FTF_{i,j} \tag{4-64}$$

$$LAG_{i,j} = ES_j - EF_i - STF_{i,j} \tag{4-65}$$

② 自由时差的计算。自由时差 FF 的概念与其他网络计划相同，但在单代号搭接网络计划中，工作的自由时差应根据不同的搭接关系来计算。

当工作 i 只有一项紧后工作 j 时，FF_i 的计算方法与计算 $LAG_{i,j}$ 的方法相同，即

$$FF_i = LAG_{i,j} \tag{4-66}$$

当 i 工作有两项以上紧后工作时，则取各种 $LAG_{i,j}$ 的最小值，即

$$FF_i = \{LAG_{i,j}\} = \min\begin{Bmatrix} LAG_{i,j} = ES_j - EF_i - FTS_{i,j} \\ LAG_{i,j} = ES_j - EF_i - STS_{i,j} \\ LAG_{i,j} = ES_j - EF_i - FTF_{i,j} \\ LAG_{i,j} = ES_j - EF_i - STS_{i,j} \end{Bmatrix} \tag{4-67}$$

③ 总时差的计算。在单代号搭接网络计划中，工作的总时差 TF 计算同普通单代号网络计划，即

$$TF_i = LS_i - ES_i = LF_i - ES_i \tag{4-68}$$

另一种方法，运用时间间隔来计算。从式（4-67）、式（4-68）可以看出自由时差计算与单代号道理相同，同样，总时差的计算也可以采用单代号方法计算。

（3）关键工作和关键线路。

① 关键工作。总时差最小的工作为关键工作。

② 关键线路。从起点节点开始到终点节点均为关键工作，且所有工作的时间间隔均为零的线路为关键线路。关键线路上各工作持续时间的总和不一定最长。

仅根据 LAG 也可确定关键线路。从起点节点顺着箭线的方向到终点节点，若所有工作之间的时间间隔均为零，则该线路是关键线路。即只有 $LAG=0$ 自始至终贯通的线路才是关键线路。

4.2.6 网络计划的优化

网络计划的优化，是在满足既定的约束条件下，按某个目标，通过不断改进网络计划来寻求满意的方案。网络计划的优化目标应按计划任务的需要和条件选定，一般有工期目标、费用目标和资源目标等。网络计划优化的内容包括：工期优化、费用优化和资源优化。

网络计划的工期优化

4.2.6.1 工期优化

网络计划最初方案的计算工期，即关键线路的各工作持续时间之和。计算工期可能小于或等于要求工期，也可能大于要求工期。

工期优化是指在一定约束条件下使工期合理，延长或缩短计算工期以达到要求工期的目标。工期优化的目的，是使网络计划满足要求工期，保证按期完成工程任务。工期优化一般是通过调整关键工作的持续时间来满足工期要求的。

(1) 当计算工期小于或等于要求工期时：$T_c \leqslant T_r$

如果计算工期小于要求工期较多，则宜进行优化。优化方法是：首先延长个别关键工作的持续时间，相应变化非关键工作的时差，然后重新计算各工作的时间参数，反复进行，直至满足要求工期为止。

【例 4-15】 已知网络计划图如图 4-53 所示，图上已按标号法计算出标号值。若要求工期为 30 天，试进行优化。

解 (1) 该网络计划的关键线路为①→②→⑤→⑦→⑧，工期为 25 天，比要求工期少 5 天，故可增加关键线路持续时间 5 天。

(2) 将工作②→⑤的持续时间由 5 天增加到 7 天，工作⑤→⑦的时间由 3 天增加到 6 天。

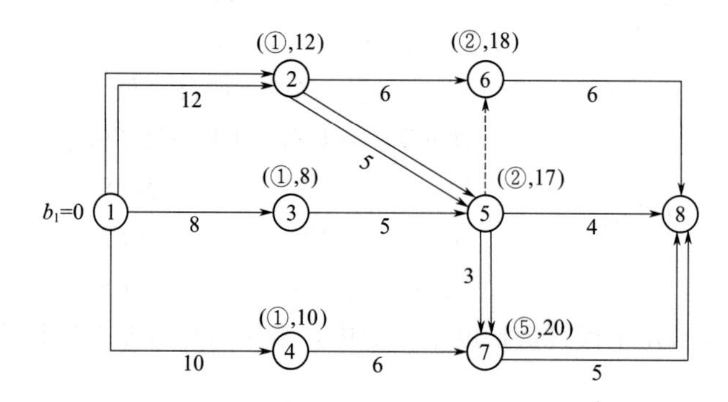

图 4-53 优化前的网络计划

(3) 绘制优化后的网络计划，并重新计算各节点的标号值，如图 4-54 所示。关键线路为①→②→⑤→⑦→⑧，计算工期为 30 天，满足工期的要求。

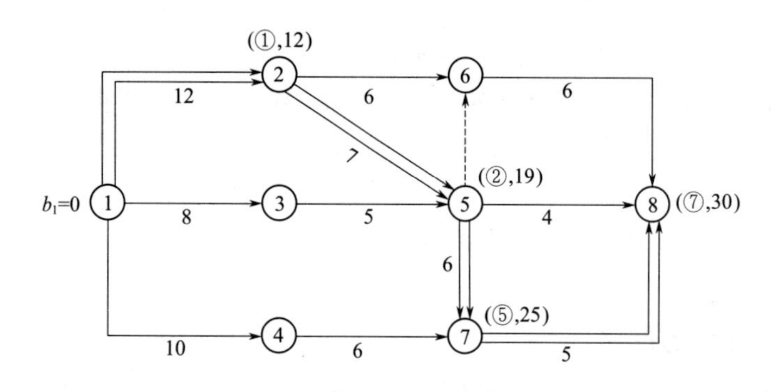

图 4-54 优化后的网络计划

(2) 当计算工期大于要求工期时：$T_c > T_r$

在此情况下，首先应缩短个别关键工作的持续时间，相应增加这些关键工作的资源需用量。但必须注意，由于关键线路的缩短，次关键线路可能成为关键线路，即有时需同时缩短次关键线路上有关工作的持续时间，才能达到缩短工期的要求。

在缩短计算工期时，应注意以下几点。

① 在优化过程中出现多条关键线路时，必须将各关键线路的持续时间同时缩短到同一数值，否则不能有效地将工期缩短。同时不能将关键工作缩短成非关键工作。

② 应选择优先缩短持续时间的关键工作，如缩短持续时间对质量和安全影响不大的工作，缩短资源充足的工作，缩短持续时间所需增加的费用最少的工作。

③ 缩短工作持续时间的常用方法是采用技术组织措施，如增加工人数和机械设备；当工作面受限制时，采用两班制或三班制；改进操作方法，提高工效，改变网络计划，重新安排工艺关系，如采用分段流水施工或采用高效率的施工方法等。

④ 当有几个方案均能满足要求工期时，应通过技术经济比较，从中选择最优秀的方案。当用加快时间或改变网络计划都能达到要求工期时，说明该工期不一定符合实际情况，应对计划的原技术和组织方案进行调整，或者对要求工期重新审定。

工期优化的步骤如下。

① 计算并找出初始网络计划的计算工期、关键线路和关键工作。

② 按要求计算工期应压缩的时间。

③ 确定各关键工作能缩短的持续时间。

④ 选择关键工作，压缩其持续时间，并重新计算网络计划的计算工期。

当计算工期仍超过要求工期时，重复以上步骤，直到满足工期要求或工期不能再缩短为止。当所有关键工作的持续时间都已达到其能缩短的极限而工期仍不能满足要求时，应对计划的原技术方案和组织方案进行调整或对要求工期重新审定。

在优化工期的过程中，应遵循以下原则。

① 不能将关键工作压缩为非关键工作。

② 在优化过程中出现多条关键线路时，必须把各条关键线路上的工作持续时间压缩为同一数值；否则，不能有效地将工期缩短。

【例 4-16】 某网络计划如图 4-55 所示，图中箭线上面括号外数字为工作正常持续时间，括号内数字为工作最短持续时间，要求工期为 100 天。试进行网络计划优化。

解 (1) 计算并找出网络计划的关键线路和关键工作。用工作正常持续时间计算节点的最早时间和最迟时间，如图 4-56 所示。其中关键线路为 1→3→4→6，用双箭线表示。关键工作为 1-3、3-4、4-6。

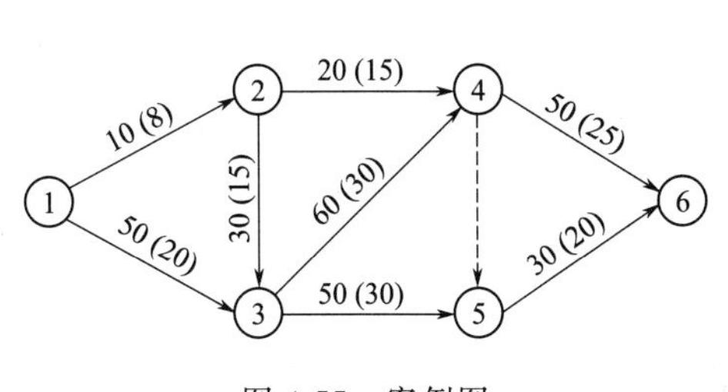

图 4-55　案例图

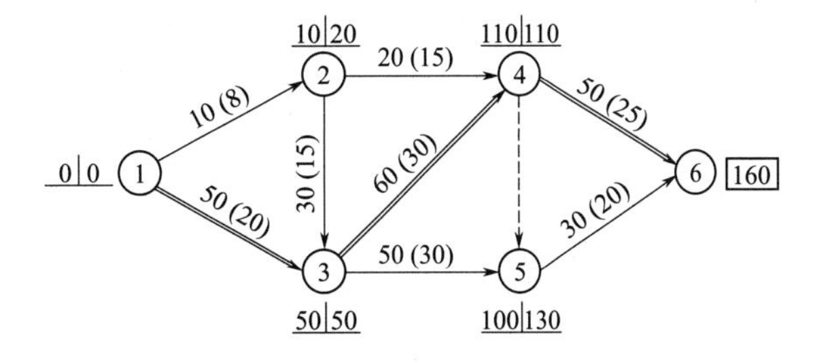

图 4-56　时间参数计算图

(2) 计算需缩短工期。根据计算工期需缩短 60 天，其中，根据图 4-56 所示，关键工作 1-3 可缩短 30 天，但只能压缩 10 天，否则就变成非关键工作；3-4 可压缩 30 天。重新计算网络计划工期，其中关键线路和关键工作如图 4-57 所示。

调整后的计算工期与要求工期还需压缩 20 天，选择工作 3-5、4-6 进行压缩，3-5 用最短工作持续时间进行代替正常持续时间，工作 4-6 缩短 20 天，重新计算网络计划工期，如

图 4-58 所示。

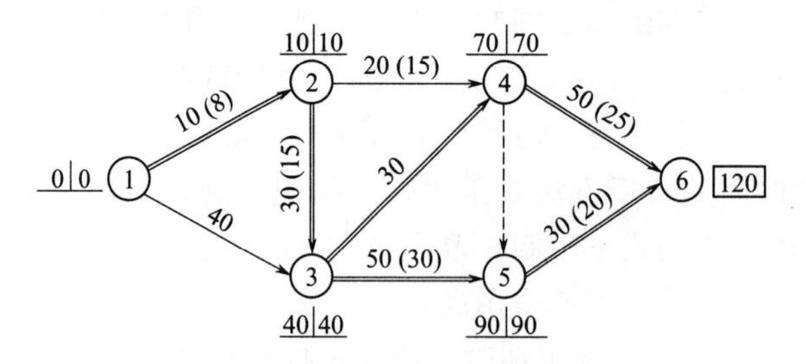

图 4-57　第一次调整后的时间参数

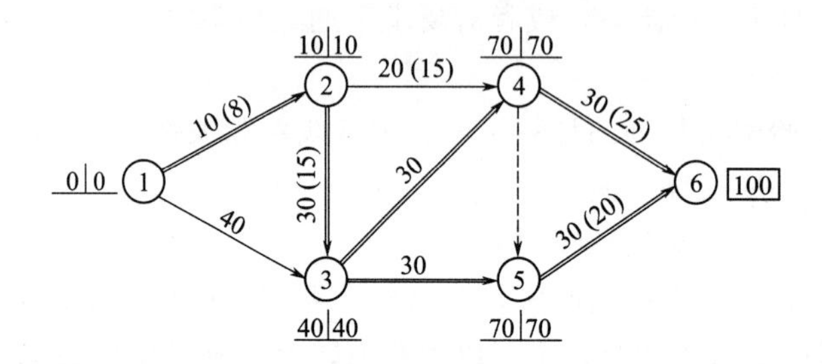

图 4-58　第二次调整后的时间参数

工期达到 100 天，满足规定工期要求。工期优化结束。

4.2.6.2　费用优化

费用优化又称工期成本优化，是指寻求工程总成本最低时的工期安排，或者按要求工期寻求最低成本的计划安排的过程。

（1）费用和时间的关系　在建设工程施工过程中，完成一项工作通常可以采用多种施工方法和组织方法，而不同的施工方法和组织方法，又会有不同的持续时间和费用。因为一项建设工程包含许多工作，故在安排建设工程进度计划时，会出现多种方案。进度方案不同，所对应的总工期和总费用也就不同。为了能从多种方案中找出总成本最低的方案，必须先分析费用和时间之间的关系。

① 工程费用与工期的关系

a. 工程总费用由直接费和间接费组成。

b. 直接费由人工材料费、机械使用费、其他直接费及现场费等组成。施工方案不同，直接费也就不同。如果施工方案一定，工期不同，直接费也不同。直接费会随着工期的缩短而增加。

c. 间接费包括企业经营的全部费用，它一般会随着工期的缩短而减少。

d. 工程费用与工期的关系如图 4-59 所示。在考虑工程总费用时，还应考虑工期变化带来的其他损失和利益，包括效益增量和资金的时间价值等。

② 工作直接费与持续时间的关系　由于网络计划的工期取决于关键工作的持续时间，为了进行工期成本优化，必须分析网络计划中各项工作的直接费与持续时间之间的关系，它是网络计划工期成本优化的基础。

工作的直接费与持续时间之间的关系类似于工程直接费与工期之间的关系，工作的直接费随着持续时间的缩短而增加，如图 4-60 所示。为简化计算，工作的直接费与持续时间之间的关系被近似地认为是一条直线关系。当工作划分不是很粗时，其计算结果还是比较精确的。

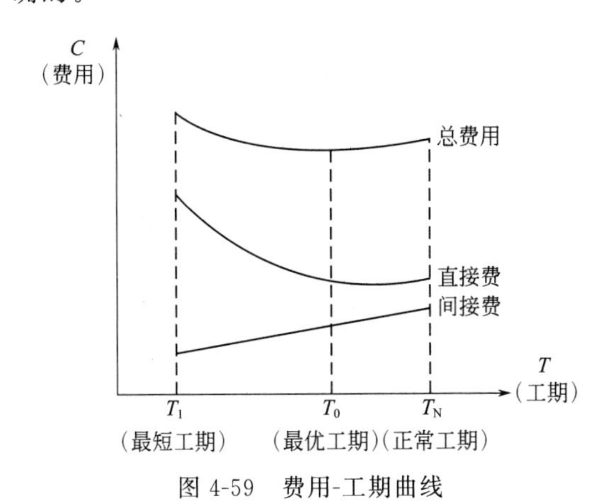

图 4-59　费用-工期曲线

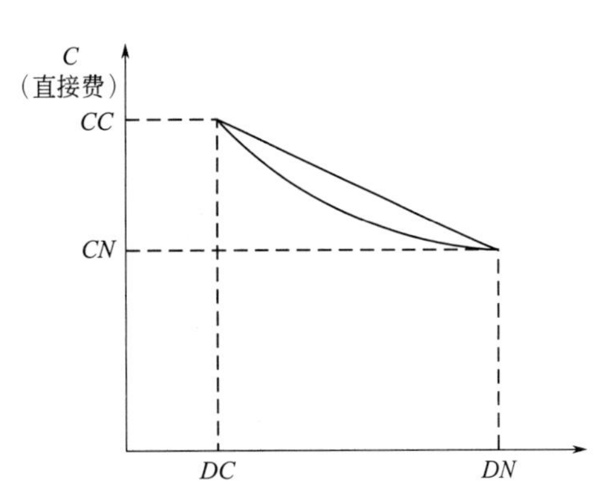

图 4-60　直接费-持续时间曲线

DN—工作的正常持续时间；

CN—按正常持续时间完成工作时所需的直接费；

DC—工作的最短持续时间；

CC—按最短持续时间完成工作时所需的直接费

工作的持续时间每缩短单位时间而增加的直接费称为直接费用率。直接费用率可按式（4-69）计算：

$$\Delta C_{i-j}=\frac{CC_{i-j}-CN_{i-j}}{DN_{i-j}-DC_{i-j}} \tag{4-69}$$

式中　ΔC_{i-j}——工作 $i-j$ 的直接费用率；

CC_{i-j}——按最短持续时间完成工作 $i-j$ 时所需的直接费；

CN_{i-j}——按正常持续时间完成工作 $i-j$ 时所需的直接费；

DN_{i-j}——工作 $i-j$ 的正常持续时间；

DC_{i-j}——工作 $i-j$ 的最短持续时间。

从式（4-69）中可以看出，工作的直接费用率越大，说明将该工作的持续时间缩短一个时间单位，所需增加的直接费就越多；反之，工作的直接费用率越小，将该工作的持续时间缩短一个时间单位，所需增加的直接费就越少。因此，在压缩关键工作的持续时间以达到缩短工期的目的时，应将直接费用率最小的关键工作作为压缩对象。当有多条关键线路出现而需要同时压缩多个关键工作的持续时间时，应将它们的直接费用率之和（组合直接费用率）最小者作为压缩对象。

（2）费用优化的方法和步骤　费用优化的基本思路是：不断地在网络计划中找出直接费用率（或组合直接费用率）最小的关键工作，缩短其持续时间，同时考虑间接费随工期缩短而减少的数值，最后求得工程总成本最低时的最优工期安排或按要求得到最低成本的计划安排。

按以上基本思路，费用优化可按以下步骤进行。

① 按工作的正常持续时间确定计算工期和关键线路。

② 计算各项工作的直接费用率。直接费用率的计算按式（4-69）进行。

③ 当只有一条关键线路时，应找出直接费用率最小的一项关键工作，作为缩短持续时间的对象；当有多条关键线路时，应找出组合直接费用率最小的一组关键工作，作为缩短持续时间的对象。

④ 对于选定的压缩对象（一项关键工作或一组关键工作），首先比较其直接费用率或组合直接费用率与工程间接费用率的大小。

a. 如果被压缩对象的直接费用率或组合直接费用率大于工程间接费用率，说明压缩关键工作的持续时间会使工程总费用增加，此时应停止缩短关键工作的持续时间，在此之前的方案即为优化方案。

b. 如果被压缩对象的直接费用率或组合直接费用率等于工程间接费用率，说明压缩关键工作的持续时间不会使工程总费用增加，故应缩短关键工作的持续时间。

c. 如果被压缩对象的直接费用率或组合直接费用率小于工程间接费用率，说明压缩关键工作的持续时间会使工程总费用减少，故应缩短关键工作的持续时间。

⑤ 当需要缩短关键工作的持续时间时，其缩短值的确定必须符合下列两条原则。

a. 缩短后工作的持续时间不能小于其最短持续时间。

b. 缩短持续时间的工作不能变成非关键工作。

⑥ 计算关键工作持续时间缩短后相应增加的总费用。

⑦ 重复步骤③～⑥的过程，直至计算工期满足要求工期或被压缩对象的直接费用率或组合直接费用率大于工程间接费用率为止。

⑧ 计算优化后的工程总费用。

【例 4-17】 已知某工程双代号网络计划如图 4-61 所示，图中箭线下方括号外数字为工作正常时间，括号内数字为最短持续时间；箭线上方括号外数字为工作按正常持续时间完成时所需的直接费，括号内数字为工作按最短持续时间完成时所需的直接费。该工程的间接费用率为 0.7 万元/天，试对其进行费用优化（费用单位：万元；时间单位：天）。

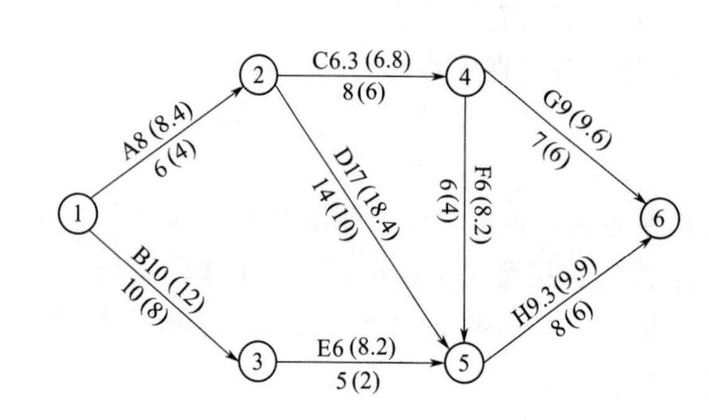

图 4-61　初始网络计划

解　该网络计划的费用优化可按以下步骤进行。

（1）根据各项工作的正常持续时间和最短持续时间，用标号法确定网络计划的计算工期和关键线路，如图 4-62、图 4-63 所示。正常时间下的计算工期为 28 天，关键线路有两条，即①→②→④→⑤→⑥和①→②→⑤→⑥。最短计算工期为 20 天，关键线路有两条，即①→②→④→⑤→⑥和①→②→⑤→⑥。

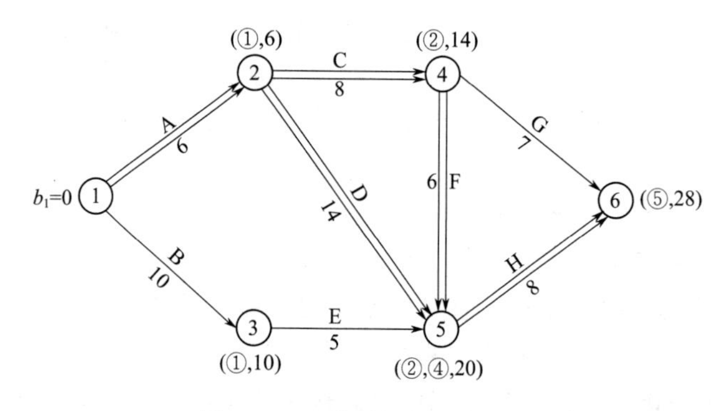

图 4-62　正常时间的网络计划

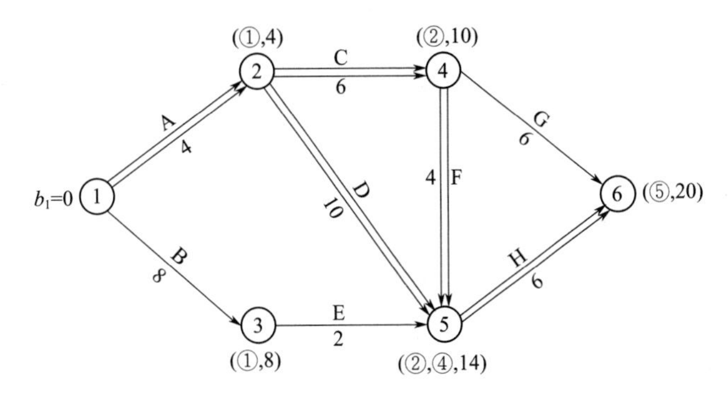

图 4-63　最短时间的网络计划

(2) 计算各项工作的直接费用率。

A：$\Delta C_{1-2}=\dfrac{CC_{1-2}-CN_{1-2}}{DN_{1-2}-DC_{1-2}}=(8.4-8)/(6-4)=0.2$(万元/天)

B：$\Delta C_{1-3}=\dfrac{CC_{1-3}-CN_{1-3}}{DN_{1-3}-DC_{1-3}}=(12-10)/(10-8)=1$(万元/天)

C：$\Delta C_{2-4}=\dfrac{CC_{2-4}-CN_{2-4}}{DN_{2-4}-DC_{2-4}}=(6.8-6.3)/(8-6)=0.25$(万元/天)

D：$\Delta C_{2-5}=\dfrac{CC_{2-5}-CN_{2-5}}{DN_{2-5}-DC_{2-5}}=(15.4-17)/(14-10)=0.35$(万元/天)

E：$\Delta C_{3-5}=\dfrac{CC_{3-5}-CN_{3-5}}{DN_{3-5}-DC_{3-5}}=(8.2-6)/(5-2)=0.73$(万元/天)

F：$\Delta C_{4-5}=\dfrac{CC_{4-5}-CN_{4-5}}{DN_{4-5}-DC_{4-5}}=(8.2-6)/(6-4)=1.1$(万元/天)

G：$\Delta C_{4-6}=\dfrac{CC_{4-6}-CN_{4-6}}{DN_{4-6}-DC_{4-6}}=(9.6-9)/(7-6)=0.6$(万元/天)

H：$\Delta C_{5-6}=\dfrac{CC_{5-6}-CN_{5-6}}{DN_{5-6}-DC_{5-6}}=(9.6-9.3)/(8-6)=0.3$(万元/天)

(3) 计算工程总费用。

① 正常时间工作的直接费用总和：$C_d=8+10+6.3+17+6+6+9+9.3=71.6$（万元）。

② 间接费用总和：$C_i=0.7\times28=19.6$ 万元。

③ 工程总费用：$C_t=C_d+C_i=71.6+19.6=91.2$（万元）。

(4) 通过压缩关键工作的持续时间进行费用优化（优化过程见表 4-8）。

表 4-8　优化过程表

压缩次数	被压缩的工作代号	被压缩的工作名称	C 或组合 ΔC /(万元/天)	费率差 /(万元/天)	缩短时间	费用增加 /(万元/天)	总工期 /天	总费用 /万元
0	—	—	—	—	—	—	28	91.2
1	1—2	A	0.2	0.2—0.7=—0.5	2	—1	26	90.2
2	5—6	H	0.3	0.3—0.7=—0.4	2	—0.8	24	89.4
3	2—4、2—5	C、D	0.6	0.6—0.7=—0.1	2	—0.2	22	89.2
4	2—5、4—5	D、F	1.45	1.45—0.7=0.75	—	—	费用增加，不需压缩	—

1）第一次压缩。

从图 4-62 可知，该网络计划中有两条关键线路，为了同时缩短两条关键线路的总持续时间，有以下四个压缩方案。

① 压缩工作 A，直接费用率为 0.2 万元/天。

② 压缩工作 H，直接费用率为 0.3 万元/天。

③ 同时压缩工作 C 和工作 D，组合直接费用率为 0.25＋0.35＝0.6 万元/天。

④ 同时压缩工作 D 和工作 F，组合直接费用率为 0.35＋1.1＝1.45 万元/天。

在上述压缩方案中，由于工作 A 的直接费用率最小，故应选择工作 A 作为压缩对象。工作 A 的直接费用率为 0.2 万元/天，小于间接费用率 0.7 万元/天，说明压缩工作 A 可使工程总费用降低。将工作 A 的持续时间压缩至最短持续时间 4 天，A 不能再压缩。利用标号法重新确定计算工期和关键线路，如图 4-64 所示。

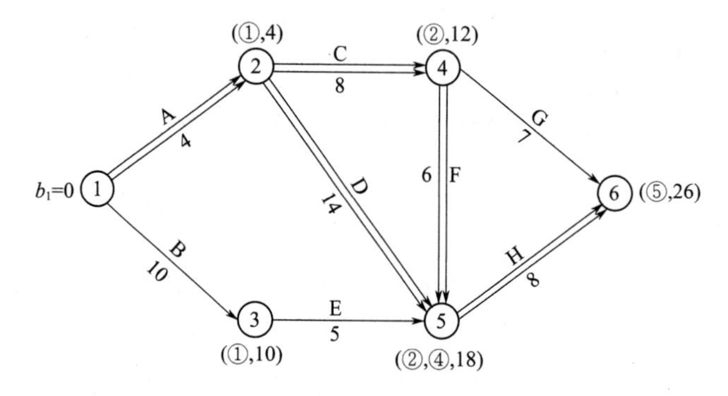

图 4-64　第一次压缩后的网络计划

2）第二次压缩。

从图 4-64 可知，该网络计划中有两条关键线路，即①→②→④→⑤→⑥和①→②→⑤→⑥。由于工作 A 不能再压缩，为了同时缩短两条关键线路的总持续时间，有以下三个压缩方案。

① 压缩工作 H，直接费用率为 0.3 万元/天。

② 同时压缩工作 C 和工作 D，组合直接费用率为 0.25＋0.35＝0.6 万元/天。

③ 同时压缩工作 D 和工作 F，组合直接费用率为 0.35＋1.1＝1.45 万元/天。

在上述压缩方案中，由于工作 H 的直接费用率最小，故应选择工作 H 作为压缩对象。工作 H 的直接费用率为 0.3 万元/天，小于间接费用率 0.7 万元/天，说明压缩工作 H 可使程总费用降低。将工作 H 的持续时间压缩至最短持续时间 6 天，H 不能再压缩。利用标号法重新确定计算工期和关键线路，如图 4-65 所示。

3）第三次压缩。

从图 4-65 可知，该网络计划中有两条关键线路，即①→②→④→⑤→⑥和①→②→⑤→⑥。由于工作 A 和工作 H 不能再压缩，为了同时缩短两条关键线路的总持续时间，有以下两个压缩方案。

① 同时压缩工作 C 和工作 D，组合直接费用率为 0.25＋0.35＝0.6 万元/天。

② 同时压缩工作 D 和工作 F，组合直接费用率为 0.35＋1.1＝1.45 万元/天。

在上述压缩方案中，由于工作 C 和工作 D 的组合直接费用率最小，故应选择工作 C 和工作 D 作为压缩对象。工作 C 和工作 D 的组合直接费用率为 0.6 万元/天，小于间接费用率

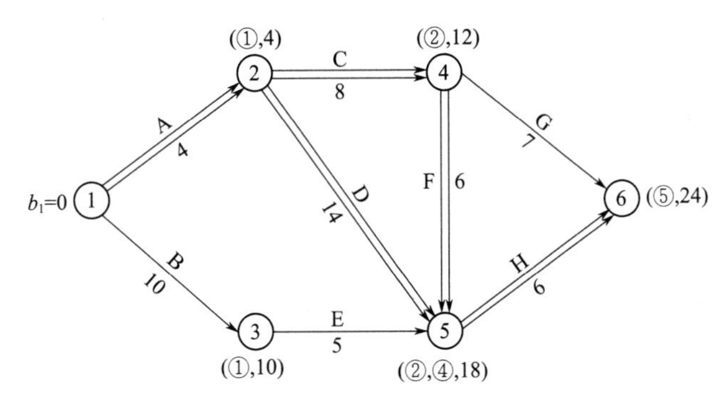

图 4-65　第二次压缩后的网络计划

0.7 万元/天，说明同时压缩工作 C 和工作 D 可使工程总费用降低。由于工作 C 的持续时间只能缩短 2 天，而工作 D 的持续时间最多能缩短 4 天。故只能对工作 C 和工作 D 的持续时间同时压缩 2 天，此时，工作 C 已缩至最短持续时间，不能再缩。利用标号法重新确定计算工期和关键线路，如图 4-66 所示。此时，关键线路仍为两条，即①→②→④→⑤→⑥和①→②→⑤→⑥。

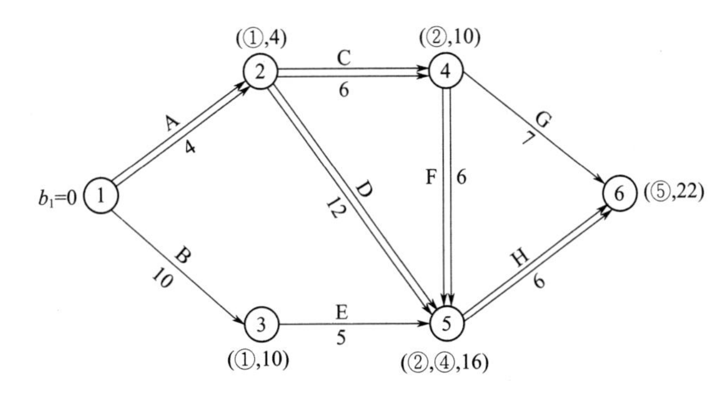

图 4-66　第三次压缩后的网络计划

4）第四次压缩。

从图 4-66 可知，该网络计划中有两条关键线路，即①→②→④→⑤→⑥和①→②→⑤→⑥。由于工作 A、H 和工作 C 不能再压缩，为了同时缩短两条关键线路的总持续时间，有以下唯一压缩方案，即：同时压缩工作 D 和工作 F，组合直接费用率为 0.35＋1.1＝1.45 万元/天，大于间接费用率 0.7 万元/天，说明压缩工作 D 和工作 F 会使工程总费用增加。因此不需要压缩工作 D 和工作 F，优化方案已得到最优方案。优化后的网络计划如图 4-67 所示。图中箭线上方括号内数字为工作的直接费用。

(5) 计算优化后的工程总费用。

① 直接费用总和：C_{do}＝8.4＋10＋6.8＋17.7＋6＋6＋9＋9.9＝73.8(万元)。

② 间接费用总和：C_{do}＝0.7×22＝15.4(万元)。

③ 工程总费用：C_{to}＝C_{do}＋C_{do}＝73.8＋15.4＝89.2(万元)。

(6) 上述计算结果表明，本工程的最优工期为 22 天，与此相对应的最低工程总费用为 89.2 万元，比原正常持续时间的网络计划缩短了工期：28－22＝6 天，且总费用减少了（节省了）：91.2－89.2＝2 万元。

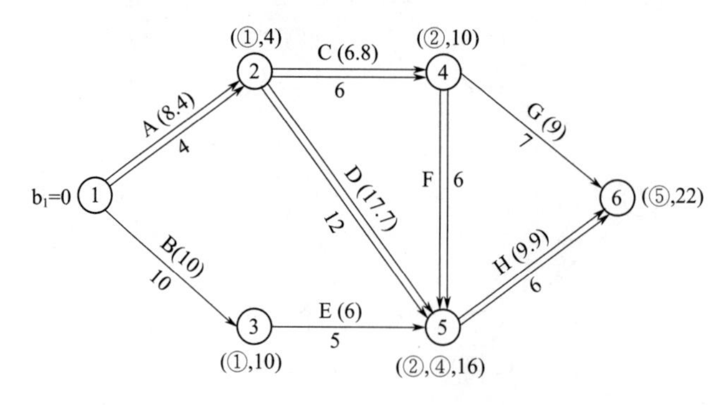

图 4-67　费用优化后的网络计划

4.2.6.3　资源优化

所谓资源，就是完成某工程项目所需的人、材料、机械、资金的统称。完成一项工程任务所需要的资源量基本上是不变的，不可能通过资源优化将其减少。资源优化的目的是通过改变工作的开始时间和完成时间，使资源按照时间的分布符合优化目标。

在通常情况下，网络计划的资源优化分为两种，即“资源有限，工期最短”的优化和“工期固定，资源均衡”的优化。

（1）“资源有限，工期最短”的优化　“资源有限，工期最短”的优化是通过均衡安排，以满足资源限制的条件，并使工期拖延最少的过程。在资源优化时，应逐日检查资源，当出现第 i 天资源需要量大于资源限量时，通过对工作最早时间的调整进行资源均衡调整。

资源需要量是指网络计划中各项工作在某一单位时间内所需某种资源数量之和。资源限量是指单位时间内可供使用的某种资源的最大数量。

“资源有限，工期最短”优化计划的调整步骤如下。

① 计算网络计划每个“时间单位”的资源需要量。

② 从计划开始日期起，逐个检查每个“时间单位”的资源需要量是否超过资源限量，如果在整个工期内每个“时间单位”的资源需要量均能满足资源限量的要求，可行优化方案就完成。否则必须进行计划调整。

③ 分析超过资源限量的时段（每个“时间单位”的资源需要量相同的时间区段），计算 $\Delta D_{m'-n',i'-j'}$ 或计算 $\Delta D_{m',i'}$ 值，依据它确定新的安排顺序。

a. 按双代号网络计划：

$$\Delta D_{m'-n',i'-j'}=\min\{\Delta D_{m-n,i-j}\} \tag{4-70}$$

$$\Delta D_{m-n,i-j}=EF_{m-n}-LS_{i-j} \tag{4-71}$$

式中　$\Delta D_{m'-n',i'-j'}$——在各种顺序安排中，最佳顺序安排所对应的工期延长时间的最小值；

$\Delta D_{m-n,i-j}$——在资源冲突的各工作中，工作 $i-j$ 安排在工作 $m-n$ 之后进行，工期所延长的时间。

b. 按单代号网络计划：

$$\Delta D_{m',i'}=\min\{\Delta D_{m,i}\} \tag{4-72}$$

$$\Delta D_{m,i}=EF_{m}-LS_{i} \tag{4-73}$$

式中　$\Delta D_{m',i'}$——在各种顺序安排中，最佳顺序安排所对应的工期延长时间的最小值；

$\Delta D_{m,i}$——在资源冲突的各工作中，工作 i 安排在工作 m 之后进行，工期所延长的时间。

④ 当最早完成时间 EF_{m-n} 或 EF_m 最小值和最迟开始时间 LS_{i-j} 或 LS_i 的最大值同属一个工作时，应找出最早完成时间 $EF_{m'-n'}$ 或 $EF_{m'}$ 值为次小，最迟开始时间 $LS_{i'-j'}$ 或 $LS_{i'}$ 为次大的工作，分别组成两个顺序方案，再从中选取较小者进行调整。

⑤ 绘制调整后的网络计划，重复①～④的步骤，工期最短者为最佳方案。

【例 4-18】 某网络计划如图 4-68 所示，图中箭线上方的数字为工作持续时间，箭线下方的数字为资源强度（本例指用工人数），假定每天只有 9 名工人可供使用，如何安排各工作最早时间使工期达到最短。

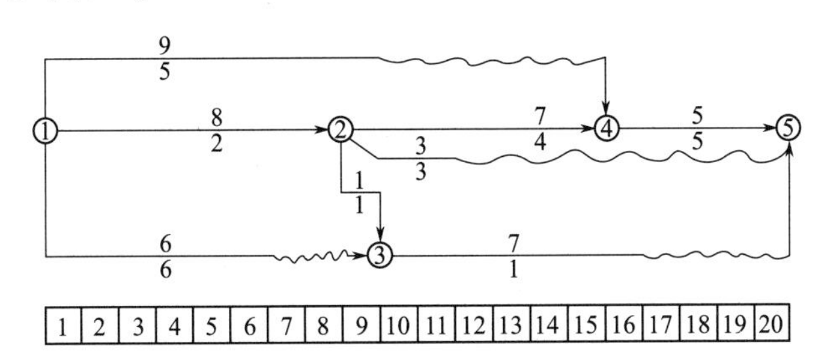

图 4-68　应用案例图

解　(1) 计算每日资源需要量，见表 4-9。

表 4-9　每日资源需要量

工作日	1	2	3	4	5	6	7	8	9	10
资源数量	13	13	13	13	13	13	7	7	13	8
工作日	11	12	13	14	15	16	17	18	19	20
资源数量	8	5	5	5	5	6	5	5	5	5

(2) 逐日检查是否满足要求。从表 4-9 中可知第 1 天资源需要量超过要求，必须进行工作最早时间调整。

① 分析资源超限的时段。在 1～6 天，有工作 1-4、1-2、1-3，分别计算 EF_{i-j}、LS_{i-j}，确定调整工作最早开始时间方案，见表 4-10。

表 4-10　工作最早开始时间方案表

工作代号 $i-j$	EF_{i-j}	LS_{i-j}
1－4	9	6
1－2	8	0
1－3	6	7

② 确定 $\Delta D_{m'-n',i'-j'}$ 最小值，$\min\{EF_{m-n}\}$、$\max\{LS_{i-j}\}$ 同属工作 1-3，找出 EF_{m-n} 的次小值及 LS_{i-j} 的次大值是 8 和 6，组成两种方案。

$$\Delta D_{1\text{-}3,1\text{-}4}=6-6=0$$

$$\Delta D_{1\text{-}2,1\text{-}3}=8-7=1$$

③ 选择工作 1-4 安排在 1-3 后进行，工期不增加，每天资源需要量从 13 人减到 8 人，满足要求。

重复以上步骤，计算结果见表 4-11，如图 4-69 所示，此方案为可行的优化方案。

表 4-11　调整后每日资源需要量

工作日	1	2	3	4	5	6	7	8	9	10	11
资源数量	8	8	8	8	8	8	7	7	6	9	9
工作日	22	13	14	15	16	17	18	19	20	21	22
资源数量	9	9	9	9	8	4	9	6	6	6	6

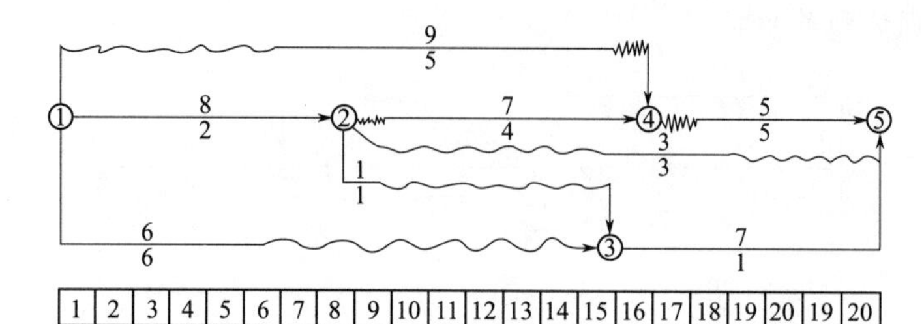

图 4-69　调整后的网络计划图

(2) “工期固定，资源均衡”的优化　“工期固定，资源均衡”的优化过程是调整计划安排，在工期保持不变的条件下，使资源需用量尽可能均衡的过程。

4.3　单位工程进度计划编制

工程项目进度计划分为总进度计划与单位工程进度计划，本书以单位工程施工进度计划为对象，介绍其编制方法。

(1) 单位工程施工进度计划分类

① 控制性计划　控制各分部工程的施工时间、互相配合与搭接关系，用于大型、复杂、工期长、资源供应不落实、结构可能变化等工程。

② 指导性计划　具体确定各主要施工过程的施工时间、互相配合与搭接关系（实施性计划）。

(2) 单位工程施工进度计划形式

① 图表（水平、垂直）——形象直观地表示各工序的工程量，劳动量，施工班组的工种、人数，施工的延续时间、起止时间。

② 网络图——表示出各工序间的相互制约、依赖的逻辑关系，关键线路等。

4.3.1　编制依据

(1) 工程承包合同和有关工期的规定。合同中工期的规定是确定工期计划值的基本依据，合同规定的工程开工、竣工日期，必须通过进度计划来落实。

(2) 项目规划和施工组织设计。这个资料明确了施工能力部署与施工组织方法，体现了项目的施工特点，因而成为确定施工过程中各个阶段目标计划的基础。

(3) 企业的施工生产经营计划。项目进度计划是企业计划的组成部分，要服从企业经营方针的指导，并满足企业综合平衡的要求。

(4) 项目设计进度计划。图纸资料是施工的依据，施工进度计划必须与设计进度计划相衔接，必须根据每部分图纸资料的交付日期来安排相应部位的施工时间。

（5）材料和设备供应计划。如果已经有了关于材料和设备及周转材料供应计划，那么，项目施工进度计划必须与之相协调。

（6）施工单位可能投入的施工力量，包括劳动力、施工机械设备等。

（7）有关现场施工条件的资料，主要包括施工现场的水文、地质、气候环境资料，以及交通运输条件、能源供应情况、辅助生产能力等。

（8）已建成的同类或相似项目的实际施工进度情况等。

（9）制约因素：①强制日期，项目业主或其他外部因素可能要求在某规定的日期前完成项目；②关键事件或主要里程碑，项目业主或其他利害关系者可能要求在某一规定日期前完成某些可交付成果；③其他假定的前提条件等。

4.3.2　编制要求

① 保证在合同规定的工期内完成，努力缩短施工工期；

② 保证施工的均衡性和连续性，尽量组织流水搭接、连续、均衡施工，减少现场工作面的间歇和窝工现象；

③ 尽可能地节约施工费用，尽量缩小现场临时设施的规模；

④ 合理安排机械化施工，充分发挥施工机械的生产效率；

⑤ 合理组织施工，努力减少因组织安排不当等人为因素造成的时间损失和资源浪费；

⑥ 保证施工质量和安全。

4.3.3　编制步骤

进度计划的编制是在项目结构分解并确定施工方案的基础上进行的，分为如下过程（图 4-70）。

（1）工程活动列项。根据项目结构分解得到的项目目标和范围确定主要工程活动，编制工程活动清单。

（2）计算劳动量。根据各项活动的工程量、劳动效率计算劳动量，得到综合工日。

（3）分析资源投入量。根据现有资源、各项活动的工作面，分析能够投入到各项工程活动上的资源。

（4）计算工程活动的持续时间。由劳动量及资源可投入量计算各项活动的持续时间。

（5）划分施工段。根据工程活动内容、工程量、持续时间划分施工段。

（6）确定逻辑关系。根据工艺关系、组织关系等，确定各工程活动之间的逻辑关系。

（7）绘制网络图。根据逻辑关系、结合施工段的划分，绘制网络图。

（8）网络图分析，计算工期。

（9）输出横道图等。在此基础上，可编制旬、月、季计划及各项资源需要量计划。

（10）进度计划的优化与调整。

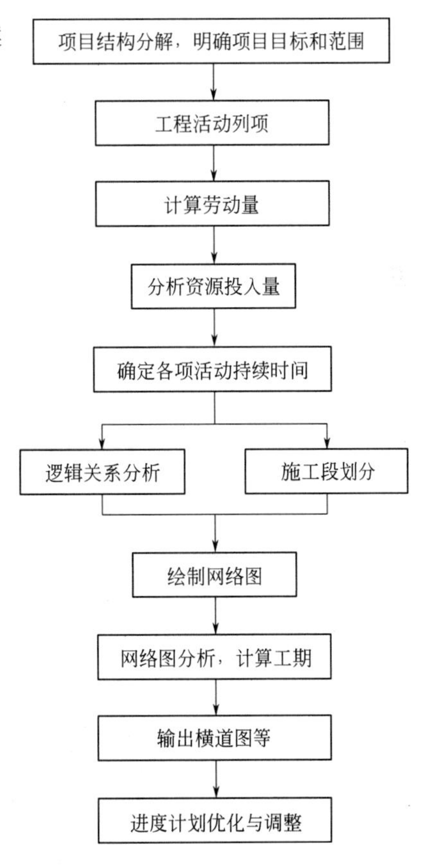

图 4-70　进度计划编制流程

需要注意的是，上述编制进度计划的步骤不是孤立的，而是互相依赖、互相联系的，有的可以同时进行。

4.3.4 编制方法

4.3.4.1 工程活动列项

根据项目结构分解得到的项目目标和范围，划分施工过程，确定工程活动，进行活动定义，编制工程活动清单。需要注意的是，要选择合适的工作活动划分细度，组织好工程活动的层级关系。

对于工程活动清单中的里程碑事件，一定要明确列出。里程碑事件是指工期为零、用来表示日程的重要事项，表示重要工程活动的开始或结束，是工程项目生命期中关键的事件。常见的里程碑事件有：现场开工（奠基）、基础完成、主体结构封顶、工程竣工、交付使用等。

在工程活动列项时，应注意以下几个问题。

① 工程活动划分的粗细程度，应根据进度计划的需要来决定。

② 工程活动的划分要结合所选择的施工方案。

③ 适当简化进度计划的内容，避免施工项目划分过细、重点不突出。

④ 水、暖、电、卫和设备安装等专业工程不必细分具体内容。

⑤ 所有工作项应大致按施工顺序列成表格，编排序号，避免遗漏或重复，其名称可参考现行的施工定额手册上的项目名称。

4.3.4.2 计算劳动量

劳动量是指一个人（或1台机械）完成某项工程活动所需要的时间，单位是工时、工日（或台班）。劳动量是由工程量和劳动效率确定的。

工程量，即各项工程活动的工作量，可直接套用施工预算的工程量，或根据施工预算中的工程量总数，按各施工层和施工段在施工图中所占的比例加以划分即可。

劳动效率，就是定额，包括时间定额和产量定额。时间定额是完成单位工程量所需的时间，如一个人浇筑1m^3混凝土需要2.667h，单位是h/m^3；产量定额是用单位时间完成的工程数量，如一个人每小时浇筑混凝土0.375m^3，单位是m^3/h。时间定额与产量定额是互为倒数的关系。

一般情况下，劳动量按如下公式计算：

$$劳动量=工程量/产量定额 \tag{4-74}$$

$$劳动量=工程量\times时间定额 \tag{4-75}$$

例如：支模板，工程量为196.75m^2，产量定额为2.77m^2/工日，则劳动量为=196.75/2.77=71工日。

对于定额的确定，常遇到定额所列项目的工作内容与编制施工进度计划所列项目不一致的情况，此时应当换算成平均定额。

① 查用定额时，若定额对同一工种不一样时，可用其平均定额。

$$H=\frac{H_1+H_2+\cdots+H_n}{n} \tag{4-76}$$

式中 H_1，H_2，…，H_n——同一性质不同类型分项工程时间定额；

H——平均时间定额；

n——分项工程的数量。

② 对于有些采用新技术、新材料、新工艺或特殊施工方法的施工项目，其定额在施工

定额手册中未列入，则可参考类似项目或实测确定。

③ 对于“其他工程”项目所需劳动量，可根据其内容和数量，并结合施工现场的具体情况，以占总劳动量的百分比（一般为10%～20%）计算。

④ 水、暖、电、卫设备安装等工程项目，一般不计算劳动量和机械台班需要量，仅安排与一般土建单位工程配合的进度。

4.3.4.3 分析资源投入量

根据现有资源、各项活动的工作面，分析能够投入到各项工程活动上的资源，主要是劳动力资源和机械资源的数量。比如，对于劳动力资源的投入，要考虑到现有的劳动力资源数量、每项工程活动的各个工种工作面情况，来确定投入的工人数量。

工作面，是指工人工作时所占用的面积，是施工的一个“工作平台”，也是每次施工所需要的最小单元。施工段与工作面的区别为，施工段是几个工作面的合称，它是把多个工作面划分成一个段，在这个段内分若干次进行施工。

当然，在确定资源投入量时，也要考虑到工期要求。如果工期要求紧张，那就要增加劳动力资源或机械资源的投入量。有些工程，是根据工期反推资源投入量的，此处不详述。

4.3.4.4 计算工程活动的持续时间

由劳动量及资源投入量计算各项工程活动的持续时间。单项活动的持续时间计算公式如下：

$$单项活动的持续时间=\frac{工作量}{班组人数\times每天班次\times 8h\times产量效率} \tag{4-77}$$

【例4-19】 某工程需要浇筑基础混凝土600m^3，投入3个混凝土班组，每班组10个人，预计人均产量效率为0.375m^3/h，每天工作8h，那么这项基础混凝土浇筑的工作，持续时间是多长呢？

解 每班组一天可浇筑混凝土$=0.375[m^3/(h\cdot人)]\times 8(h/天)\times 10(人/班)$

$=30[m^3/(天\cdot班)]$

三个班组一天可浇筑混凝土$=30(m^3/天\cdot班)\times 3(班)=90(m^3/天)$

该混凝土浇筑工作的持续时间$=600(m^3)/90(m^3/天)=6.67(天)\approx 7(天)$

4.3.4.5 划分施工段

为了有效地组织流水施工，通常把施工项目在平面上划分为若干个劳动量大致相等的施工段落，这些施工段落称为施工段。每一个施工段在某一段时间内只供给一个施工过程使用。划分施工段的目的是为了更好地安排交叉作业以便缩短工期。

如图4-71所示，某混凝土工程，包括支模板、扎钢筋、浇筑混凝土，将其划分为2个施工段。

在划分施工段时，应考虑以下几点。

① 施工段的分界同施工对象的结构界限（伸缩缝、温度缝、沉降缝和建筑单元等）尽可能一致；

② 各施工段上所消耗的劳动量尽可能相近；

③ 划分的段数不宜过多，以免使工期延长；

④ 对各施工过程均应有足够的工作面。

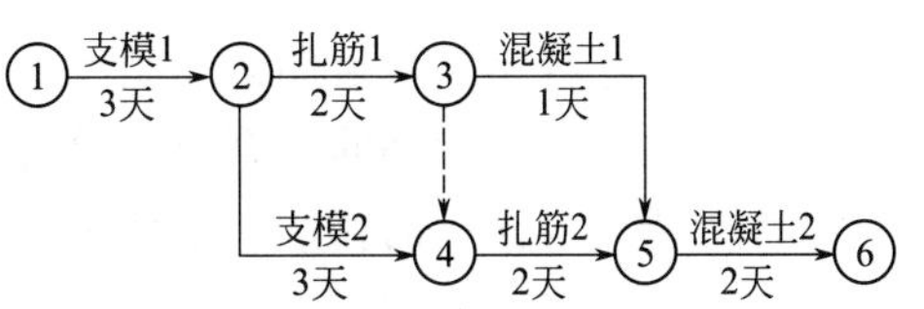

图4-71 混凝土工程双代号网络计划

4.3.4.6 确定逻辑关系

逻辑关系是指各项工程活动的先后顺序关

系，包括工艺关系和组织关系。工艺关系是指由施工顺序或工作程序决定的先后顺序关系；组织关系是由于组织安排需要或资源（劳动力、原材料、施工机具等）调配需要而规定的先后顺序关系。逻辑关系的确定既是为了按照客观的施工规律组织施工，也是为了解决工种之间在时间上的搭接和在空间上的利用问题。在保证质量与安全施工的前提下，充分利用空间，争取时间，实现缩短工期的目的。合理地确定逻辑关系是编制施工进度计划的必要条件。

（1）工艺关系　工艺关系是指生产工艺上客观存在的先后顺序，即施工顺序。

例如，建筑工程施工时，先做基础，后做主体；先做结构，后做装修，这些顺序是不能随意改变的；又如在基础工程施工中，挖基础和做垫层之间的先后顺序关系就属于工艺关系；又如，图4-71中，支模板→扎钢筋→浇筑混凝土，就是工艺关系。

建筑施工项目通常的施工顺序如下。

① 施工前准备工作：平整场地→定位放线→临时设施建造。

② 基础：定位放线→土方开挖→基坑支护→桩基施工→垫层、混凝土垫层及防水→柱下独立基础、条形基础、筏板→地下室墙、柱、梁施工→地下室外墙防水→回填土。

③ 主体：支架搭设→墙、柱钢筋绑扎→支墙、柱模板→浇筑墙、柱混凝土→搭设梁、板模板→绑扎梁、板钢筋→安装预埋管→浇筑楼面混凝土→养护、拆架子。

④ 外装修：立双排架→抹灰→面砖或者干挂石材→安雨水管→散水、台阶→拆架子。

⑤ 内装修：顶棚抹灰→内墙抹灰→门窗框安装→楼地面→五金、玻璃。

（2）组织关系　组织关系是指在不违反工艺关系的前提下，人为安排的工作的先后顺序，这是工作之间由于组织安排需要或资源（劳动力、原材料、施工机具等）调配需要而规定的先后顺序关系。例如，图4-71的分段流水作业中，支模1→支模2、扎筋1→扎筋2等为组织关系；又如，建筑群中各个建筑物的开工顺序的先后等。这些顺序可以根据具体情况，按安全、经济、高效的原则统筹安排。组织关系也被称为软逻辑关系，软逻辑关系是可以由项目管理班子确定的。

无论是工艺关系、还是组织关系，它们的表达方式都可分为平行、顺序和搭接三种形式。相邻两项工作同时开始即为平行关系；如相邻两项工作先后进行即为顺序关系；两项工作只有一段时间是平行进行的则为搭接关系。

在确定逻辑关系时，主要注意的是，一定组织好工程活动的层级关系，减少跨层级的业务逻辑关系。

4.3.4.7　绘制网络图

根据逻辑关系，结合施工段的划分，绘制初始施工网络图。网络计划的表示方法很多，如：双代号网络计划、单代号网络计划、横道图等。

4.3.4.8　网络图分析，计算工期

计算网络图中各项工作的时间参数，编制施工进度计划的初始方案。

4.3.4.9　输出对应横道图

网络图虽然利于表达逻辑关系，便于计算，但是由于网络图上时间参数多，看起来不直观，所以需将其转化为横道图，以利于直观清晰地表达各项活动的起止时间安排及总工期。

4.3.4.10　进度计划的检查、调整与优化

检查、调整与优化的目的在于使施工进度计划的初始方案满足规定的目标。

（1）检查的主要内容

① 各工程活动的施工顺序是否正确，搭接、间歇等逻辑关系是否合理。

② 工期方面，初始方案的总工期是否满足合同工期要求。

③ 劳动力方面，人工、材料、机具等是否均衡施工。以人工为例，主要是检查各工种工人是否连续施工，劳动力消耗是否均衡。

劳动力消耗的均衡性是针对整个单位工程或各个工种而言，应力求每天出勤的工人人数不发生过大变动。为了反映劳动力消耗的均衡情况，通常采用劳动力消耗动态图来表示。对于单位工程劳动力消耗动态图，一般绘制在施工进度计划表的下方。如图 4-72所示，基础阶段施工进度及劳动力消耗动态图。

基础阶段施工进度及劳动力消耗动态表

序号	施工项目	劳动量/工日	出工人数/人	施工进度/天
1	场地清理及平整	77	38	
2	基槽开挖及土方运输	376	31	一 二 三
3	毛石混凝土基础	226	19	一 二 三
4	砖基础	284	24	一 二 三
5	浇钢筋混凝土圈梁	136	11	一 二 三
6	回填土	226	19	一 二 三

施工进度/天：2 4 6 8 10 12 14 16 18 20 22 24 26 28 30 32

90人 80人 70人 60人 50人 40人 30人 20人 10人

38 31 50 74 43 54 54 30 19

劳动力曲线

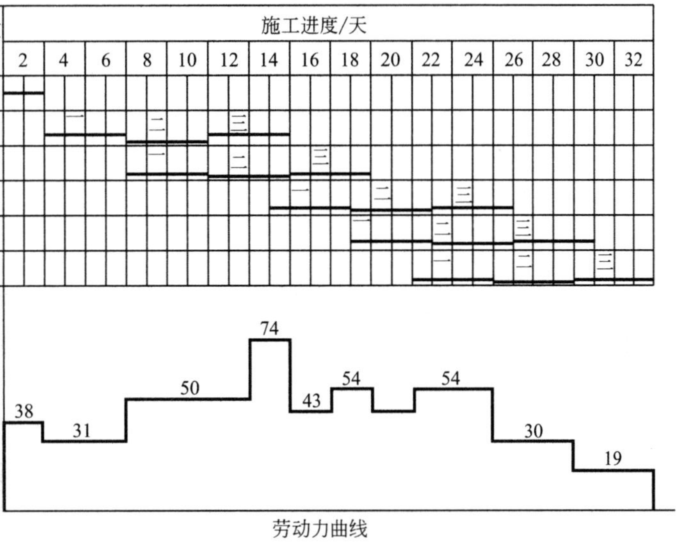

图 4-72　基础阶段施工进度及劳动力消耗动态图

劳动力消耗的均衡性指标可以采用劳动力不均衡系数（K）来评估：

$$K = \text{高峰出工人数}/\text{平均出工人数} \tag{4-78}$$

最为理想的情况是劳动力均衡系数 K 接近于 1。劳动力均衡系数在 2 以内为好，超过 2 则不正常。

④ 物资方面，主要机械、设备、材料等的利用是否均衡，施工机械是否充分利用。主要机械通常是指混凝土搅拌机、灰浆搅拌机、自动式起重机和挖土机等。机械的利用情况是通过机械的利用程度来反映的。

（2）调整与优化的内容　初始方案经过检查，对不符合要求的部分需进行调整。调整方法一般有：增加或缩短某些施工过程的施工持续时间；充分利用非关键工作的时差；压缩关键线路的持续时间；调整逻辑关系，在符合工艺关系的条件下，将某些施工过程的施工时间向前或向后移动；增减某些工作项目；重新估计某些工作的持续时间；必要时，还可以改变施工方法。

【实战演练】

4.4 任 务 一

4.4.1 任务下发

根据“广联达办公大厦”资料编制本工程的施工进度计划，该任务要求如下。

① 熟悉了解混凝土结构工程的施工内容，根据任务资料要求在计划中包含所有必要的施工过程，不漏项。

② 熟悉了解混凝土结构工程的施工组织安排，根据任务资料要求进行合理的施工段划分和施工组织，在计划中确定各项施工工作的搭接关系，形成完整正确的关键线路。

③ 施工进度计划要求总工期 200d，通过本任务了解混凝土结构工程的工作量、工期估算方法，并通过组织安排优化计划工期达到要求工期目标。

④ 编写的双代号网络计划图要求清晰美观，对进度计划中的要点能够直观清晰地展现。

4.4.2 任务说明

(1) 建设概况

① 本建筑物建设地点位于北京市；

② 本建筑物用地概貌属于平缓场地；

③ 本建筑物为二类多层办公建筑；

④ 本建筑物合理使用年限为 50 年；

⑤ 本建筑物抗震设防烈度为 8 度；

⑥ 本建筑物总建筑面积为××××m^2；

⑦ 本建筑物建筑层数 5 层，地上 4 层，地下 1 层；

⑧ 本建筑物檐口高度 19.5m；

⑨ 本建筑物设计标高±0.000。

(2) 结构概况

① 本工程为框架-剪力墙结构的办公楼，地上 4 层，地下 1 层，东西长 50.4m、南北长 22.5m。

② 基础采用混凝土筏板基础。

③ 墙体：外墙：标高－0.400～－0.100m 以下采用 250mm 厚混凝土。

④ 本建筑物结构类型为框架-剪力墙结构。

(3) 施工条件　施工场地已进行三通一平，材料、构件、加工品由施工方提供，施工的建设机械由施工方自行租赁，劳动力的投入按照进度计划实施，施工严格按照规范，现场管理按照文明工地要求进行管理，质量标准要求达到国家施工验收规范合格标准。

4.4.3 任务分析

根据任务资料要求，项目的施工组织分析设计如下。

(1) 流水段的划分　该工程首先进行流水段的划分，根据图纸，以⑤轴和⑥轴之间的后浇带为界限，分为两个施工段。

(2) 地下主体部分施工过程　地下主体施工过程包括基础土方开挖（支护），垫层施工，基础梁和基础筏板的钢筋绑扎，基础梁和基础筏板的支模板，基础梁和基础筏板的浇筑混凝土，地下一层柱墙的钢筋绑扎，地下一层柱墙的支模板，地下一层柱墙的浇筑混凝土，地下一层梁板的支模板，地下一层梁板的钢筋绑扎，地下一层梁板的浇筑混凝土，土方回填。

(3) 地上主体部分施工过程　地上主体施工过程包括首层柱墙的钢筋绑扎，首层柱墙的支模板，首层柱墙的浇筑混凝土，首层梁板的支模板，首层梁板的钢筋绑扎，首层梁板的浇筑混凝土，二层柱墙的钢筋绑扎，二层柱墙的支模板，二层柱墙的浇筑混凝土，二层梁板的支模板，二层梁板的钢筋绑扎，二层梁板的浇筑混凝土，三层柱墙的钢筋绑扎，三层柱墙的支模板，三层柱墙的浇筑混凝土，三层梁板的支模板，三层梁板的钢筋绑扎，三层梁板的浇筑混凝土，四层柱墙的钢筋绑扎，四层柱墙的支模板，四层柱墙的浇筑混凝土，四层梁板的支模板，四层梁板的钢筋绑扎，四层梁板的浇筑混凝土。主体一次结构就此全部完成。

（4）主体二次结构施工过程　主体二次结构的施工过程是地下一层墙体、构造柱施工，首层墙体、构造柱施工，二层墙体、构造柱施工，三层墙体、构造柱施工，四层墙体、构造柱施工，女儿墙施工，室外台阶、散水施工。

4.4.4　任务实施

一般编制进度计划的方法如下。

① 根据施工经验直接安排的方法。这种方法是根据经验资料及有关计算，直接在进度计划表上画出进度线。其一般步骤是：先安排主要施工过程并最大限度地搭接，形成施工进度计划的初步方案。总的原则应使每个施工过程尽可能早地投入施工。

② 按工艺组合组织流水的施工方法。这种方法就是先按各施工过程（即工艺组合流水）初排流水进度线，然后将各工艺组合最大限度地搭接起来。

本案例使用工艺组合组织流水的施工方法编制。进度计划编制步骤如下。

（1）施工过程划分　在编制施工进度计划时，首先划分出各施工项目的细目，列出工程项目一览表。划分列表时注意以下事项。

① 施工过程划分的粗细程度，主要根据单位工程施工进度计划的客观作用，控制性进度计划一般粗些，指导性进度计划一般细些。

② 施工过程的划分要结合所选择的施工方案。

③ 注意适当简化施工进度计划内容，避免施工过程项目划分过细、重点不突出，适当合并，简明清晰。如：工程量过小者不列（防潮层）；较小量的同一构件几个项目合并（圈梁）；同一工种同时或连续施工的几个项目合并。

④ 不占工期的间接施工过程不列（如构件运输）。

⑤ 设备安装单独列项。

⑥ 所有施工过程应大致按施工顺序先后排列，所采用的施工项目名称可参考现行定额手册上的项目名称按施工的先后顺序列项。施工过程划分见表 4-12。

表 4-12　施工过程划分

序号	施工过程	单位	工程量	备注
1	平整场地	m^2	967.13	
2	土方开挖(支护)	m^3	5388.23	先进行机械开挖，在开挖到距地平面 200mm 处再进行人工开挖
3	垫层施工	m^3	混凝土:98.44 模板面积:76.4m^2	
4	基础梁和基础筏板的钢筋绑扎 1	t	梁:19.33 板:41.251	将基础梁与基础筏板的工程量分别给出
5	基础梁和基础筏板的钢筋绑扎 2	t	梁:19.33 板:41.251	将基础梁与基础筏板的工程量分别给出
6	基础梁和基础筏板的支模板 1	m^2	基础梁:169.9 筏板:39.7	将基础梁与基础筏板的工程量分别给出
7	基础梁和基础筏板的支模板 2	m^2	基础梁:169.9 筏板:39.7	将基础梁与基础筏板的工程量分别给出

续表

序号	施工过程	单位	工程量	备注
8	基础梁和基础筏板的浇筑混凝土 1	m^3	基础梁:40.79 筏板基础:250.45	将基础梁与基础筏板的工程量分别给出
9	基础梁和基础筏板的浇筑混凝土 2	m^3	基础梁:40.79 筏板基础:250.45	将基础梁与基础筏板的工程量分别给出
10	支地下部分脚手架 1	m^2	487.37	将基础做完之后,先进行地下部分的脚手架的施工
11	支地下部分脚手架 2	m^2	487.37	
12	地下一层柱、墙的钢筋绑扎 1	t	柱:2.994 墙:21.495	将柱和墙的工程量分别给出
13	地下一层柱、墙的钢筋绑扎 2	t	柱:2.994 墙:21.495	将柱和墙的工程量分别给出
14	地下一层柱、墙的支模板 1	m^2	墙:658.875 柱:241.4	将柱和墙的工程量分别给出
15	地下一层柱、墙的支模板 2	m^2	墙:658.875 柱:241.4	将柱和墙的工程量分别给出
16	地下一层柱、墙的浇筑混凝土 1	m^3	柱:46.25 墙:104.57	将柱和墙的工程量分别给出
17	地下一层柱、墙的浇筑混凝土 2	m^3	柱:46.25 墙:104.57	将柱和墙的工程量分别给出
18	地下一层梁、板、楼梯的支模板 1	m^2	梁:167.08 板:452.28 楼梯:11.8	将梁、板和楼梯的工程量分别给出
19	地下一层梁、板、楼梯的支模板 2	m^2	梁:167.08 板:452.28 楼梯:11.8	将梁、板和楼梯的工程量分别给出
20	地下一层梁、板、楼梯的钢筋绑扎 1	t	梁:5.785 板:10.069 楼梯:0.081	将梁、板和楼梯的工程量分别给出
21	地下一层梁、板、楼梯的钢筋绑扎 2	t	梁:5.785 板:10.069 楼梯:0.081	将梁、板和楼梯的工程量分别给出
22	地下一层梁、板、楼梯的浇筑混凝土 1	m^3	梁:22.45 板:79.7 楼梯:1.3	将梁、板和楼梯的工程量分别给出
23	地下一层梁、板、楼梯的浇筑混凝土 2	m^3	梁:22.45 板:79.7 楼梯:1.3	将梁、板和楼梯的工程量分别给出
24	地下部分外墙防水施工	m^2	974.74	地下一层主体施工完成之后,先进行地下外墙防水施工
25	拆除地下部分脚手架	m^2	974.74	在土方回填之前先拆除地下部分的脚手架
26	土方回填	m^3	1073.7	土方回填工作包括了室内回填和室外回填,并且将两种回填的工程量分别给出

续表

序号	施工过程	单位	工程量	备注
27	支首层脚手架 1	m^2	424.69	土方回填后，先进行首层脚手架的施工，同时在第一段脚手架施工完成之后就进行第二段脚手架的施工和首层第一段柱、墙钢筋绑扎的施工
28	支首层脚手架 2	m^2	424.69	
29	首层柱、墙的钢筋绑扎 1	t	柱：5.055 墙：5.443	将柱和墙的工程量分别给出
30	首层柱、墙的钢筋绑扎 2	t	柱：5.055 墙：5.443	将柱和墙的工程量分别给出
31	首层柱、墙的支模板 1	m^2	柱：231.24 墙：199.71	将柱和墙的工程量分别给出
32	首层柱、墙的支模板 2	m^2	柱：231.24 墙：199.71	将柱和墙的工程量分别给出
33	首层柱、墙的浇筑混凝土 1	m^3	柱：37.02 墙：83.07	将柱和墙的工程量分别给出
34	首层柱、墙的浇筑混凝土 2	m^3	柱：37.02 墙：83.07	将柱和墙的工程量分别给出
35	首层梁、板、楼梯的支模板 1	m^2	梁：239.7 板：350.24 楼梯：26	将梁、板和楼梯的工程量分别给出
36	首层梁、板、楼梯的支模板 2	m^2	梁：239.7 板：350.24 楼梯：26	将梁、板和楼梯的工程量分别给出
37	首层梁、板、楼梯的钢筋绑扎 1	t	梁：7.356 板：5.795 楼梯：0.163	将梁、板和楼梯的工程量分别给出
38	首层梁、板、楼梯的钢筋绑扎 2	t	梁：7.356 板：5.795 楼梯：0.163	将梁、板和楼梯的工程量分别给出
39	首层梁、板、楼梯的浇筑混凝土 1	m^3	梁：27.55 板：39.39 楼梯：2.9	将梁、板和楼梯的工程量分别给出
40	首层梁、板、楼梯的浇筑混凝土 2	m^3	梁：27.55 板：39.39 楼梯：2.9	将梁、板和楼梯的工程量分别给出
41	支二层脚手架 1	m^2	436.37	在首层第一段梁、板、楼梯混凝土浇筑完成之后，就做二层脚手架第一段的施工
42	支二层脚手架 2	m^2	436.37	在二层第一段脚手架完成和首层梁、板、楼梯混凝土浇筑完成之后就进行第二段脚手架的施工
43	二层柱、墙的钢筋绑扎 1	t	柱：3.796 墙：5.552	二层第一段脚手架施工完成之后，就立刻开始二层柱、墙钢筋绑扎的施工，将柱和墙的工程量分别给出
44	二层柱、墙的钢筋绑扎 2	t	柱：3.796 墙：5.552	在完成第一段的柱、墙钢筋绑扎和第二段的脚手架施工之后才可以开始柱、墙第二段施工，将柱和墙的工程量分别给出

续表

序号	施工过程	单位	工程量	备注
45	二层柱、墙的支模板 1	m^2	柱:187.03 墙:218.1	将柱和墙的工程量分别给出
46	二层柱、墙的支模板 2	m^2	柱:187.03 墙:218.1	将柱和墙的工程量分别给出
47	二层柱、墙的浇筑混凝土 1	m^3	柱:30.54 墙:75.28	将柱和墙的工程量分别给出
48	二层柱、墙的浇筑混凝土 2	m^3	柱:30.54 墙:75.28	将柱和墙的工程量分别给出
49	二层梁、板、楼梯的支模板 1	m^2	梁:219.83 板:358.25 楼梯:26.59	将梁、板和楼梯的工程量分别给出
50	二层梁、板、楼梯的支模板 2	m^2	梁:219.83 板:358.25 楼梯:26.59	将梁、板和楼梯的工程量分别给出
51	二层梁、板、楼梯的钢筋绑扎 1	t	梁:4.798 板:5.708 楼梯:2.9	将梁、板和楼梯的工程量分别给出
52	二层梁、板、楼梯的钢筋绑扎 2	t	梁:4.798 板:5.708 楼梯:0.177	将梁、板和楼梯的工程量分别给出
53	二层梁、板、楼梯的浇筑混凝土 1	m^3	梁:25.89 板:42.3 楼梯:2.9	将梁、板和楼梯的工程量分别给出
54	二层梁、板、楼梯的浇筑混凝土 2	m^3	梁:25.89 板:42.3 楼梯:2.9	将梁、板和楼梯的工程量分别给出
55	支三层脚手架 1	m^2	443.46	在二层第一段梁、板、楼梯混凝土浇筑完成之后，就做三层脚手架第一段的施工
56	支三层脚手架 2	m^2	443.46	在三层第一段脚手架完成和二层梁、板、楼梯混凝土浇筑完成之后就进行第二段脚手架的施工
57	三层柱、墙的钢筋绑扎 1	t	柱:3.889 墙:3.988	三层第一段脚手架施工完成之后，就立刻开始三层柱、墙钢筋绑扎的施工，将柱和墙的工程量分别给出
58	三层柱、墙的钢筋绑扎 2	t	柱:3.889 墙:3.988	在完成第一段的柱、墙钢筋绑扎和第二段的脚手架施工之后才可以开始柱、墙第二段施工，将柱和墙的工程量分别给出
59	三层柱、墙的支模板 1	m^2	柱:183.94 墙:209.92	将柱和墙的工程量分别给出
60	三层柱、墙的支模板 2	m^2	柱:183.94 墙:209.92	将柱和墙的工程量分别给出
61	三层柱、墙的浇筑混凝土 1	m^3	柱:30.57 墙:87.74	将柱和墙的工程量分别给出
62	三层柱、墙的浇筑混凝土 2	m^3	柱:30.57 墙:87.74	将柱和墙的工程量分别给出

续表

序号	施工过程	单位	工程量	备注
63	三层梁、板、楼梯的支模板1	m^2	梁:223.12 板:358.23 楼梯:14.74	将梁、板和楼梯的工程量分别给出
64	三层梁、板、楼梯的支模板2	m^2	梁:219.83 板:358.23 楼梯:14.74	将梁、板和楼梯的工程量分别给出
65	三层梁、板、楼梯的钢筋绑扎1	t	梁:4.835 板:5.707 楼梯:0.177	将梁、板和楼梯的工程量分别给出
66	三层梁、板、楼梯的钢筋绑扎2	t	梁:4.835 板:5.707 楼梯:0.177	将梁、板和楼梯的工程量分别给出
67	三层梁、板、楼梯的浇筑混凝土1	m^3	梁:25.77 板:38.69 楼梯:1.08	将梁、板和楼梯的工程量分别给出
68	三层梁、板、楼梯的浇筑混凝土2	m^3	梁:25.77 板:38.69 楼梯:1.08	将梁、板和楼梯的工程量分别给出
69	支四层脚手架1	m^2	439.79	在三层第一段梁、板、楼梯混凝土浇筑完成之后，就做四层脚手架第一段的施工
70	支四层脚手架2	m^2	439.79	在四层第一段脚手架完成和三层梁、板、楼梯混凝土浇筑完成之后就进行第二段脚手架的施工
71	四层柱、墙的钢筋绑扎1	t	柱:3.42 墙:3.773	四层第一段脚手架施工完成之后，就立刻开始四层柱、墙钢筋绑扎的施工，将柱和墙的工程量分别给出
72	四层柱、墙的钢筋绑扎2	t	柱:3.42 墙:3.773	在完成第一段的柱、墙钢筋绑扎和第二段的脚手架施工之后才可以开始柱、墙第二段的施工，将柱和墙的工程量分别给出
73	四层柱、墙的支模板1	m^2	柱:170.58 墙:260.97	将柱和墙的工程量分别给出
74	四层柱、墙的支模板2	m^2	柱:170.58 墙:260.97	将柱和墙的工程量分别给出
75	四层柱、墙的浇筑混凝土1	m^3	柱:29.16 墙:95.35	将柱和墙的工程量分别给出
76	四层柱、墙的浇筑混凝土2	m^3	柱:29.16 墙:95.35	将柱和墙的工程量分别给出
77	四层梁、板、楼梯的支模板1	m^2	梁:240.47 板:363.45	将梁、板和楼梯的工程量分别给出
78	四层梁、板、楼梯的支模板2	m^2	梁:240.47 板:363.45	将梁、板和楼梯的工程量分别给出
79	四层梁、板、楼梯的钢筋绑扎1	t	梁:4.656 板:7.606 楼梯:0.089	将梁、板和楼梯的工程量分别给出

续表

序号	施工过程	单位	工程量	备注
80	四层梁、板、楼梯的钢筋绑扎2	t	梁:4.656 板:7.606 楼梯:0.089	将梁、板和楼梯的工程量分别给出
81	四层梁、板、楼梯的浇筑混凝土1	m^3	梁:28.04 板:43.26 楼梯:1.49	将梁、板和楼梯的工程量分别给出
82	四层梁、板、楼梯的浇筑混凝土2	m^3	梁:28.04 板:43.26 楼梯:1.49	将梁、板和楼梯的工程量分别给出
83	二次结构施工	m^3		在完成所有的主体结构工程验收后开始。主要包括砌体墙、结构柱、圈梁等的施工，之后还有屋顶和女儿墙以及台阶、散水的施工。不形成流水
84	四层室外抹灰	m^2	395.12	二次结构施工从上往下进行，进行二次结构施工的时候，同时也进行装饰装修
85	四层室外涂料	m^2	395.12	
86	拆四层脚手架	m^2	879.58	在进行四层室外装饰完成之后，再拆除四层脚手架
87	四层室内抹灰	m^2	6303.97	在进行四层室外抹灰之后就可以开始进行四层室内抹灰
88	四层室内涂料	m^2	6303.97	
89	三层室外抹灰	m^2	394.91	
90	三层室外涂料	m^2	394.91	
91	拆三层脚手架	m^2	886.92	
92	三层室内抹灰	m^2	5245.55	
93	三层室内涂料	m^2	5245.55	
94	二层室外抹灰	m^2	382.52	
95	二层室外涂料	m^2	382.52	
96	拆二层脚手架	m^2	872.74	
97	二层室内抹灰	m^2	3750.39	
98	二层室内涂料	m^2	3750.39	
99	首层室外抹灰	m^2	97.2	
100	首层室外涂料	m^2	97.2	
101	拆首层脚手架	m^2	849.37	
102	首层室内抹灰	m^2	5745.48	
103	首层室内涂料	m^2	5745.48	
104	地下室一层室内抹灰	m^2	3347.83	
105	地下室一层室内涂料	m^2	3347.83	

（2）施工过程工程量计算　根据施工图和定额工程量计算规则，按工程的施工顺序，分别计算施工项目的实物工程量，逐项填入表中。计算填表时应注意以下问题。

① 工程数量的计算单位，应与相应的定额或合同文件中的计量单位一致。如模板工程以“m^2”为计量单位；绑扎钢筋以“t”为单位计算；混凝土以“m^3”为计量单位等。这样，在计算劳动量、材料消耗量及机械台班时就可直接套用施工定额，不再进行换算。

② 注意采用的施工方法。计算工程量时，应与采用的施工方法相一致，以便计算的工程量与施工的实际情况相符合。例如，挖土时是否放坡，是否加工作面，放坡和工作面尺寸是多少；开挖方式是单独开挖、条形开挖，还是整片开挖等，不同的开挖方式，土方相差量是很大的。

③ 正确取用预算文件中的工程量。如果编制单位工程施工进度计划时，已编制出预算文件（施工图预算或施工预算），则工程量可以从预算文件中抄出并汇总。但是，施工进度计划中某些施工过程与预算文件的内容不同或有出入（如计算单位、计算规划、采用的定额等），则应根据施工实际情况加以修改、调整或重新计算。

（3）施工过程计算劳动量和机械台班量

确定了施工过程及其工程量之后，即可套用定额（当地实际采用的劳动定额及机械台班定额），以确定劳动量和机械台班量。

在套用国家或当地颁发的定额时，需注意结合本单位工人的技术等级、实际操作水平、施工机械情况和施工现场条件等因素，确定定额的实际水平，使计算出来的劳动量、机械台班量符合实际需要。

有些采用新技术、新材料、新工艺或特殊施工方法的施工过程，定额中尚未编入，这时可参考类似施工过程的定额、经验资料，按实际情况确定。

劳动量及机械台班量的计算如下。

① 当某一施工过程是由两个或两个以上不同分项工程合并而成时，其总劳动量应按下式计算。

$$P_{总}=\sum_{i=1}^{n}P_1+P_2+\cdots+P_n \tag{4-79}$$

②当某一施工过程是由同一种、但不同做法、不同材料的若干个分项工程合并组成时，应先按公式（4-79）计算其综合产量定额，再求其劳动量。

$$\overline{S}=\frac{\sum_{i=1}^{n}Q_i}{\sum_{i=1}^{n}P_i}=\frac{Q_1+Q_2+\cdots+Q_n}{P_1+P_2+\cdots P_n}=\frac{Q_1+Q_2+\cdots+Q_n}{\frac{Q_1}{S_1}+\frac{Q_2}{S_2}+\cdots+\frac{Q_n}{S_n}} \tag{4-80}$$

$$\overline{H}=\frac{1}{S} \tag{4-81}$$

式中　$\overline{S}$——某施工过程综合产量定额，m^3/工日、m^2/工日、m/工日、t/工日等；

$\overline{H}$——某施工过程综合时间定额，工日/m^3、工日/m^2、工日/m、t 等；

$\sum_{i=1}^{n}Q_i$——总工程量，m^3、m^2、m、t 等；

$\sum_{i=1}^{n}P_i$——总劳动量，工日；

Q、Q_2、…、Q_n——同一施工过程的各项工程量；

S_1、S_2、…、S_n——与 Q、Q_2、…、Q_n 相对应的产量定额。

下面以施工过程（基坑、基槽开挖）为例，使用 2008 年建设工程劳动定额计算，见表 4-13、表 4-14。

表 4-13　持续时间及劳动量估算表

项目编码		工程量清单	施工过程	基础梁和基础筏板的钢筋绑扎	工作班组	钢筋工	
工程量/t		121.162	持续时间/d	5	班组人数	45	
	定额编号	定额名称	细目	定额	工程量	单位	劳动量
综合	AG0015	满堂基础	有梁式(主筋>20mm)	4.04	99.35	t	401.37
	AG0038	基础梁	主筋≤25mm	4.02	21.81	t	87.68
	合计						489.05
制作	AG0015	满堂基础	有梁式(主筋>20mm)	2.04	99.35	t	202.67
	AG0038	基础梁	主筋≤25mm	1.73	21.81	t	37.73
	小计						240.41

表 4-14　施工过程（分项工程名称）持续时间表

序号	施工过程（分项工程名称）	单位	工程量	持续时间（工日）	劳动量（工日）	备注
1	平整场地	$100m^2$	9.67	1	1	
2	基础梁和基础筏板的钢筋绑扎	t	401.37+87.68	5	45	将基础梁与基础筏板的工程量分别给出
3	挖掘机挖土方	$1000m^3$	5.388	4	3	
4	支地下部分脚手架	$10m^2$	97.474	3	20	将基础做完之后，先进行地下部分的脚手架的施工
5	基础梁和基础筏板的支模板	$10m^2$	33.54+8.38	1	40	将基础梁与基础筏板的工程量分别给出
6	基础梁和基础筏板的浇筑混凝土	m^3	203.87+378.62	4	40	将基础梁与基础筏板的工程量分别给出
7	地下一层柱、墙的钢筋绑扎	t	5.88+0.12+17.2+25.79	3	30	将柱和墙的工程量分别给出
8	地下一层柱、墙的支模板	$10m^2$	36.68+2.43+9.17+79.07+52.71	6	40	将柱和墙的工程量分别给出
9	地下一层柱、墙的浇筑混凝土	m^3	64.75+9.25+18.5+125.48+83.66	5	32	将柱和墙的工程量分别给出
10	地下一层梁、板、楼梯的支模板	$10m^2$	16.7+5.01+1107+90.46+2.36	6	40	将梁、板和楼梯的工程量分别给出
11	地下一层梁、板、楼梯的钢筋绑扎	t	4.05+5.785+1.736+20.138+0.162	3	30	将梁、板和楼梯的工程量分别给出
12	地下一层梁、板、梯的浇筑混凝土	m^3	21.55+9.88+13.47+159.4+2.6	2	32	将梁、板和楼梯的工程量分别给出
13	拆地下部分脚手架	$10m^2$	97.474	1	20	在土方回填之前先拆除地下部分的脚手架

续表

序号	施工过程（分项工程名称）	单位	工程量	持续时间（工日）	劳动量（工日）	备注
14	土方回填	m^3	10.74	2.5	35	土方回填工作包括了室内回填和室外回填，并且将两种回填的工程量分别给出
15	支首层脚手架	$10m^2$	84.938	1.5	20	土方回填后，先进行首层脚手架的施工，同时在第一段脚手架施工完成之后就进行第二段脚手架的施工和首层第一段柱、墙钢筋绑扎的施工
16	首层柱、墙的钢筋绑扎	t	9.61＋0.51＋10.89	2	30	将柱和墙的工程量分别给出
17	首层柱、墙的支模板	$10m^2$	34.69＋2.31＋9.25＋39.96	3	40	将柱和墙的工程量分别给出
18	首层柱、墙的浇筑混凝土	m^3	53.31＋5.92＋14.8＋166.14	4	32	将柱和墙的工程量分别给出
19	首层梁、板、楼梯的支模板	$10m^2$	35.21＋9.55＋7.14＋10.99＋70.05＋5.2	9	40	将梁、板和楼梯的工程量分别给出
20	首层梁、板、楼梯的钢筋绑扎	t	3.68＋9.27＋3.24＋11.59＋0.326	3	30	将梁、板和楼梯的工程量分别给出
21	首层梁、板、楼梯的浇筑混凝土	m^3	34.71＋9.88＋15.7＋13.47＋78.78＋5.8	3	32	将梁、板和楼梯的工程量分别给出
22	支二层部分脚手架	$10m^2$	87.274	1.5	20	在首层第一段梁、板、楼梯混凝土浇筑完成之后，就做二层脚手架的施工
23	二层柱、墙的钢筋绑扎	t	7.22＋0.38＋11.11	1	30	二层脚手架施工完成之后，就立刻开始二层柱、墙钢筋的施工，将柱和墙的工程量分别给出
24	二层柱、墙的支模板	$10m^2$	27.31＋1.87＋8.23＋43.64	3	40	将柱和墙的工程量分别给出
25	二层柱、墙的浇筑混凝土	m^3	44.59＋3.05＋13.44＋150.56	3	32	将柱和墙的工程量分别给出
26	二层梁、板、楼梯的支模板	$10m^2$	26.38＋7.35＋7.14＋8.96＋77.05＋5.32	6	40	将梁、板和楼梯的工程量分别给出
27	二层梁、板、楼梯的钢筋绑扎	t	2.4＋6.05＋2.11＋11.42＋5.8	2	30	将梁、板和楼梯的工程量分别给出
28	二梁、板、楼梯的浇筑混凝土	m^3	31.07＋7.77＋9.003＋5.178＋84.6＋5.8	2	32	将梁、板和楼梯的工程量分别给出
29	支三层部分脚手架	$10m^2$	88.692	1.5	20	在二层梁、板、楼梯混凝土浇筑完成之后，就做三层脚手架的施工
30	三层、墙的钢筋绑扎	t	7.78＋0.39＋7.976	1	30	三层脚手架施工完成之后，就立刻开始三层柱、墙钢筋的施工，将柱和墙的工程量分别给出
31	三层柱、墙的支模板	$10m^2$	26.86＋1.84＋8.09＋41.8	1.5	40	将柱和墙的工程量分别给出
32	三层柱、墙的浇筑混凝土	m^3	44.63＋3.06＋13.45＋175.48	4	32	将柱和墙的工程量分别给出

续表

序号	施工过程（分项工程名称）	单位	工程量	持续时间（工日）	劳动量（工日）	备注
33	三层梁、板、楼梯的支模板	$10m^2$	26.77+6.7+7.02+4.47+71.65+2.95	6	40	将梁、板和楼梯的工程量分别给出
34	三层梁、板、楼梯的钢筋绑扎	t	2.42+6.09+2.13+11.42+0.36	2	30	将梁、板和楼梯的工程量分别给出
35	三梁、板、楼梯的浇筑混凝土	m^3	30.92+7.73+8.05+5.15+77.38+2.16	2	32	将梁、板和楼梯的工程量分别给出
36	支四层部分脚手架	$10m^2$	87.958	1.5	20	在三层梁、板、楼梯混凝土浇筑完成之后，就做四层脚手架的施工
37	四层柱、墙的钢筋绑扎	t	6.84+0.34+7.546	1	30	四层脚手架施工完成之后，就立刻开始四层柱墙钢筋的施工，将柱和墙的工程量分别给出
38	四层柱、墙的支模板	$10m^2$	25.00+1.71+7.51+52.0	3	40	将柱和墙的工程量分别给出
39	四层柱、墙的浇筑混凝土	m^3	42.58+2.92+12.83+190.7	3	32	将柱和墙的工程量分别给出
40	四层梁、板、楼梯的支模板	$10m^2$	28.86+7.22+8.02+4.81+72.69	6	40	将梁、板和楼梯的工程量分别给出
41	四层梁、板、楼梯的钢筋绑扎	t	2.33+5.87+2.05+15.21+0.18	2	30	将梁、板和楼梯的工程量分别给出
42	四梁、板、楼梯的浇筑混凝土	m^3	33.65+7.98+8.94+5.61+86.52+2.98	2	32	将梁、板和楼梯的工程量分别给出
43	四层室外抹灰	$10m^2$	39.512	1	37	二次结构施工从上往下进行，进行二次结构施工的时候，同时也进行装饰装修
44	四层室外涂料	$10m^2$	39.512	1	26	
45	拆四层脚手架	$10m^2$	87.958	1	20	在进行四层室外装饰完成之后，再拆除四层脚手架
46	四层室内抹灰	$10m^2$	630.40	17	37	在进行四层室外抹灰之后就可以开始进行四层室内抹灰
47	四层室内涂料	$10m^2$	630.40	12	26	
48	三层室外抹灰	$10m^2$	39.491	1	37	
49	三层室外涂料	$10m^2$	39.491	1	26	
50	拆三层脚手架	$10m^2$	88.692	1	20	
51	三层室内抹灰	$10m^2$	524.56	13	37	
52	三层室内涂料	$10m^2$	524.56	10	26	
53	二层室外抹灰	$10m^2$	38.252	1	37	
54	二层室外涂料	$10m^2$	38.252	1	26	
55	拆二层脚手架	$10m^2$	87.274	1	20	
56	二层室内抹灰	$10m^2$	375.039	8	37	
57	二层室内涂料	$10m^2$	375.039	7	26	

续表

序号	施工过程（分项工程名称）	单位	工程量	持续时间（工日）	劳动量（工日）	备注
58	首层室外抹灰	$10m^2$	9.72	0.5	37	
59	首层室外涂料	$10m^2$	9.72	0.5	26	
60	拆首层脚手架	$10m^2$	84.937	1	20	
61	首层室内抹灰	$10m^2$	574.55	12	37	
62	首层室内涂料	$10m^2$	574.548	11	26	
63	地下室一层室内抹灰	$10m^2$	334.783	7	37	
64	地下室一层室内涂料	$10m^2$	334.783	6.5	26	

（4）施工过程工期的确定　施工过程的持续时间的确定方法主要使用定额法。施工期限根据合同工期确定，同时还要考虑工程特点、施工方法、施工管理水平、施工机械化程度及施工现场条件等因素。

根据工作项目所需要的劳动量或机械台班数，及该工作项目每天安排的工人数或配备的机械台数，计算各工作项目持续时间。有时，根据施工组织要求，如组织流水施工时，也可采用倒排方式安排进度，即先确定各工作项目持续时间，依次确定各工作项目所需要的工人数和机械台数。施工过程工期表见表 4-15。

表 4-15　施工过程（分部分项工程名称）工期表

序号	分部分项工程名称	劳动量(工日)	人数	工期
1	平整场地	0.609	1	1
2	土方开挖	11.26	3	4
3	垫层施工模板	0.33	1	0.5
4	垫层施工混凝土	41.837	42	1
5	基础梁和基础筏板的钢筋绑扎 1	120.205	45	2.5
6	基础梁和基础筏板的钢筋绑扎 2	120.205	45	2.5
7	基础梁和基础筏板的支模板 1	27.375	40	0.5
8	基础梁和基础筏板的支模板 2	27.375	40	0.5
9	基础梁和基础筏板的浇筑混凝土 1	80.005	40	2
10	基础梁和基础筏板的浇筑混凝土 2	80.005	40	2
11	支地下部分脚手架	29.24	20	1.5
12	地下一层柱、墙的钢筋绑扎 1	46.755	30	1.5
13	地下一层柱、墙的钢筋绑扎 2	46.755	30	1.5
14	地下一层柱、墙的支模板 1	119.525	40	3
15	地下一层柱、墙的支模板 2	119.525	40	3
16	地下一层柱、墙的浇筑混凝土 1	78.695	32	2.5
17	地下一层柱、墙的浇筑混凝土 2	78.695	32	2.5
18	地下一层梁、板、楼梯的支模板 1	110.885	40	3
19	地下一层梁、板、楼梯的支模板 2	110.885	40	3

续表

序号	分部分项工程名称	劳动量(工日)	人数	工期
20	地下一层梁、板、楼梯的钢筋绑扎 1	36.995	30	1.5
21	地下一层梁、板、楼梯的钢筋绑扎 2	36.995	30	1.5
22	地下一层梁、板、楼梯的浇筑混凝土 1	31.61	32	1
23	地下一层梁、板、楼梯的浇筑混凝土 2	31.61	32	1
24	拆地下部分脚手架	17.55	20	1
25	土方回填	85.71	35	2.5
26	支首层脚手架	25.48	20	1.5
27	首层柱、墙的钢筋绑扎 1	19.04	30	1
28	首层柱、墙的钢筋绑扎 2	19.04	30	1
29	首层柱、墙的支模板 1	60.65	40	1.5
30	首层柱、墙的支模板 2	60.65	40	1.5
31	首层柱、墙的浇筑混凝土 1	56.63	32	2
32	首层柱、墙的浇筑混凝土 2	56.63	32	2
33	首层梁、板、楼梯的支模板 1	182.695	40	4.5
34	首层梁、板、楼梯的支模板 2	182.695	40	4.5
35	首层梁、板、楼梯的钢筋绑扎 1	33.32	30	1.5
36	首层梁、板、楼梯的钢筋绑扎 2	33.32	30	1.5
37	首层梁、板、楼梯的浇筑混凝土 1	45.94	32	1.5
38	首层梁、板、楼梯的浇筑混凝土 2	45.94	32	1.5
39	支二层部分脚手架	26.18	20	1.5
40	二层柱、墙的钢筋绑扎 1	16.935	30	0.5
41	二层柱、墙的钢筋绑扎 2	16.935	30	0.5
42	二层柱、墙的支模板 1	55.295	40	1.5
43	二层柱、墙的支模板 2	55.295	40	1.5
44	二层柱、墙的浇筑混凝土 1	48.53	32	1.5
45	二层柱、墙的浇筑混凝土 2	48.53	32	1.5
46	二层梁、板、楼梯的支模板 1	127.115	40	3
47	二层梁、板、楼梯的支模板 2	127.115	40	3
48	二层梁、板、楼梯的钢筋绑扎 1	32.055	30	1
49	二层梁、板、楼梯的钢筋绑扎 2	32.055	30	1
50	二层梁、板、楼梯的浇筑混凝土 1	26.6	32	1
51	二层梁、板、楼梯的浇筑混凝土 2	26.6	32	1
52	支三层部分脚手架	26.61	20	1.5
53	三层柱、墙的钢筋绑扎 1	14.635	30	0.5
54	三层柱、墙的钢筋绑扎 2	14.635	30	0.5
55	三层柱、墙的支模板 1	55.615	40	1.5
56	三层柱、墙的支模板 2	55.615	40	1.5

续表

序号	分部分项工程名称	劳动量(工日)	人数	工期
57	三层柱、墙的浇筑混凝土 1	53.245	32	2
58	三层柱、墙的浇筑混凝土 2	53.245	32	2
59	三层梁、板、楼梯的支模板 1	111.58	40	3
60	三层梁、板、楼梯的支模板 2	111.58	40	3
61	三层梁、板、楼梯的钢筋绑扎 1	26.445	30	1
62	三层梁、板、楼梯的钢筋绑扎 2	26.445	30	1
63	三层梁、板、楼梯的浇筑混凝土 1	23.44	32	1
64	三层梁、板、楼梯的浇筑混凝土 2	23.44	32	1
65	支四层部分脚手架	26.39	20	1.5
66	四层柱、墙的钢筋绑扎 1	13.345	30	0.5
67	四层柱、墙的钢筋绑扎 2	13.345	30	0.5
68	四层柱、墙的支模板 1	60.77	40	1.5
69	四层柱、墙的支模板 2	60.77	40	1.5
70	四层柱、墙的浇筑混凝土 1	54.64	32	1.5
71	四层柱、墙的浇筑混凝土 2	54.64	32	1.5
72	四层梁、板、楼梯的支模板 1	108.205	40	3
73	四层梁、板、楼梯的支模板 2	108.205	40	3
74	四层梁、板、楼梯的钢筋绑扎 1	30.16	30	1
75	四层梁、板、楼梯的钢筋绑扎 2	30.16	30	1
76	四层梁、板、楼梯的浇筑混凝土 1	25.95	32	1
77	四层梁、板、楼梯的浇筑混凝土 2	25.95	32	1
78	四层室外抹灰	36.351	37	1
79	四层室外涂料	25.643	26	1
80	拆四层脚手架	15.83	20	1
81	四层室内抹灰	492.34	37	13
82	四层室内涂料	315.2	26	12
83	三层室外抹灰	36.331	37	1
84	三层室外涂料	25.63	26	1
85	拆三层脚手架	15.965	20	1
86	三层室内抹灰	492.34	37	13
87	三层室内涂料	262.28	26	10
88	二层室外抹灰	35.192	37	1
89	二层室外涂料	24.825	26	1
90	拆二层脚手架	15.71	20	1
91	二层室内抹灰	292.91	37	8
92	二层室内涂料	187.52	26	7
93	首层室外抹灰	8.94	37	0.5

续表

序号	分部分项工程名称	劳动量(工日)	人数	工期
94	首层室外涂料	6.31	26	0.5
95	拆首层脚手架	15.29	20	1
96	首层室内抹灰	448.72	37	12
97	首层室内涂料	287.274	26	11
98	地下一层室内抹灰	261.47	37	7
99	地下一层室内涂料	167.39	26	6.5

(5) 施工过程的逻辑关系　确定施工过程的逻辑关系主要考虑以下几点。

① 同一时期施工的项目不宜过多，避免人力、物力过于分散。

② 尽量做到均衡施工，使劳动力、施工机械和主要材料的供应在整个工期范围内达到均衡。

③ 尽量提前建设可供工程施工使用的永久性工程，以节省临时工程费用。

④ 急需和关键的工程先施工，以保证工程项目如期交工。对于某些技术复杂、施工周期较长、施工困难较多的工程，应安排提前施工，以利于整个工程项目按期交付使用。

⑤ 施工顺序必须与主要系统投入使用的先后次序吻合，安排好配套工程的施工时间，保证建成的工程迅速投入使用。

⑥ 注意季节对施工顺序的影响，使施工季节不导致工期拖延，不影响工程质量。

⑦ 安排一部分附属工程或零星项目做后备项目，调整主要项目的施工进度。

⑧ 注意主要工序和主要施工机械的连续施工。

施工过程（分部分项工程名称）逻辑关系表见表4-16。

表4-16　施工过程（分部分项工程名称）逻辑关系表

序号	代码	分部分项工程名称	紧前工序	紧后工序	备注
1	1	平整场地	—	2	
2	2	土方开挖	1	3	
3	3	垫层施工模板	2	4	
4	4	垫层施工混凝土	3	5	
5	5	基础梁和基础筏板的钢筋绑扎1	4	6,7	
6	6	基础梁和基础筏板的钢筋绑扎2	5	8	
7	7	基础梁和基础筏板的支模板1	5	8,9	
8	8	基础梁和基础筏板的支模板2	6,7	10	
9	9	基础梁和基础筏板的浇筑混凝土1	7	10	
10	10	基础梁和基础筏板的浇筑混凝土2	8,9	11	
11	11	支地下部分脚手架	10	12	
12	12	地下一层柱墙的钢筋绑扎1	11	13,14	
13	13	地下一层柱墙的钢筋绑扎2	12	15	
14	14	地下一层柱墙的支模板1	12	15,16	
15	15	地下一层柱墙的支模板2	13,14	17	
16	16	地下一层柱墙的浇筑混凝土1	14	17,18	
17	17	地下一层柱墙的浇筑混凝土2	15,16	19	

续表

序号	代码	分部分项工程名称	紧前工序	紧后工序	备注
18	18	地下一层梁板的支模板1	16	19,20	
19	19	地下一层梁板的支模板2	17,18	21	
20	20	地下一层梁板的钢筋绑扎1	18	21,22	
21	21	地下一层梁板的钢筋绑扎2	19,20	23	
22	22	地下一层梁板的浇筑混凝土1	20	23	
23	23	地下一层梁板的浇筑混凝土2	21,22	24	
24	24	拆地下部分脚手架	23	25	
25	25	土方回填	24	26	
26	26	支首层脚手架	25	27	
27	27	首层柱墙的钢筋绑扎1	26	28,29	
28	28	首层柱墙的钢筋绑扎2	27	30	
29	29	首层柱墙的支模板1	27	30,31	
30	30	首层柱墙的支模板2	28,29	32	
31	31	首层柱墙的浇筑混凝土1	29	32,33	
32	32	首层柱墙的浇筑混凝土2	30,31	34	
33	33	首层梁板的支模板1	31	34,35	
34	34	首层梁板的支模板2	32,33	36	
35	35	首层梁板的钢筋绑扎1	33	36,37	
36	36	首层梁板的钢筋绑扎2	34,35	38	
37	37	首层梁板的浇筑混凝土1	35	38	
38	38	首层梁板的浇筑混凝土2	36,37	39	
39	39	支二层部分脚手架	38	40	
40	40	二层柱墙的钢筋绑扎1	39	41,42	
41	41	二层柱墙的钢筋绑扎2	40	43	
42	42	二层柱墙的支模板1	40	43,44	
43	43	二层柱墙的支模板2	41,42	45	
44	44	二层柱墙的浇筑混凝土1	42	45,46	
45	45	二层柱墙的浇筑混凝土2	43,44	47	
46	46	二层梁板的支模板1	44	47,48	
47	47	二层梁板的支模板2	45,46	49	
48	48	二层梁板的钢筋绑扎1	46	49,50	
49	49	二层梁板的钢筋绑扎2	47,48	51	
50	50	二梁板的浇筑混凝土1	48	51	
51	51	二层梁板的浇筑混凝土2	49,50	52	
52	52	支三层部分脚手架	51	53	
53	53	三层柱墙的钢筋绑扎1	52	54,55	
54	54	三层柱墙的钢筋绑扎2	53	56	
55	55	三层柱墙的支模板1	53	56,57	
56	56	三层柱墙的支模板2	54,55	58	
57	57	三层柱墙的浇筑混凝土1	55	58,59	
58	58	三层柱墙的浇筑混凝土2	56,57	60	

续表

序号	代码	分部分项工程名称	紧前工序	紧后工序	备注
59	59	三层梁板的支模板1	57	60,61	
60	60	三层梁板的支模板2	58,59	62	
61	61	三层梁板的钢筋绑扎1	59	62,63	
62	62	三层梁板的钢筋绑扎2	60,61	64	
63	63	三层梁板的浇筑混凝土1	61	64	
64	64	三层梁板的浇筑混凝土2	62,63	65	
65	65	支四层部分脚手架	64	66	
66	66	四层柱墙的钢筋绑扎1	65	67,68	
67	67	四层柱墙的钢筋绑扎2	66	69	
68	68	四层柱墙的支模板1	66	69,70	
69	69	四层柱墙的支模板2	67,68	71	
70	70	四层柱墙的浇筑混凝土1	68	71,72	
71	71	四层柱墙的浇筑混凝土2	69,70	73	
72	72	四层梁板的支模板1	70	73,74	
73	73	四层梁板的支模板2	71,72	75	
74	74	四层梁板的钢筋绑扎1	72	75,76	
75	75	四层梁板的钢筋绑扎2	73,74	77	
76	76	四层梁板的浇筑混凝土1	74	77	
77	77	四层梁板的浇筑混凝土2	75,76	78	
78	78	主体工程验收	77	79	
79	79	四层室外抹灰	78	80,82	
80	80	四层室外涂料	79	81,83	
81	81	拆四层脚手架	80	84,86	
82	82	四层室内抹灰	79	83	
83	83	四层室内涂料	80,82	84	
84	84	三层室外抹灰	81,82	85,87	
85	85	三层室外涂料	83,84	86,88	
86	86	拆三层脚手架	81,85	89,91	
87	87	三层室内抹灰	84	89	
88	88	三层室内涂料	85,87	90	
89	89	二层室外抹灰	86,87	90,92	
90	90	二层室外涂料	88,89	91,93	
91	91	拆二层脚手架	86,90	94,96	
92	92	二层室内抹灰	89	93	
93	93	二层室内涂料	90,92	94	
94	94	首层室外抹灰	91,92	95,97	
95	95	首层室外涂料	93,94	96,98	
96	96	拆首层脚手架	91,95	—	
97	97	首层室内抹灰	94	98,99	
98	98	首层室内涂料	95,97	100	
99	99	地下一层室内抹灰	97	100	

续表

序号	代码	分部分项工程名称	紧前工序	紧后工序	备注
100	100	地下一层室内涂料	98,99	101	
101	101	广联达工程验收	100	—	

（6）施工进度计划网络图　绘制施工进度计划图，首先选择施工进度计划表达形式，常用的有横道图和网络图。横道图比较简单直观，多年来广泛地用于表达施工进度计划，作为控制工程进度的主要依据。但由于横道图控制工程进度的局限性，随着计算机的广泛应用，更多采用网络计划图表示。全工地性的流水作业安排应以工程量大、工期长的工程为主导，组织若干条流水线。

为了更加形象地展示进度计划，本工程采用楼层形象进度计划形式来绘制本工程的斑马梦龙进度计划，编制步骤如下。

① 新建项目。打开软件，在左上角点击“新建”按钮，如图 4-73 所示；然后在弹出的窗口中输入项目的基本信息，如图 4-74 所示，填写完成后点击“确定”即可创建新项目。

图 4-73　新建项目

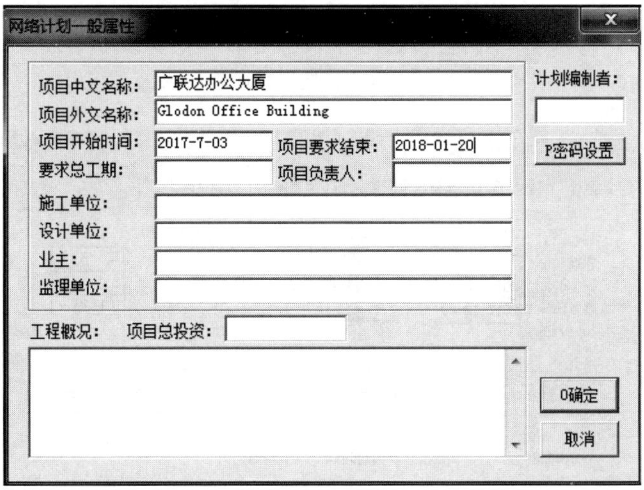

图 4-74　新建项目基本信息

② 选择楼层形象进度图。在界面左下角选择“楼层形象进度图”按钮，如图 4-75 所示；在弹出来的窗口中“插入”楼层，广联达大厦地下一层，地上 4 层，插入 5 个楼层，双击楼层修改楼层名，结果如图 4-76 所示。

③ 设置时间显示形式。因为本项目无法确定具体开工时间，所以可以设置为仅仅显示工程周，点击“设置”→“网络图属性设置”→“时间设置”，如图 4-77 所示，选择“画工程日历”、勾选“按工程日历显示刻度”。

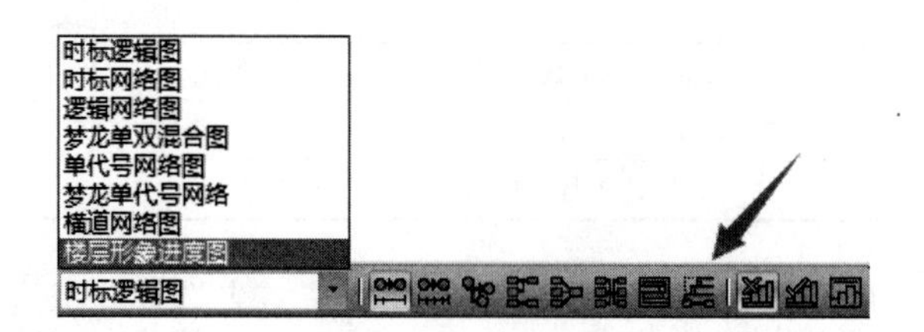

图 4-75　选择“楼层形象进度图”形式

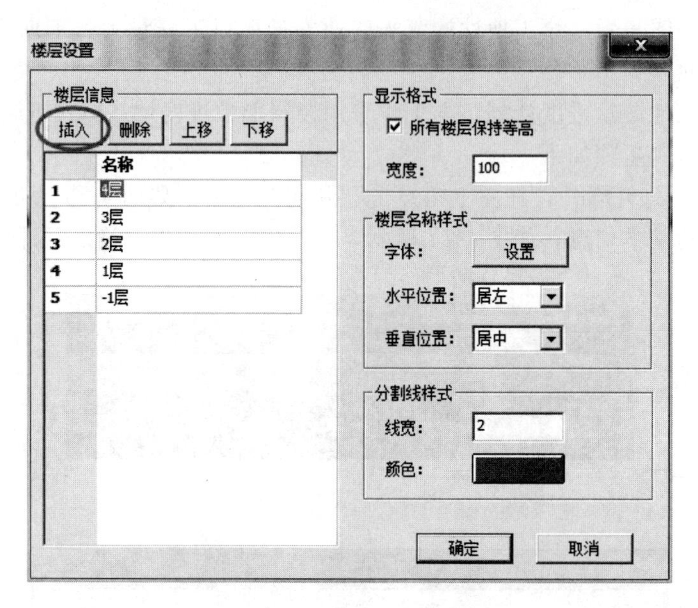

图 4-76　插入楼层、修改楼层名

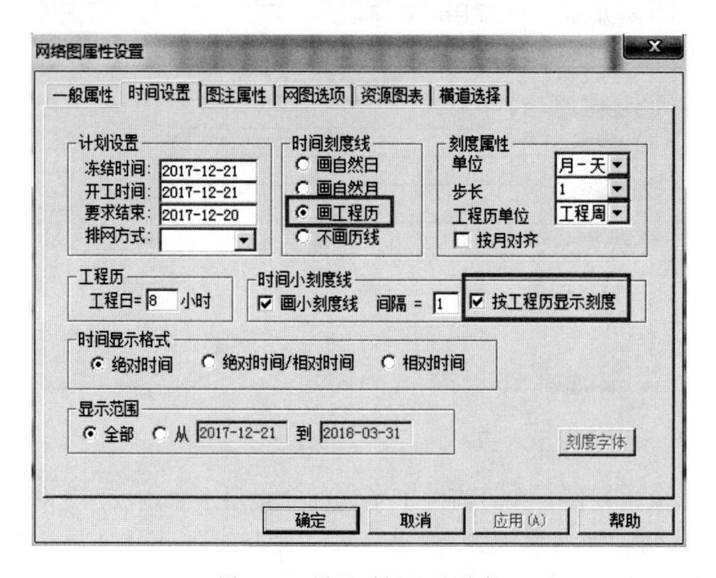

图 4-77　设置时间显示形式

④ 新建标准层工作。在新建标准层工作前，先新建基础工作，如图 4-78 所示，然后再新建主体一次结构标准层工作，如图 4-79 所示。新建标准层工作，可以按照相关专业对标

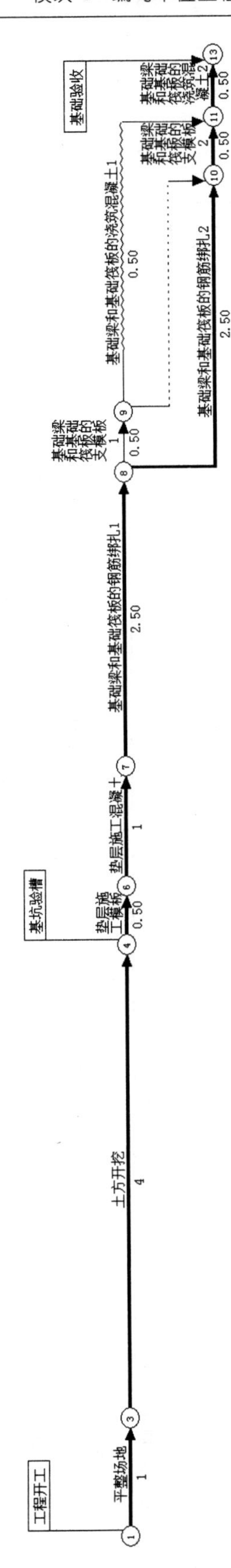

工程开工
平整场地
1
土方开挖
4
基坑验槽
垫层施工模板
0.50
垫层施工混凝土
1
基础梁和基础筏板的钢筋绑扎1
2.50
基础梁和基础筏板的支模板1
0.50
基础梁和基础筏板的浇筑混凝土1
0.50
基础梁和基础筏板的钢筋绑扎2
2.50
基础梁和基础筏板的支模板2
0.50
基础梁和基础筏板的浇筑混凝土2
0.50
基础验收

图 4-78　新建基础工作

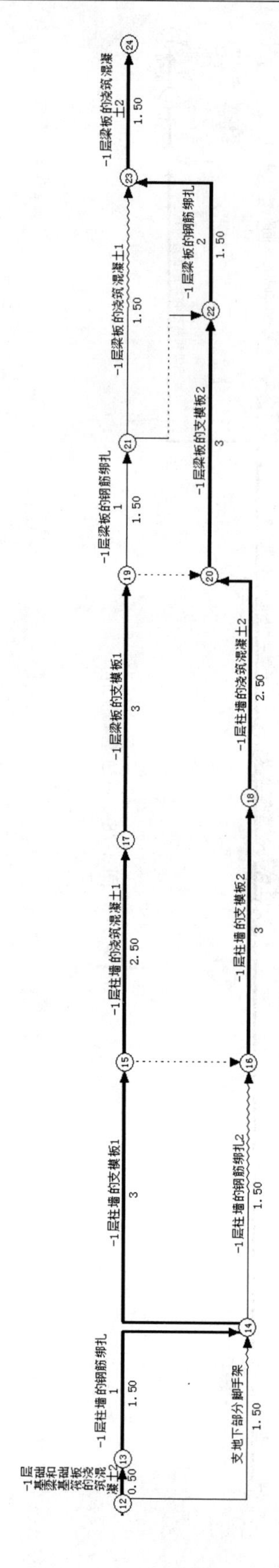

图 4-79 新建主体结构标准层工作

准工序进行颜色、字体、线条粗细等的设置，如图 4-80 所示。

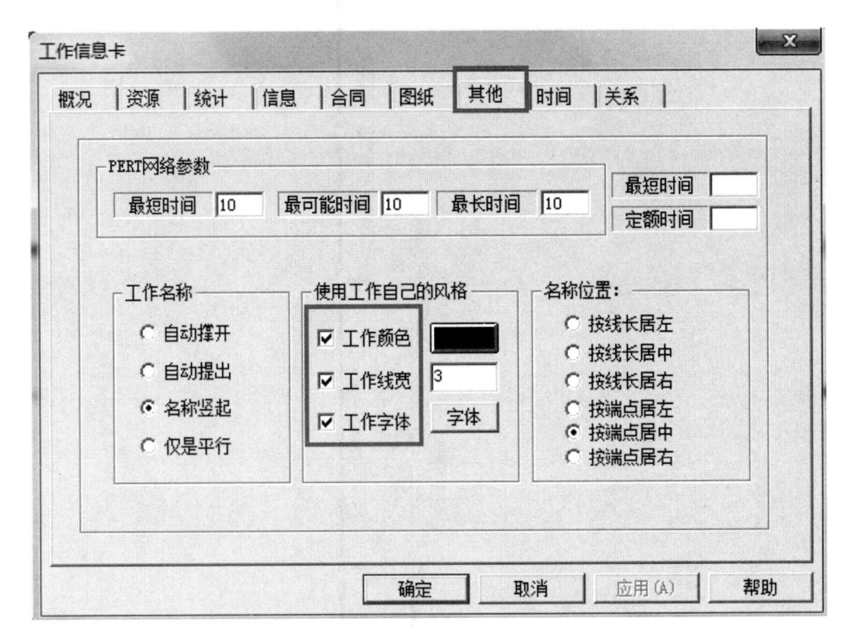

图 4-80　修改工作颜色、线宽和字体

⑤ 优化标准层工作。因为下一步要将标准层工作复制到其他楼层，所以对标准层进行优化，避免重复工作。在图 4-79 中可以看到，地下一层柱、墙支模板和地下一层梁、板支模板工作存在资源冲突，所以将其调整为图 4-81 标准层优化。

⑥ 将工作批量复制到楼层。在“添加”状态下，选择标准层工作（按住键盘 Ctrl 同时框选需要复制的工作），然后点击软件工具栏“批量复制到楼层”按钮，如图 4-82 所示；设置标准层的流水关系和要将工作复制到的楼层，如图 4-83 所示，流水关系选择“无”。

⑦ 修改完善工作及工作关系。对局部任务进行调整，比如工作名、逻辑关系、工期等。将每个楼层的开始节点用虚工作连接起来，如图 4-84 所示。

⑧ 新建装饰装修工程标准层工作。与建立主体结构标准层工作相似，由于装饰装修工程由上到下进行施工，而且不分施工段，所以完成后如图 4-85 所示。

⑨ 补充里程碑任务和一些其他任务。在现有进度计划基础上添加工程开工、基坑验槽、基础验收、主体验收、装饰装修工程验收、工程竣工验收等里程碑计划；并在此基础上补充加入脚手架的搭建和拆除、土方回填等工作，形成的施工进度计划网络图如图 4-86 所示。

⑩ 插入图片和标注。在现有基础之上插入三维现场平面图、A-A 剖面图及进度计划说明标注，使得进度计划更加直观，便于理解。点击“插入”→“插入图片”或“插入标注”，完成的最终成果如图 4-87 所示。

（7）进度计划时标网络图　在图 4-87 的基础上，更改进度计划表现形式为时标网络图，即可得到广联达办公大厦进度计划时标网络图，如图 4-88 所示。

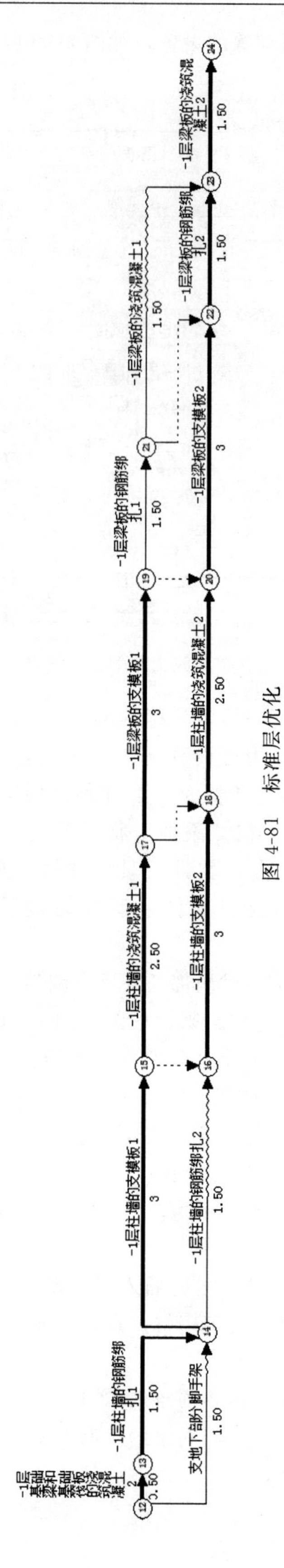

-1层基础和基础梁板的浇筑混凝土2
3.50
-1层柱墙的钢筋绑扎1
1.50
支地下部分脚手架
1.50
-1层柱墙的支模板1
3
-1层柱墙的钢筋绑扎2
1.50
-1层柱墙的浇筑混凝土1
2.50
-1层柱墙的支模板2
3
-1层梁板的支模板1
3
-1层柱墙的浇筑混凝土2
2.50
-1层梁板的钢筋绑扎1
1.50
-1层梁板的浇筑混凝土1
1.50
-1层梁板的支模板2
3
-1层梁板的钢筋绑扎2
1.50
-1层梁板的浇筑混凝土2
1.50

图 4-81　标准层优化

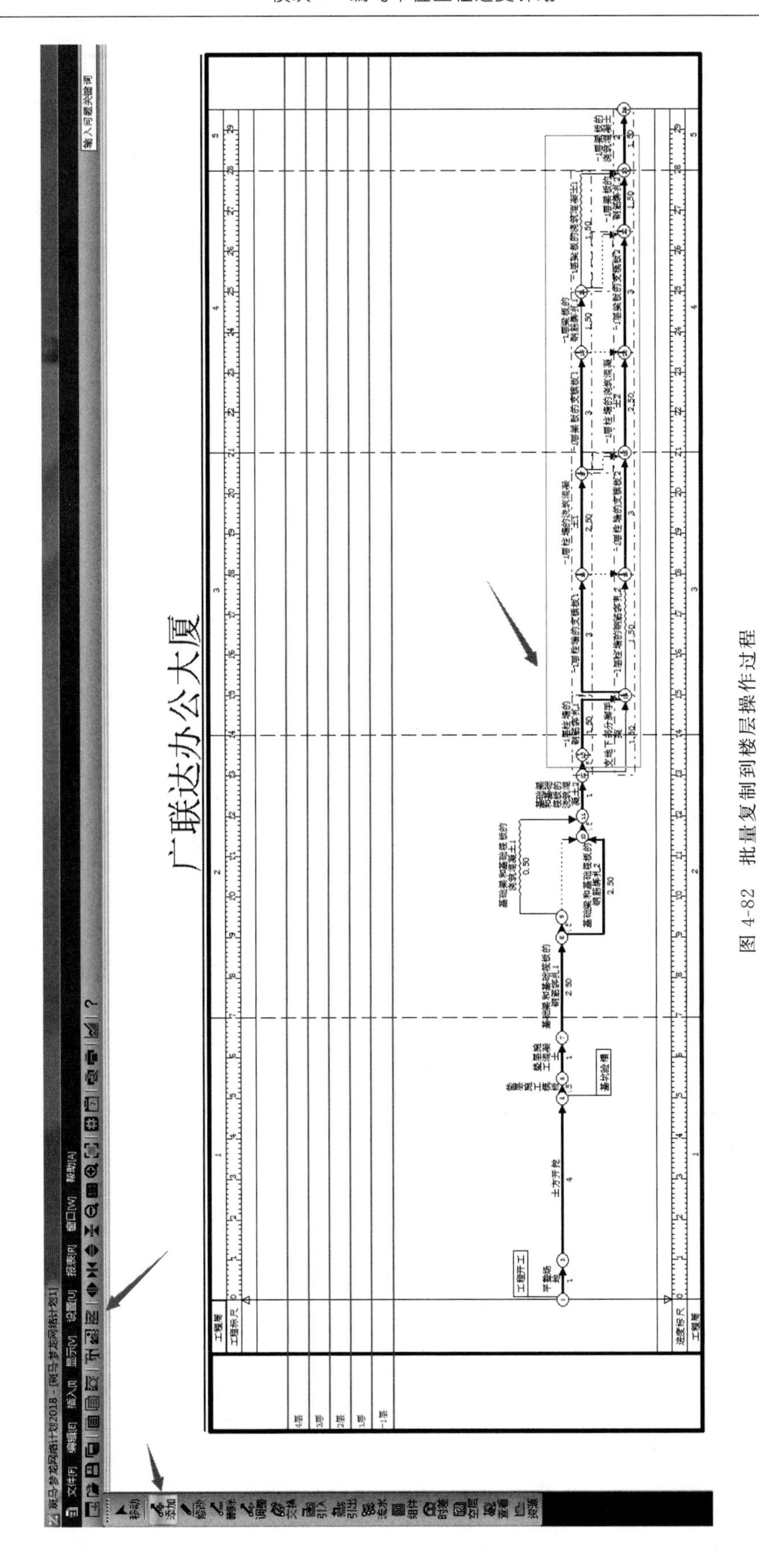

图 4-82　批量复制到楼层操作过程

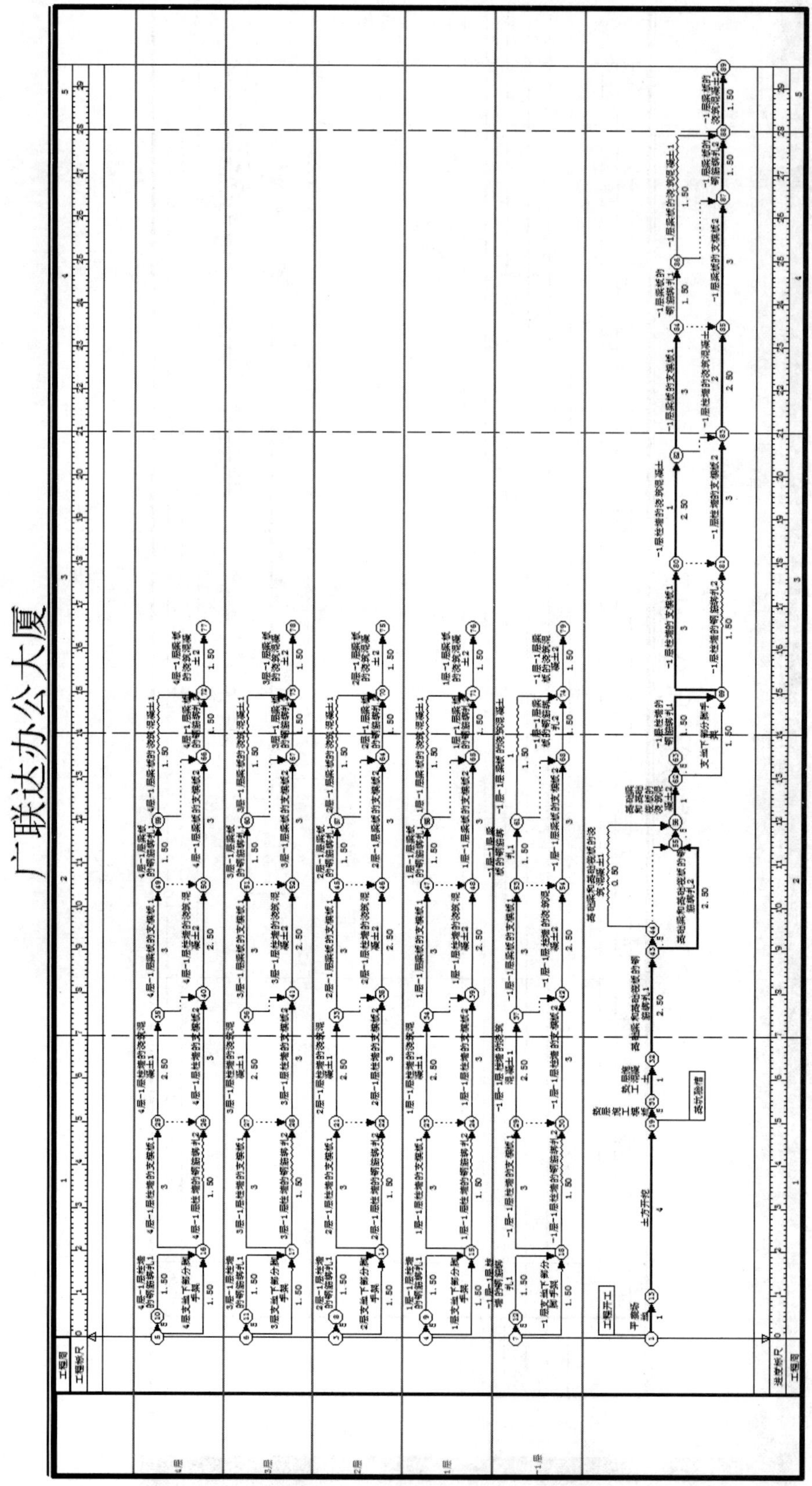

广联达办公大厦

工程周 1 2 3 4 5
工程标尺 0–29

4层
4层-1层柱墙的钢筋绑扎1 1.50
4层-1层柱墙的支模板1 3
4层-1层柱墙的浇筑混凝土1 2.50
4层-1层梁板的支模板1 3
4层-1层梁板的钢筋绑扎1 1.50
4层-1层梁板的浇筑混凝土1 1.50
4层支垫下部分脚手架 1.50
4层-1层柱墙的钢筋绑扎2 1.50
4层-1层柱墙的支模板2 3
4层-1层柱墙的浇筑混凝土2 2.50
4层-1层梁板的支模板2 3
4层-1层梁板的钢筋绑扎2 1.50
4层-1层梁板的浇筑混凝土2 1.50

3层
3层-1层柱墙的钢筋绑扎1 1.50
3层-1层柱墙的支模板1 3
3层-1层柱墙的浇筑混凝土1 2.50
3层-1层梁板的支模板1 3
3层-1层梁板的钢筋绑扎1 1.50
3层-1层梁板的浇筑混凝土1 1.50
3层支垫下部分脚手架 1.50
3层-1层柱墙的钢筋绑扎2 1.50
3层-1层柱墙的支模板2 3
3层-1层柱墙的浇筑混凝土2 2.50
3层-1层梁板的支模板2 3
3层-1层梁板的钢筋绑扎2 1.50
3层-1层梁板的浇筑混凝土2 1.50

2层
2层-1层柱墙的钢筋绑扎1 1.50
2层-1层柱墙的支模板1 3
2层-1层柱墙的浇筑混凝土1 2.50
2层-1层梁板的支模板1 3
2层-1层梁板的钢筋绑扎1 1.50
2层-1层梁板的浇筑混凝土1 1.50
2层支垫下部分脚手架 1.50
2层-1层柱墙的钢筋绑扎2 1.50
2层-1层柱墙的支模板2 3
2层-1层柱墙的浇筑混凝土2 2.50
2层-1层梁板的支模板2 3
2层-1层梁板的钢筋绑扎2 1.50
2层-1层梁板的浇筑混凝土2 1.50

1层
1层-1层柱墙的钢筋绑扎1 1.50
1层-1层柱墙的支模板1 3
1层-1层柱墙的浇筑混凝土1 2.50
1层-1层梁板的支模板1 3
1层-1层梁板的钢筋绑扎1 1.50
1层-1层梁板的浇筑混凝土1 1.50
1层支垫下部分脚手架 1.50
1层-1层柱墙的钢筋绑扎2 1.50
1层-1层柱墙的支模板2 3
1层-1层柱墙的浇筑混凝土2 2.50
1层-1层梁板的支模板2 3
1层-1层梁板的钢筋绑扎2 1.50
1层-1层梁板的浇筑混凝土2 1.50

-1层
-1层-1层柱墙的钢筋绑扎1 1.50
-1层-1层柱墙的支模板1 3
-1层-1层柱墙的浇筑混凝土1 2.50
-1层-1层梁板的支模板1 3
-1层-1层梁板的钢筋绑扎1 1.50
-1层-1层梁板的浇筑混凝土1 1.50
-1层支垫下部分脚手架 1.50
-1层-1层柱墙的钢筋绑扎2 1.50
-1层-1层柱墙的支模板2 3
-1层-1层柱墙的浇筑混凝土2 2.50
-1层-1层梁板的支模板2 3
-1层-1层梁板的钢筋绑扎2 1.50
-1层-1层梁板的浇筑混凝土2 1.50

工程开工
平整场地 1
土方开挖 4
基坑验槽
垫层混凝土 1
基础梁和基础筏板的钢筋绑扎1 2.50
基础梁和基础筏板的浇筑混凝土1 0.50
基础梁和基础筏板的钢筋绑扎2 2.50
基础梁和基础筏板的浇筑混凝土2 1
-1层柱墙的钢筋绑扎1 1.50
支垫下部分脚手架 1.50
-1层柱墙的支模板1 3
-1层柱墙的浇筑混凝土1 2.50
-1层梁板的支模板1 3
-1层梁板的钢筋绑扎1 1.50
-1层梁板的浇筑混凝土1 1.50
-1层柱墙的钢筋绑扎2 1.50
-1层柱墙的支模板2 3
-1层柱墙的浇筑混凝土2 2.50
-1层梁板的支模板2 3
-1层梁板的钢筋绑扎2 1.50
-1层梁板的浇筑混凝土2 1.50

进度标尺 0–29
工程周 1 2 3 4 5

图 4-83　批量复制到楼层效果

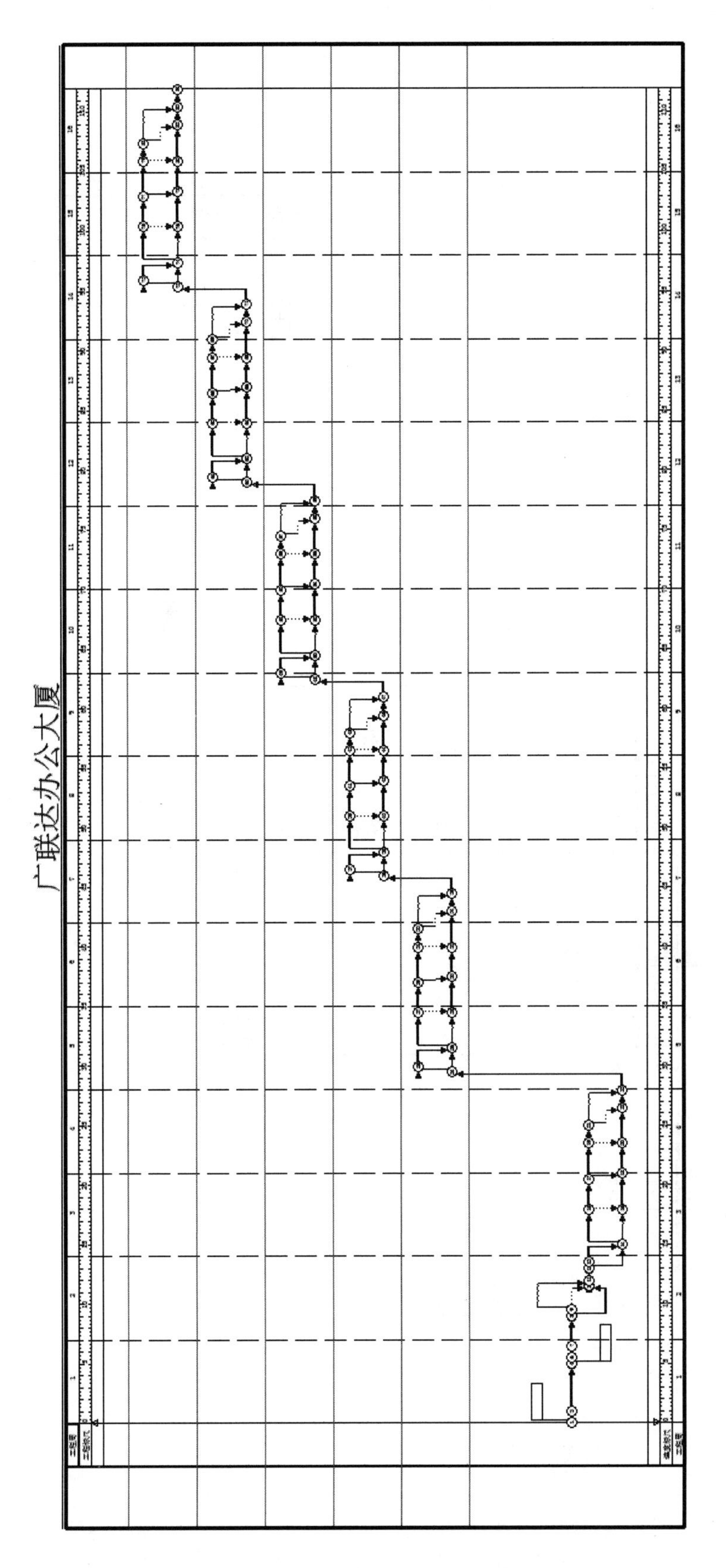

图 4-84　完善工作关系

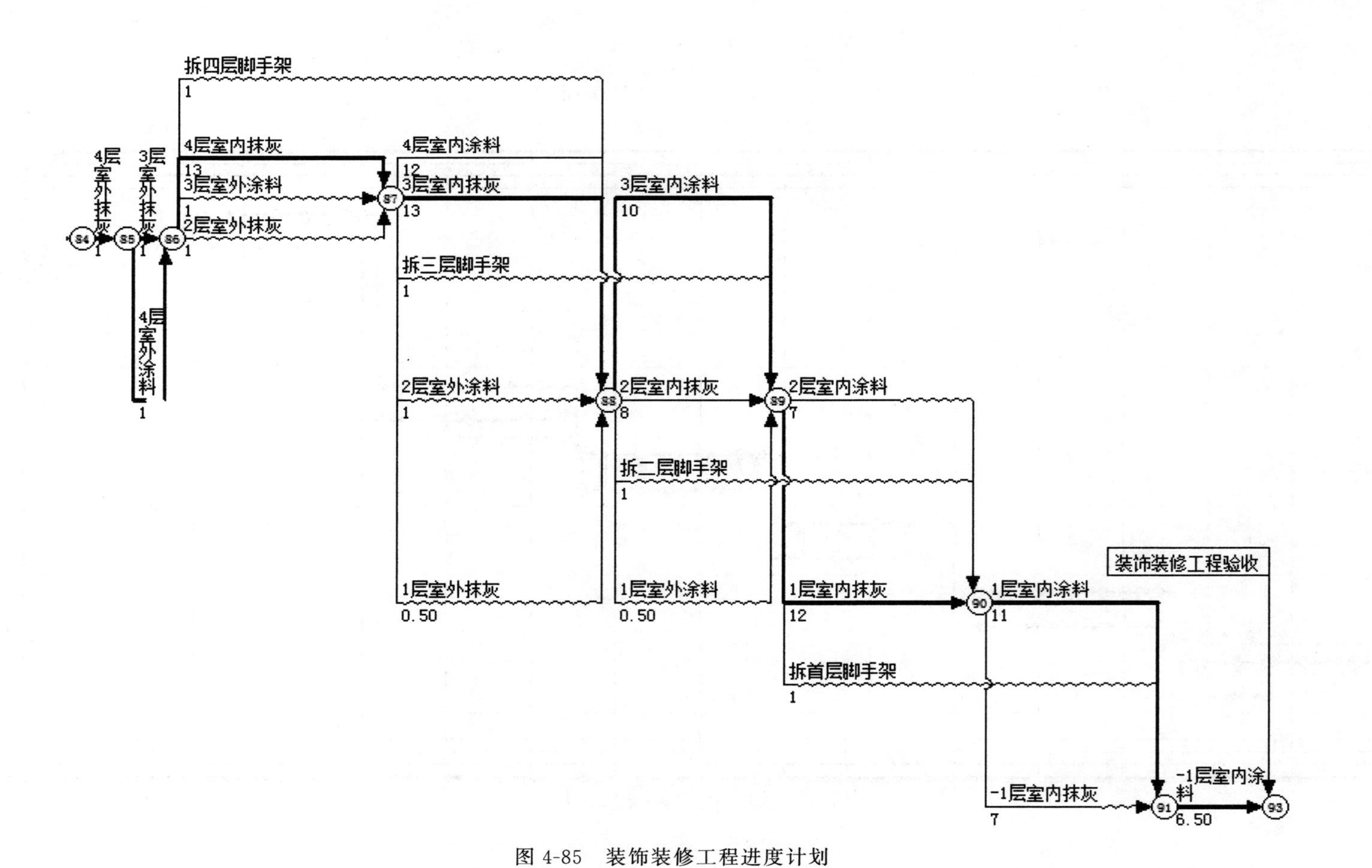

图 4-85　装饰装修工程进度计划

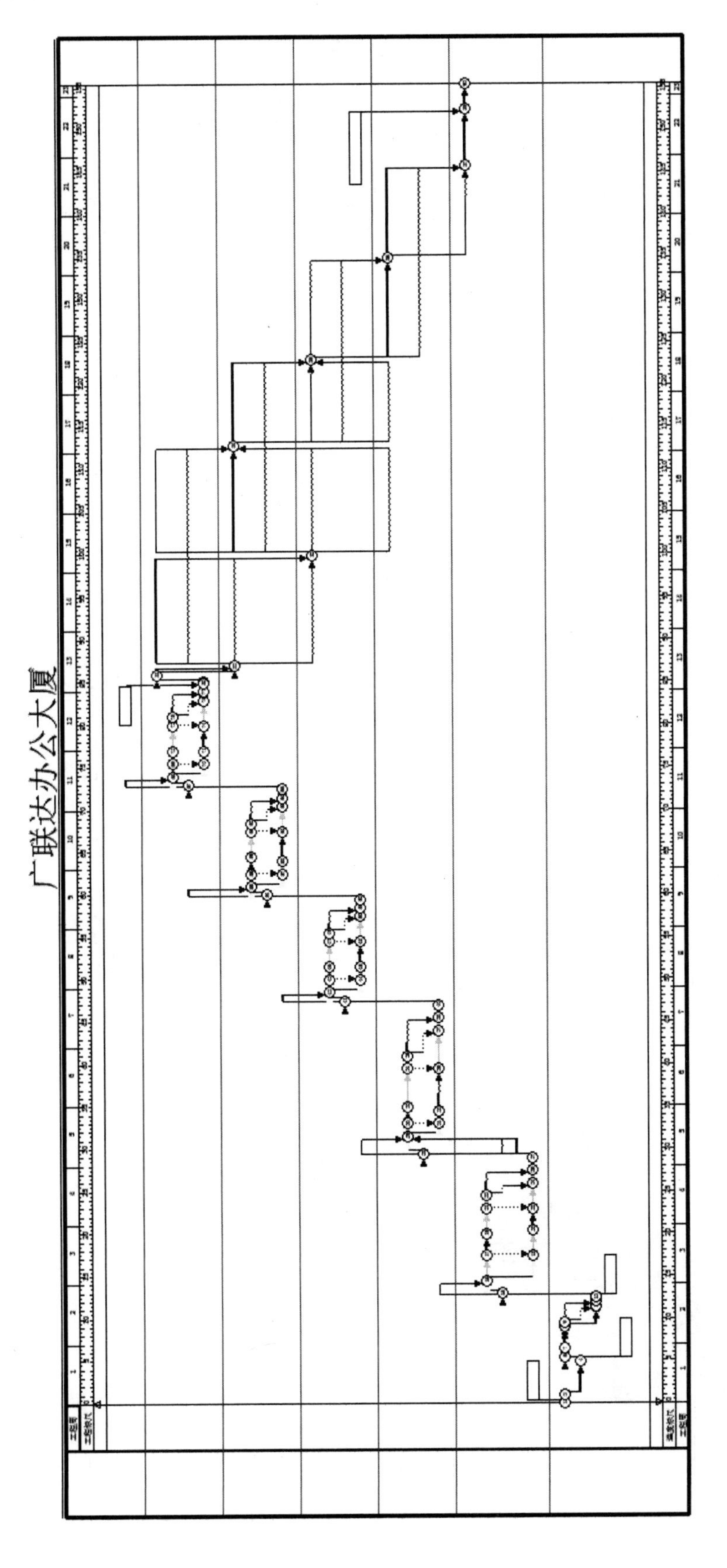

图 4-86　广联达施工进度计划网络图

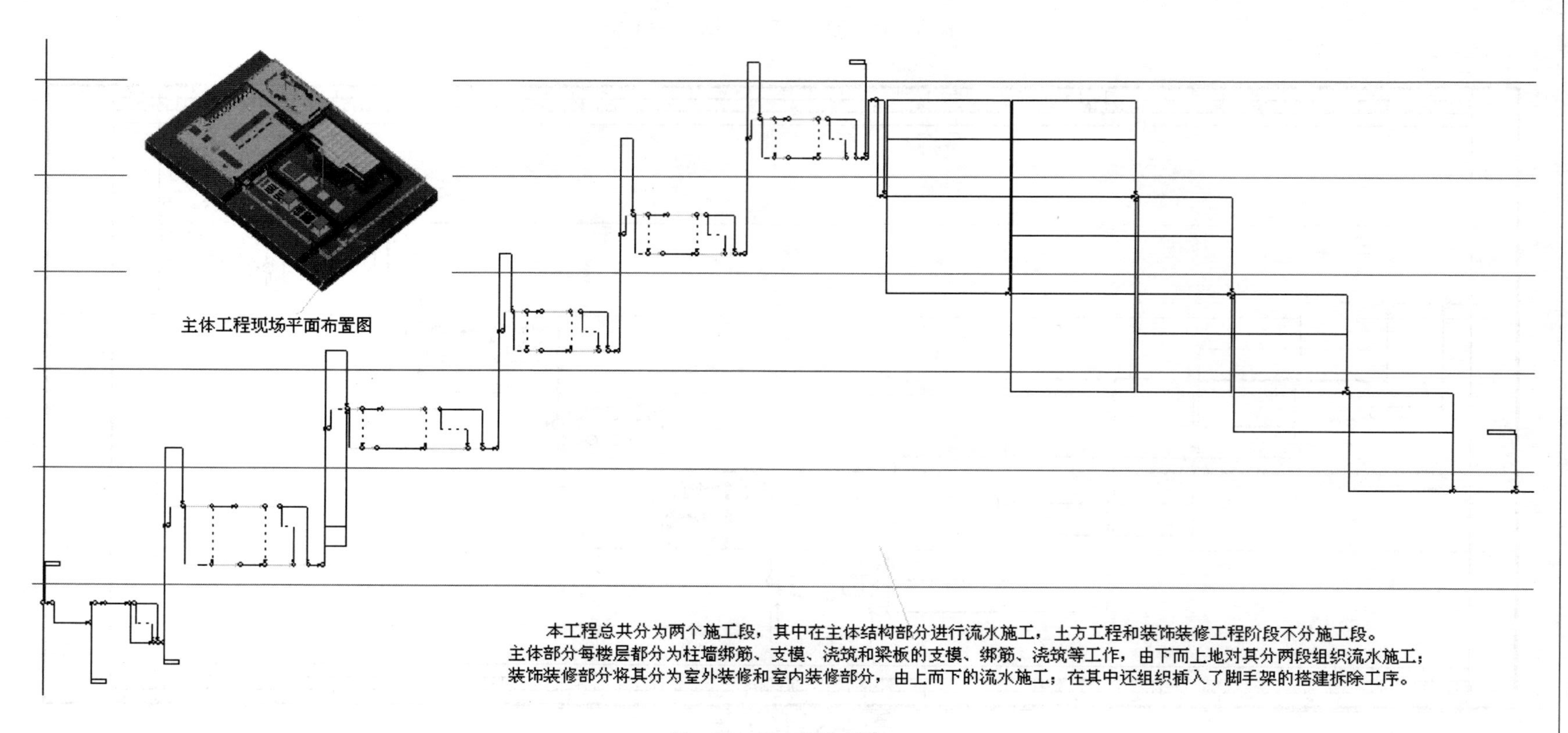

主体工程现场平面布置图
本工程总共分为两个施工段，其中在主体结构部分进行流水施工，土方工程和装饰装修工程阶段不分施工段。
主体部分每楼层都分为柱墙绑筋、支模、浇筑和梁板的支模、绑筋、浇筑等工作，由下而上地对其分两段组织流水施工；
装饰装修部分将其分为室外装修和室内装修部分，由上而下的流水施工；在其中还组织插入了脚手架的搭建拆除工序。

图 4-87 插入图片标注

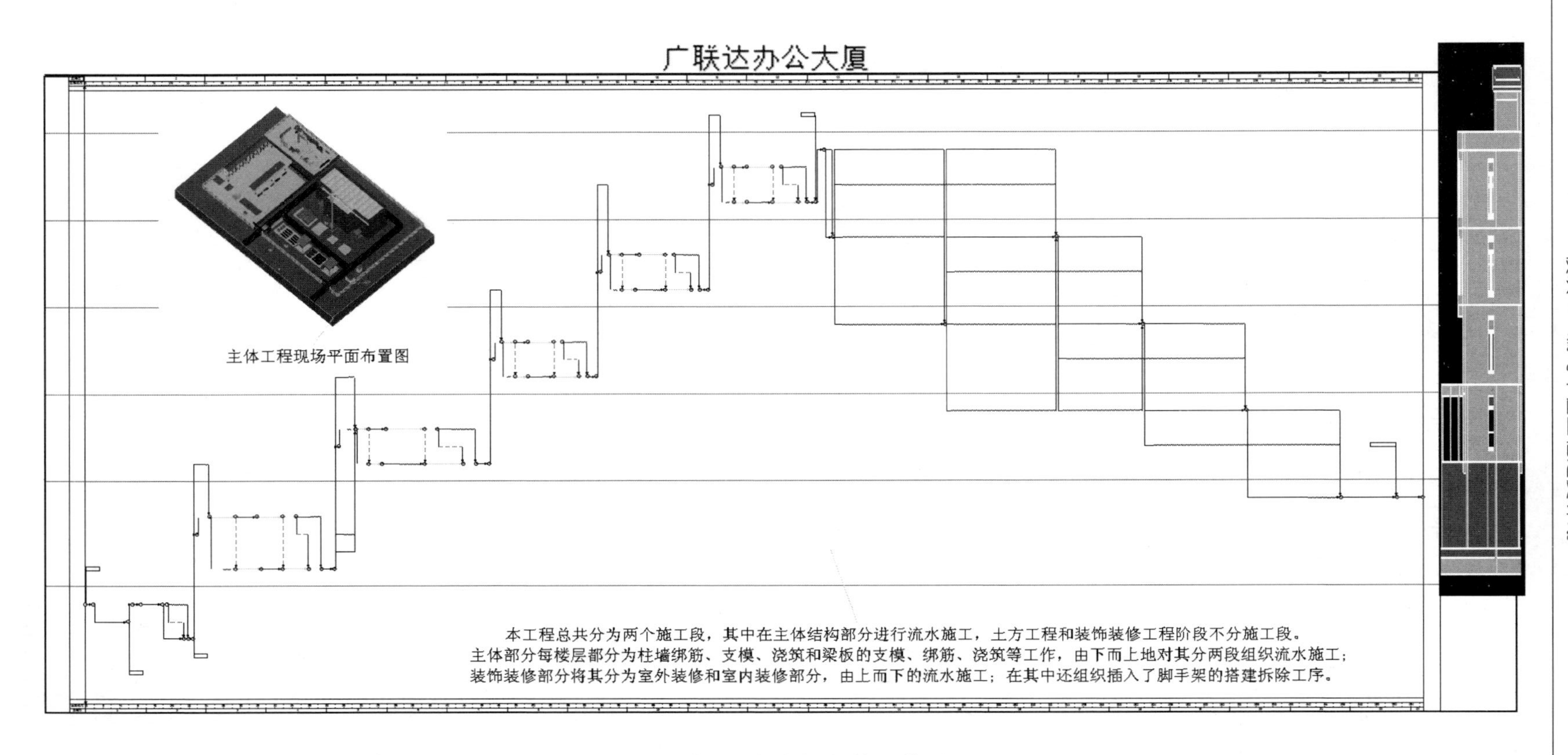

图 4-88　广联达办公大厦时标网络图

（8）进度计划的检查和优化调整　施工进度计划方案编制好后，需要对其进行检查与优化调整，使进度计划更加合理，需检查调整的内容包括以下几点。

① 各工作项目的施工顺序、平行搭接和技术间歇是否合理。

② 总工期是否满足合同规定。

③ 主要工序的工人数能否满足连续、均衡施工的要求。

④ 主要机具、材料等的利用是否均衡和充分。

由于在绘制过程中先将标准层进行优化之后再复制到其他楼层，相比先复制到其他楼层再进行优化方便，所以进度计划的检查和优化调整部分在绘制过程中就已完成。

4.4.5　任务总结

在编制“广联达办公大厦”工程进度时，注意施工过程划分要粗细得当；在套用消耗量定额时注意项目内容；在确定人员和时间时注意两个变量综合考虑；初始进度计划与要求差距很大时，注意改变逻辑关系。编好进度计划有利于合理安排工期，合理安排劳动力、材料、设备、资金等资源；协调各方面的关系，利用好平面和空间作业面；为合理配备资源、设计好施工现场提供保证；为工程控制成本，保证工程质量安全打下良好基础。

4.4.6　思考与练习

① 上面完成的进度计划的总工期是否还存在优化调整的空间，请尝试通过施工过程的重新组织安排进一步合理缩短项目工期。

② 给上面的进度计划配置上劳动力资源信息，给出劳动力的资源曲线，并尝试进行劳动力资源的平衡优化。

4.5　任　务　二

4.5.1　任务下发

根据“钢结构厂房”资料编制本工程的施工进度计划，该任务要求如下。

① 熟悉了解钢结构工程的施工内容，根据任务资料要求在计划中包含所有必要的施工过程，不漏项。

② 熟悉了解钢结构工程的施工组织安排，根据任务资料要求进行合理施工段划分和施工组织，在计划中确定各项施工工作的搭接关系，形成完整正确的关键线路。

③ 施工进度计划要求总工期80天，通过本任务了解钢结构工程的工作量、工期估算方法，并通过组织安排优化计划工期达到要求工期目标。

④ 编写的双代号网络图要求清晰美观，对进度计划要能够直观、清晰地展现。

4.5.2　任务说明

（1）建设概况

① 本建筑物为“钢结构工业厂房”；

② 本建筑物建设地点位于某市；

③ 本建筑物用地概貌属于平缓场地；

④ 本建筑物为二类厂房建筑；

⑤ 本建筑物合理使用年限为5年；

⑥ 本建筑物抗震设防烈度为8度；

⑦ 本建筑物结构类型为门式钢架结构体系；

⑧ 本建筑物总建筑面积为 831m^2；

⑨ 本建筑物建筑层数一层；

⑩ 本建筑物檐口高度 6.600m；

⑪ 本建筑物设计标高±0.000；

⑫ 要求质量标准：达到国家施工验收规范合格标准。

（2）结构概况

① 本工程为一层门式钢架结构，双坡单跨，跨度为 18m，基本柱距 6.6m。

② 基础采用混凝土独立基础。

③ 墙体。外墙：标高 1.200m 以下采用 240mm 厚 MU10 粉煤灰蒸压砖，标高 1.200m 以上采用 200mm 厚彩钢复合板；内墙：均为蒸压加气混凝土砌块。

④ 屋面为坡屋面彩钢板。

（3）装饰装修概况

① 室内外装修：抹灰，涂料。

② 地面装修：水泥砂浆地面。

4.5.3　任务分析

施工场地已进行三通一平，材料、构件、加工品由建设方提供，施工的建设机械由施工方自行租赁，劳动力的投入按照进度计划实施，施工严格按照规范，现场管理按照文明工地要求进行管理。施工组织如下。

（1）流水段的划分　该工程首先进行流水段的划分，根据图纸，以②轴和⑥轴为界限，分为③个施工段，①号轴线和②号轴线为第一个施工段，⑥号轴线和⑥号轴线为第二个施工段，②号轴线到⑥号轴线是第三个施工段。

注：流水段的划分只针对主体结构，基础工程、土方工程不进行流水段的划分。

（2）地下主体部分施工过程　地下主体施工过程包括独立基础和基槽土方开挖，垫层施工，基础梁和独立基础的钢筋绑扎，基础梁和独立基础的支模板，基础梁和独立基础的浇筑混凝土，土方回填。

（3）地上主体部分施工过程　地上主体施工过程是首层的钢柱吊装、钢梁的吊装、檩条隅撑的安装、墙梁的安装及其附属构件的组装及安装。主体一次结构就此全部完成。

（4）主体二次结构施工过程　主体二次结构的施工过程是一层 1.2m 砌体墙的施工、屋面及墙面钢板的安装。主体二次结构就此全部完成。

4.5.4　任务实施

进度计划编制，一般编制的方法如下。

① 根据施工经验直接安排的方法。这种方法是根据经验资料及有关计算，直接在进度计划表上画出进度线。其一般步骤是：先安排主要施工过程并最大限度地搭接，形成施工进度计划的初步方案。总的原则应使每个施工过程尽可能早地投入施工。

② 按工艺组合组织流水的施工方法。这种方法就是先按各施工过程（即工艺组合流水）初排流水进度线，然后将各工艺组合最大限度地搭接起来。

本案例使用工艺组合组织流水的施工方法编制。进度计划编制步骤如下。

（1）施工过程划分　在编制施工进度计划时，首先划分出各施工项目的细目，列出工程项目一览表。划分列表时注意以下事项。

① 施工过程划分的粗细程度，主要根据单位工程施工进度计划的客观作用，控制性进度计划一般粗些，指导性进度计划一般细些。

② 施工过程的划分要结合所选择的施工方案。

③ 注意适当简化施工进度计划内容，避免施工过程项目划分过细、重点不突出，适当合并，简明清晰。如：工程量过小者不列（防潮层）；较小量的同一构件几个项目合并（圈梁）；同一工种同时或连续施工的几个项目合并。

④ 不占工期的间接施工过程不列（如构件运输）。

⑤ 设备安装单独列项。

⑥ 所有施工过程应大致按施工顺序先后排列，所采用的施工项目名称可参考现行定额手册上的项目名称按施工的先后顺序列项。施工过程划分见表 4-17。

表 4-17　施工过程划分表

序号	施工过程	单位	工程量	备注
1	平整场地			
2	基坑开挖			先进行机械开挖，在开挖到距地平面 200mm 处再进行人工开挖
3	沟槽开挖			
4	垫层施工			
5	独立基础和基础梁绑钢筋＋预埋螺栓			将独立基础、基础梁和预埋螺栓的工程量分别给出
6	独立基础和基础梁支模板			将独立基础和基础梁的工程量分别给出
7	独立基础和基础梁浇混凝土			将独立基础和基础梁的工程量分别给出
8	回填			
9	钢柱施工 A			先对钢架的钢柱进行吊装，然后再对山墙柱进行吊装
10	钢柱施工 B			先对钢架的钢柱进行吊装，然后再对山墙柱进行吊装
11	钢柱施工 C			对钢架的钢柱进行吊装
12	钢梁施工（隅撑的安装）A			对钢架的钢梁进行安装
13	钢梁施工（隅撑的安装）B			对钢架的钢梁进行安装
14	钢梁施工（隅撑的安装）C			对钢架的钢梁进行安装
15	钢梁（GL）、屋梁（WL）、斜梁（XL）及梁（L）的安装 A			

续表

序号	施工过程	单位	工程量	备注
16	钢梁(GL)、屋梁(WL)、斜梁(XL)及梁(L)的安装 B			
17	钢梁(GL)、屋梁(WL)、斜梁(XL)及梁(L)的安装 C			
18	刚性支杆(GXG)安装 A			
19	刚性支杆(GXG)安装 B			
20	水平支撑(SC)的安装 A			
21	水平支撑(SC)的安装 B			
22	屋面檩条安装 A			
23	屋面檩条安装 B			
24	屋面檩条安装 C			
25	柱间支承(ZC)A			
26	柱间支承(ZC)B			
27	山墙柱间支撑(SQC)A			
28	山墙柱间支撑(SQC)B			
29	山墙 QLT、LT、XLTA			
30	山墙 QLT、LT、XLTB			
31	墙 QLT、LT、XLT			
32	屋面板安装			
33	墙面板安装			
34	门窗安装			

(2) 施工过程工程量计算　根据施工图和定额工程量计算规则，按工程的施工顺序，分别计算施工项目的实物工程量，逐项填入表中。计算填表时应注意以下问题。

① 工程数量的计算单位，应与相应的定额或合同文件中的计量单位一致。如模板工程以 m^2 为计量单位；绑扎钢筋以 t 为单位计算；混凝土以 m^3 为计量单位等。这样，在计算劳动量、材料消耗量及机械台班时就可直接套用施工定额，不再进行换算。

② 注意采用的施工方法。计算工程量，应与采用的施工方法相一致，以便计算的工程量与施工的实际情况相符合。例如：挖土时是否放坡，是否加工作面，放坡和工作面尺寸是多少；开挖方式是单独开挖、条形开挖，还是整片开挖等，不同的开挖方式，土方相差量是很大的。

③ 正确取用预算文件中的工程量。如果编制单位工程施工进度计划前，已编制出预算文件（施工图预算或施工预算），则工程量可以从预算文件中抄出并汇总。但是，施工进度计划中某些施工过程与预算文件的内容不同或有出入（如计算单位、计算规划、采用的定额等），则应根据施工实际情况加以修改，调整或重新计算。

施工过程工程量计算表见表 4-18。

表 4-18　施工过程工程量计算表

序号	施工过程	单位	工程量	备注
1	平整场地	m^2	763.232	
2	基坑开挖	m^3	172.9	先进行机械开挖，在开挖到距地平面200mm 处再进行人工开挖
3	沟槽开挖	m^3	38.811	
4	垫层施工	m^3	4.72	
5	独立基础和基础梁绑钢筋＋预埋螺栓	t	2.49	将独立基础、基础梁和预埋螺栓的工程量分别给出
6	独立基础和基础梁支模板	m^2	221.32	将独立基础和基础梁的工程量分别给出
7	独立基础和基础梁浇混凝土	m^3	47.859	将独立基础和基础梁的工程量分别给出
8	回填	m^3	163.852	
9	钢柱施工 A	t	2.27＋0.952＝3.222	先对钢架的钢柱进行吊装，然后再对山墙柱进行吊装
10	钢柱施工 B	t	2.27＋0.952＝3.222	先对钢架的钢柱进行吊装，然后再对山墙柱进行吊装
11	钢柱施工 C	t	3.405	对钢架的钢柱进行吊装
12	钢梁施工(隅撑的安装)A	t	1.862(0.11)	对钢架的钢梁进行安装
13	钢梁施工(隅撑的安装)B	t	1.862(0.11)	对钢架的钢梁进行安装
14	钢梁施工(隅撑的安装)C	t	2.794(0.331)	对钢架的钢梁进行安装
15	钢梁(GL)、屋梁(WL)、斜梁(XL)及梁(L)的安装 A	t	0.362	
16	钢梁(GL)、屋梁(WL)、斜梁(XL)及梁(L)的安装 B	t	0.362	
17	钢梁(GL)、屋梁(WL)、斜梁(XL)及梁(L)的安装 C	t	1.446	
18	刚性支杆(GXG)安装 A	t	0.133	
19	刚性支杆(GXG)安装 B	t	0.133	
20	水平支撑(SC)的安装 A	t	0.146	
21	水平支撑(SC)的安装 B	t	0.146	
22	屋面檩条安装 A	t	0.738	
23	屋面檩条安装 B	t	0.738	
24	屋面檩条安装 C	t	2.71	
25	柱间支承(ZC)A	t	0.069	
26	柱间支承(ZC)B	t	0.069	
27	山墙柱间支撑(SQC)A	t	0.035	
28	山墙柱间支撑(SQC)B	t	0.035	

续表

序号	施工过程	单位	工程量	备注
29	山墙 QLT、LT、XLTA	t	0.04+0.048+0.027=0.115	
30	山墙 QLT、LT、XLTB	t	0.04+0.048+0.027=0.115	
31	墙 QLT、LT、XLT	t	3.659+0.064+0.168=3.891	
32	屋面板安装	m^2	734.4	
33	墙面板安装	m^2	178.428	
34	门窗安装	m^2	115.74	

(3) 施工过程计算劳动量和机械台班数　确定了施工过程及其工程量之后，即可套用定额（当地实际采用的劳动定额及机械台班定额），以确定劳动量和机械台班量。

在套用国家或当地颁发的定额时，需注意结合本单位工人的技术等级、实际操作水平，施工机械情况和施工现场条件等因素，确定定额的实际水平，使计算出来的劳动量、机械台班量符合实际需要。

有些采用新技术、新材料、新工艺或特殊施工方法的施工过程，定额中尚未编入，这时可参考类似施工过程的定额、经验资料，按实际情况确定。

劳动量及机械台班量的计算见“4.4 任务一”。

下面以施工过程（基坑、基槽开挖）为例，使用 2008 年建设工程劳动定额计算。见表 4-19、表 4-20。

表 4-19　持续时间及劳动量估算表

工程名称：钢结构厂房

<table>
<tr><td colspan="2">项目编码</td><td>清单编号</td><td>施工过程</td><td colspan="2">基坑、基槽开挖</td><td>工作班组</td><td></td></tr>
<tr><td colspan="2">工程量/m^3</td><td>211.71</td><td>持续时间/天</td><td colspan="2">4</td><td>班组人数</td><td>23 人</td></tr>
<tr><td></td><td>定额编号</td><td>定额名称</td><td>细目</td><td>定额</td><td>工程量</td><td>单位</td><td>劳动量</td></tr>
<tr><td rowspan="3">综合</td><td>AB0021</td><td>基坑开挖</td><td>二类土，坑底面积小于等于 $5m^2$，深度小于 3m</td><td>0.456</td><td>172.9</td><td>m^3</td><td>78.84</td></tr>
<tr><td>AB0006</td><td>基槽开挖</td><td>二类土，底宽小于 0.8m，深度小于 1.5m</td><td>0.345</td><td>38.81</td><td>m^3</td><td>13.39</td></tr>
<tr><td colspan="6">合计</td><td>92</td></tr>
</table>

表 4-20　施工过程（分项工程名称）持续时间表

序号	施工过程(分项工程名称)	单位	工程量	持续时间(工日)	劳动量(工日)	备注
1	平整场地	m^2	763.232	1	13	
2	基坑、基槽开挖	m^3	172.9+38.81	4	92	
3	垫层施工	m^3	4.72	1	3	
4	独立基础和基础梁绑钢筋+预埋螺栓	t	2.49	2	10	
5	独立基础和基础梁支模板	m^2	221.32	2	40	
6	独立基础和基础梁浇混凝土	m^3	47.859	1	11	

续表

序号	施工过程(分项工程名称)	单位	工程量	持续时间(工日)	劳动量(工日)	备注
7	回填	m^3	163.852	1	12	
8	钢柱施工 A	t	2.27	2	24	
9	钢柱施工 B	t	2.27	2	24	
10	钢柱施工 C	t	3.405	2	24	
11	钢梁施工(隅撑的安装)A	t	2.224(0.11)	0.5	1	含安装钢梁(GL)、屋梁(WL)、斜梁(XL)及梁(L)
12	钢梁施工(隅撑的安装)B	t	2.224(0.11)	0.5	1	含安装钢梁(GL)、屋梁(WL)、斜梁(XL)及梁(L)
13	钢梁施工(隅撑的安装)C	t	4.24(0.331)	1	2	含安装钢梁(GL)、屋梁(WL)、斜梁(XL)及梁(L)
14	刚性支杆(GXG)+水平支撑+屋面檩条安装 A	t	0.133+0.146+0.738=1.017	1	3	
15	刚性支杆(GXG)+水平支撑+屋面檩条安装 B	t	0.133+0.146+0.738=1.017	1	3	
16	屋面檩条安装 C	t	2.71	1	4	
17	柱间支承(ZC)	t	0.138+0.07=0.208	1	1	含山墙柱间支承(SQC)
18	墙 QLT、LT、XLT	t	0.23+3.891=4.121	2	6	先做山墙部分
19	砌筑工程	m^3	33.88	2	20	
20	屋面板、墙面板安装	m^2	734.4+178.428=912.828	2	10	
21	门窗安装	m^2	115.74	2		
22	散水	m^3	9.46	1	3	

(4) 施工过程的工期的确定 施工过程的持续时间的确定方法主要使用定额法。施工期限根据合同工期确定，同时还要考虑工程特点、施工方法、施工管理水平、施工机械化程度及施工现场条件等因素。

根据工作项目所需要的劳动量或机械台班数，以及该工作项目每天安排的工人数或配备的机械台数，计算各工作项目持续时间。有时根据施工组织要求，如组织流水施工时，也可采用倒排方式安排进度，即先确定各工作项目持续时间，再依次确定各工作项目所需要的工人数和机械台数。见表 4-21。

表 4-21 施工过程（分部分项工程名称）工期表

序号	施工过程(分部分项工程名称)	劳动量/工日	人数	工期/天
1	平整场地	13	13	1
2	基坑、基槽开挖	92	23	4
3	垫层施工	3	3	1
4	独立基础和基础梁绑钢筋+预埋螺栓	10	5	2
5	独立基础和基础梁支模板	40	20	2
6	独立基础和基础梁浇混凝土	11	11	1

续表

序号	施工过程(分部分项工程名称)	劳动量/工日	人数	工期/天
7	回填	12	12	1
8	钢柱施工 A	24	12	2
9	钢柱施工 B	24	12	2
10	钢柱施工 C	24	12	2
11	钢梁施工(隅撑的安装)A	1	2	0.5
12	钢梁施工(隅撑的安装)B	1	2	0.5
13	钢梁施工(隅撑的安装)C	2	2	1
14	刚性支杆(GXG)＋水平支撑＋屋面檩条安装 A	3	3	1
15	刚性支杆(GXG)＋ 水平支撑＋屋面檩条安装 B	3	3	1
16	屋面檩条安装 C	4	4	1
17	柱间支承(ZC)	1	1	1
18	墙 QLT、LT、XLT	6	3	2
19	砌筑工程	20	10	2
20	屋面板、墙面板安装	10	5	2
21	门窗安装			2
22	散水	3	3	1

(5) 施工过程的逻辑关系

确定施工过程的逻辑主要考虑以下几点。

① 同一时期施工的项目不宜过多，避免人力、物力过于分散。

② 尽量做到均衡施工，使劳动力、施工机械和主要材料的供应在整个工期范围内达到均衡。

③ 尽量提前建设可供工程施工使用的永久性工程，以节省临时工程费用。

④ 急需和关键的工程先施工，以保证工程项目如期交工。对于某些技术复杂、施工周期较长、施工困难较多的工程，应安排提前施工，以利于整个工程项目按期交付使用。

⑤ 施工顺序必须与主要系统投入使用的先后次序吻合，安排好配套工程的施工时间，保证建成的工程迅速投入使用。

⑥ 注意季节对施工顺序的影响，使施工季节不导致工期拖延，不影响工程质量。

⑦ 安排一部分附属工程或零星项目做后备项目，调整主要项目的施工进度。

⑧ 注意主要工序和主要施工机械的连续施工。

逻辑关系表见表 4-22。

表 4-22　施工过程（分部分项工程名称）逻辑关系表

序号	代码	施工过程(分部分项工程名称)	紧前工序	紧后工序	备注
1	1	平整场地		2	
2	2	基坑、基槽开挖	1	3	先进行机械开挖，在开挖到距地平面 200mm 处再进行人工开挖
3	3	垫层施工	2	4	
4	4	独立基础和基础梁绑钢筋＋预埋螺栓	3	5	

续表

序号	代码	施工过程(分部分项工程名称)	紧前工序	紧后工序	备注
5	5	独立基础和基础梁支模板	4	6	将独立基础、基础梁和预埋螺栓的工程量分别给出
6	6	独立基础和基础梁浇混凝土	5	7	将独立基础和基础梁的工程量分别给出(养护 7 天)
7	7	回填	6	8	将独立基础和基础梁的工程量分别给出
8	8	钢柱施工 A	7	11,9	
9	9	钢柱施工 B	8	12,10	先对钢架的钢柱进行吊装，然后再对山墙柱进行吊装
10	10	钢柱施工 C	9	13	先对钢架的钢柱进行吊装，然后再对山墙柱进行吊装
11	11	钢梁施工(隅撑的安装)A	8	14,12	对钢架的钢柱进行吊装
12	12	钢梁施工(隅撑的安装)B	9,11	15,13	对钢架的钢梁进行安装
13	13	钢梁施工(隅撑的安装)C	10,12	16,19	对钢架的钢梁进行安装
14	14	刚性支杆(GXG)＋水平支撑＋屋面檩条安装 A	11	15	对钢架的钢梁进行安装
15	15	刚性支杆(GXG)＋水平支撑＋屋面檩条安装 B	12,14	17	
16	16	屋面檩条安装 C	13,17	18	
17	17	柱间支承(ZC)	15	16	
18	18	墙 QLT、LT、XLT	16,19	20	
19	19	砌筑工程	13,17	18	
20	20	屋面板、墙面板安装	18	21	
21	21	门窗安装	20	22	
22	22	散水	21		

(6) 施工进度计划网络图　绘制施工进度计划图，首先选择施工进度计划表达形式，常用的有横道图和网络图。横道图比较简单直观，多年来广泛地用于表达施工进度计划，作为控制工程进度的主要依据。但由于横道图控制工程进度的局限性，随着计算机的广泛应用，更多采用网络计划图表示。全工地性的流水作业安排应以工程量大、工期长的工程为主导，组织若干条流水线。

本工程的施工网络计划图编制步骤如下。

① 新建项目。打开梦龙软件，在左上角点击“新建”按钮，如图 4-89 所示；然后在弹出的窗口中输入项目的基本信息，如图 4-90 所示，填写完成后点击“确定”即可创建新项目。

图 4-89　新建项目

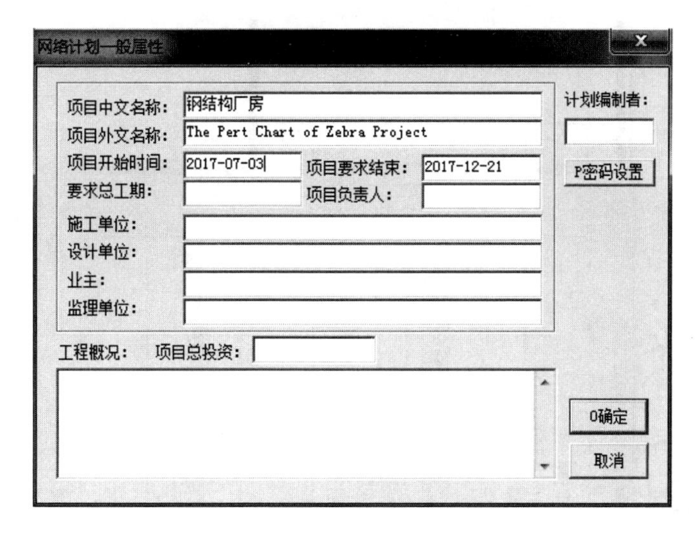

图 4-90　新建项目—基本信息

② 选择施工进度计划表达形式。根据所画进度计划类型，在下方选择“逻辑网络图”，如图 4-91 所示。

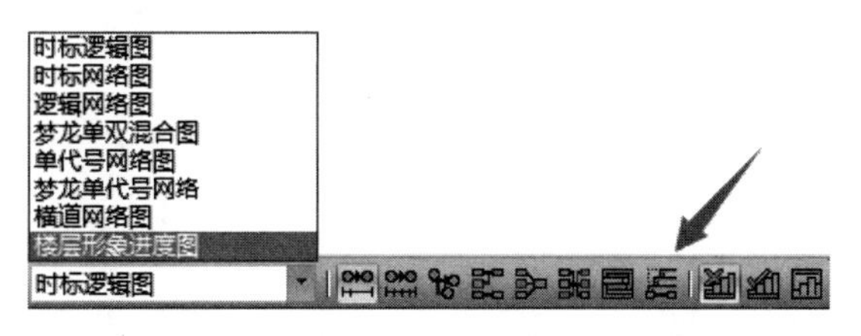

图 4-91　选择进度计划表达形式

③ 设置时间显示形式。因为本项目无法确定具体开工时间，所以可以设置为仅仅显示工程周，点击“设置”→“网络图属性”→“时间设置”，如图 4-92 所示，选择“画工程历”、勾选“按工程历显示刻度”。

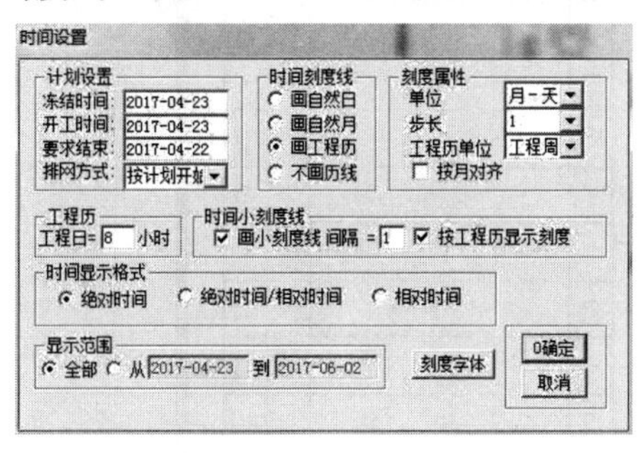

图 4-92　设置时间显示形式

④ 依据施工过程（分部分项工程名称）逻辑关系表进行绘制。在界面内按住鼠标左键横拉，即可添加新工作，如图 4-93 所示，所有任务前后逻辑关系按照之前填写完毕的施工过程（分部分项工程名称）逻辑关系表进行绘制，其中在主体结构地方组织流水施工，如图 4-94所示。所有工作绘制完毕的雏形如图 4-95 所示。

（7）进度计划时标网络图　在图 4-95 的基础上，更改进度计划表现形式可以使其变成时标网络图，如图 4-96 所示。时标网络图形式的进度计划如图 4-97所示。

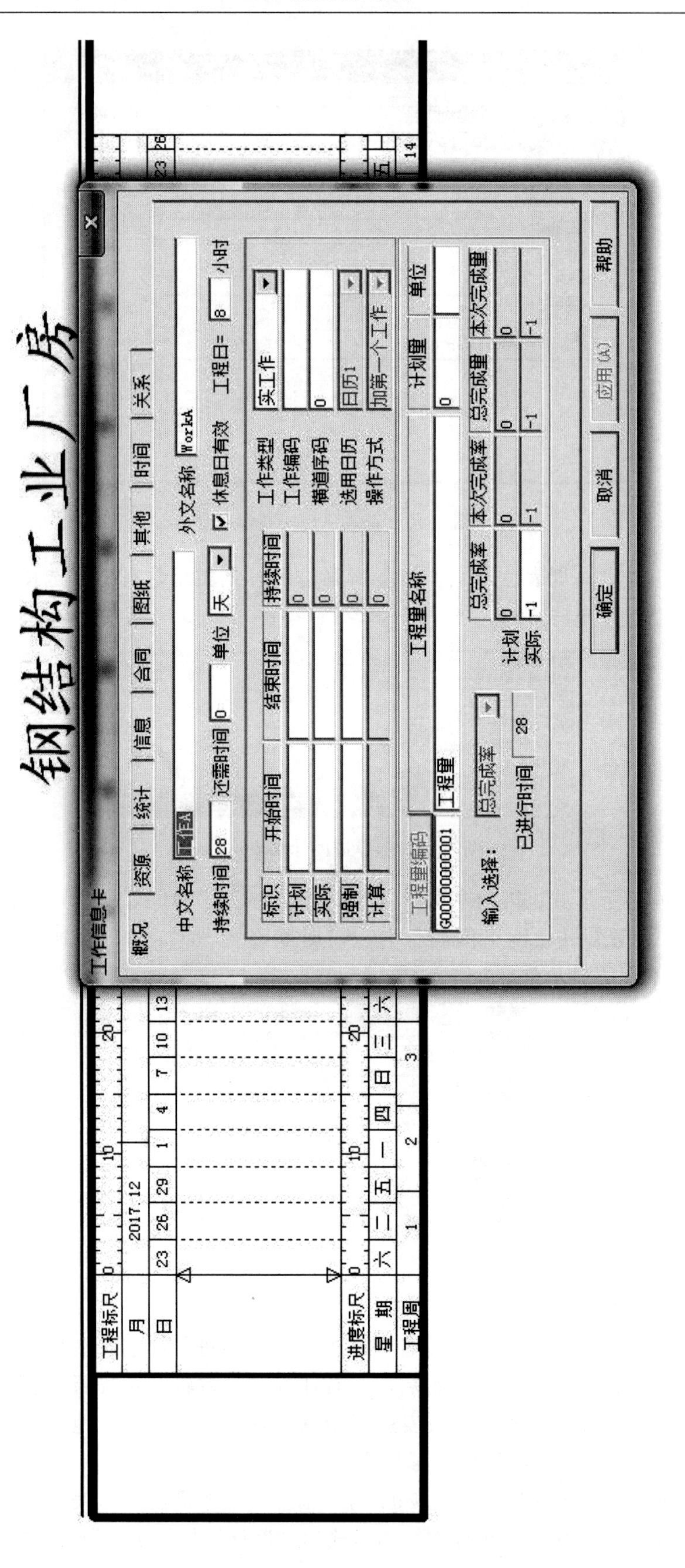
钢结构工业厂房
工作信息卡
概况
资源
统计
信息
合同
图纸
其他
时间
关系
中文名称
外文名称
WorkA
持续时间
28
还需时间
0
单位
天
休息日有效
工程日=
8
小时
标识
开始时间
结束时间
持续时间
计划
实际
强制
计算
工作类型
实工作
工作编码
横道序码
选用日历
日历1
操作方式
加第一个工作
工程量编码
工程量
工程量名称
计划量
单位
G0000000001
总完成率
本次完成率
总完成量
本次完成量
输入选择：
已进行时间
计划
实际
确定
取消
应用(A)
帮助
工程标尺
月
日
2017.12
进度标尺
星 期
工程周

图 4-93　添加新工作

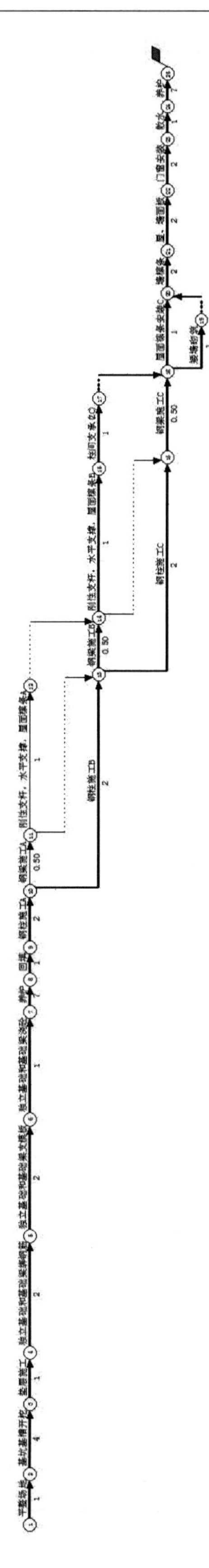

图 4-94 主体结构组织流水

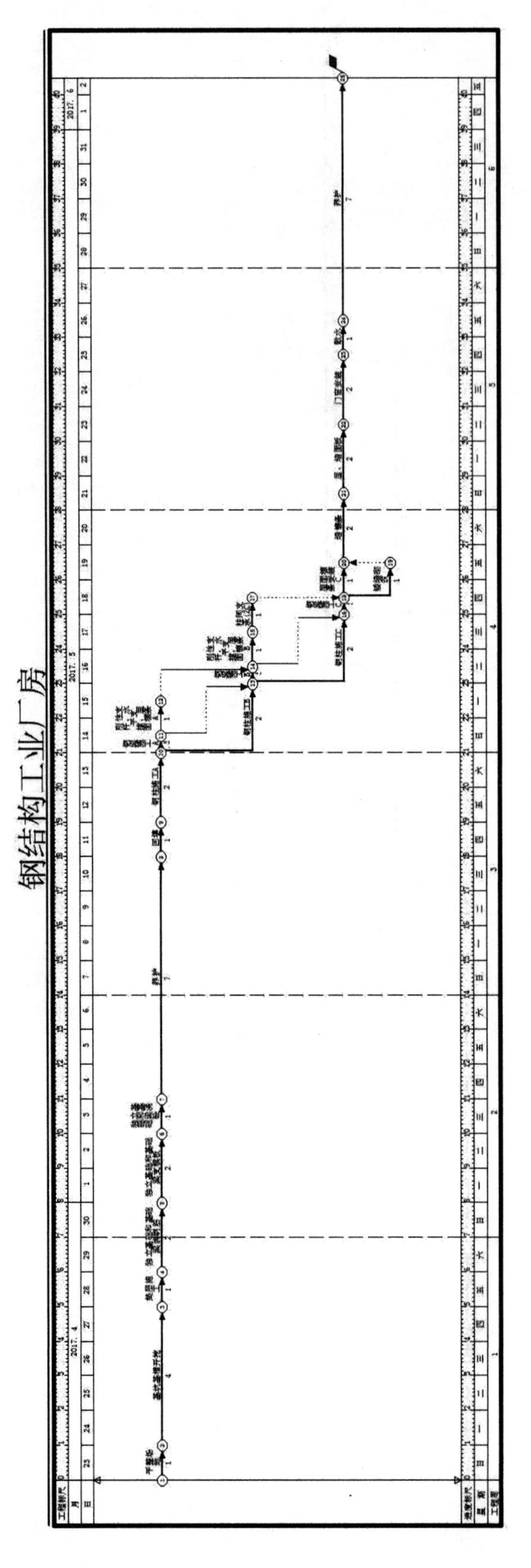

图 4-95 钢结构工业厂房雏形

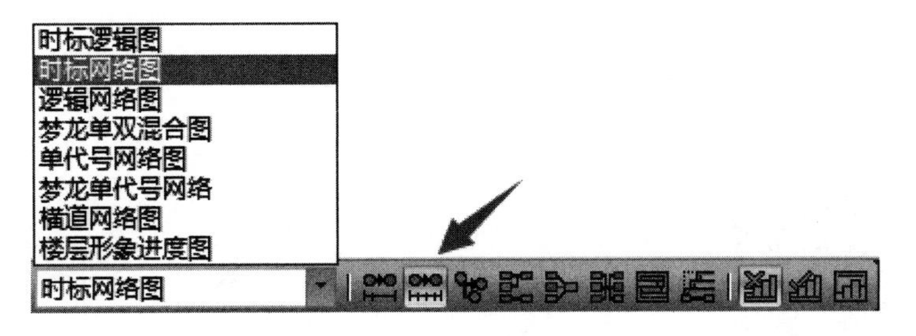

图 4-96　更改进度计划表现形式

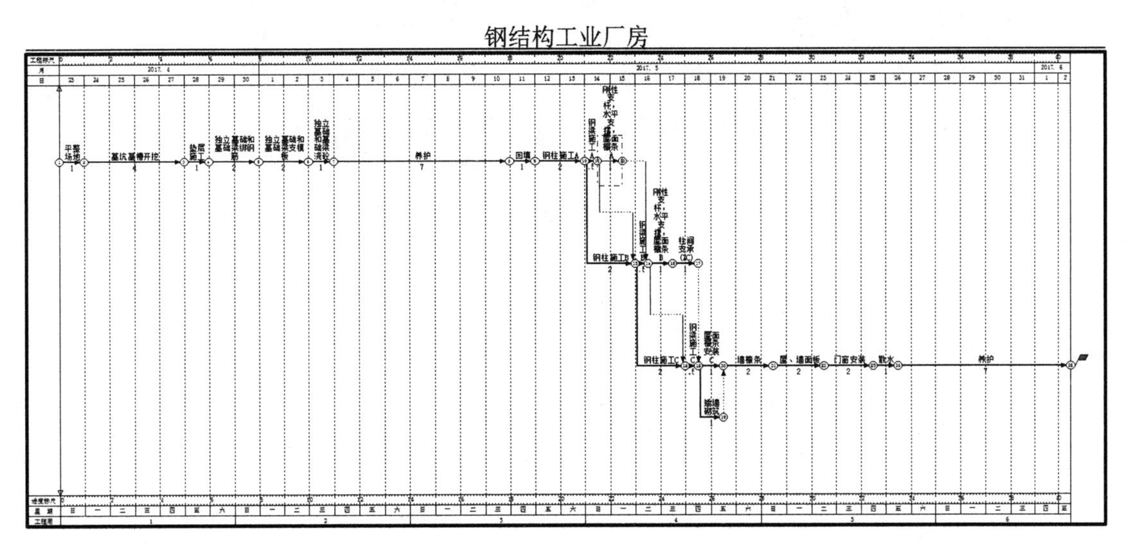

图 4-97　钢结构工业厂房进度计划时标网络图

（8）进度计划的检查和优化调整　施工进度计划方案编制好后，需要对其进行检查与优化调整，使进度计划更加合理，需检查调整的内容包括以下几点。

① 各工作项目的施工顺序、平行搭接和技术间歇是否合理。

② 总工期是否满足合同规定。

③ 主要工序的工人数能否满足连续、均衡施工的要求。

④ 主要机具、材料等的利用是否均衡和充分。

由于本工程较小，各项要求都比基本符合，所以不需进行过多的优化调整。

① 实现漫游。

② 实现虚拟建造。

模块5 施工准备及资源配置计划

知识目标：

1. 了解施工准备工作的分类和内容；
2. 熟悉施工原始资料收集的主要内容；
3. 掌握资源配置需求量计划的编制内容。

教学目标：

1. 能根据施工调查要求和调查内容，进行拟建工程的施工调查；
2. 能用给定的条件编制单位工程各项资源需要量计划；
3. 能编制施工准备计划，填写开工审批表和工程概况表。

【模块介绍】

施工准备工作是为了保证工程的顺利开工和施工活动正常进行所必须事先做好的各项准备工作，是生产经营管理的重要组成部分，是施工程序中的重要环节。

资源配置计划是决定施工平面布置的主要因素之一，也是做好劳动力与物资的供应、平衡、调度、落实的依据。

【模块分析】

施工准备工作，是为保证工程能连续、周密施工而必须事先要做的工作。不仅存在于开工前，同时随着工程的进展，在各个施工阶段、各分部分项工程及各项施工活动前，也都有相应的施工准备工作，即施工准备工作贯穿于整个工程建设的全过程。

资源配置计划是根据单位工程施工进度计划的要求编制的，包括劳动力、物资、成品、半成品、施工机具等的配置计划。它是组织物资供应与运输、调配劳动力和机械的依据，是组织有秩序、按计划顺利施工的保证，同时也是确定现场临时设施的依据。

【基础知识】

5.1 施工准备

施工准备工作是完成施工任务的重要保障。全场性施工准备工作应根据已拟定的工程开展程序和主要项目的施工方案来编制，其主要内容为：安排好场地平整、全场性排水及防洪、场内外运输、水电来源及引入方案，安排好生产和生活基地建设，安排好建筑材料、构件等的货源、运输方式、储存地点及方式，安排好现场区域内的测量工作、永久性标志的设置，安排好新技术、新工艺、新材料、新结构的试制试验计划，安排好各项季节性施工的准备工作，安排好施工人员的培训工作等。

施工准备应包括技术准备、现场准备和资金准备等。在单位工程施工组织设计里，应列出具体准备的内容，应确定各项工作的要求，完成时间及有关的责任人，使准备工作有计划、有步骤、分阶段地进行。如表 5-1 所示。

表 5-1　施工准备工作计划

序号	施工准备项目	内容	负责单位	负责人	开始日期	完成日期	备注
1	人员准备						
2	材料准备						
……	……						

5.1.1 技术准备

（1）一般性准备工作　组织技术人员、工程监理、质量工程师、预算工程师等认真审阅图纸，并在施工前进行阶段性图纸会审，以便能准确地掌握设计意图，解决图纸中存在的问题，并整理出图纸会审纪要。

由技术人员负责收集、购买本工程所需的主要规程、规范、标准、图集和法规。由技术负责人组织项目相关管理人员学习规程、规范的重要条文，加深对规范的理解。

以上内容均需确定完成时间。

（2）计量、测量、检测、试验等器具配置计划　根据工程类型及规模确定器具的规格型号、数量，并列表说明，样表如表 5-2 所示。

表 5-2　计量、测量、检测、试验等器具配置计划

序号		器具名称	型号	单位	数量	检验状态
1	测量	全站仪				
2		经纬仪				
3		水准仪				
4		钢尺				
5		……				
6	试验	温湿度自动控制器				
7		混凝土试模				
8		砂浆试模				
9		高低温度计				
10		干湿温度计				
11		坍落度桶				
12		环刀				
13		……				

续表

序号		器具名称	型号	单位	数量	检验状态
14	计量	电子秤				
15		磅秤				
16		压力表				
17		氧气、乙炔表				
18		……				
19	检测	兆欧表				
20		万用表				
21		游标卡尺				
22		建筑工程质量检查尺				
23		……				

(3) 技术工作计划

① 施工方案编制计划　根据工程进度计划，提前编制详细的各分项工程施工方案和施工管理措施，以便为施工提供足够的技术支持，其样表见表5-3。

表5-3　施工方案编制计划

序号	方案名称	编制人	完成日期	审核人	审批人	备注

施工组织总设计应由总承包单位技术负责人审批，单位工程施工组织设计应由施工单位技术负责人或技术负责人授权的技术人员审批，施工方案应由项目技术负责人审批，重点、难点分部（分项）工程和专项工程施工方案应由施工单位技术部门组织相关专家评审，施工单位技术负责人批准。

② 试验工作计划　在编制施工组织设计时，因尚无施工预算，分层分段的数量不清楚，可先描述试验工作所应遵循的原则，规定另编详细的试验方案。

③ 样板项、样板间计划　样板项是侧重结构施工中主要工序的样板，应将分项工程样板的名称、分段、轴线的位置规定得具体、明确。

样板间是针对装修施工设置的，该项工作对工程质量预控至关重要，应制定计划并认真实施。样板项、样板间编制计划见表5-4。

表5-4　样板项、样板间编制计划

序号	样板项目	具体部位	施工人员	负责人	备注

④ 技术培训计划　对四新技术内容、施工技术含量高的分项工程、危险性较大分项工程应在施工前对施工人员进行相关技术培训，保证施工质量及安全。技术培训计划样表见表5-5。

表 5-5 技术培训计划

序号	培训内容	主讲人	参加人	培训方式	培训时间

⑤ 四新技术应用　以住房和城乡建设部颁发的建筑业10项新技术为依据列表逐项加以说明，其目的是体现工程技术含量，提高项目管理人员素质。四新技术应用计划见表5-6。

表 5-6 四新技术应用计划

序号	四新项目	应用部位	应用数量	应用时间	总结完成时间	责任人

(4) 高程引测与建筑物定位　对业主提供的坐标点、水准点进行校核无误后，按照工程测量控制网的要求引入，建立工程轴线及高程测量控制网，并将控制桩引测到基坑周围的地面上或原有建筑物上，并对控制桩加以保护，以防破坏。

5.1.2 施工现场准备

结合工程实际，阐明开工前所需做的现场准备工作，具体内容见表5-7。

表 5-7 施工现场准备工作

序号	现场准备工作内容	说明
1	施工水源准备计划	临时供水应计算生产、生活用水和消防用水，三者比较选择较大者布置管线
2	施工电源准备计划	临时供电根据现场使用的各类机具及生活用电计算用电量，通过计算确定变压器规格、导线截面，并绘制现场用电线路布置图和系统图
3	施工热源准备计划	临时供热根据现场的生产、生活设施的面积形式，确定供热方式和供热量，并绘制管线布置图
4	生产、生活公共卫生临时设施计划	根据工程规模和施工人数确定并列表注明各类临时设施的面积、用途、做法、完成时间等
5	临时围墙及施工道路计划	根据现场平面布置图确定围墙和道路的材料、施工做法、材料采购计划
6	对业主的要求	对业主应解决而尚未解决的事项提出要求和解决的时间

5.1.3 资金准备

资金准备应根据施工进度计划编制资金使用计划。在项目开工前，在成本分析的基础上，结合合同约定的付款条件以及分包商/供应商等的支付条件，编制项目资金收款计划表、项目资金支付计划表。对于跨年度的项目，还需编制年度收支计划，对项目的总体现金流量进行预测和分析。

5.2 资源配置计划

各项资源需要量计划是做好劳动力及物资供应、平衡、调度、落实的依据，其内容包括以下几个方面。

(1) 劳动力需要量计划　根据工程量汇总表中列出的各个建筑物的主要实物工程量，查预算定额或有关资料，便可计算出各个建筑物主要工种的劳动量，再根据施工总进度计划表中各单位工程分工种的持续时间，即可得到某单位工程在某段时间里的平均劳动力数，按同样方法可计算出各个建筑物各工种在各个时期的平均工人数，即为某工种劳动力动态曲线图；其他工种也用同样方法绘制成曲线图，从而根据劳动力曲线图列出主要工种劳动力需要量计划表。

主要反映工程施工所需技工、普工人数，它是控制劳动力平衡、调配的主要依据。其编制方法是，将施工进度计划表上每天施工的项目所需的工人按工种分配统计，得出每天所需工种及其人数，再按时间进度要求汇总。劳动力配置计划表格见表5-8。

表5-8 劳动力配置计划表

序号	工种名称	高峰期需要人数/人	××年	
			现有人数/人	多余或不足人数/人
1	瓦工			
2	木工			
3	……			

（2）主要材料、成品、半成品配置计划　主要材料、成品、半成品配置计划是根据施工预算、材料消耗定额及施工进度计划编制的，主要材料指工程用水泥、钢筋、砂子、石子、砖、防水材料等主要材料；成品、半成品是主要指混凝土预制构件、钢结构、门窗构件等成品、半成品材料。施工备料、供料和确定仓库、堆场面积及运输量的依据。一般按不同种类分别编制，编制时应提出材料名称、规格、数量、使用时间等要求，样表见表5-9。

表5-9 主要材料、成品、半成品配置计划

序号	材料名称	规格	需要量		供应开始时间	备注
			单位	数量		

（3）施工机具、机械配置计划　施工机具、机械配置计划是组织机具、机械进场，计算施工用电，选择变压器容量等的依据。根据施工进度计划，主要建筑物施工方案和工程量，套用机械产量定额，即可得到主要机械需要量，辅助机械可依据工程概算指标求得，主要反映施工所需的各种机械和器具的名称、规格、型号、数量及使用时间，样表见表5-10。

表5-10 施工机具、机械配置计划

序号	机具、机械名称	规格、型号	单位	需要数量	备注
1	塔吊		台		
2	电渣压力焊机		台		
3	电焊机		台		
4	插入式振捣器		台		
5	钢筋弯曲机		台		
6	钢筋切断机		台		
7	圆盘锯		台		
8	平板刨		台		
9	打夯机		台		
10	……				

5.3 开 工 令

5.3.1 工程开工报审表

（1）施工单位的施工准备完成并自检达到开工条件时，应按本标准表 B002（表 5-11）的要求填写工程开工报审表，附相关证明文件资料报项目监理机构及建设单位审核。

（2）项目监理机构收到工程开工报审计表后，应审查有关资料，到现场实地检查，总监理工程师签署审核意见，并报建设单位审批，样表见表 5-11。

表 5-11　工程开工报审表

<table>
<tr><td colspan="4">表 B002 工程开工报审表</td></tr>
<tr><td>工程名称</td><td></td><td>编号</td><td></td></tr>
<tr><td colspan="4">致：__________（建设单位）
__________（项目监理机构）
我方承担的__________工程，已完成相关准备工作，具备开工条件，申请于________年____月____日开工，请予以审批。
附件：证明文件资料

施工单位（公章）__________
项目负责人（签字__________
________年____月____日</td></tr>
<tr><td colspan="4">审核意见

项目监理机构（盖章）__________
总监理工程师（签字、加盖执业印章）__________
________年____月____日</td></tr>
<tr><td colspan="4">审批意见：

建设单位（公章）__________
建设单位代表（签字）__________
________年____月____日</td></tr>
</table>

5.3.2 开工令

（1）具备下列条件

① 施工许可证已获政府主管部门批准。

② 征地拆迁工作能满足工程进度的需要。

③ 施工组织设计已获总监理工程师批准。

④ 施工单位现场管理人员已到位，机具、施工人员已进场，主要工程材料已落实。

⑤ 进场道路及水、电、通风等已满足开工要求。

（2）具备上列条件，总监理工程师征得建设单位同意后签发工程开工令，工程开工令应按本标准表 A02 的要求填写，样表见表 5-12。

表 5-12 工程开工令

表 A02 工程开工令

工程名称		编号	

致：__________(施工单位)

经审查,本工程已具备施工合同约定的开工条件,现同意你方开始施工,开工日期为：______年___月___日

附件:工程开工报审表

项目监理机构(盖章)__________

总监理工程师(签字、加盖执业印章)__________

______年___月___日

【实战演练】

5.4　任　务　一

5.4.1　任务下发

根据“广联达办公大厦”资料编制本工程的施工准备及资源配置计划。

5.4.2　任务实施

“广联达办公大厦”施工准备及资源配置计划。

5.4.2.1　施工准备

（1）技术准备

① 一般性准备工作　组织技术人员、工程监理、质量工程师、预算工程师等认真审阅《广联达办大厦》施工图纸，并在施工前进行阶段性图纸会审，以便能准确地掌握设计意图，解决图纸中存在的问题，并整理出图纸会审纪要。施工中涉及的规范及标准见表5-13。

表5-13　施工中涉及的规范及标准

序号	依据文件名称	标准号
1	建筑工程施工质量验收统一标准	GB 50300—2013
2	工程测量规范	GB 50026—2007
3	建筑地基基础工程施工质量验收规范	GB 50202—2013
4	混凝土结构工程施工质量验收规范	GB 50204—2002
5	通用硅酸盐水泥	GB 175—2007
6	钢筋混凝土用钢 第1部分：热轧光圆钢筋	GB 1499.1—2008
7	钢筋混凝土用钢 第2部分：热轧带肋钢筋	GB 1499.2—2007
8	施工现场临时用电安全技术规范	JGJ 46—2005
9	建筑施工安全检查标准	JGJ 59—2011
10	建筑施工高处作业安全技术规范	JGJ 80—2011
11	钢筋焊接及验收规程	JGJ 18—2003
12	普通混凝土用砂、石质量及检验方法标准	JGJ 52—2006
13	砌体工程施工质量验收规范	GB 50203—2002
14	屋面工程质量验收规范	GB 50207—2002
15	建筑装饰工程施工质量验收规范	GB 50210—2001
16	建筑地面工程施工质量验收规范	GB 50209—2002
17	现浇混凝土框架、剪力墙、梁、板	16G101—1
18	现浇混凝土板式楼梯	16G101—2
19	独立基础、条形基础、筏板基础、桩基础	16G101—3

② 计量、测量、检测、试验等器具配置计划见表5-14。

表 5-14 计量、测量、检测、试验等器具配置计划

序号	器具名称		型号	单位	数量	检验状态
1	测量	全站仪	STS-722L	台	1	
2		经纬仪	FDT02	台	1	
3		水准仪	DSZ3	台	1	
4		钢尺	50m	把	5	
5	试验	温湿度自动控制器		个	1	
6		混凝土试模	150mm×150mm×150mm	个	10	
7		砂浆试模	70.7mm×70.7mm×70.7mm	个	10	
8		高低温度计		个	2	
9		干湿温度计		个	2	
10		坍落度桶		套	2	
11		环刀		套	1	
12	计量	电子秤		台	1	
13		磅秤	KB-806	台	4	
14		压力表	Y-100-0-1MPa	个	4	
15		氧气、乙炔表	YQY-08	个	4	
16	检测	兆欧表	BM500A	台	1	
17		万用表	BK-004	台	1	
18		游标卡尺	MNT-150	个	2	
19		建筑工程质量检查尺	JZC	把	2	

③ 技术工作计划　根据工程进度计划，提前编制详细的各分项工程施工方案和施工管理措施，以便为施工提供足够的技术支持。其样表见表 5-15。

表 5-15 施工方案编制计划

序号	方案名称	编制人	完成日期	审核人	审批人	备注
1	广联达办公大厦施工组织设计	项目总工	2017 年 5 月 23	项目经理	公司总工	
2	基坑支护专项施工方案	技术员	2017 年 5 月 23		项目总工	
3	土方开挖工程专项施工方案	技术员	2017 年 5 月 23		项目总工	
4	模板工程专项施工方案	技术员	2017 年 5 月 23		项目总工	
5	脚手架工程专项施工方案	技术员	2017 年 5 月 23		项目总工	
6	起重吊装专项施工方案	技术员	2017 年 5 月 23		项目总工	
7	施工安全应急预案	安全员	2017 年 5 月 23		项目总工	

④ 高程引测与建筑物定位　本本工程由业主提供的坐标点，对水准点进行校核无误后，按照工程测量控制网的要求引入，建立工程轴线及高程测量控制网，并将控制桩引测到基坑周围的地面上或原有建筑物上，并对控制桩加以保护以防破坏。基础定位图如图 5-1 所示。

（2）施工现场准备

① 工地施工区、办公区与宿舍区分离。钢筋现场加工，钢构件场外加工，二次运输进场，场内设置专门的堆放场堆放。工地设专门石灰池、砂池堆放砂及石灰，石灰、砂池、砖根据进度情况因地制宜堆放。

② 施工干道现浇 C15 素混凝土，其余道路道路均应做好排水措施。场地做好硬底化，施工道路设置详见施工平面布置图。

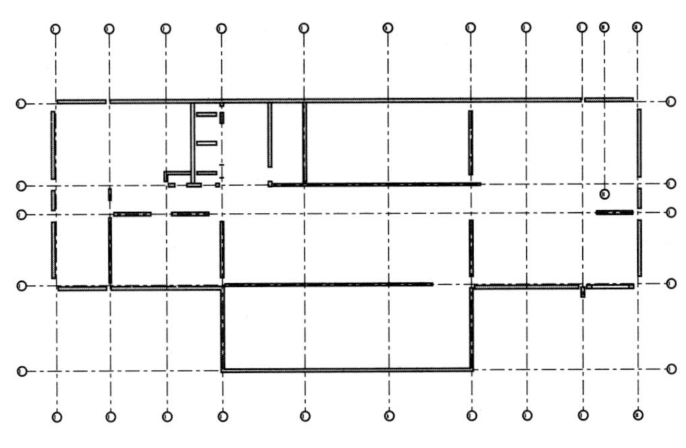

图5-1　广联达办公大厦基础定位图

③ 施工材料堆放　砂、石、砖、石灰堆放按因地制宜的原则，并应置于平整场地上，以便于施工。具体见施工平面布置图。

④ 消防设备　消防设备配备齐全。临时建筑物、材料堆放区之间按有关规定设置防火间距。灭火器应每层楼面设置，均设在四边显眼处，灭火器设指示灯，便于夜间使用。

(3) 资金准备　根据施工阶段和施工周期编制资金使用计划。

5.4.2.2　资源配置计划

(1) 劳动力配置计划见表5-16。

表5-16　劳动力配置计划

序号	工种名称	高峰期需要人数/人	备注
1	瓦工	37	
2	架子工	20	
3	钢筋工	40	
4	木工	40	
5	混凝土工	20	
6	电焊工	5	
7	塔吊司机	1	
8	测量工	1	
9	电　工	2	
10	油漆工	26	
11	普工	45	

(2) 主要材料、成品、半成品配置计划见表5-17。

表5-17　主要材料、成品、半成品配置计划

序号	材料名称	规格	需要量		供应开始时间	备注
			单位	数量		
1	钢筋		t	406	2017年5月23日	根据各施工阶段的需要量及材料使用的先后顺序进行供应
2	商品混凝土		m^3	2685	2017年5月27日	
3	模板	1220mm×2440mm	m^2	11643	2017年5月23日	

(3) 施工机具、机械配置计划见表5-18。

表5-18　主要施工机具、机械配置计划

序号	机具、机械名称	规格、型号	单位	需要数量	备注
1	塔吊	QTZ50	台	1	
2	电渣压力焊机	BX-500F	台	4	
3	电焊机	BX-300	台	2	
4	插入式振捣器	MZ6-50	台	3	
5	钢筋弯曲机	WL-40-1	台	1	
6	钢筋切断机	GL5-40	台	1	
7	圆盘锯	ML106	台	1	
8	平板刨	MB50318	台	1	
9	打夯机	HW-201	台	2	
10	翻斗车		辆	2	

5.4.3　任务总结

做好广联达办公大厦的施工准备及资源配置计划，有利于合理分配资源和劳动力，协调各方面的关系，做好进度计划，保证工期，提高基础施工阶段、主体结构施工阶段、装修阶段的施工质量，从而是工程从技术和经济上得到保障。

5.5　任　务　二

5.5.1　任务下发

根据“钢结构厂房”资料编制本工程的施工准备及资源配置计划。

5.5.2　任务实施

“钢结构厂房”施工准备及资源配置计划。

5.5.2.1　施工准备

（1）技术准备

① 一般性准备工作　组织技术人员、工程监理、质量工程师、预算工程师等认真审阅《钢结构厂房》施工图纸，并在施工前进行阶段性图纸会审，以便能准确地掌握设计意图，解决图纸中存在的问题，并整理出图纸会审纪要。本任务施工中涉及的规范和标准见表5-19。

表5-19　施工中涉及的规范和标准

序号	依据文件名称	标准号
1	建筑工程施工质量验收统一标准	GB 50300—2013
2	工程测量规范	GB 50026—2007
3	建筑地基基础工程施工质量验收规范	GB 50202—2013
4	钢结构工程施工质量验收规范	GB 50205—2001
5	钢结构工程质量检验评定标准	GB 50221—2001
6	建筑钢结构焊接技术规程	JGJ 81—2002
7	涂装前钢材表面锈蚀等级和除锈等级	GB 8923.1—2011
8	施工现场临时用电安全技术规范	JGJ 46—2005
9	建筑施工安全检查标准	JGJ 59—2011

续表

序号	依据文件名称	标准号
10	建筑施工高处作业安全技术规范	JGJ 80—2011
11	网架结构设计与施工规程	JGJ 7—1991
12	现浇混凝土框架、剪力墙、梁、板	16G101—1
13	现浇混凝土板式楼梯	16G101—2
14	独立基础、条形基础、筏板基础、桩基础	16G101—3

② 计量、测量、检测、试验等器具配置计划见表 5-20。

表 5-20　计量、测量、检测、试验等器具配置计划

序号	器具名称		型号	单位	数量	备注
1	测量	全站仪	STS-722L	台	1	
2		经纬仪	FDT02	台	1	
3		水准仪	DSZ3	台	1	
4		钢尺	50m	把	2	
5	试验	混凝土试模	150mm×150mm×150mm	个	1	
6		砂浆试模	70.7mm×70.7mm×70.7mm	个	3	
7		坍落度桶		套	1	
8		环刀		套	1	
9	计量	涂层测厚仪	EC770	台	1	
10		压力表	Y-100-0-1MPa	台	4	
11		氧气、乙炔表	YQY-08	台	4	
12	检测	兆欧表	BM500A	台	1	
13		电火花仪	TCP200	台	1	
14		万用表	BK-004	台	1	
15		游标卡尺	MNT-150	台	2	
16		焊规	HJC30	台	4	

③ 技术工作计划　根据工程进度计划，提前编制详细的各分项工程施工方案和施工管理措施，以便为施工提供足够的技术支持。施工方案编制计划见表 5-21。

表 5-21　施工方案编制计划

序号	方案名称	编制人	完成日期	审核人	审批人	备注
1	钢结构施工组织设计		2017 年 5 月 1 日			
2	土方开挖工程专项施工方案		2017 年 5 月 1 日			
3	模板工程专项施工方案		2017 年 5 月 1 日			
4	脚手架工程专项施工方案		2017 年 5 月 1 日			
5	钢结构吊装专项方案		2017 年 5 月 1 日			
6	钢结构施工安全应急预案		2017 年 5 月 1 日			

④ 高程引测与建筑物定位　本本工程由业主提供的坐标点并对水准点进行校核无误后，按照工程测量控制网的要求引入，建立工程轴线及高程测量控制网，将控制桩引测到基坑周围的地面上或原有建筑物上，并对控制桩加以保护以防破坏。钢结构厂房基础定位图如图 5-2所示。

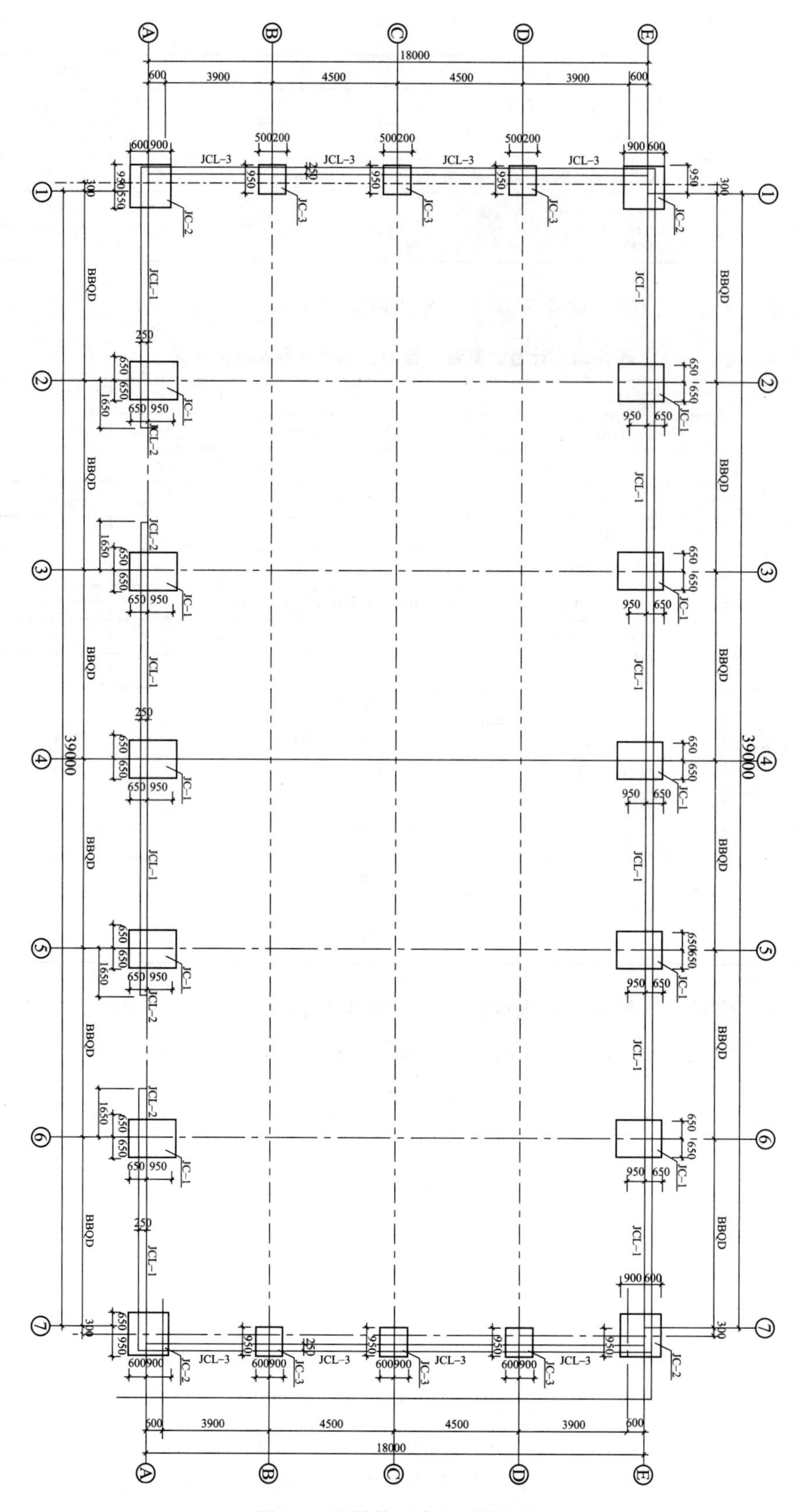

图 5-2　钢结构厂房基础定位图

（2）施工现场准备

① 工地施工区、办公区与宿舍区分离。钢筋现场加工，钢构件场外加工，二次运输进场，场内设置专门的钢结构及钢筋堆放场堆放。

② 施工干道现浇 C15 素混凝土。其余道路道路均应做好排水措施。场地做好硬底化。施工道路设置详见施工平面布置图。

③ 消防设备配备齐全。临时建筑物、材料堆放区之间按有关规定设置防火间距。

（3）资金准备　根据钢结构加工，及钢结构吊装，分阶段编制资金使用计划。

5.5.2.2　资源配置计

（1）劳动力配置计划见表 5-22。

表 5-22　劳动力需要量计划

序号	工种名称	高峰期需要人数/人	备注
1	铆工	5	
2	架子工	5	
3	钢筋工	5	
4	木工	20	
5	混凝土工	11	
6	电焊工	12	
7	起重工	1	
8	测量工	1	
9	电工	2	
10	油漆工	5	
11	气焊工	2	
12	普工	23	

（2）主要材料、成品、半成品配置计划见表 5-23。

表 5-23　主要材料、成品、半成品配置计划

序号	材料名称	规格	需要量		供应开始时间	备注
			单位	数量		
1	钢筋		t	2.49	2017 年 5 月 1 日	根据各施工阶段的需要量及材料使用的先后顺序进行供应
2	模板	1220mm×2440mm	m^2	221.32	2017 年 5 月 1 日	
3	商品混凝土		m^3	53	2017 年 5 月 5 日	
4	钢材		t	27.6	2017 年 5 月 1 日	
5	焊条	$\phi 3.2/\phi 4$	t	5	2017 年 5 月 1 日	
6	高强度螺栓		套	15000	2017 年 5 月 1 日	
7	栓钉		套	20000	2017 年 5 月 1 日	

（3）施工机具、机械配置计划见表 5-24。

表 5-24　主要施工机具、机械配置计划

序号	机具、机械名称	规格、型号	单位	需要数量	备注
1	汽车吊	QY25	辆	1	

续表

序号	机具、机械名称	规格、型号	单位	需要数量	备注
2	电弧焊机	AX-300	台	5	
3	交流焊机	BX1-315	台	2	
4	自动焊机	MZ-1-1000	台	3	
5	钢筋剪切机	GQ-40B	台	1	
6	钢筋弯曲机	GWB40	台	1	
7	钢筋调直机	GT6/14	台	1	
8	木工圆盘锯	MJ-350	台	1	
9	振捣棒	ZN50	支	8	
10	剪板机	Q11-13-25	台	1	
11	砂浆搅拌机	VJZ-200	台	1	
12	氧气切割机	CG1-30	台	1	

5.5.3 任务总结

做好钢结构厂房施工准备及资源配置计划，有利于合理分配资源和劳动力，协调各方面的关系。做好进度计划，保证工期，提高工程钢结构加工和吊装质量，从而是工程从技术和经济上得到保障。

模块6 绘制单位工程施工现场布置图

知识目标：

1. 了解单位工程施工现场布置图设计的依据；
2. 了解临水、临电的计算内容和计算方法；
3. 熟悉单位工程施工现场布置图的设计内容；
4. 熟悉安全文明绿色的施工现场的布置要求和相关规范；
5. 掌握单位工程施工现场布置图设计的基本原则；
6. 掌握单位工程施工现场布置图设计的步骤；
7. 掌握施工现场安全知识，提高安全意识。

教学目标：

1. 能结合给定的实际条件设计施工现场布置图；
2. 能应用 BIM 施工现场布置软件绘制不同阶段的施工现场布置图；
3. 能够运用所掌握的安全技能降低安全事故的发生。

【模块介绍】

施工现场布置图设计是单位工程开工前准备工作的重要内容之一。它是安排布置施工现场的基本依据，是现场有组织、有计划和顺利进行施工的重要条件，也是文明施工的重要保证。

【模块分析】

单位工程施工现场布置图是指在施工区域范围内，根据施工部署、施工方案、施工总进度计划，将施工现场的各项生产生活设施按照不同施工阶段要求进行合理布置，以图纸形式反映出来，从而正确处理施工期间所需各项设施和拟建工程之间的空间关系，以指导现场有组织有计划地进行文明施工。

【基础知识】

6.1 单位工程施工现场布置图的设计内容

根据单位工程所包含的施工阶段（如基础施工阶段、主体结构施工阶段、装饰装修施工阶段）需要分别绘制，并应符合国家有关制图标准，通常按照 1∶200～1∶500 的比例绘制，图幅不宜小于 A3 尺寸，一般单位工程施工平面图包括以下内容：

（1）单位工程施工区域范围内的已建和拟建的地上、地下的建筑物及构筑物，周边道路、河流等，平面图的指北针、风向玫瑰图、图例等。

（2）拟建工程施工所需起重与运输机械（塔式起重机、井架、施工电梯等）、混凝土浇筑设备（地泵、汽车泵等）、其他大型机械等位置及其主要尺寸，起重机械的开行路线和方向等。

（3）测量轴线及定位线标志，测量放线桩及永久水准点位置、地形等高线和土方取、弃场地。

（4）材料及构件堆场。大宗施工材料的堆场（钢筋堆场、钢构件堆场）、预制构件堆场、周转材料堆场。

（5）生产及生活临时设施。钢筋加工棚、木工棚、机修棚、混凝土拌和楼（站）、仓库、工具房、办公用房、宿舍、食堂、浴室、门卫、围墙、文化服务房。

（6）临时供电、供水、供热等管线的布置；水源、电源、变压器位置确定；现场排水沟渠及排水方向等。

（7）施工运输道路的布置、宽度和尺寸；临时便桥、现场出入口、引入的铁路、公路和航道的位置。

（8）劳动保护、安全、防火及防洪设施布置以及其他需要的布置内容。

6.2 单位工程施工现场布置图的设计依据

在进行单位工程施工现场布置图之前，首先要认真研究施工部署和施工方案，并深入现场进行细致的调查研究，然后对施工现场布置图设计所需要的原始资料认真进行收集、分析，使设计与施工现场的实际情况相符，从而起到指导施工现场进行空间布置的作用。单位工程施工现场布置图设计依据下列内容。

（1）设计与施工的原始资料

① 自然条件资料　如气象、地形、水文及工程地质资料。主要用于确定临时设施的位置，布置施工排水系统，确定易燃、易爆及妨碍人体健康设施的位置。

② 技术经济条件资料　如交通运输、水源、电源、物资资源、生活和生产基地情况。主要用于确定材料仓库、构件和半成品堆场、道路及可以利用的生产和生活的临时设施。

（2）建筑结构设计资料

① 建筑总平面图　图上包括一切地上、地下拟建和已建的房屋和构筑物，据此可以正确确定临时房屋和其他设施设置，以及布置工地交通运输道路和排水等临时设施。

② 地上和地下管线位置　一切已有或拟建的管线，应考虑是利用还是提前拆除或迁移，并需注意不得在拟建的管道位置上修建临时建筑物或者构筑物。

③ 建筑区域的竖向设计和土方调配图　布置水、电管线、安排土方的挖填、取土或者弃土地点的依据，它影响到施工现场的平面关系。

(3) 施工组织设计资料

① 单位工程施工方案　据此确定起重机械的行走路线，其他施工机具的位置，吊装方案与构件预制、堆场的布置等，以便进行施工现场的整体规划。

② 施工进度计划　从中详细了解各个施工阶段的划分情况，以便分阶段布置施工现场。

③ 劳动力和各种材料、构件、半成品等需要量计划　进行宿舍、食堂的面积、位置、仓库和堆场的面积、形式位置，运输道的确定。

6.3　单位工程施工现场布置图的设计原则

(1) 在保证施工顺利进行的前提下，现场应布置紧凑、节约用地、便于管理，并减少施工用的管线，减低成本。

(2) 短运输、少搬运。各种材料尽可能按计划分期分批进场，充分利用场地，合理规划各项施工设施，科学规划施工道路，尽量使运距最短，从而减少二次搬运费用。

(3) 施工区域的划分和场地的临时占用应符合总体施工部署和施工流程的要求，减少相互干扰。

(4) 控制临时设施规模、降低临时设施费用。尽量利用施工现场附近的原有建筑物、构筑物为施工服务，尽量采用装配式设施提高安装速度。

(5) 各项临时设施布置时，要有利于生产、方便生活，施工区与居住区要分开。

(6) 符合劳动保护、安全、消防、环保、文明施工等要求。

(7) 遵守当地主管部门和建设单位关于施工现场安全文明施工的相关规定。

6.4　单位工程施工现场布置图的设计步骤

单位工程施工现场布置图的设计步骤如图 6-1 所示。

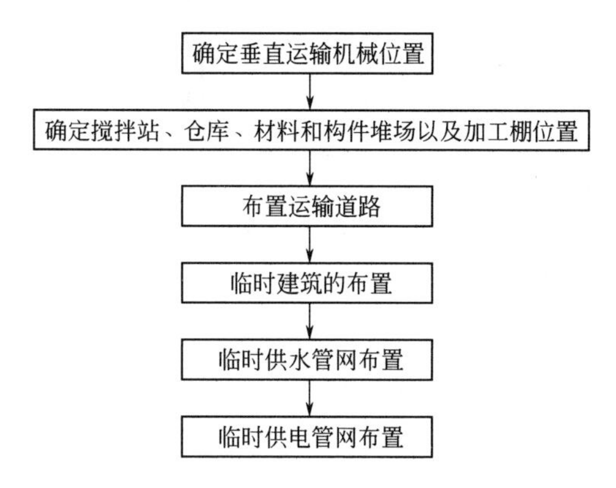

图 6-1　单位工程施工现场布置图的设计步骤

以上各个步骤在设计时，往往相互关联、相互影响，并不是一成不变的。掌握一个合理的设计步骤有利于设计者节约时间，减少矛盾。

6.4.1　确定垂直运输机械位置

垂直运输机械的位置直接影响仓库、搅拌站材料堆场、预制构件堆放位置，以及场内道路、水电管网的布置，因此应首先给予考虑。

起重机械包括塔式起重机、龙门架、井架、外用施工电梯。选择起重机械时主要依据机械性能、建筑物平面形状和大小、施工段划分情况、起重高度、材料和构件的重量、材料供应和运输道路等情况来确定。

注释：《建设工程安全生产管理条例》

第二十八条 施工单位应当在施工现场入口处、施工起重机械、临时用电设施、脚手架、出入通道口、楼梯口、孔洞口、桥梁口、隧道口、基坑边沿、爆破物及有害危险气体和液体存放处等危险部位，设置明显的安全警示标志。安全警示标志必须符合国家标准。

6.4.1.1 塔式起重机的布置

多塔作业

塔式起重机是集起重、垂直提升、水平运输三种功能为一身的机械设备。按其在工地上使用架设的要求不同，固定式、轨道式、附着式、内爬式。塔式起重机布置的注意事项如下。

（1）保证起重机械利用最大化，即覆盖半径最大化并能充分发挥塔式起重机的各项性能。

（2）保证塔式起重机使用安全，其位置应考虑塔式起重机与建筑物（拟建建筑物和周边建筑物）间的安全距离塔式起重机安拆的安全施工条件等。塔机尾部与其外围脚手架的安全距离如图 6-2所示，群塔施工的安全距离如图 6-3 所示，塔吊和架空线边线的最小安全距离如表 6-1 所示。

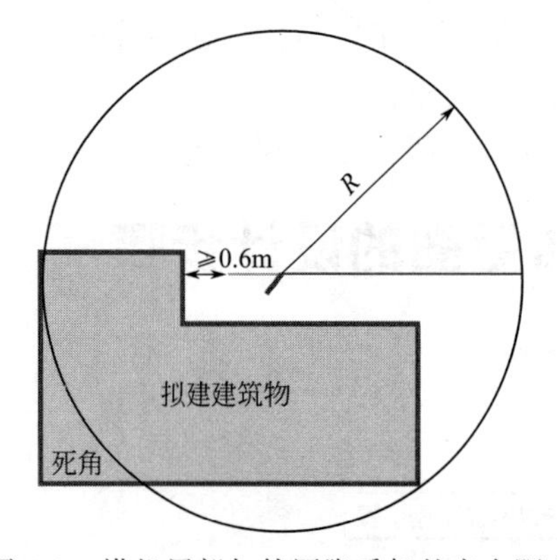

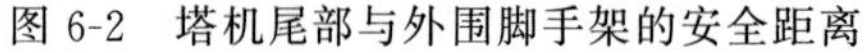

图 6-2 塔机尾部与外围脚手架的安全距离

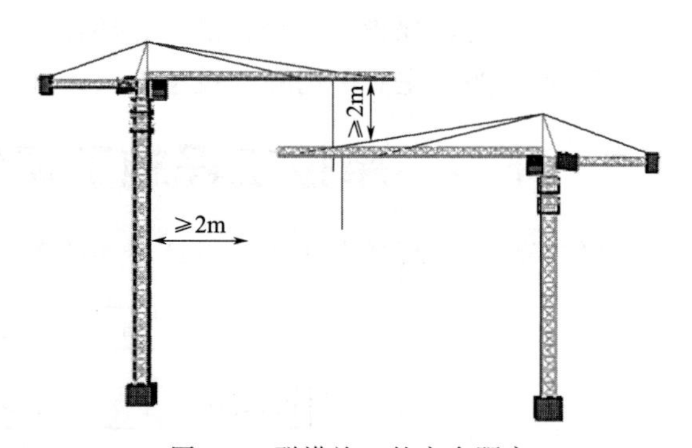

图 6-3 群塔施工的安全距离

表 6-1 塔吊和架空线边线的最小安全距离

安全距离/m \ 电压/kV	<1	1～15	20～40	60～110	220
沿垂直方向	1.5	3.0	4.0	5.0	6.0
沿水平方向	1.5	2.0	3.5	4.0	6.0

（3）保证安拆方便，根据四周场地条件、场地内施工道路考虑安拆的可行性和便利性。

（4）除非建筑物特点及工艺需要，尽可能避免塔式起重机二次或多次移位。

（5）尽量使用企业自有塔式起重机，不能满足施工要求时采用租赁方式解决。

注释：《建筑施工塔式起重机安装、使用、拆卸安全技术规程》（JGJ 196—2010）。

2.0.14 当多台塔式起重机在一施工现场交叉作业时，应编制专项施工方案，并应采取防碰撞的安全措施。任意两台塔式起重机之间的最小架设距离应符合下列规定：1. 低位塔式起重机的起重臂端部与另一台塔式起重机的塔身之间的距离不得小于 2m；2. 高位塔式起重机的最低位置的部件（或吊钩升至最高点或平衡重的最低部位）与低位塔式起重机中处于最高位置部件之间的垂直距离不得小于 2m。

6.4.1.2　轨道式起重机的布置

塔式起重机轨道的布置方式，主要取决于建筑物的平面形状、尺寸和四周施工场地条件，一般应在场地较宽的一面沿建筑物的长度方向布置，以充分发挥其效率。起重机的起重转动幅度要能够将材料和构件直接运至任何施工地点，尽量避免出现“死角”。轨道布置通常采用如图 6-4 所示的单侧、双侧或环形、跨内单行、跨内环形布置四种方案。

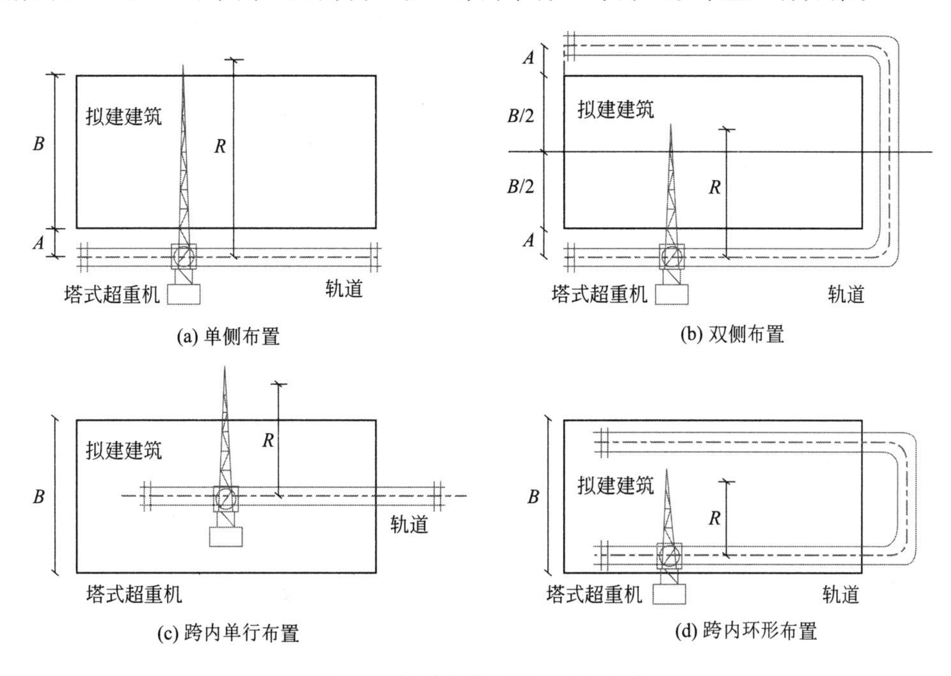

图 6-4　轨道式塔吊平面布置方案

(1) 单侧布置　当建筑物平面宽度小、构件轻时，可单侧布置。其优点是轨道长度较短，不仅可节省工程投资，而且有较宽敞的场地堆放构件和材料。此时起重半径必须满足式 (6-1)：

$$R \geqslant B+A \tag{6-1}$$

式中　R——塔式起重机的最大回转半径，m；

B——建筑物平面的最大宽度，m；

A——塔轨中心线至外墙外边线的距离，m。

(2) 双侧布置或环形布置　当建筑物平面宽度较宽、构件重量较重时，可采用双侧环形布置，起重半径满足式 (6-2)：

$$R \geqslant B/2+A \tag{6-2}$$

若吊装工程量大，且工期紧迫时，可在建筑物两侧各布置一台起重机；反之，则可用一台起重机环形吊装。

(3) 跨内单行布置　当建筑场地狭窄、起重机不能布置在建筑物外侧或起重机布置在建筑物外侧而起重机的性能不能满足构件的吊装要求时采用，其优点是可减少轨道长度，并节约施工用地。缺点是只能采用竖向综合安装，结构稳定性差，构件多布置在起重半径之外，需增加二次搬运；对房屋外侧维护结构吊装也比较困难，同时房屋的一端还应有 20～30m 的场地，作为塔吊装拆之用。

（4）跨内环形布置　构件较重、起重机跨内单行布置时，起重机的性能不能满足构件的吊装要求，同时，起重机又不能跨外环形布置时采用。

轨道式起重机进行布置时应注意以下几点：

（1）轨道式起重机布置完成后，应绘出起重机的服务范围。其方法是分别以轨道两端有效端点的轨道中心为圆心，以起重机最大回转半径为半径画出两个半圆，并连接这两个半圆，即为塔式起重机的服务范围。

（2）建筑物的平面应处于吊臂的回转半径之内（起重机服务范围之内），以便将材料和构件等运至任何施工地点，此时应尽量避免出现图6-2所示的“死角”。

（3）争取布置成最大的服务范围，尽量缩短轨道长度，以降低铺轨费用。

（4）在确定吊装方案时，对于出现的“死角”，应提出具体的技术措施和安全措施，以保证“死角”部位的顺利吊装。当采取其他配合吊装方案时，要确保塔式起重机回转时不能有碰撞的可能。

塔式起重机起重高度可按式（6-3）计算，计算简图如图6-5所示。

$$H=h_1+h_2+h_3+h_4 \tag{6-3}$$

式中　H——起重机的起重高度，m；

h_1——建筑物高度，m；

h_2——安全生产高度，m；

h_3——构件最大高度，m；

h_4——索具高度，m。

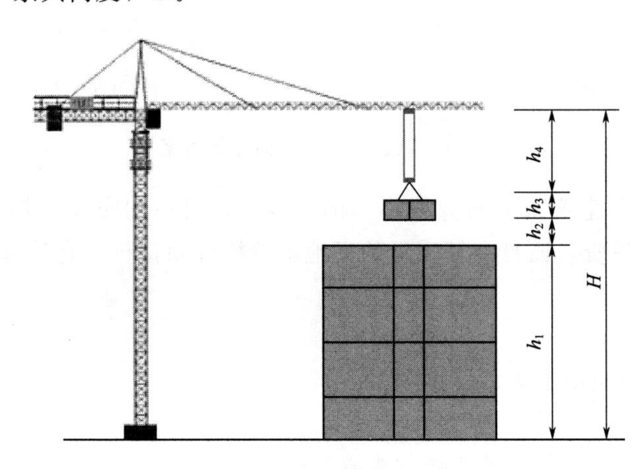

图6-5　塔式起重机起重高度计算简图

6.4.1.3　固定式垂直运输机械的布置

固定式垂直运输机械，包括井架、龙门架、固定式塔式起重机。布置时应充分发挥设备能力，使地面或楼面上运距最短。主要根据机械的性能、建筑物的平面尺寸、施工段的划分、材料进场方向及运输道路等情况确定。布置时，应考虑以下几方面。

安拆、验收与使用

（1）建筑物各部位的高度相同时，固定式起重设备一般布置在施工段的分界线附近或长度方向居中位置；当建筑物各部位的高度不相同或平面较复杂时，应布置在高低跨分界处高的一侧，以避免高低处水平运输施工相互干涉。

（2）采用井架、龙门架时，其位置以窗口为宜，以避免砌墙留槎和拆除后墙体修补工作。

（3）一般考虑布置在现场较宽的一面，因为这一面便于堆放材料和构件，以达到缩短运距的要求。

（4）井架、龙门架的数量要根据施工进度、提升的材料和构件数量、台班工作效率等因素计算确定，其服务范围一般为 50～60m。

（5）井架、龙门架的卷扬机应设置安全作业棚，其位置不应距起重机械太近，以便操作人员的视线能看到整个升降过程。一般要求此距离大于建筑物的高度，水平距外脚手架 3m 以上。

（6）井架应立在外脚手架之外并有一定距离为宜，一般为 5～6m。

（7）缆风绳设置，高度在 15m 以下时设一道，15m 以上时每增高 10m 增设一道，宜用钢丝绳，并与地面夹角成 45°，当附着于建筑物时可不设缆风绳。

（8）布置固定式塔式起重机时，应考虑塔式起重机安装拆卸的场地。

6.4.1.4　外用施工电梯的布置

外用施工电梯又称人货两用梯，是一种安装于建筑物外部，施工期间用于运送施工人员及建筑材料的垂直运输机械，是高层建筑施工不可缺少的关键机械设备之一。在确定外用施工电梯的位置时，应考虑便于施工人员上下和物料集散。由电梯口至各施工处的平均距离应最近，便于安装附墙装置，接近电源，且有良好的夜间照明。其他布置注意事项如下。

（1）根据建筑物高度、内部特点、电梯机械性能等选择一次到顶或接力方式的运输方式。

（2）高层建筑物选择施工电梯，低层建筑物宜选择提升井架。

（3）保证施工电梯的安拆方便及安全的安拆施工条件。

6.4.1.5　自行无轨式起重机械

一般分为履带式、汽车式和轮胎式三种。自行无轨式超重机械移动方便灵活，能为整个工地服务，一般专作构件装卸和起吊之用，适用于装配式单层工业厂房主体结构的吊装。其吊装的路线及停机位置主要取决于建筑物的平面形状、构件质量、吊装顺序、吊装高度、堆放场地、回转半径和吊装方法等。

汽车吊由于它的灵活性和方便性，在钢结构工程安装中得到了广泛的应用，成为中小钢结构工程安装中的首选吊装机械。汽车起重机是装在普通汽车底盘或者特制汽车底盘上的一种起重机，也是一种自行式全回转起重机，如图 6-6 所示。

常用的汽车式起重机有 Q_1 型（机械传动和操纵）、Q_2 型（全液压式传动和伸缩式起重臂）、Q_3 型（多电动机驱动各工作结构）以及 *YD* 型随车起重机和 *QY*（液压传动）系列等。目前液压传动的汽车起重机应用较广泛。

结构吊装工程起重机型号主要根据工程结构特点、构件的外形尺寸、重量、吊装高度、起重（回转）半径以及设备和施工现场条件确定。起重量、起重高度和起重半径为选择计算起重机型号的三个主要工作参数。

（1）起重机起重量计算

① 起重机单机吊装的起重量可按下式计算：

$$Q \geqslant Q_1 + Q_2 \tag{6-4}$$

式中　Q——起重机的起重量，t；

Q_1——构件重量，t；

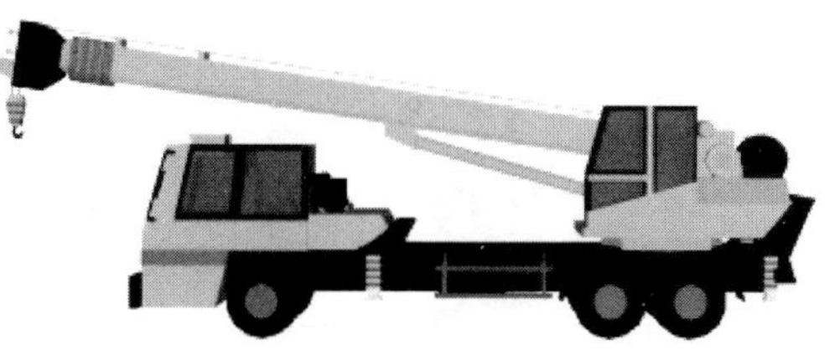

图 6-6　汽车式起重机

Q_2——绑扎索重、构件加固及临时脚手等的重量，t。

单机吊装的起重机在特殊情况下，当采取一定有效技术措施（如按起重机实际超载试验数据，在机尾增加配重、改善施工条件等）后，起重量可提高 10%左右。

② 结构吊装双抬吊的起重机起重量可按式（6-5）计算。

$$(Q_{主}+Q_{副})K \geqslant Q_1+Q_2 \tag{6-5}$$

式中 $Q_{主}$——主机起重量，t；

$Q_{副}$——副机起重量，t；

K——起重机的降低系数，一般取 0.8。

其他符号意义同前。

双机抬吊构件选用起重机时，应尽量选用两台同类型的起重机，并进行合理的荷载分配。

（2）起重机起重高度计算　起重机的起重高度，可由式（6-6）计算。

$$H \geqslant h_1+h_2+h_3+h_4 \tag{6-6}$$

式中 H——起重机的起重高度，即停机面至吊钩的距离，m；

h_1——安装支座表面高度，停机面至安装支座表面的距离，m；

h_2——安装对位时的空隙高度，不小于 0.3m；

h_3——绑扎点至构件吊起时底面的距离，m；

h_4——索具高度，m，自绑扎点至吊钩面的距离，视实际情况而定。

（3）起重臂长度计算　超重臂的长度可由式（6-7）计算。

$$L \geqslant L_1+L_2=\frac{h_1}{\sin\alpha}+\frac{f+g}{\cos\alpha} \tag{6-7}$$

式中 L——起重臂的最小长度，m；

h——起重臂下铰点至屋面板吊装支座的垂直高度，$h=h_1-E$，m；

h_1——停机地面至屋面板吊装支座的高度，m；

f——起重吊钩需跨过已安装好结构的水平距离，m；

g——起重臂轴线与已安构件顶面标高的水平距离，至少取 1m；

α——起重臂仰角，一般取 70°～77°。

起重高度、起重臂长度、起重半径计算简图见图 6-7。

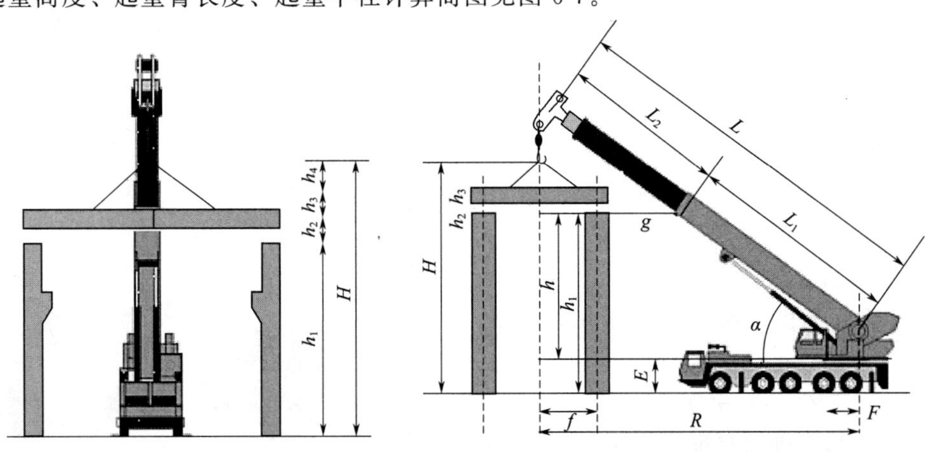

图 6-7　起重高度、起重臂长度、起重半径计算简图

（4）起重机起重半径计算　对于一般中、小型构件，当场地条件较好，已知起重量 Q 和吊装高度 H 后，即可根据起重技术性能表和起重曲线选定起重机的型号和需要起重臂杆的长度。对某些安装就位条件差的中、重型构件，起重机不能开到构件吊装位置附近，吊装时还应计算起重半径 R，根据 Q、H、R 三个参数选定起重机的型号。

起重机的起重半径一般可按下式计算：

$$R=F+L\cos\alpha \tag{6-8}$$

式中　R——起重机的起重半径，m；

F——起重臂下铰点至回转轴中心的距离，m；

L——所选起重的臂杆长度，m。

按计算出的 L 及 R 值，查起重机的技术性能表或者曲线表复核起重量 Q 及起重高度 H，如能满足构件吊装要求，即可根据 R 值确定起重机吊装屋面板时的停机位置。

6.4.1.6　混凝土泵和泵车

高层建筑物施工中，混凝土的垂直运输量十分大，通常采用泵送方式进行，其布置要求如下。

（1）混凝土泵设置处的场地应平整坚实，具有重车行走条件，且有足够的场地，道路畅通，使供料调车方便。

（2）混凝土泵应尽量靠近浇筑地点。

（3）其停放位置接近排水设施，供水、供电方便，便于泵车清洗。

（4）混凝土泵作业范围内，不得有障碍物、高压电线，同时要有防范高空坠物的措施。

（5）当高层建筑物采用接力泵泵送混凝土时，其设置位置应使上、下泵的输送能力匹配，且验算其楼面结构部位的承载力，必要时采取加固措施。

6.4.2　确定搅拌站、仓库、材料和构件堆场以及加工棚的位置

布置搅拌站、仓库、材料和构件堆场以及加工棚的位置时，总的要求是既要使它们尽量靠近使用地点或将它们布置在起重机服务范围内，又要便于装卸、运输。

6.4.2.1　确定搅拌机位置

砂浆、混凝土搅拌站位置取决于垂直运输机械，布置搅拌机时，考虑以下因素。

（1）搅拌机应有后台上料的场地，尤其是混凝土搅拌站，要考虑与砂石堆场、水泥库一起布置，既要相互靠近，又要便于这些大宗材料的运输和装卸。

（2）搅拌站应尽可能布置在垂直运输机械附近，以减少混凝土及砂浆的水平运距。当采用塔式起重机方案时，混凝土搅拌机的位置应使吊斗能从其出料口直接卸料并挂钩起吊。

（3）搅拌机应设置在施工道路旁，使小车、翻斗车运输方便。

（4）搅拌站场地四周应设置排水沟，以有利于清洗机械和排除污水，避免造成现场积水。

（5）混凝土搅拌机所需面积约为 25m^2，砂浆搅拌机所需面积约为 15m^2，冬期施工还应考虑保温与供热设施等，其面积要相应增加。

6.4.2.2　确定仓库和材料、构件堆放位置

材料管理

仓库、材料及构件的堆场的面积应先通过计算，然后根据各施工阶段的需要及材料使用的先后进行布置。

（1）仓库和材料、构件的堆放与布置

① 材料的堆场和仓库应尽量靠近使用地点，应在起重机械的服务范围内，减少或

避免二次搬运，并考虑到运输及卸料方便。

② 当采用固定式垂直运输机械时，首层、基础和地下室所用的材料，宜沿建筑物四周布置；第二层及以上建筑物的施工材料，布置在起重机附近或塔吊吊臂回转半径之内。

③ 砂、石等大宗材料尽量布置在搅拌站附近。

④ 多种材料同时布置时，对大宗的、重量大的和先期使用的材料，应尽可能靠近使用地点或起重机附近布置；而少量的，轻的和后期使用的材料，则可布置的稍远一些。

⑤ 当采用自行式有轨起重机械时，材料和构件堆场位置，应布置在自行有轨式起重机械的有效服务范围内。

⑥ 当采用自行式无轨起重机械时，材料和构件堆场位置，应沿着起重机的开行路线布置，且其所在的位置应在起重臂的最大起重半径范围内。

⑦ 预制构件的堆场位置，要考虑其吊装顺序，避免二次搬运。

⑧ 按不同施工阶段，使用不同材料的特点，在同一位置上可先后布置几种不同的材料。

（2）单位工程材料储备量的确定　单位工程材料储备量应保证工程连续施工的需要，同时应与全工地材料储备量综合考虑，其储备量按式（6-9）计算。

$$Q=\frac{nq}{T}K_1 \tag{6-9}$$

式中　Q——单位工程材料储备量；

n——储备天数，按表6-2取用；

q——计划期内需用的材料数量；

T——需用该项材料的施工天数，且不大于n；

K_1——材料消耗量不均匀系数（日最大消耗量/平均消耗量）。

【例6-1】 建筑工地单位工程按月计划需用水泥5500t，试求其月需要的储备量。

解　取$n=30$天，$T=22$天，$K_1=1.05$

水泥月储备量由式（6-9）得：

$$Q=\frac{nq}{T}K_1=\frac{30\times5500}{22}\times1.05=7875\text{t}$$

故，月需要水泥储备量为7875t。

（3）各种仓库及堆场所需的面积的确定。各种仓库及堆场所需的面积，可根据施工进度、材料供应情况等，确定分批分期进场，并根据式（6-10）进行计算。

$$F=\frac{Q}{PK_2} \tag{6-10}$$

式中　F——材料堆场或仓库需要面积；

Q——单位工程材料储备量；

P——每平方米木仓库面积上材料储存量，按表6-2取用；

K_2——仓库面积利用系数，按表6-2取用。

表6-2　常用材料仓库或堆场面积计算所需数据参考指标

序号	材料名称	储存天数n/天	每平方米储存量P	堆置高度/m	仓库面积利用系数K_2	仓库类型
1	槽钢、工字钢	40～50	0.8～0.9	0.5	0.32～0.54	露天、堆垛

续表

序号	材料名称	储存天数 n/天	每平方米储存量 P	堆置高度/m	仓库面积利用系数 K_2	仓库类型
2	扁钢、角钢	40～50	1.2～1.8	1.2	0.45	露天、堆垛
3	钢筋(直筋)	40～50	1.8～2.4	1.2	0.11	露天、堆垛
4	钢筋(盘筋)	40～50	0.8～1.2	1.0	0.11	仓库或棚约占 20%
5	水泥	30～40	1.3～1.5	1.5	0.45～0.60	库
6	砂、石子（人工堆置）	10～30	1.2	1.5	0.8	露天、堆放
7	砂、石子（机械堆置）	10～30	2.4	3.0	0.8	露天、堆放
8	块石	10～20	1.0	1.2	0.7	露天、堆放
9	红砖	10～30	0.5	1.5	0.8	露天、堆放
10	卷材	20～30	15～24	2.0	0.35～0.45	仓库
11	木模板	3～7	4～6	—	0.7	露天

【例 6-2】 工地拟修建堆放 900t 水泥仓库一座，试求仓库需用面积。

解　根据题意由表 6-2 查得 $P=1.5$，$K_2=0.6$

水泥仓库需用面积由式（6-10）得：

$$F=\frac{Q}{PK_2}=\frac{900}{1.5\times0.6}=1000\text{m}^2$$

故，水泥仓库需用面积为 1000m^2。

6.4.2.3　确定加工棚的位置

木材、钢筋、水电等加工棚宜设置在建筑物四周稍远处，并有相应的材料及成品堆场。现场作业棚所需面积参考指标见表 6-3。

表 6-3　现场作业棚所需面积参考指标

序号	名称	单位	面积/m²	备注
1	电锯房	m²	80	34～36in 圆锯 1 台
2	电锯房	m²	40	
3	水泵房	m²/台	3～8	
4	发电机房	m²/台	10～20	
5	搅拌棚	m/台	10～18	
6	卷扬机棚	m²/台	6～12	
7	木工作业机棚	m²/人	2	
8	钢筋作业机棚	m²/人	3	
9	烘炉房	m²	30～40	
10	焊工房	m²	20～40	
11	电工房	m²	15	
12	白铁工房	m²	20	
13	油漆工房	m²	20	
14	机、钳工修理房	m²	20	

续表

序号	名称	单位	面积/m²	备注
15	立式锅炉房	m²/台	5～10	
16	空压机棚(移动式)	m²/台	18	
17	空压机棚(固定式)	m²/台	9	

施工场地

6.4.3 布置运输道路

(1) 现场运输道路及出入口的布置　施工运输道路的布置主要解决运输和消防两方面问题，布置原则如下：

① 尽可能利用永久性道路的路面或基础。

② 应尽可能围绕建筑物布置环形道路，并设置两个以上的出入口。

封闭管理

注释：《建设工程施工现场消防安全技术规范》(GB 50720—2011)

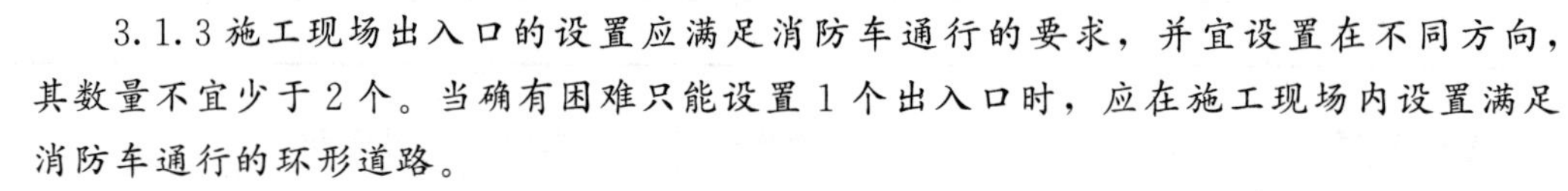

3.1.3 施工现场出入口的设置应满足消防车通行的要求，并宜设置在不同方向，其数量不宜少于2个。当确有困难只能设置1个出入口时，应在施工现场内设置满足消防车通行的环形道路。

注释：《建设工程安全生产管理条例》

第三十一条 施工单位应当在施工现场建立消防安全责任制度，确定消防安全责任人，制定用火、用电、使用易燃易爆材料等各项消防安全管理制度和操作规程，设置消防通道、消防水源，配备消防设施和灭火器材，并在施工现场入口处设置明显标志。

③ 当道路无法设置环形道路时，应在道路的末端设置回车场。

④ 道路主线路位置的选择应方便材料及构件的运输及卸料，当不能到达时，应尽可能设置支路线。

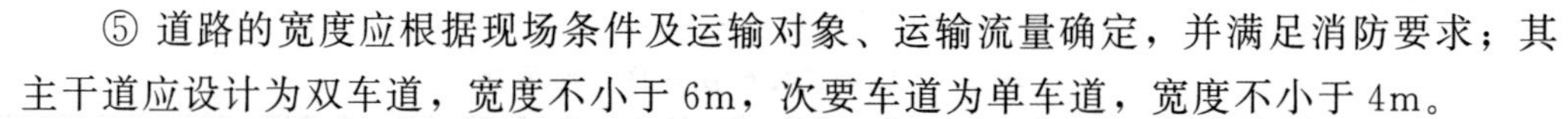

⑤ 道路的宽度应根据现场条件及运输对象、运输流量确定，并满足消防要求；其主干道应设计为双车道，宽度不小于6m，次要车道为单车道，宽度不小于4m。

现场防火

注释：《建设工程施工现场消防安全技术规范》(GB 50720—2011)

3.3.2 临时消防车道的设置应符合下列规定：临时消防车道的净宽度和净高度均不应小于4m。

⑥ 施工道路应避开拟建工程和地下管道等地方。

⑦ 施工现场入口应设置绿色施工制度图牌。

注释：《建筑工程绿色施工规范》(GB 50905—2014)

5.3.2 施工现场入口应设置绿色施工制度图牌。

公示标牌

注释：《建筑施工安全检查标准》(JGJ 59—2011)

3.2.4 文明施工一般项目的检查评定应符合下列规定。

公示标牌：

大门口处应设置公示标牌，主要应包括工程概况牌、消防保卫牌、安全生产牌、文明施工牌、管理人员名单及监督电话牌、施工现场总平面图；标牌应规范、整齐、统一；施工现场应有安全标语。

社区服务

⑧ 施工现场进出口应设置大门、门卫室、企业形象标志、车辆冲洗设施等。

注释：《建设工程施工现场环境与卫生标准》(JGJ 146—2013)

4.2.4 土方和建筑垃圾的运输必须采取封闭式运输车辆或采取覆盖措施。施工现场出口处设置车辆冲洗设施，并应对驶出车辆进行清洗。

注释：《建筑工程绿色施工规范》(GB 50905—2014)

3.3.1 施工现场扬尘控制应符合下列规定：

① 施工现场宜搭设封闭式垃圾站。

② 细散颗粒材料、易扬尘材料应封闭堆放、存储和运输。

③ 施工现场出口应设冲洗池，施工场地、道路应采取定期洒水抑尘措施。

工地临时道路简易公路技术要求见表 6-4，各类车辆要求路面最小允许曲线半径见表 6-5。

表 6-4　工地临时道路简易公路技术要求

指标名称	单位	技术标准
设计车速	km/h	≤20
路基宽度	m	双车道 7;单车道 5
路面宽度	m	双车道 6;单车道 4
平面曲线最小半径	m	平原、丘陵地区 20;山区 15;回头弯道 12

表 6-5　各类车辆要求路面最小允许曲线半径

车辆类型	路面内侧最小曲线半径/m		
	无拖车	有 1 辆拖车	有 2 辆拖车
小客车、三轮汽车	6	—	—
一般二轴载重汽车:单车道	9	12	15
一般二轴载重汽车:双车道	7	—	—
三轴载重汽车、重型载重汽车、公共汽车	12	15	18
超重型载重汽车	15	18	21

(2) 现场围挡及施工场地的相关规定　工地必须沿四周连续设置封闭围挡，围挡材料应选用砌体、彩钢板等硬性材料，并做到坚固、稳定整洁和美观。

现场围挡

① 市区主要路段的工地应设置高度不小于 2.5m 的封闭围挡。

注释：《建筑施工安全检查标准》(JGJ 59—2011)

3.2.3 文明施工保证项目的检查评定应符合下列规定。现场围挡：

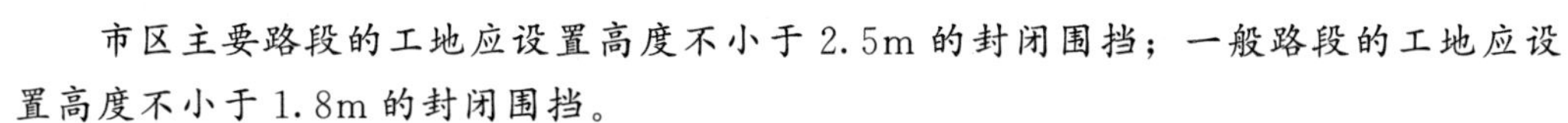

市区主要路段的工地应设置高度不小于 2.5m 的封闭围挡；一般路段的工地应设置高度不小于 1.8m 的封闭围挡。

② 在软土地基上、深基坑影响范围内，城市主干道、流动人员叫密集地区及高度超过 2m 的围挡应选用彩钢板。

③ 彩钢板围挡的高度应符合下列规定：围挡的高度不宜超过 2.5m；高度超过 1.5m 时，宜设置斜撑，斜撑与水平地面的夹角宜为 45°。

注释：《施工现场临时建筑物技术规范》(JGJ/T 188—2009)

④ 一般路段的工地应设置不小于 1.8m 的封闭围挡。

⑤ 施工现场的主要道路及材料加工区地面应进行硬化处理。

注释：《建设工程施工现场环境与卫生标准》(JGJ 146—2013)

4.2.1 施工现场的主要道路应进行硬化处理。裸露的场地和堆放的土方应采取覆盖、固化或绿化等措施。

⑥ 裸露的场地和堆放的土方应采取覆盖、固化或绿化等措施。

⑦ 施工现场应设置排水设施，且排水畅通无积水。

6.4.4 临时建筑的布置

临时建筑的布置既要考虑施工的需要，又要靠近交通线路，方便运输和职工的生活，还应考虑到节能环保的要求，做到文明施工、绿色施工。

综合治理

现场办公与住宿

生活设施

(1) 临时建筑的分类

① 办公用房，如办公室、会议室、门卫等。

② 生活用房，如宿舍、食堂、厕所、盥洗室、浴室、文体活动室、医务室等。

(2) 临时建筑的设计规定

① 临时建筑不应超过二层，会议室、餐厅、仓库等人员较密集、荷载较大的用房应设在临时建筑的底层。

② 临时建筑的办公用房、宿舍宜采用活动房，临时围挡用材宜选用彩钢板。

③ 办公用房室内净高不应低于2.5m。普通办公室每人使用面积不应小于4m²，会议室使用面积不宜小于30m²。

④ 宿舍内应保证必要的生活空间，室内净高不应低于2.5m，通道宽度不应小于0.9m。每间宿舍居住人数不应超过16人；宿舍内应设置单人铺，床铺的搭设不应超过2层。

注释：《建设工程施工现场环境与卫生标准》(JGJ 146—2013)

5.1.5 宿舍内应保证必要的生活空间，室内净高不得小于2.5m，通道宽度不得小于0.9m，住宿人员不得小于2.5m²，每间宿舍居住人员不得超过16人。宿舍应有专人负责管理，床头宜设置姓名卡（宿舍内应设置单人铺，层铺的搭设不应超过2层）。

⑤ 食堂与厕所、垃圾站等污染源的地方的距离不宜小于15m，且不应设在污染源的下风侧。

⑥ 施工现场应设置自动水冲式或移动式厕所。

注释：《建设工程施工现场环境与卫生标准》(JGJ 146—2013)

5.1.18 施工现场应设置水冲式或移动式厕所，厕所地面应硬化，门窗齐全并通风良好。

(3) 临时房屋的布置原则

① 施工区域与生活区域应分开设置，避免相互干扰。

注释：《安全生产管理条例》第二十九条　施工单位应当将施工现场的办公、生活区与作业区分开设置，并保持安全距离；办公、生活的选址应当符合安全性要求。施工单位不得在尚未竣工的建筑物内设置员工集体宿舍。

② 各种临时房屋均不能布置在拟建工程（或后续开工工程）、拟建地下管沟、取弃土地点。

③ 各种临时房屋应尽可能采用活动式、装拆式结构或就地取材。

④ 施工场地富余时，各种临时设施及材料堆场的设置应遵循紧凑、节约的原则；施工场地狭小时，应先布置主导工程的临时设施及材料堆场。

行政生活福利临时房屋包括办公室、宿舍、食堂、活动室等，其搭设面积参考见表 6-6。

表 6-6　行政生活福利临时建筑面积参考指标

临时房屋名称		参考指标/(m^2/人)	说明
办公室		3～4	按管理人员人数
宿舍	双层	2.0～2.5	按高峰年(季)平均职工人数(扣除不在工地住宿人数)
	单层	3.5～4.5	
食堂		0.5～0.8	食堂包括厨房、库房,应考虑在工地就餐人数和几次进餐
医务室		0.05～0.07	
浴室		0.07～0.1	
文体活动室		0.1	
现场小型设施	开水房	10～40	
	厕所	0.02～0.07	

6.4.5　临时供水管网布置

施工现场的临时用水首先应经过计算、设计，然后按照一定的规则布设。为了满足生产、生活及消防用水的需要，要选择和布设适当的临时供水系统。

6.4.5.1　现场总用水量计算

施工现场总用水量包括生产用水（工程施工用水和施工机械用水）、生活用水（施工现场生活用水和生活区用水）和消防用水三个方面。

（1）工地施工工程用水量可按式（6-11）计算。

$$q_1=K_1\times\frac{\sum Q_1\times N_1}{T_1\times t}\times\frac{K_2}{8\times3600} \tag{6-11}$$

式中　q_1——施工工程用水量，L/s；

K_1——未预计的施工用水系数，取 1.05～1.15；

Q_1——年（季）度工程量（以实物计量单位表示）；

N_1——施工用水定额，见表 6-7；

T_1——年（季）度有效作业日，天；

t——每天工作班数，班；

K_2——用水不均衡系数，见表 6-8。

表 6-7　施工用水参考定额（N_1）

序号	用水对象	单位	耗水量(N_1)
1	浇筑混凝土全部用水	L/m^3	1700～2400
2	搅拌普通混凝土	L/m^3	250
3	搅拌轻质混凝土	L/m^3	300～500
4	搅拌泡沫混凝土	L/m^3	300～400
5	搅拌热混凝土	L/m^3	300～350
6	混凝土自然养护	L/m^3	200～400
7	混凝土蒸汽养护	L/m^3	500～700

续表

序号	用水对象	单位	耗水量(N_1)
8	冲洗模板	L/m^2	5
9	搅拌机清洗	L/台班	600
10	人工冲石子	L/m^3	1000
11	机械冲石子	L/m^3	600
12	洗砂	L/m^3	1000
13	砌砖工程全部用水	L/m^3	150～250
14	砌石工程全部用水	L/m^3	50～80
15	抹灰工程全部用水	L/m^2	30
16	耐火砖砌体工程	L/m^3	100～150
17	浇砖	L/块	200～250
18	浇抹面硅酸盐砌体	L/m^3	300～350
19	抹面	L/m^2	4～6
20	楼地面	L/m^2	190
21	搅拌砂浆	L/m^3	300
22	石灰消化	L/t	3000
23	上水管道工程	L/m	98
24	下水管道工程	L/m	1130
25	工业管道工程	L/m	35

表 6-8　施工用水不均衡系数

系数号	用水名称	系数
K_2	现场施工用水	1.5
	附属生产企业用水	1.25
K_3	施工机械、运输机械	2.00
	动力设备	1.05～1.10
K_4	施工现场生活用水	1.30～1.50
K_5	生活区生活用水	2.00～2.50

（2）机械用水量计算　施工机械用水量可按式 6-12 计算。

$$q_2=K_1\times\sum Q_2\times N_2\times\frac{K_3}{8\times3600} \tag{6-12}$$

式中　q_2——施工机械用水量，L/s；

K_1——未预计施工用水系数，取 1.05～1.15；

Q_2——同一种机械台数，台；

N_2——施工机械台班用水定额，参考表 6-9 中的数据换算求得；

K_3——施工机械用水不均衡系数，见表 6-8。

表 6-9　施工机械用水参考定额（N_2）

序号	用水机械名称	单位	耗水量/L	备注
1	内燃挖土机	m^3·台班	200～300	以斗容量 m^3 计
2	内燃起重机	t·台班	15～18	以起重机吨数计
3	蒸汽起重机	t·台班	300～400	以起重机吨数计
4	蒸汽打桩机	t·台班	1000～1200	以吨重吨数计
5	内燃压路机	t·台班	15～18	以压路机吨数计
6	蒸汽压路机	t·台班	100～150	以压路机吨数计
7	拖拉机	台·昼夜	200～300	—
8	汽车	台·昼夜	400～700	—
9	空压机	(m^3/min)·台班	40～80	以压缩空气机排气量 m^3/min 计
10	锅炉	t·h	10～50	以小时蒸发量计
11	锅炉	t·m^2	15～30	以受热面积计
12	点焊机 25 型	台·h	100	—
13	点焊机 50 型	台·h	150～200	—
14	点焊机 75 型	台·h	250～300	—
15	对焊机、冷拔机	台·h	300	—
16	凿岩机 0130(CM56)	m^3·min	3	—
17	凿岩机 01-45(TN-4)	m^3·min	5	—
18	凿岩机 01-38(KⅡM-4)	m^3·min	8	—
19	凿岩机 YQ-100 型	m^3·min	8～12	—
20	木工场	台班	20～25	—
21	锻工场	m^3·台班	40～50	以烘焙数计

（3）施工工地生活用水量可按式（6-13）计算：

$$q_3=\frac{P_1\times N_3\times K_4}{t\times 8\times 3600} \tag{6-13}$$

式中　q_3——施工工地生活水用量，L/s；

P_1——施工工地高峰昼夜人数，人；

N_3——施工工地生活用水定额见表 6-10；

K_4——施工工地生活用水不均衡系数，见表 6-8；

t——每天工作班数，班。

（4）生活区生活用水量可按式（6-14）计算：

$$q_4=\frac{P_2\times N_4\times K_5}{24\times 3600} \tag{6-14}$$

式中　q_4——生活区生活用水，L/s；

P_2——生活区居住人数；

N_4——生活区昼夜全部生活用水定额，见表 6-10；

K_5——生活区生活用水不均衡系数，见表 6-10。

表 6-10　生活区用水参考定额（N_3、N_4）

序号	用水对象	单位	耗水量/L
1	生活用水(梳洗、饮用)	L/人	25～40
2	食堂	L/人	10～20
3	浴室(淋浴)	L/人	40～60
4	淋浴带大池	L/人	50～60
5	洗衣房	L/(人・斤)	40～60
6	理发室	L/(人・次)	10～25
7	施工现场生活用水	L/人	20～60
8	生活区全部生活用水	L/人	80～120

（5）消防用水量计算　消防用水主要供应工地消火栓用水，消防用水量见表 6-11。

表 6-11　消防用水量（q_5）

用水名称		火灾同时发生次数	单位	用水量/L
居民区消防用水	5000 人以内	1	L/s	10
	10000 人以内	2	L/s	10～15
	25000 人以内	2	L/s	15～20
施工现场消防用水	施工现场在 $25\times10^4\text{m}^2$ 内	1	L/s	10～15
	每增加 $25\times10^4\text{m}^2$	2	L/s	5

（6）施工工地总用水量 Q。按上述各式计算用水量后，即可计算总用水量。

① 当（$q_1+q_2+q_3+q_4$）$\leqslant q_5$ 时，则

$$Q=q_5+\frac{1}{2}(q_1+q_2+q_3+q_4) \tag{6-15}$$

② 当（$q_1+q_2+q_3+q_4$）$>q_5$ 时，则

$$Q=q_1+q_2+q_3+q_4 \tag{6-16}$$

③ 当工地面积小于 $5\times10^4\text{m}^2$，且 $(q_1+q_2+q_3+q_4)<q_5$ 时，则

$$Q=q_5 \tag{6-17}$$

最后计算出的总用水量，还应增加 10%，以补偿不可避免的水管漏水损失。

【例 6-3】 试计算全现浇大模板多层住宅群工程的工地总用水量。为简化计算，以日用水量最大时的混凝土浇筑工程计算，按计划每班浇筑高峰混凝土量为 100m^3 计，已知工地施工工人共 380 人，施工场地面积共 $10\times10^4\text{m}^2$。

解

① 计算工程用水量。

查表 6-7，取 $N_1=2000\text{L/m}^2$，$K_1=1.10$；查表 6-8，取 $K_2=1.5$，$T_1=1$，$t=1$

施工工程用水量由式（6-11）得：

$$q_1=K_1\times\frac{\sum Q_1\times N_1}{T_1\times t}\times\frac{K_2}{8\times3600}=\frac{1.1\times100\times2000\times1.5}{8\times3600}=11.46\text{L/s}$$

② 计算机械用水量。

无拌制和浇筑混凝土以外的施工机械，不考虑 q_2 用水量。

③ 计算工地生活用水量。

查表 6-10，取 $N_3=40\text{L/人}$，查表 6-8，取 $K_4=1.4$，$t=1$

工地生活用水量由式 6-13 得：

$$q_3=\frac{P_1\times N_3\times K_4}{t\times 8\times 3600}=\frac{350\times 40\times 1.4}{1\times 8\times 3600}=0.68\ \mathrm{L/s}$$

④ 计算生活区生活用水量。

查表 6-10，取 $N_4=100\mathrm{L}/$人，查 6-8，取 $K_5=2.25$。

生活区生活用水量由式（6-14）得：

$$q_4=\frac{P_2\times N_4\times K_5}{24\times 3600}=\frac{380\times 100\times 2.25}{24\times 3600}=0.99\ \mathrm{L/s}$$

⑤ 计算消防用水量。

本工程施工场地为 $10\times10^4\mathrm{m}^2$，小于 $25\times10^4\mathrm{m}^2$，故取 $q_5=10\mathrm{L/s}$。

⑥ 计算总用水量。

因 $q_1+q_2+q_3+q_4=11.46+0+0.68+0.99=13.13\mathrm{L/s}>q_5(10\mathrm{L/s})$，

则总用水量由式（6-16）得：

$$Q=q_1+q_3+q_4=13.13\ \mathrm{L/s}$$

故工地总用水量为 13.13L/s。

6.4.5.2　供水管径计算

总用水量确定后，即可按下式计算供水管径：

$$d=\sqrt{\frac{4Q}{\pi\times v\times 1000}} \tag{6-18}$$

式中　d——配水管直径，m；

Q——施工工地总用水量，L/s；

v——管网中水流速度，m/s，一般生活及施工用水取 1.5m/s，消防用水取 2.5m/s。

【例 6-4】　条件同【例 6-3】，试求临时供水管网需用管径。

解　由【例 6-3】计算得 $Q=13.13\mathrm{L/s}$，取 $v=1.5\mathrm{m/s}$，供水管径由式（6-18）得：

$$d=\sqrt{\frac{4Q}{\pi\times v\times 1000}}=\sqrt{\frac{4\times 13.13}{3.14\times 1.5\times 1000}}=0.106\mathrm{m}=106\mathrm{mm}$$

故临时供水管网需用外径为 114mm（内径 106mm）对焊焊接钢管。

6.4.5.3　供水管网布置

（1）布置方式

① 环形管网　管网为环形封闭形状，优点是能够保证可靠地供水，当管网某一处发生故障时，水仍能沿管网其他支管供水。缺点是管线长，造价高，管材耗量大。

② 枝形管网　管网由干线及支线两部分组成。管线长度短，造价低，但此种管网若在其中某一点发生局部故障时，有断水的威胁。

③ 混合式管网　主要用水区及干管采用环形管网，其他用水区采用枝形支线供水，这种混合式管网，兼备两种管网的优点，在工地中采用较多。

（2）布置要求

① 在保证连续供水的情况下，管道铺设越短越好。分期分区施工时，应按施工区域布置，同时还应考虑到工程进展中各段管网应便于移置。

② 管网的铺设　临时水管的铺设，可用明管或暗管。以暗管最为合适，它既不妨碍施工，又不影响运输工作。

③ 管道埋置　根据气温和使用期限而定，在温暖及使用期限短的工地，宜铺设在地面上，其中穿过场内运输道路时，管道应埋入地下300mm深；在寒冷地区或使用期限长的工地管道应埋置于地下，其中冰冻地区管道应埋在冰冻深度以下。

④ 消火栓设置　消火栓设置数量应满足消防要求。消火栓距离建筑物距离不小于5m，也不应大于25m，距离路边不大于2m。

⑤ 根据实际需要，可在建筑物附近设置简易蓄水池、高压水泵以保证生产和消防用水。

6.4.6 临时供电管网布置

配电箱与开关箱

现场临时供电，也应先进行用电量、导线计算，然后进行布置。

注释：《施工现场临时用电安全技术规范》(JGJ 46—2005)

8.1.1 配电系统应设置配电柜或总配电箱、分配电箱、开关箱，实行三级配电。

8.1.2 总配电箱以下可设若干分配电箱，分配电箱以下可设若干开关箱。

6.4.6.1 用电量的计算

现场照明

施工现场用电，包括动力用电和照明用电。

(1) 动力用电　土木工程施工用电通常包括土建用电、设备安装工程和备份设备试运转用电。

(2) 照明用电　照明用电是指施工现场和生活区的室外照明用电。

(3) 工地总用电量按式 (6-19) 计算。

$$P=1.1\times(K_1\sum P_c+K_2\sum P_a+K_3\sum P_b) \tag{6-19}$$

式中　P——计算用电量，即供电设备总需要量，kW；

$\sum P_c$——全部施工动力用电设备额定用量之和，查表6-12；

$\sum P_a$——室内照明设备额定用电量之和，查表6-12；

$\sum P_b$——室外照明设备额定用电量之和，查表6-12；

K_1——全部施工用电设备同时使用系数，总数10台以内时，$K_1=0.75$；10～30台时，$K_1=0.7$；30台以上时，$K_1=0.6$；

K_2——室内照明设备同时使用系数，一般取$K_2=0.8$；

K_3——室外照明设备同时使用系数，一般取$K_3=1.0$；

1.1——用电不均匀系数。

一般建筑工地多采取单班制作业，少数因工序配合需要或抢工期采用两班制作业。故此，综合考虑施工用电量约占总用电量的90%，室内外照明用电量约占总用电量的10%，于是可将式 (6-19) 进一步简化为：

$$P=1.1\times(K_1\sum P_c+0.1P)=1.24K_1\sum P_c \tag{6-20}$$

【例6-5】 工业厂房建筑工地，高压电源为10kV，临时供电线路布置、施工机具设备用电量如图6-8中所示，共有设备15台，取$K_1=0.7$，施工采取单班作业，部分因工序连续需要采取两班制作业，试计算需用电量。

解　计算用电量取75%，如图6-8。敷设动力、照明用380V/220V三相四线制混合型架空线路，按枝状线路布置架设。

施工用电量由式 (6-20) 得：

$$P=1.24K_1\sum P_c=1.24\times0.7\times(56+64)=104\text{kW}$$

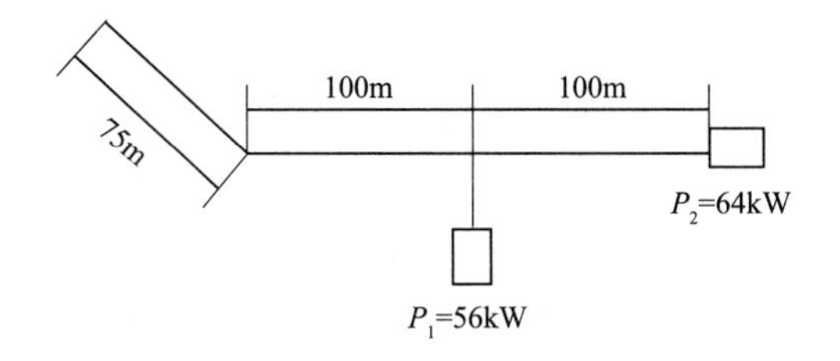

图 6-8 供电线路布置简图

故知需用电量为 104kW。

6.4.6.2 电源的选择

(1) 完全由工地附近的电力系统供电。

(2) 若工地附近的电力系统不够，工地需增设临时发电站以补充不足部分。

(3) 如果工地属于新开发地区，附近没有供电系统，电力则应由工地自备临时动力设施供电。

6.4.6.3 变压器容量计算

工地附近有 10kV 或 6kV 高压电源时，一般多采取在工地设小型临时变电所，装设变压器将二次电源降至 380V/220V，有效供电半径一般在 500m 半径内。大型工地可在几处设变压器（变压所），其变压器的容量，可按式（6-21）计算。

$$P_0=\frac{1.05P}{\cos\varphi}=1.4P \tag{6-21}$$

式中 P_0——变压器容量，kV·A；

1.05——功率损失系数；

$\cos\varphi$——用电设备功率因素，一般建筑工地取 0.75。

在求得 P_0 值之后，即可查表 6-12 选择变压器的型号和额定容量。

表 6-12 常用电力变压器性能表

型号	额定容量/kV·A	型号	额定容量/kV·A
SL_7-30/10	30	SL_7-50/10	50
SL_7-63/10	63	SL_7-80/10	60
SL_7-100/10	100	SL_7-125/10	125
SL_7-160/10	160	SL_7-200/10	200
SL_7-250/10	250	SL_7-315/10	315
SL_7-400/10	400	SL_7-500/10	500

【例 6-6】 条件同【例 6-5】，试求需用变压器容量并选定型号。

解 由【例 6-5】计算得，$P=104$kW，变压器需要的容量由式（6-21）得：

$$P_0=1.4P=1.4\times104=146\ \text{kV}\cdot\text{A}$$

当地高压供电 10kW 查表知。型号 SL7-160/10 变压器额定容量为 160kV·A＞146kV·A，可满足要求。故知需变压器容量为 160kV·A，型号为 SL7-160/10。

6.4.6.4 选择导线截面

导线的自身强度必须能防止受拉或机械性损伤而折断，必须耐受因电流通过而产生的温升，应使得电压损失在允许的范围之内，这样导线才能正常传输电流，保证各方用电的需要。

(1) 按导线的允许电流选择　三相四线制低压线路上的电流可按下式计算：

$$I_t = 2P \tag{6-22}$$

式中 I_t——线路工作电流值，A；

P——计算用电量，kW。

式（6-22）即表示 1kW 耗电量等于 2A 电流。求得 I_t 后，即可根据表 6-13 选取导线规格。

表 6-13 建筑工地常用配电导线规格及允许电流见表（A）

导线截面/mm^2	裸线		橡皮或塑料绝缘线单芯 500			
	TJ 型(铜线)	LJ 型(铝线)	BX 型(铜芯橡皮线)	BLX 型(铝芯橡皮线)	BV 型(铜芯塑料线)	BLV 型(铝芯塑料线)
2.5	—	—	35	27	32	25
4	—	—	45	35	42	32
6	—	—	58	45	55	42
10	—	—	85	65	75	50
16	130	105	110	85	105	80
25	180	135	145	110	138	105
35	220	170	180	138	170	130
50	270	215	230	175	215	165
70	340	265	285	220	265	205
95	415	325	345	265	325	250
120	485	375	400	310	375	385
150	570	440	470	360	430	325
185	645	500	540	420	490	380
240	770	610	600	510	—	—

（2）按照允许电压降选择 导线满足所需要的允许电压，其本身引起的电压降必须限制在一定范围内。导线承受负荷电流长时间通过所引起的温升，其自身电阻越小越好。导线上引起的电压降必须控制在允许范围内，以防止在远处的用电设备不能启动。配电导线截面的电压降可按下式计算：

$$\varepsilon = \frac{\sum PL}{CS} \leqslant [\varepsilon] = 7\% \tag{6-23}$$

式中 ε——电压降，%，工地临时用电网路取 7%；

$\sum P$——各段线路负荷计算功率，即计算用电量，kW；

L——各段线路长度，m；

C——材料内部系数，按表 6-14 取用；

S——导线截面。

表 6-14 材料内部系数 C

线路额定电压/V	线路系统及电流种类	系数 C 值	
		铜线	铝线
380/220	三相四线	77	46.3
220	—	12.8	7.75
110	—	3.2	1.9
36	—	0.34	0.21

（3）按机械强度选择 导线在各方敷设方式下，应按其强度需要，保证必需的最小截面，以防拉、折而断。当线路上电杆之间距离在 25～40m 时，其允许的导线最小截面，可

按表 6-15 查用。

表 6-15　导线按机械强度所允许的导线最小截面

导线用途	导线最小截面/mm²	
	铜线	铝线
照明装置用导线：户内用	0.5	2.5
户外用	1.0	2.5
双芯软电线及软电缆：用于电灯	0.35	—
用于移动式生活用电设备	0.5	—
多芯软电线及软电缆：用于移动式生产用电设备	1.0	—
绝缘导线 用于固定架设在户内绝缘支持件上，其间距为：		
2m 及以下	1.0	2.5
6m 及以下	2.5	4
25m 及以下	4	10
裸导线：户内用	2.5	4
户外用	6	16
绝缘导线：穿在管内	1.0	2.5
木槽板内	1.0	2.5
绝缘导线：户外沿墙敷设	2.5	4
户外其他方式	4	10

以上通过计算或者查表所选用的导线截面，必须同时满足上述三个条件，并以求得的最大导线截面作为最后确定导线的截面。根据实践，在工地中当配电线路较短时，导线截面可由允许电流选定，对小负荷的架空线路，导线截面一般以机械强度选定即可。

【例 6-7】 条件同【例 6-5】，试选择确定导线截面。

解　由【例 6-5】，已知 P=104kW

① 按导线允许电流选择

$$I_t = 2P = 2 \times P = 208\text{A}$$

为安全起见，选用 BLX 型铝芯橡皮线，查表 6-13，当选用 BLX 型导线截面为 70mm² 时，持续允许电流为 202A>208A，可满足要求。

② 按允许电压降选择

$$\varepsilon_{AC} = \frac{(42+48)\times 175 + 48\times 100}{46.3\times 70} = \frac{20550}{3241} = 6.34\% < 7\%$$ ，满足要求。

③ 按导线机械强度校核

要求的机械强度大于表 6-15 的最小截面 10mm²，满足要求。

6.4.6.5　临时供电的布置原则

（1）变压器的布置

① 变压器应布置在现场边缘高压线接入处，离地应大于 3m，四周设置铁丝网围挡，并有明显标志。

② 变压器不宜布置在交通通道口处。

③ 配电室应靠近变压器，便于管理。

（2）供电线路的布置

① 供电线路布置有环状、枝状、混合式三种方式。

② 各供电线路宜布置在道路边，架空线必须设在专用的电杆上，间距为 25～40m；距建筑物应大于 1.5m，垂直距离应在 2m 以上；也要避开堆场、临时设施、开挖的沟槽和后期拟建工程的部位。

③ 线路应布置在起重机械的回转半径之外。如有困难时，必须搭设防护栏，其防护高度应超过线路 2m，机械在运转时还用采取必要措施，确保安全。也可采用埋地电缆布置，减少机械间相互干扰。

④ 跨过材料、构件堆场时，应有足够的安全架空距离。

6.5 施工现场安全教育

安全生产是建筑施工企业的头等大事，是各项工作的重中之重，责任重于泰山，一旦施工现场发生事故，企业就会蒙受经济损失和信誉损失。

建筑企业员工安全思想教育，更大程度地是为了提高员工的安全意识。通常员工安全教育主要采取教育分析、现身说法、案例警示、班前宣誓、安全知识竞赛等方法，但这些方法已满足不了新形势下员工安全教育的需要。

现在出现了一种新的方式，“仿真安全教育培训体验馆”。以下简称“安全体验馆”。安全体验馆打破了传统安全教育模式，将以往的“说教式”教育转变为亲身“体验式”教育。采用视、听、体验相结合的三维立体式安全教育模式，建筑企业员工可以通过在安全体验馆进行亲身体验，实施可感受、可操作的实体化安全教育，比过去的传统安全教育的方法效果显著，立竿见影。

安全体验馆分为体验区和展示区两部分，涵盖十多个危险体验项目。包括安全帽撞击体验、安全带体验、洞口坠落、平衡木体验、用电及消防体验等。

这些体验项目在设计上逼真地再现了危险场景，让体验者亲身体验不安全操作行为带来的危害。虽然危险系数要比实际情况低许多，不会对人身安全造成威胁，但仍有很强的威慑力。通过体验，能够让体验者熟练掌握安全操作规程以及紧急情况的安全对策，达到提升职业技能，提高安全意识的目的。

6.5.1 安全体验馆体验区

（1）安全帽撞击体验　安全帽撞击体验区如图 6-9 所示，能够达到以下目的和效果。

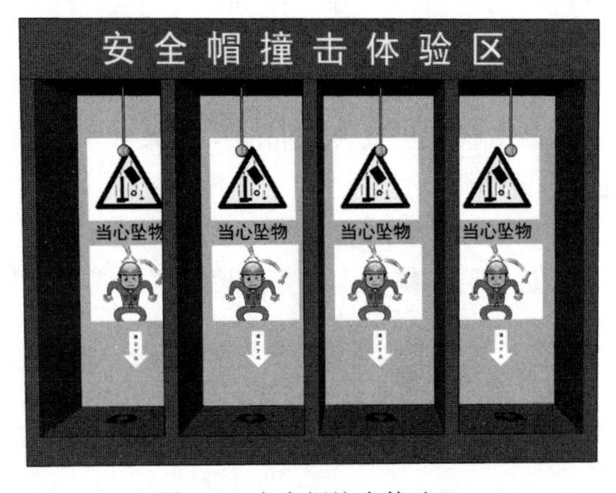

图 6-9　安全帽撞击体验区

熟知安全帽的正确佩戴方法以及佩戴安全帽的重要性和必要性，使职工认识到正确佩戴安全帽是一种责任也是一种形象，是展示建筑工人风采的窗口，无论在何种作业环境下均必须正确佩戴安全帽。

体验佩戴安全帽对物体打击所减轻的效果。使职工切实感受到安全帽对于作业人员受到坠落物、硬质物体的冲击及挤压时，减少冲击力，消除或减轻其对人体头部的伤害的重要作用。增强职工的自身安全防护意识，做到安全文明施工。

(2) 安全带体验　安全带体验区如图 6-10 所示，能够达到以下目的和效果。

熟知安全带的正确佩戴方法及佩戴安全带的重要性和必要性，使职工认识到在何种作业环境下必须正确佩戴安全带。

将安全带的使用环境及正确的使用方法融合于体验活动中，让职工切实体验到无安全措施时高处坠落后人体对地面撞击的片刻感受，从而增强职工对于高处作业时必须正确佩戴安全带的自身保护意识，充分认识到高处作业无安全措施的危险性，杜绝项目施工中高处坠落事故的发生，实现安全文明施工。

(3) 安全鞋撞击体验　安全鞋体验区如图 6-11 所示，能够达到以下目的和效果。

图 6-10　安全带体验区

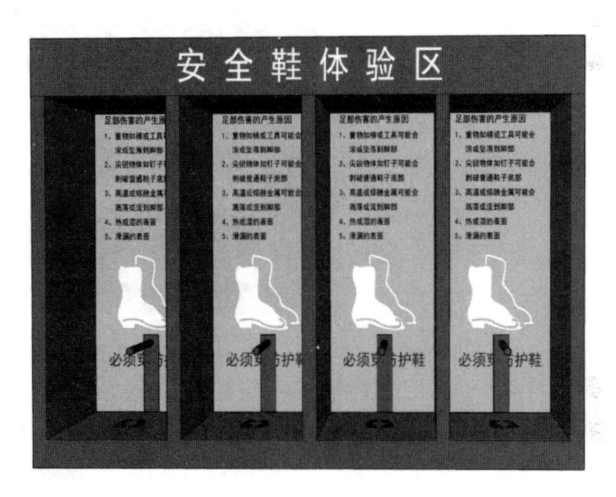

图 6-11　安全鞋体验区

熟知穿戴安全鞋的重要性和必要性，使职工认识到穿戴安全鞋是一种责任，也是一种形象，无论在何种作业环境下都必须正确穿戴安全鞋。

体验穿戴安全鞋对物体打击所减轻的效果，使职工切实感受到安全鞋对于作业人员受到坠落物其对人体脚部的伤害的重要作用，增强职工的自身安全防护意识。

(4) 洞口坠落　洞口坠落体验区如图 6-12 所示，能够达到以下目的和效果。

通过切身坠落体验，使职工充分了解开口部的危险性，增强自我保护意识，做到不违章作业，不冒险作业。使作业人员认识并掌握施工现场各类临边洞口的防护措施做法和使用功能，提高作业人员安全意识。

将高处坠落事故应急演练融入其中，有针对性的检验此类安全事故的应急管理和应急响应程序，及时有效的实施应急救援工作，最大限度地减少高处坠落人员伤亡和财产损失，提高全员的安全生产意识。

(5) 综合用电体验　综合用电体验区如图 6-13 所示，能够达到以下目的和效果。

图 6-12 洞口坠落体验区

图 6-13 综合用电体验区

通过综合用电体验，学习各开关、开关箱、各种灯具及各种电线的规格说明使用，进一步普及施工现场中安全用电知识，提高电工素质和职业道德，做到一切按施工现场临时用电规范办事，拒绝使用劣质产品；将触电急救措施融合于体验教育活动中，增强施工现场触电事故的应急处置能力，减少触电伤亡事故。

在各类施工现场经常会出现不按规定操作、电线老化、机械损伤等原因造成的漏电现象，对单位及人员造成严重后果。通过触电体验，加强管理人员、操作人员及工作人员对此类危害的认识。

(6) 消防体验 消防体验区如图 6-14 所示，能够达到以下目的和效果。

使职工充分了解发生火灾时如何正确使用消防器材，增强职工消防意识，杜绝火灾隐患。

提高对火灾扑救工作的组织和处理能力，更好地了解项目防火制度，提高自救能力及消防安全管理水平，为构建和谐社会创造良好的安全文明施工环境。

(7) 墙体倾倒体验 墙体倾倒体验区如图 6-15 所示，能够达到以下目的和效果。

倾翻墙体验是模拟此类场景，可加强工作人员对此类伤害的警惕性，避免此类意外伤害。

要求管理人员或安全管理人员，多注意或观测边坡变化，记录好移位。演示及体验土墙

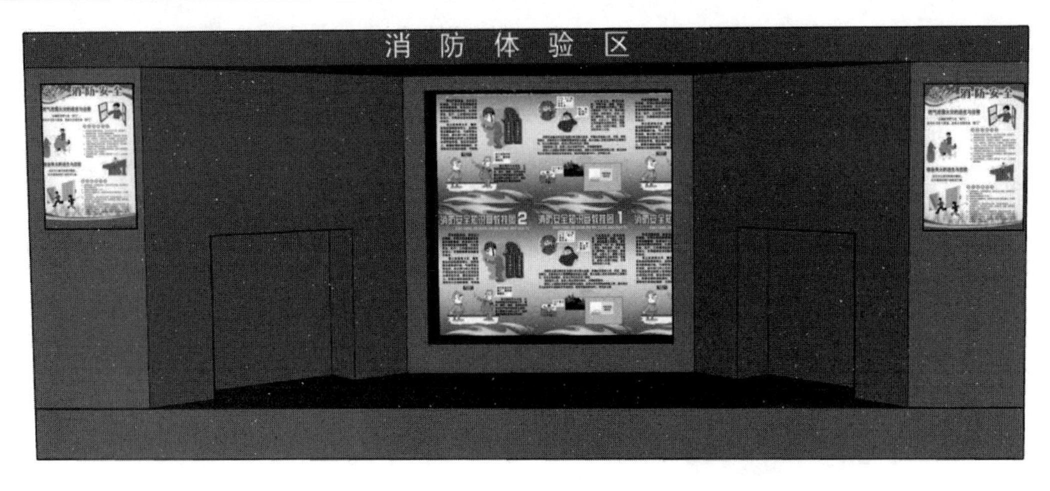

图 6-14 消防体验区

突然倒塌的冲压感受或压迫感，让体验人员感到不安全的感觉。施工的过程中注意边坡危险源，充分达到安全第一预防为主的目的。

(8) 垂直爬梯体验 如图 6-16 所示，能够达到以下目的和效果。

图 6-15 墙体倾倒体验区

图 6-16 垂直爬梯体验区

让体验者感受攀爬不符合制造规范和劣质爬梯所带来的严重后果。

爬梯应按照严格规范标准，设定合理步距，以便攀爬舒适安全。使用材料合格，科学施工维护，给施工带来方便和安全。

(9) 安全急救培训体验 如图 6-17 所示，能够达到以下目的和效果。

当事故不可避免地发生后，在专业救援人员到达前，对抢救出的伤者进行必要的急救可有效挽救伤者生命。

体验人员通过学习一些常用的急救方法，尽一切可能救助伤者，延长伤者生命。

(10) 操作平台倾倒体验 如图 6-18 所示，能够达到以下目的和效果。

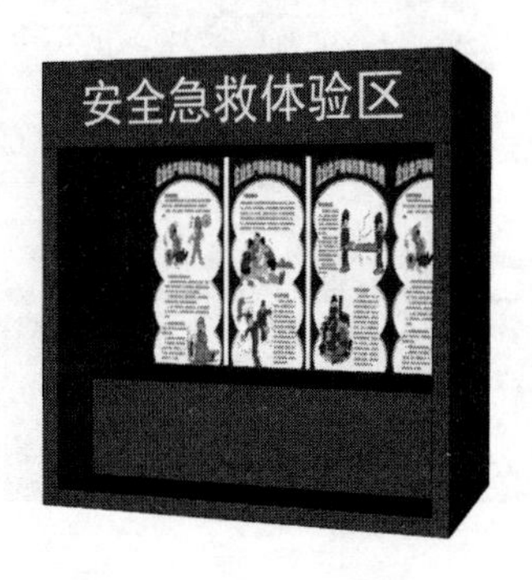

图 6-17　安全急救体验区

图 6-18　操作平台倾倒体验

操作平台倾倒体验是模拟操作平台在受到外力时的倾翻，加强工作人员严格遵守外架搭建的要求，避免此类意外伤害。

让体验人员熟悉和正确使用移动式操作平台的性能及特点，认识到作业时可能存在的安全隐患和事故易发情况。

（11）平衡木体验　如图 6-19 所示，能够达到以下目的和效果。

平衡木体验促进小脑的健康发育和肢体的应变能力，行走次数多时还能提高下肢力量和协调能力，锻炼职工沉着冷静、勇敢大胆的心理素质，增强职工的身体素质。

平衡木体验活动检测自身平衡能力，检测作业人员是否满足作业条件。

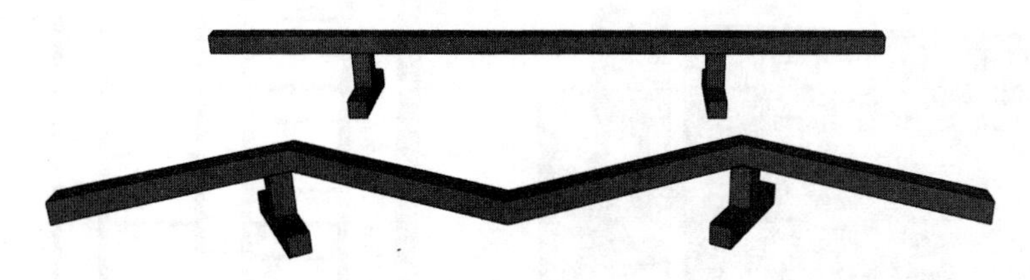

图 6-19　平衡木体验

（12）吊装作业体验　如图 6-20 所示，能够达到以下目的和效果。

吊运和钢丝绳的捆绑不同时，所吊运的物体状态的不同。演示正确的吊运作方法，训练指挥和司机之间的信号传递，提高吊运安全。

施工现场的吊物坠落、高处作业吊篮倾翻、转料平台倾覆及木工、钢筋工等加工机械的伤害都会对工人造成严重伤害，体验者通过体验过程，就会感知起重知识和起重伤害的危险，从而小心防范。

（13）人字梯体验　如图 6-21 所示，能够达到以下目的和效果。

通过人字梯体验，教育不正确使用人字梯时可能出现倾倒的危险性，学习合格人字梯的标准及正确使用方法，提高自我保护意识。

（14）重物搬运体验　如图 6-22 所示，能够达到以下目的和效果。

体验者在工作之前，应该提前做好热身运动，减少瞬间拉上扭伤。

既能锻炼身体，又能掌握面对重物时的正确搬运方法。

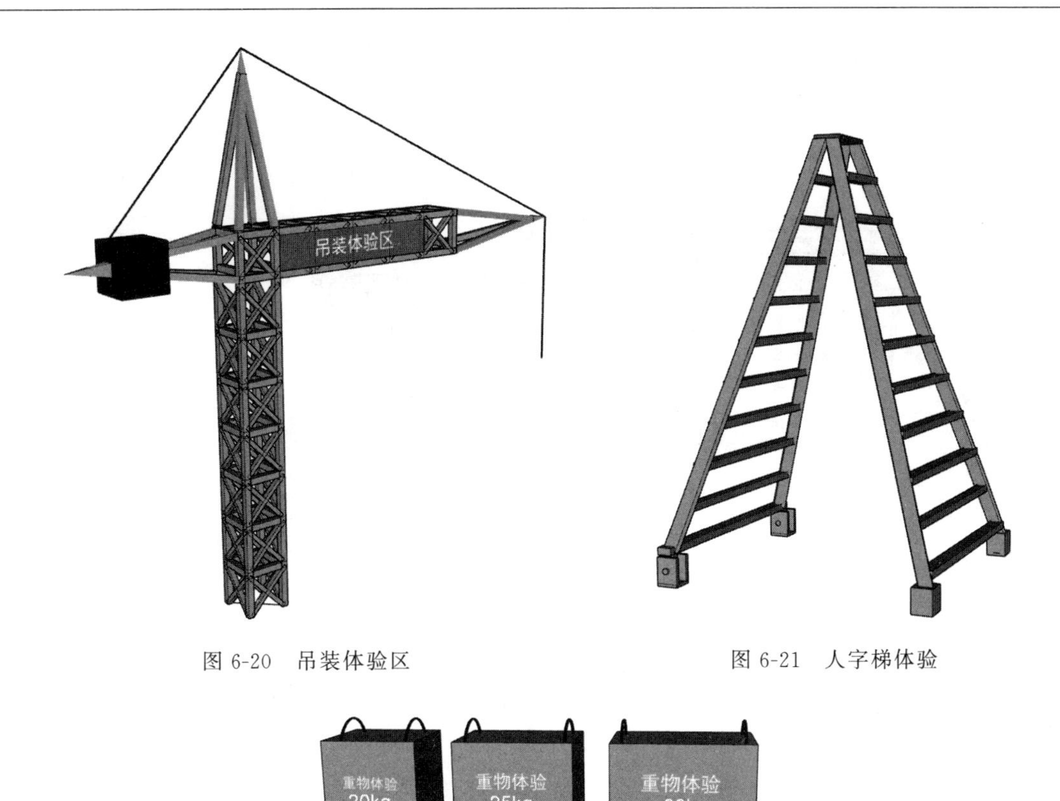

图 6-20　吊装体验区

图 6-21　人字梯体验

图 6-22　重物搬运体验

6.5.2　安全体验馆展示区

(1) 钢丝绳展示　如图 6-23 所示，能够达到以下目的和效果。

使职工充分了解钢丝绳的使用方法、使用钢丝绳时的注意事项和钢丝绳断丝后的正确处理方法。

图 6-23　钢丝绳展示

(2) 马道对比体验展示　如图 6-24 所示，能够达到以下目的和效果。

① 通过在架体上的行走体验，使工作人员识别正确马道和不良马道、良好通道和不良通道之间的区别。

② 良好马道设置目的是为了便于建筑企业员工的人行通道，便于小型机械物资转运。严禁使用有明显变形、裂纹和严重锈蚀的钢管扣件并做好警示工作。

（3）镝灯架展示　如图6-25所示，能够达到以下目的和效果。

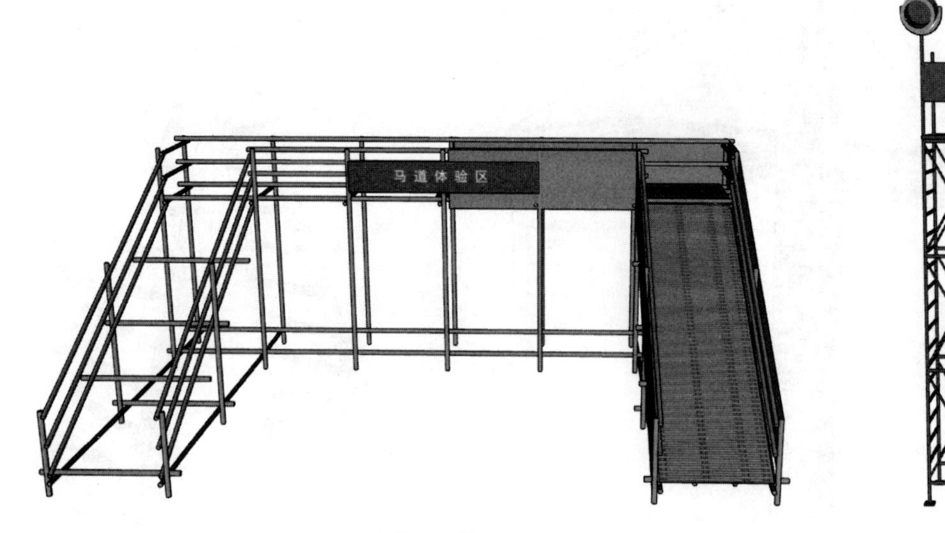

图6-24　马道对比体验展示　　图6-25　镝灯架展示

普及如何正确使用镝灯及预防镝灯对人体伤害的知识。夜间照明使用镝灯相当普遍，然而镝灯一旦使用不当，其释放的紫外线将会对劳动者的眼睛造成不良的影响，严重的可能引发电光性眼炎。

加强个人职业卫生防护，佩戴防护面具或防护眼镜。做好作业场所紫外线强度检测，预防紫外线强度超标。

仿真安全教育培训体验馆是传统安全教育培训的补充，是提升员工安全教育实效性的新举措。通过建筑企业员工的亲身体验，使安全措施从说教和文字变成切身真实的体验，从而留下深刻的印象。建筑体验区成立之后，一些人员入在施工中规范安全操作，事故率明显降低。虽然建筑体验区所产生的价值无法量化，但实际效果还是显而易见的。

6.6　单位工程施工现场布置图绘制

6.6.1　应用背景

传统模式下的施工场地布置策划，是由编制人员依据现场情况及自己的施工经验指导现场的实际布置。一般在施工前很难分辨其布置方案的优劣，更不能在早期发现布置方案中可能存在的问题，施工现场活动本身是一个动态变化的过程，施工现场对材料、设备、机具等的需求也是随着项目施工的不断推进而变化的。随着项目的进行，布置方案很有可能变得不适应项目施工的需求。这样一来，就得重新对场地布置方案进行调整，再次布置必然会需要更多的拆卸、搬运等程序，需要投入更多的人力、物力，进而增加施工成本，降低项目效益，布置不合理的施工场地甚至会产生施工安全问题。所以，随着工程项目的大型化、复杂化，传统的静态的二维的施工场地布置方法已经难以满足实际需要。

基于BIM的场地布置策划运用三维信息模型技术表现建筑施工现场，运用BIM动画技术形象地模拟建筑施工过程，将现场的施工情况、周边环境和各种施工机械等运用三维仿真技术形象地表现出来，并通过模拟进行合理性、安全性、经济性评估，实现施工现场场地布置的合理、合规。

6.6.2　软件系统

市面上可以得到的主要软件有广联达 BIM 施工现场布置软件、Revit、犀牛软件、3DMax、草图大师（Sketchup）等，该类系统的典型功能如下。

（1）基于 BIM 的场地布置规划主要用于对施工现场进行可视化信息模型描述，可参数化设计施工现场的围墙、大门及场区道路。

（2）可设计标识企业的 UI 展示，并可生成施工现场各种生产要素与主体结构，包括主体、基坑、塔吊、水电线路、围栏、模板体系、脚手架体系、临时板房、加工棚、料堆等，可置入各种工程机械、绿植、地形。

（3）在规划过程中，可自动检测现场 BIM 布置与相关规范的符合性，当绘制构件与相关规范不符时，系统出现提示框告知违反规范的名称、条目及正确的规范内容及合理性建议。

（4）基于 BIM 的施工现场布置策划完成后，可以自由设置成 360°任意视角、任意路径的场地漫游，输出漫游视频动画，可以根据进度计划或设置时间节点输出施工模拟动画。

6.6.3　广联达 BIM 施工现场布置软件

下面以广联达 BIM 施工现场布置软件为例进行介绍。BIM 施工现场布置软件提供多种临建 BIM 模型构件，可以通过绘制或者导入 CAD 电子图纸、GCL 文件快速建立模型，同时还可以导出自定义构件和导出构件。软件按照规范进行场地布置的合理性检查，支持导出和打印三维效果图片，导出 DXF、IGMS、3DS 等多种格式文件，软件还提供场地漫游、录制视频等功能，使现场临时规划工作更加轻松、更形象直观、更合理、更加快速。

（1）应用流程

① 首先，利用广联达 BIM 施工现场布置软件导入二维施工总平面图，通过菜单栏进行临建平面布置构件二维或三维绘图，此部分由 BIM 施工现场组依据图纸及现场实际进行绘制。

② 通过绘制好的三维场地模型，查看或导出临建工程各构件工程量，商务人员能够利用三维模型进行工程量查询及分包对量工作。

③ 最后，导入广联达 GCL 土建模型，将土建模型定位到施工总平面图拟建位置，通过漫游操作进行施工现场三维漫游，形象、直观地了解项目布置情况，通过进度关联模型进行进度模拟。

通过建立建筑模型库，在 BIM 现场布置软件中导入 DWG、GCL、OBJ、SKP 等格式的建筑设计文件，可实现现场构件库的快速完善。系统提供便捷的模型绘制能力，可自由建立和编辑特殊构件模型，补充构件库。

基于总平面，确定围墙和拟建物位置，以及场区围墙与拟建物的位置关系，系统可自动生成围墙、大门，并支持编辑不同企业的 UI 标识，以及墙面材质、大门样式。在施工过程中，根据地基与基础施工、主体结构施工、装饰装修施工，设置不同的时间阶段与各构件的施工工序进行动态施工模拟，检查可能出现的碰撞或者安全隐患，生成的方案如图 6-26 所示。

利用广联达 BIM 场地布置软件绘制临时三维模型，一键提取临建需要的临水、临电、活动板房及临时道路等工程量，解决了传统手算工程量无法追踪的问题，方便商务人员后期对量等工作。通过软件的应用，在商务工作临建计量方面提升了效率约 50%，施工现场各类临时设施工程量计量如图 6-27 所示。

图 6-26 基于 BIM 的场地布置效果图

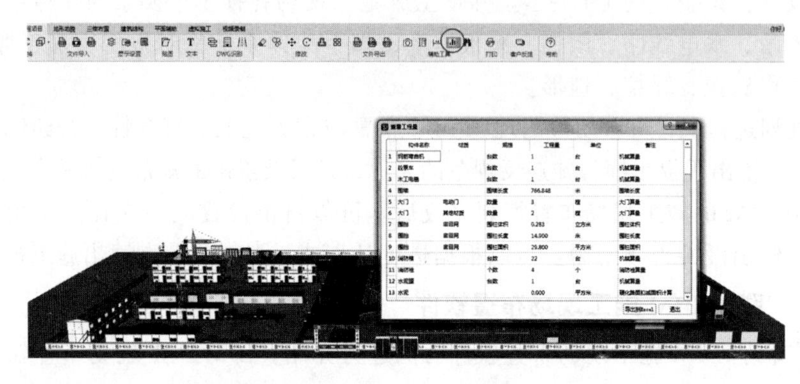

图 6-27 施工现场各类临时设施工程量

(2) 应用价值 利用该软件进行施工现场合理布置临建及施工机具，可优化资源配置，提高施工效率，节约施工成本，在施工现场三维可视化应用方面，方便施工各参与方直观了解施工布置，优化各临时建筑的间距，保证临建的规范性；在施工计量方面，通过软件计量提升商务人员计量效率约 50%，确保数据的准确性和可追溯性。在模拟施工方面，通过项目的应用，保证进度计划合理性，依据施工进度的动态模拟，可对现场各类施工资源的规划布置、互相关系进行优化，确保资源的布局、工程量计算、逻辑关系的准确性，预见计划执行中可能存在的问题。

【实战演练】

6.7 任 务 一

6.7.1 任务下发

根据“广联达办公大厦”相关资料，利用广联达三维施工平面设计软件按照基础阶段、主体阶段、装修阶段，绘制三维场地布置图。

6.7.2 任务实施

6.7.2.1 塔式起重机的布置

本工程采用固定式塔式起重机，布置在拟建建筑物长度方向的居中位置，与拟建建筑外边线距离 6m，为满足塔式起重机的服务范围覆盖整个施工区域，避免出现死角，其最小起重半径为

$$R^2 = 25.2^2 + 28.5^2$$

R 为最小臂长，R=38m，按 38m 计。

完成模板安装所需塔吊的最小高度，由式（6-3）得

$$H=h_1+h_2+h_3+h_4=19.6+2+3+3=27.6\text{m}$$

最大起重重量为3t，经分析，选用QTZ50（4810），其工作参数见表6-16。

表6-16　QTZ50（4810）塔吊的主要工作参数

主要工作参数	QTZ50塔式起重机	实际需要值	备注
独立起重高度	30m	27.6m	
最大起重重量	5t	3t	
最大回转半径	48m	38m	

6.7.2.2　各种仓库及堆场所需的面积计算

各计算方式如下。生产性临时建筑一览表如表6-17所示。

（1）钢筋堆场，由式（6-10）得

$$F=\frac{Q}{PK_2}=\frac{60.5}{2.4\times0.11}=230\text{m}^2$$

（2）水泥仓库，由式（6-10）得

$$F=\frac{Q}{PK_2}=\frac{50}{1.5\times0.6}=56\text{m}^2$$

（3）木模板堆场，由式（6-10）得

$$F=\frac{Q}{PK_2}=\frac{659}{6\times0.7}=157\text{m}^2$$

（4）砂、石堆场，由式（6-10）得

$$F=\frac{Q}{PK_2}=\frac{114}{2.4\times0.8}=60\text{m}^2$$

表6-17　生产性临时建筑一览表

序号	名称	面积/m^2	规格数量/m
1	钢筋堆场	230	10×23
2	水泥仓库	56	8×7
3	木模板堆场	157	10×15.7
4	砂石堆场	60	6×10
5	钢筋加工棚	80	8×10
6	木工加工棚	80	8×10
7	机电材料加工棚	80	8×10

劳务宿舍：按照施工高峰人数150人计算，按照表6-6行政生活福利临时建筑面积参考指标，经过计算、分析，非生产性临时建筑面积如表6-18所示。

表6-18　非生产性临时建筑一览表

序号	名称	面积/m^2	规格数量/m
1	办公宿舍用房	240	5.0×4.0×12
2	劳务宿舍	400	5.0×4.0×20

续表

序号	名称	面积/m^2	规格数量/m
3	食堂	90	5.0×18
4	厕所	35	5×7×1
5	淋浴室	20	5×4×1
6	门卫岗亭	8	2×2×2

6.7.2.3 用水量计算

(1) 计算工程用水量　取浇筑高峰的混凝土量为 250.45m^3，查表 6-7，取 $N_1=2000L/m^2$，$K_1=1.10$；查表 6-8，取 $K_2=1.5$，$T_1=1$，$t=2$。施工工程用水量由式（6-11）得

$$q_1=K_1\times\frac{\sum Q_5\times N_1}{T_1\times 2}\times\frac{K_2}{8\times 3600}=\frac{1.1\times 250.45\times 2000\times 1.5}{2\times 8\times 3600}=14.34L/s$$

(2) 计算机械用水量　无拌制和浇筑混凝土以外的施工机械，不考虑 q_2 用水量。

(3) 计算工地生活用水量　查表 6-10，取 $N_3=40L/人$，查表 6-8，取 $K_4=1.4$，t=2。工地生活用水量由式（6-13）得

$$q_3=\frac{P_\times N_2\times K_4}{t\times 8\times 3600}=\frac{180\times 40\times 1.4}{2\times 8\times 3600}=0.175L/s\approx 0.18L/s$$

(4) 计算生活区生活用水量　查表 6-10，取 $N_4=100L/人$，查 6-8，取 $K_5=2.5$。生活区生活用水量由式（6-14）得

$$q_4=\frac{P_2\times N_4\times K_5}{24\times 3600}=\frac{180\times 100\times 2.5}{24\times 3600}=0.52L/s$$

(5) 计算消防用水量　本工程施工场地小于 $25\times 10^4m^2$，故取 $q_5=10L/s$。

(6) 计算总用水量

$q_1+q_2+q_3+q_4=14.34+0+0.18+0.52=15.04L/s>q_5(10L/s)$，

则总用水量由式（6-16）得

$$Q=q_1+q_3+q_4=15.04L/s$$

考虑 10%水管漏水损失，总用水量为

$$Q=(1+10\%)\times 15.04=16.54L/s$$

故工地总用水量为 16.54L/s。

6.7.2.4 供水管径计算

由计算得知 $Q=16.54L/s$，取 $v=1.5m/s$。

供水管径由式（6-18）得

$$d=\sqrt{\frac{4Q}{\pi\times v\times 1000}}=\sqrt{\frac{4\times 16.54}{3.14\times 1.5\times 1000}}=0.118m=118mm$$

查表，故知临时供水管网需用公称直径为 125mm 的焊接钢管。

6.7.2.5 案例工程操作

软件操作流程如图 6-28 所示。

(1) 启动软件　双击图标，启动软件。

(2) 新建工程，界面如图 6-29 所示。

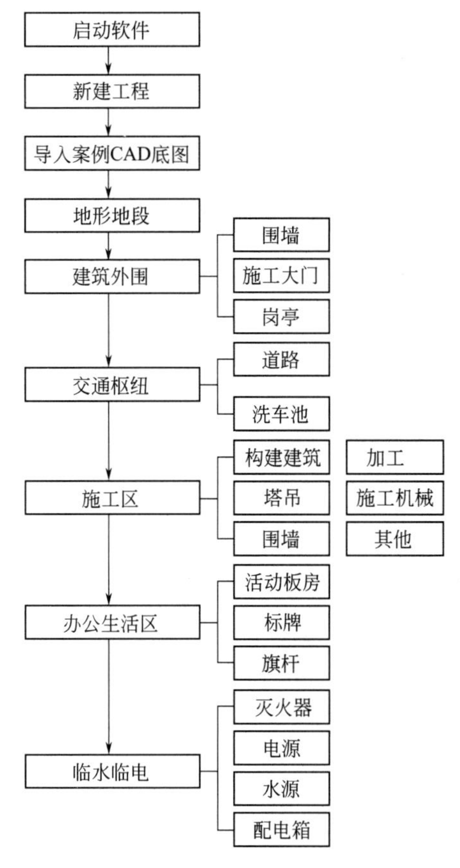

图 6-28　案例工程绘制流程图

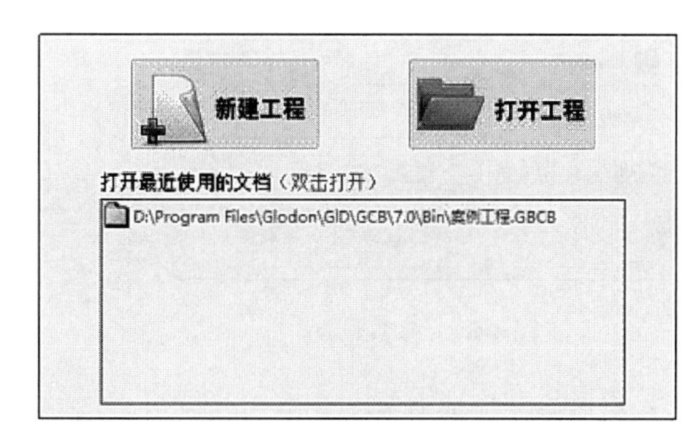

图 6-29　新建工程界面

（3）导入案例 CAD 底图　选择“工程项目”中“文件导入”，如图 6-30 所示。

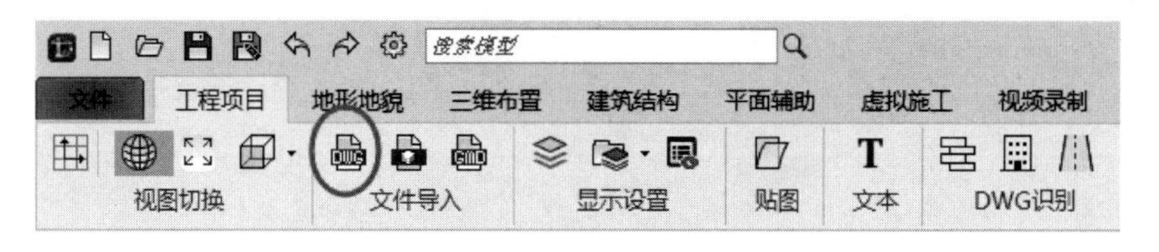

图 6-30　文件导入

操作步骤如图 6-31 所示。导入案例 CAD 底图后的效果如图 6-32所示。

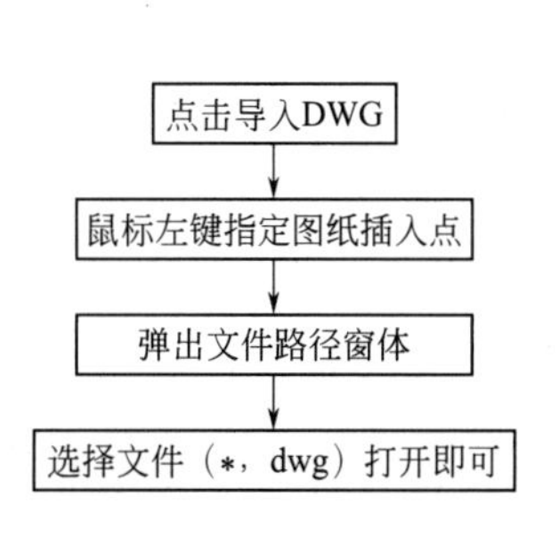

图 6-31　导入案例 CAD 底图流程

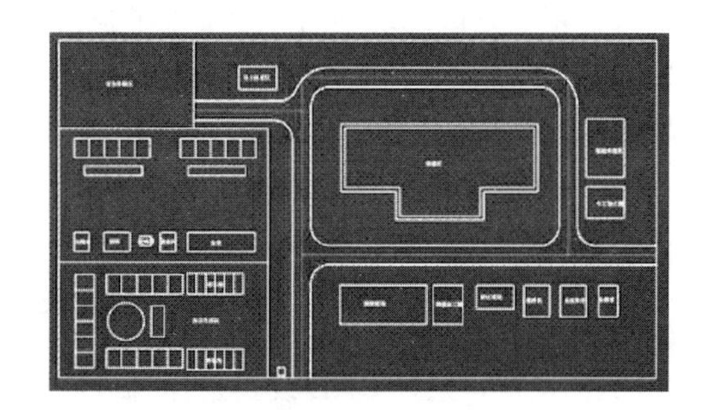

图 6-32　导入案例 CAD 底图后的效果

（4）地形地貌　如图 6-33 所示。

图 6-33　选择地形地貌

① 地形参数设置　如图 6-34 所示。

广联达办公大厦基础筏板顶标高为－4.3m，底板厚度为 0.5m，集水坑底标高－6.3m。地形地貌深度至少超过 6.3m，本工程取 8m。

② 平面地形　选择平面地形如图 6-35 所示。采用直线的绘制方式，把地形轮廓线围合起来，形成闭合的线型。

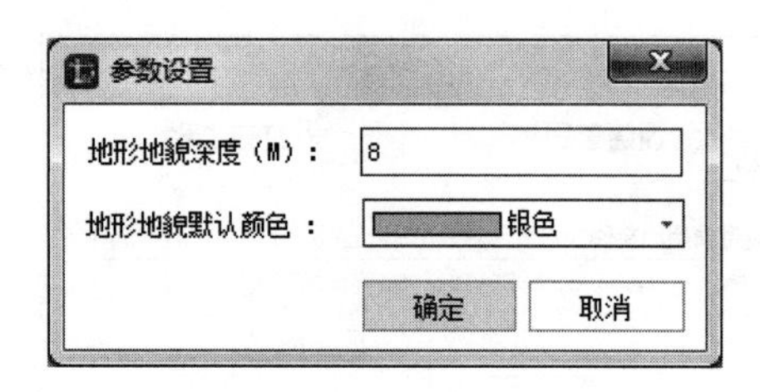

图 6-34　参数设置

图 6-35　选择平面地形

地形绘制完成效果如图 6-36 所示。

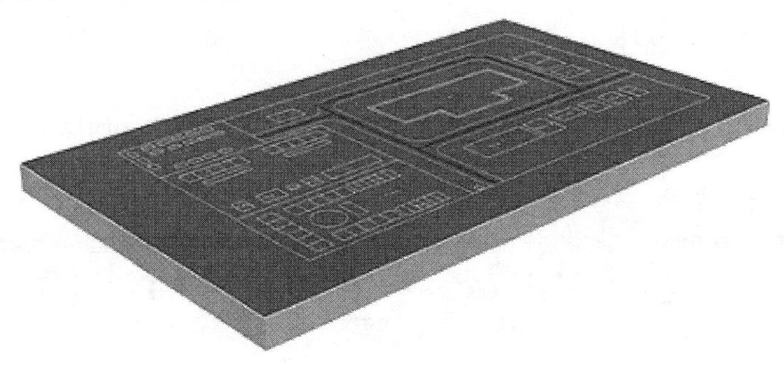

图 6-36　地形绘制完成效果

（5）建筑外围

① 围墙　围墙是施工现场的一种常见维护构件，软件提供两种绘制方法。

可以采用直线绘制方式、起点→终点→中点弧线绘制方式、起点→中点→终点弧线绘制方式、矩形绘制方式、圆形绘制方式。如图 6-37所示。

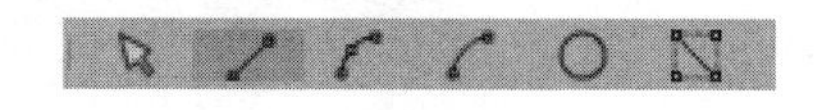

图 6-37　绘制方式

利用 CAD 识别，选择 CAD 线，选择时可连续点击实现多选 CAD 线，选择后点击【识别围墙线】 DWG识别 ，即可快速生成围墙。可以点击围墙，通过围墙属性栏，选择墙主体材质，“更多”可以为其选择其他材质。绘制完成后效果如图 6-38 所示。

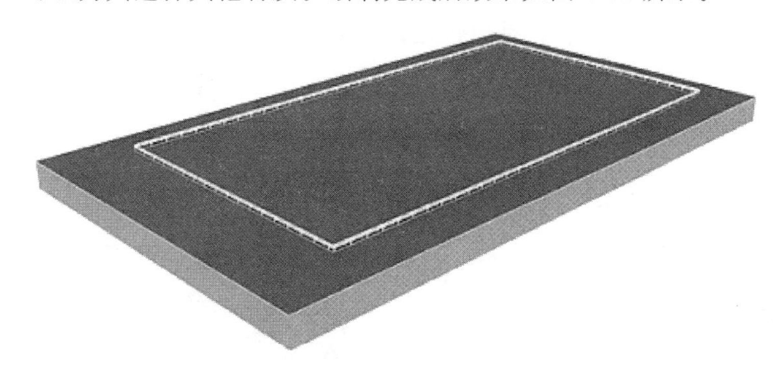

图 6-38　围墙绘制完成效果

② 施工大门　施工大门是供人员、施工机械和材料运输车辆进出必备构件，软件提供旋转点的绘制方式，用鼠标左键指定大门的插入点，指定大门的角度即可绘制完成。一般施工大门是与围墙相互依附存在，因此绘制施工大门时在围墙上点击插入点，大门即可依附围墙绘制，完成效果如图 6-39 所示。

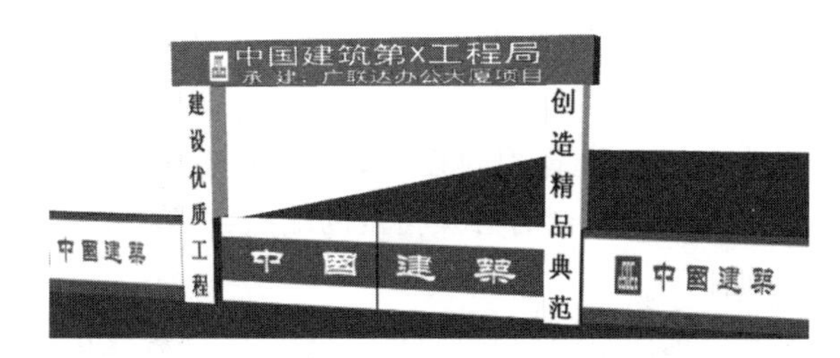

图 6-39　施工大门绘制完成效果

（6）交通枢纽

① 道路　道路是供各种车辆和行人等通行的工程设施，施工现场主要有现有永久道路、拟建永久道路、施工临时道路、场地内道路、施工道路几种类型。绘制方法主要有直线、起点→终点→中点画弧、起点→中点→终点画弧三种绘制方式。对于道路的转弯路口、交叉路口、或者 T 字形路口，软件在绘制过程中能自动生成，不用重复绘制。

② 洗车池　为了不污染社会道路，规范要求在施工出入口处设置洗车池，因此可以依附于道路绘制，选择洗车池，在施工道路上点击，即可绘制完成。绘制完成后效果如图 6-40所示。

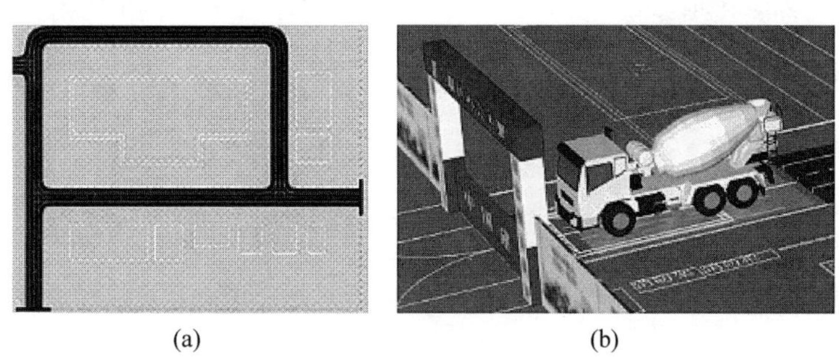

(a)　　(b)

图 6-40　道路及洗车池绘制完成效果

（7）施工区

① 基础阶段　基础阶段的基坑是通过底部标高以及放坡角度的设置，实现开挖。点击按钮。绘制时，绘制的开挖轮廓线是指开挖底部的轮廓线，若是角度小于 90°，基坑上部的范围要更大一些，在绘制时，若是锐角注意顶部的范围不能超出地形的范围，否则会无法生成。绘制时通过连续绘制封闭区域。基坑开挖绘制完成效果如图 6-41 所示。

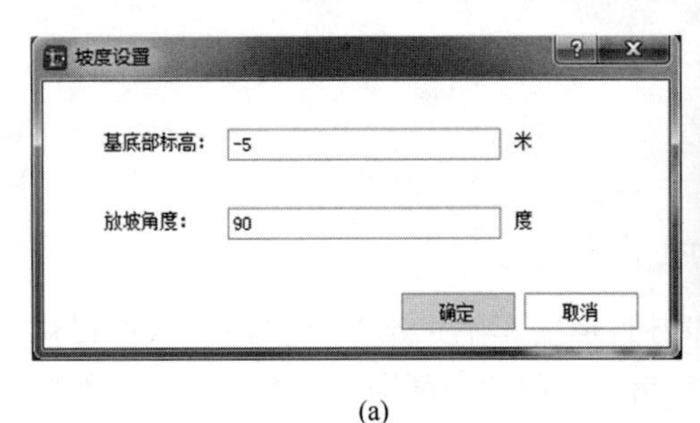

(a)

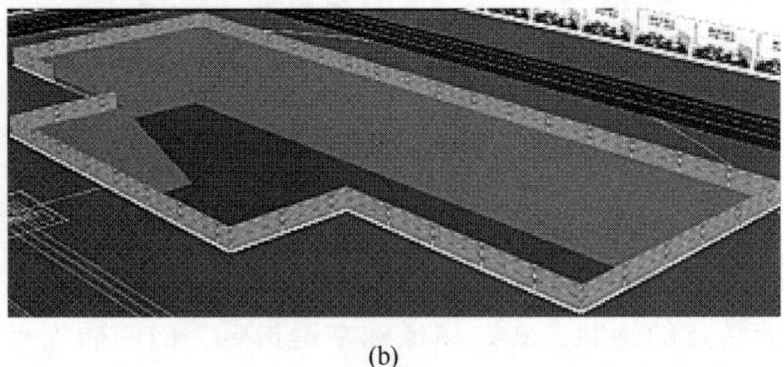

(b)

图 6-41　基坑开挖绘制完成效果

② 主体阶段　对于主体阶段中的拟建建筑，软件只采用外轮廓线简易处理，可以采用以下两种方式。

a. 选择直线多边形绘制方式，选择拟建建筑，按鼠标左键指点直线的第一个端点，按鼠标左键指点直线的下一个端点，绘制时必须指定的端点数是 3 个以上，在绘制的过程中若指定端点错误，可按 U 键退回一步。

b. 导入 CAD 的情况下，选择封闭的 CAD 线，选择后点击【识别拟建物轮廓】即可快速绘制完成拟建建筑，如图 6-42 所示。

③ 脚手架

a. 智能布置脚手架　软件会根据绘制的拟建物自动绘制脚手架，依附于建筑物，然后在脚手架的属性栏中简单修改属性，就可以得到脚手架。

b. 手动布置　在绘制脚手架的时候选择直线或者弧形布置，可以不依附于建筑物，绘制完成后选择布置方向即可。绘制完成后效果如图 6-43 所示。

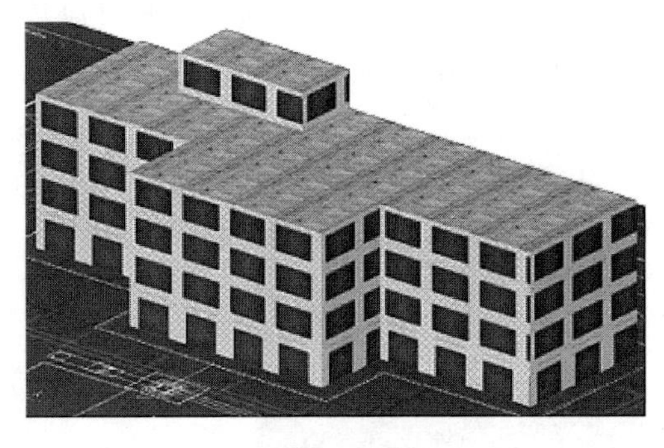

图 6-42　主体结构模型绘制完成效果

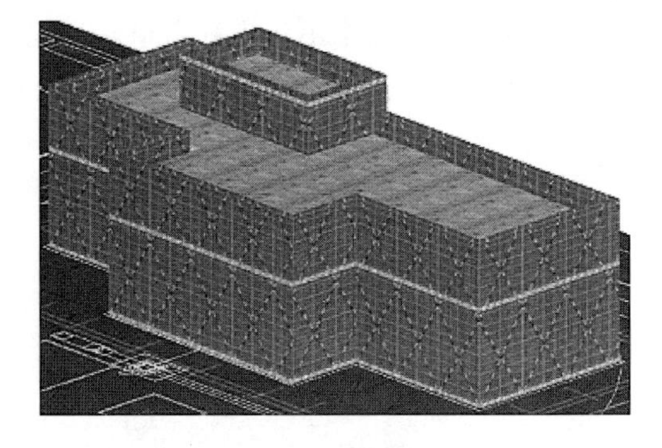

图 6-43　脚手架绘制完成效果

④ 安全通道　施工现场的安全通道，通常是指在建筑物的出入口位置用脚手架、安全网及硬质木板搭设的，目的是避免上部掉落物伤人。因为安全通道常常依附脚手架绘制，软

件默认提供点式绘制方式。当安全通道插入点在拟建建筑物或者脚手架附近时，安全通道能自动依附脚手架绘制，绘制完成后效果如图 6-44 所示。

⑤ 装修阶段　装修阶段，为了美化装修模型，可以采用以下两种方式对模型进行美化。

a. 设置外墙材质，选择更多，在材质包中，选择材质替换当前材质。

b. 采用导入外部模型的方式。点击 文件导入 图标，在软件中导入 DWG、GCL、GGJ、OBJ、SKP 等格式的建筑设计文件，达到美化装修模型的目的，如图 6-45 所示。

图 6-44　安全通道绘制完成效果

图 6-45　导入外部装修模型效果

⑥ 塔吊　塔吊为施工现场内常见的运输工具，软件绘制方式为点式和旋转点绘制。选择塔吊，按鼠标左键指定插入点，按右键终止或者 ESC 即可绘制完成。选择旋转点绘制时，用鼠标左键指定塔吊的插入点，指定塔吊的角度即可绘制完成，如图 6-46 所示。

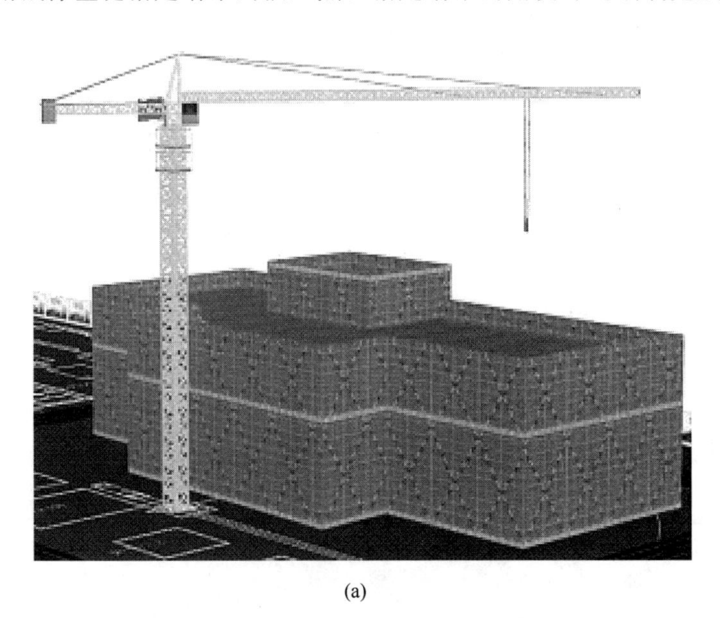

(a)

(b)

图 6-46　塔吊绘制完成效果

⑦ 堆场　软件提供十多种施工现场常见的材料堆场，如脚手架堆、钢筋堆、模板堆等，可以采用多种方式绘制堆场。堆场根据不同的施工阶段，材料品种及存放场地做适当调整，如图 6-47 所示。

图 6-47　材料堆场绘制完成效果

⑧ 加工棚　防护棚一般用作于施工现场的加工棚，绘制方法以矩形为主，完成效果及防护棚参数如图 6-48 所示。

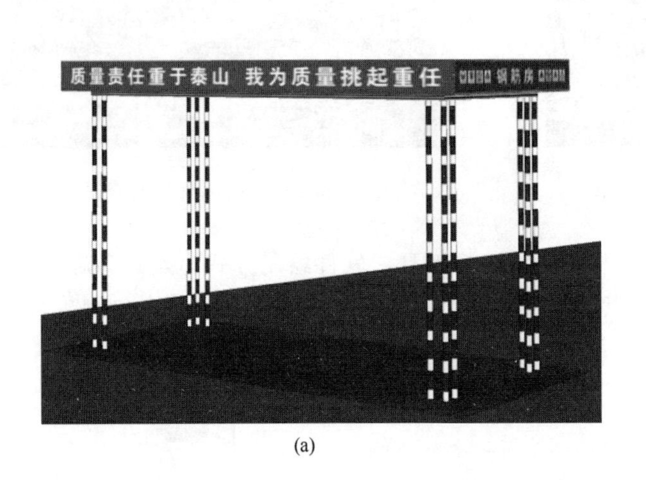

(a)

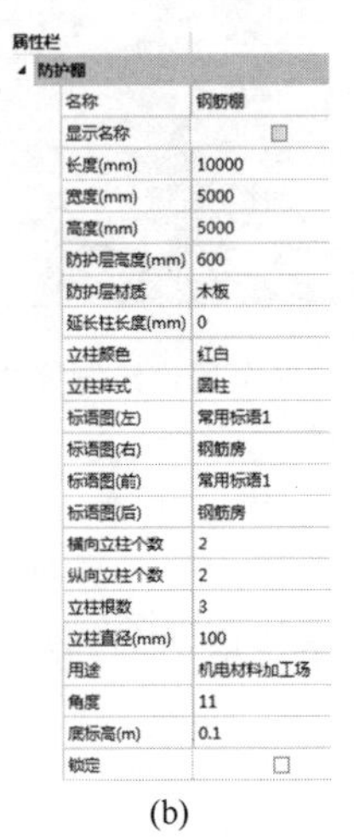

属性栏

防护棚

名称	钢筋棚
显示名称	□
长度(mm)	10000
宽度(mm)	5000
高度(mm)	5000
防护层高度(mm)	600
防护层材质	木板
延长柱长度(mm)	0
立柱颜色	红白
立柱样式	圆柱
标语图(左)	常用标语1
标语图(右)	钢筋房
标语图(前)	常用标语1
标语图(后)	钢筋房
横向立柱个数	2
纵向立柱个数	2
立柱根数	3
立柱直径(mm)	100
用途	机电材料加工场
角度	11
底标高(m)	0.1
锁定	□

(b)

图 6-48　加工棚绘制完成效果

⑨ 施工机械　软件提供多种常用的施工机械，如汽车吊、混凝土罐车、挖掘机等，这些施工机械为内置的 obj 构件，绘制方式为点式和旋转点绘制。绘制完成效果如图 6-49 所示。

图 6-49　施工机械完成效果

（8）办公生活区

① 活动板房　对于施工现场常见的办公室、民工宿舍、食堂等，软件提供活动板房构件绘制。活动板房的绘制方式为直线拖拽的方式绘制。绘制完成后可以自由修改房建的间

数、层高等属性。活动板房绘制完成效果如图 6-50 所示。

图 6-50　活动板房绘制完成效果

② 公告牌　公告牌主要体现工地安全文明施工，有“五牌一图”等。软件中提供了直线绘制的方法，绘制完成后，在属性栏可以对公告牌的内容进行修改，如图 6-51 所示。

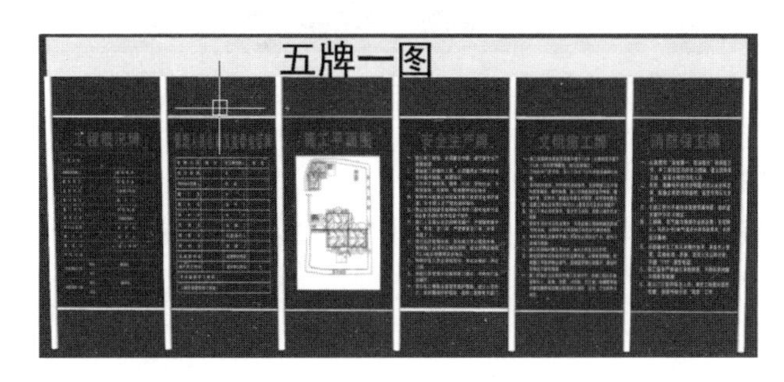

图 6-51　标牌绘制完成效果

③ 旗杆　选择旗杆，默认点式绘制，按鼠标左键指定插入点，按鼠标右键确认或 ESC 取消；选择旋转点绘制，选择旗杆，按鼠标左键指定插入点，拖动鼠标选择合适的角度，鼠标右键确认或 ESC 取消。完成效果如图 6-52 所示。

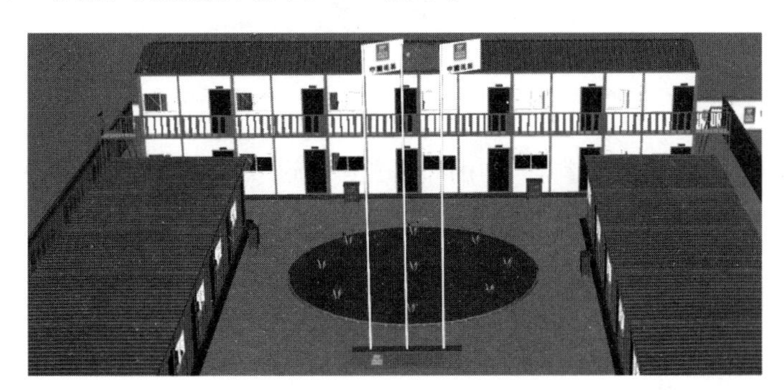

图 6-52　旗杆绘制完成效果

(9) 临水临电　施工现场的临水临电采用外部引入，软件提供了施工水源，施工电源。在布置图中根据策划方案进行绘制即可。消防设施也是通过点式绘制和旋转点的绘制方法完成的。

施工现场配电系统应设置配电柜或总配电箱、分配电箱、开关箱，实行三级配电。软件中采用点式绘制和旋转点绘制两种方式，绘制完成效果如图 6-53 所示。

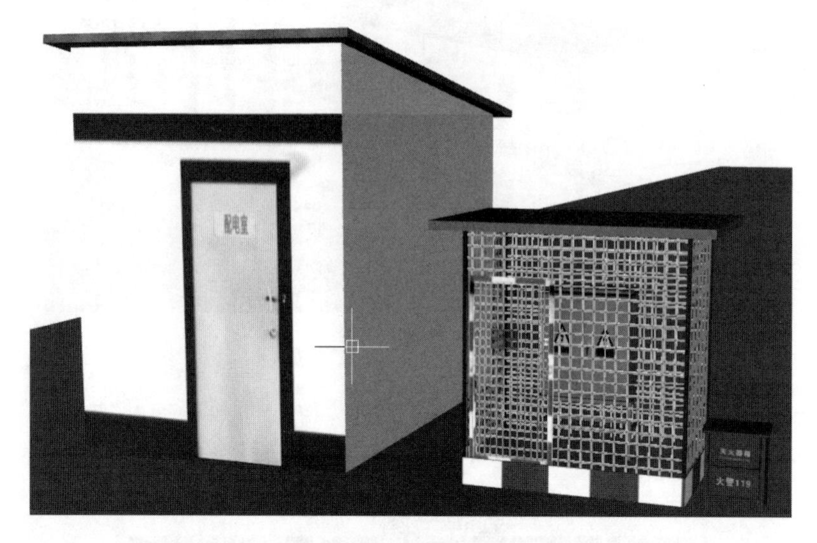

图 6-53　配电室、配电箱绘制完成效果

（10）单位工程 BIM 施工现场布置图。

附图-1“基础工程施工阶段布置图”、附图-2“主体结构施工阶段布置图”、附图-3“装饰装修施工阶段布置图”。

6.7.3　任务总结

需要利用好广联达办公大厦的相关资料，才能计算好场地布置需要的相关参数。利用广联达三维施工平面设计软件，可以方便快速地绘制出单位工程场地布置图，上手容易，内嵌多种施工现场设计所需模型，即可实现三维现场仿真设计，可感受到 BIM 时代的精彩工作。

6.8　任　务　二

6.8.1　任务下发

根据“钢结构厂房”相关资料，利用广联达三维施工平面设计软件按照基础阶段、主体阶段、装修阶段，绘制三维场地布置图。

6.8.2　任务实施

本任务主要工作是通过参数计算，选择适合的汽车吊，本工程采用单机吊装。

6.8.2.1　汽车吊选型

（1）起重机起重量计算。

取最重钢结构柱 $Q_1=3.4\text{t}$，$Q_2=1\text{t}$，起重机单机吊装的起重量由式（6-4）得，

$$Q \geqslant Q_1+Q_2=3.4+1=4.4\text{t}$$

（2）起重机起重高度计算。

取 $h_1=6.6\text{m}$，取 $h_2=0.3\text{m}$，取 $h_3=0.6\text{m}$，取 $h_4=4\text{m}$，起重机的起重高度，可由式

(6-6) 得

$H \geqslant h_1 + h_2 + h_3 + h_4 = 6.6 + 0.3 + 0.6 + 4 = 11.5\text{m}$，取 12m 。

取 $E = 1.5\text{m}$，取 $f = 4.5\text{m}$，取 $g = 1\text{m}$，取 $\alpha = 70°$。起重臂长度可由式 (6-7) 得

$$L \geqslant L_1 + L_2 = \frac{h}{\sin\alpha} + \frac{f+g}{\cos\alpha} = \frac{5.1}{\sin 70°} + \frac{4.5+1}{\cos 70°} = 21.5\text{m}$$

(3) 起重机起重半径计算。

取 $F = 1.5$，起重机的起重半径一般可由式 (6-8) 得

$$R = F + L\cos\alpha \times = 1.5 + 21.5 \times \cos 70° = 8.9\text{m}，取 9\text{m}。$$

汽车吊半径取 9m，综合考虑 (1)、(2)、(3) 起重机的工作幅度，参考表 6-19，25t 汽车起重机起重性能表，选用一台 QY25t 汽车吊，满足施工要求。

表 6-19　25t 汽车起重机起重性能表

工作半径/m	吊臂长度/m						
	10.2	13.75	17.3	20.85	24.4	27.95	31.5
3	25	17.5					
3.5	20.6	17.5	12.2	9.5			
4	18	17.5	12.2	9.5			
4.5	16.3	15.3	12.2	9.5	7.5		
5	14.5	14.4	12.2	9.5	7.5		
5.5	13.5	13.2	12.2	9.5	7.5	7	
6	12.3	12.2	11.3	9.2	7.5	7	5.1
6.5	11.2	11	10.5	8.8	7.5	7	5.1
7	10.2	10	9.8	8.5	7.2	7	5.1
7.5	9.4	9.2	9.1	8.1	6.8	6.7	5.1
8	8.6	8.4	8.4	7.8	6.6	6.4	5.1
8.5	8	7.9	7.8	7.4	6.3	7.2	5
9		7.2	7	6.8	6	6.1	4.8
10		6	5.8	5.6	5.6	5.3	4.4
12		4	4.1	4.1	4.2	3.9	3.7
14			2.9	3	3.1	2.9	3
16				2.2	2.3	2.2	2.3
18				1.6	1.8	1.7	1.7
20					1.3	1.3	1.3

6.8.2.2　各种仓库及堆场所需的面积计算

由于本钢结构工程所用材料主要为钢结构构件，均在场地内加工，其他材料用量很小，不用在场地内存放。钢材堆场，由式 (6-10) 得

$F = \dfrac{Q}{PK_2} = \dfrac{28}{2.4 \times 0.11} = 106\ \text{m}^2$，堆场面积取 110 m^2 (见表 6-20)。

表 6-20 生产性临时建筑一览表

序号	名称	面积/m²	规格数量/m
1	钢材堆场	110	10×11

6.8.2.3 临时建筑布置

按照施工高峰人数 100 人计算，按照表 6-6 行政生活福利临时建筑面积参考指标，经过计算、分析，非生产性临时建筑面积如表 6-21 所示。

表 6-21 非生产性临时建筑一览表

序号	名称	面积/m²	规格数量/m
1	办公宿舍用房	100	5.0×4.0×5
2	劳务宿舍	280	5.0×4.0×14
3	食堂	80	5.0×16
4	厕所	20	5×4×1
5	门卫岗亭	8	2×2×2

6.8.2.4 案例工程操作

按照与任务一相同的操作流程，启动软件→新建工程→导入案例 CAD 底图→地形地貌→建筑外围→交通枢纽→施工区→办公生活区→临水、临电。本任务中的软件操作方法及构件与任务一相同之处不再累述。钢结构厂房工程按基础阶段、主体阶段、装修阶段，分别进行绘制，其与任务一不同处，进行单独绘制操作。

（1）基础阶段　本工程基础为独立基础，底面标高为－1.9m，本工程取地形地貌深度为 3m。地形参数设置如图 6-54 所示。基础开挖完成效果如图 6-55 所示。

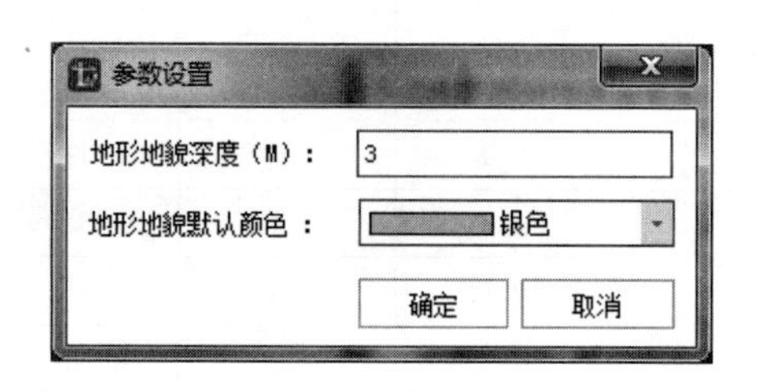

图 6-54　地形参数设置

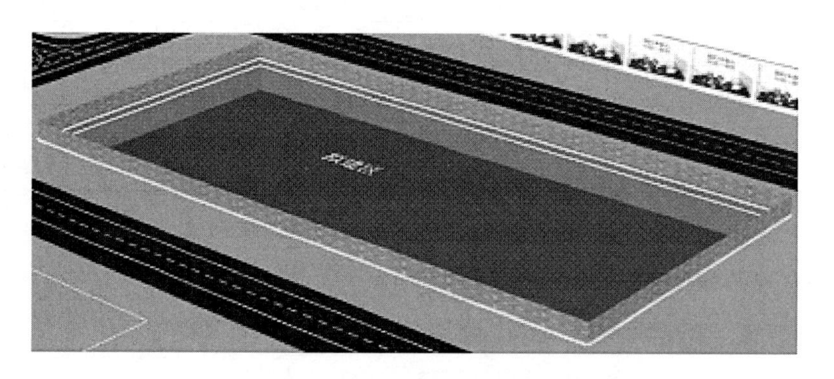

图 6-55　基础开挖完成效果

（2）主体阶段　在资源包中找到“钢结构厂房-主体阶段”模型，导入即可如图 6-56 所示。点击图标。完成效果如图 6-57 所示。

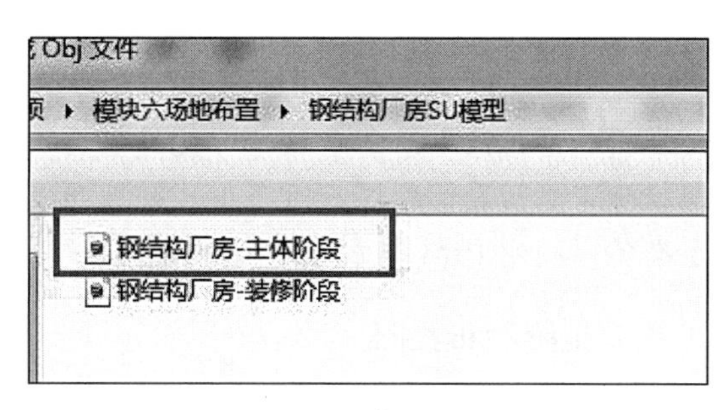

图 6-56　主体阶段导入

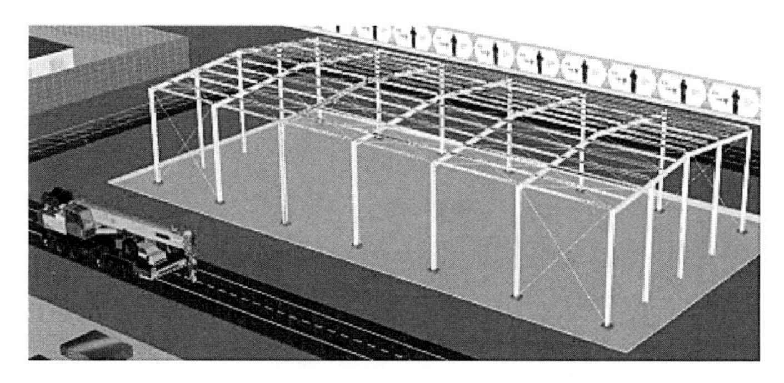

图 6-57　钢结构模型完成效果

（3）装修阶段　在资源包中找到“钢结构厂房-装修阶段”模型导入即可，如图 6-58 所示。点击图标。完成效果如图 6-59 所示。

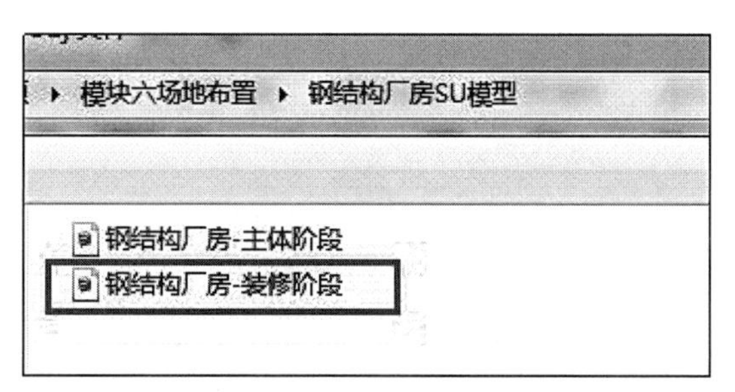

图 6-58　装修阶段导入

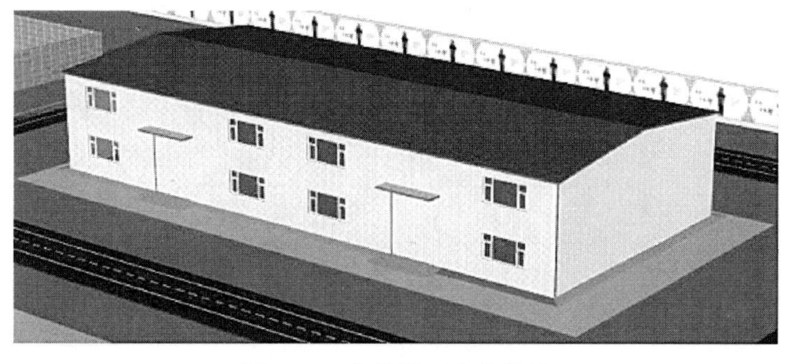

图 6-59　装修模型完成效果

（4）单位工程 BIM 施工现场布置图，参见如下。

附图-4“基础工程施工阶段布置图”、附图-5“主体结构施工阶段布置图”、附图-6“装饰装修施工阶段布置图”。

6.8.3 任务总结

根据图纸及相关资料，进行汽车吊的选型，并优选出合理的吊装工序，优化场地布置，利用广联达三维施工平面设计软件，可以很轻松地布置好钢结构厂房的吊装现场，为施工做好充足准备，利用 BIM 技术合理规划现场布置。

附图-1　基础工程施工阶段布置图

广联达办公大厦施工现场布置 BIMVR 图-主体阶段

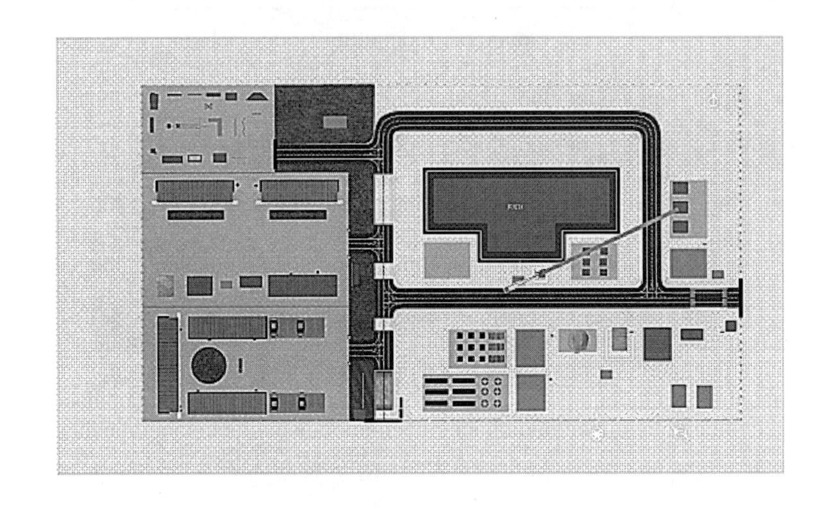

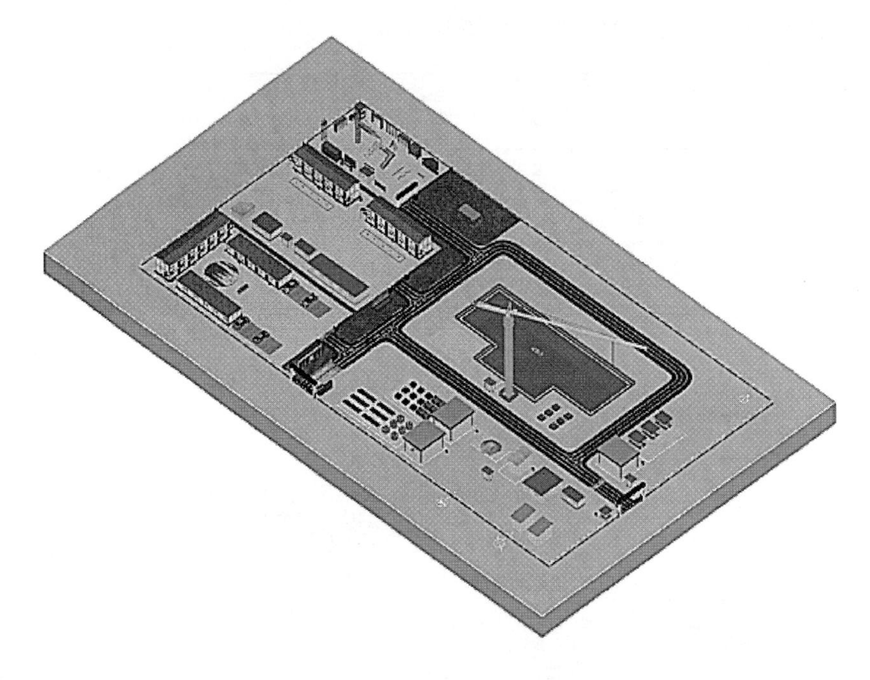

附图-2　主体结构施工阶段布置图

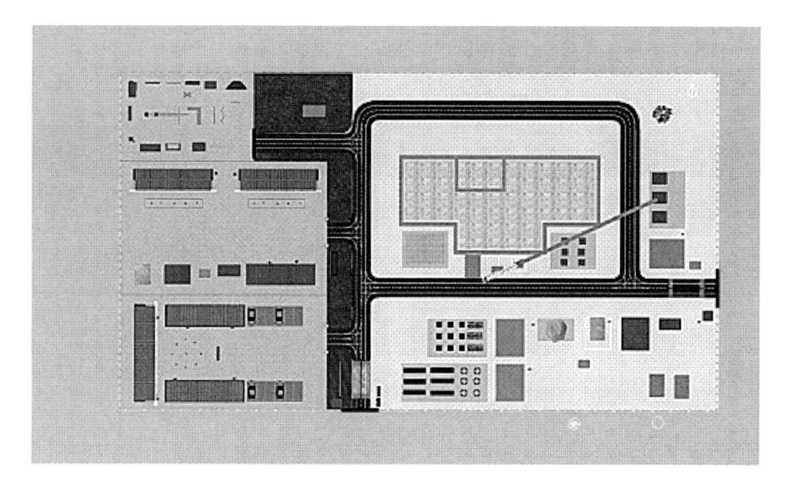

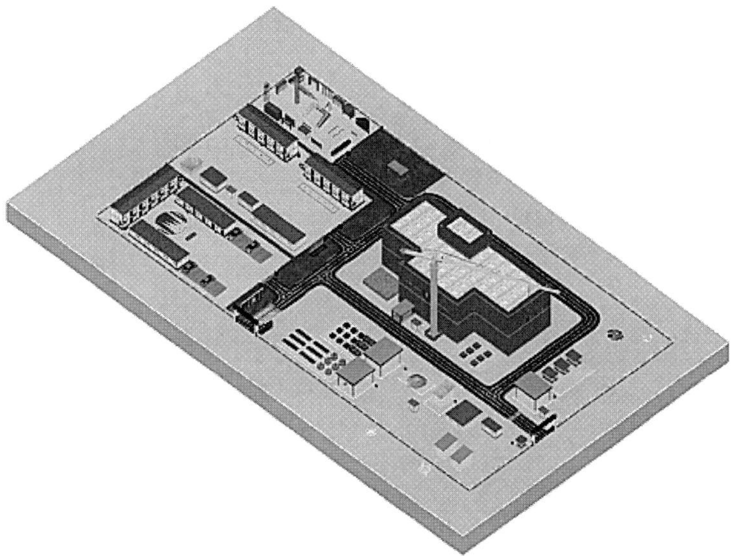

附图-3　装饰装修施工阶段布置图

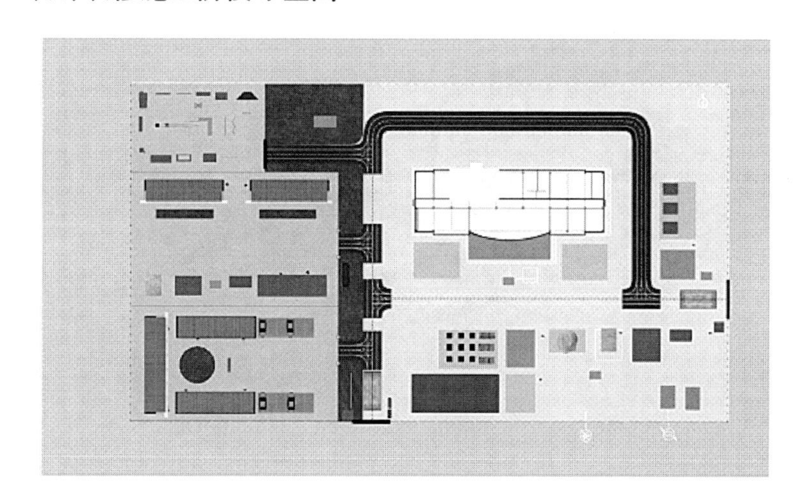

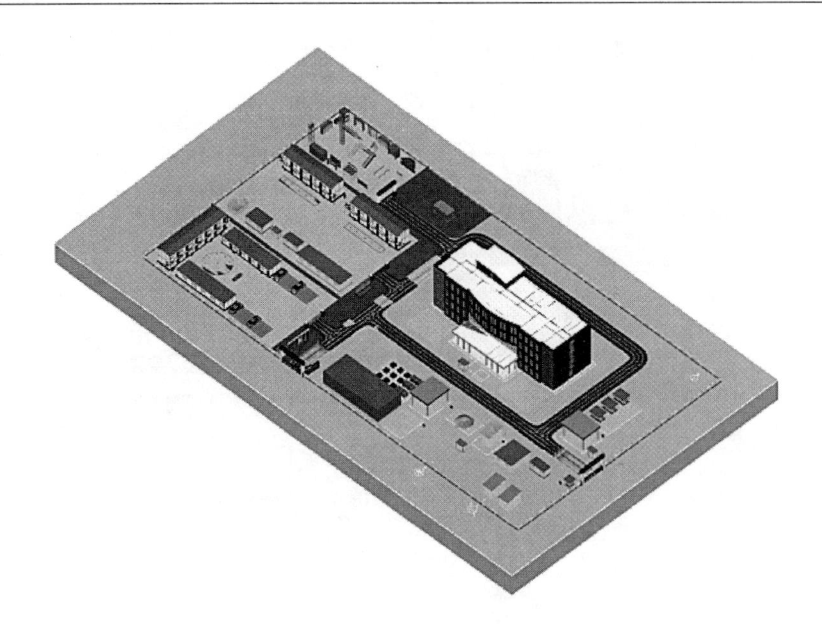

附图-4　基础工程施工阶段布置图

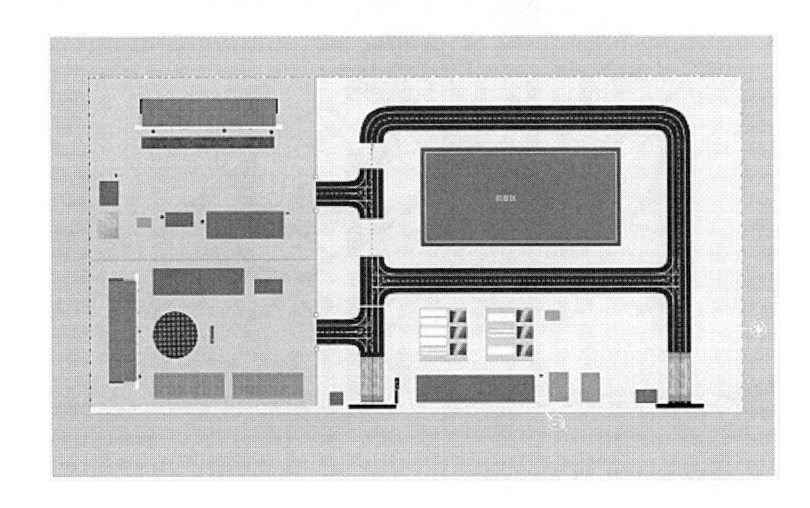

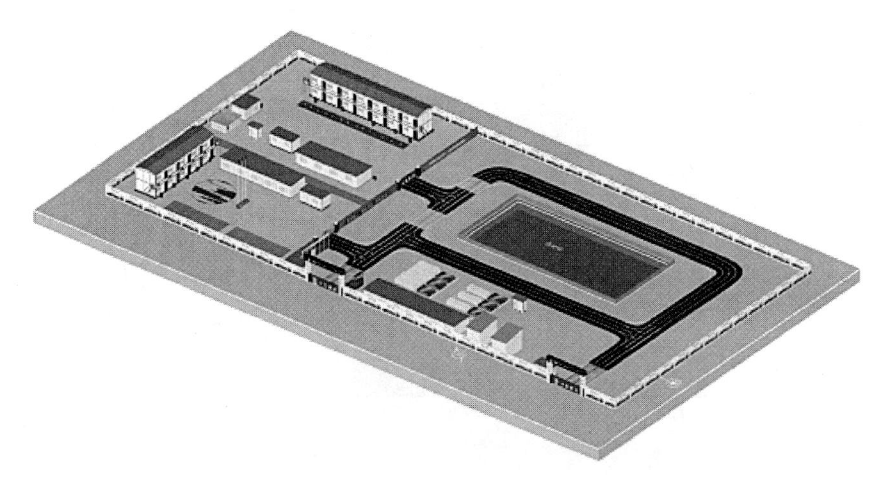

附图-5　主体结构施工阶段布置图

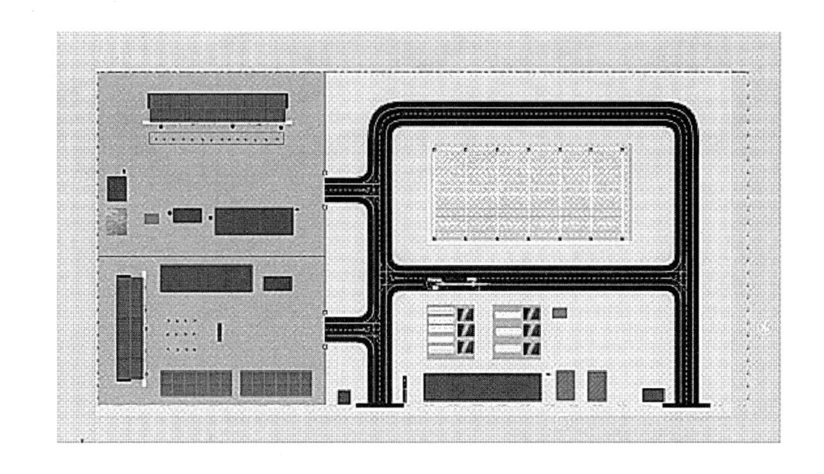

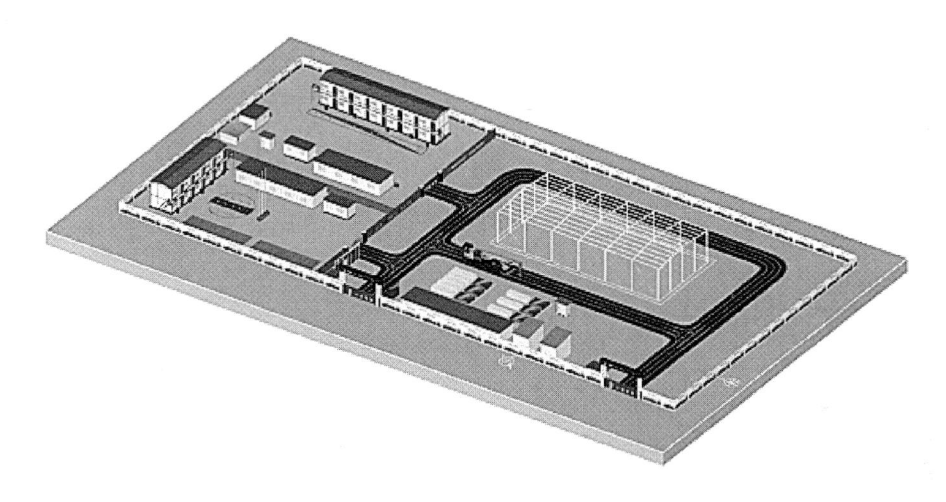

附图-6　装饰装修施工阶段布置图

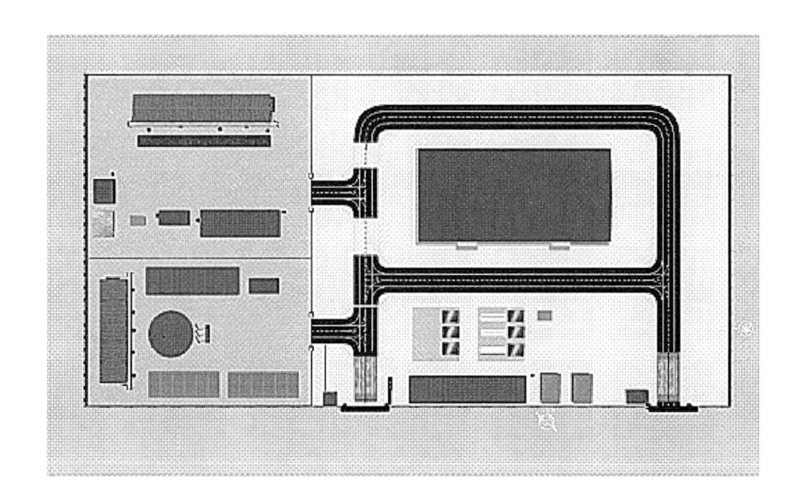

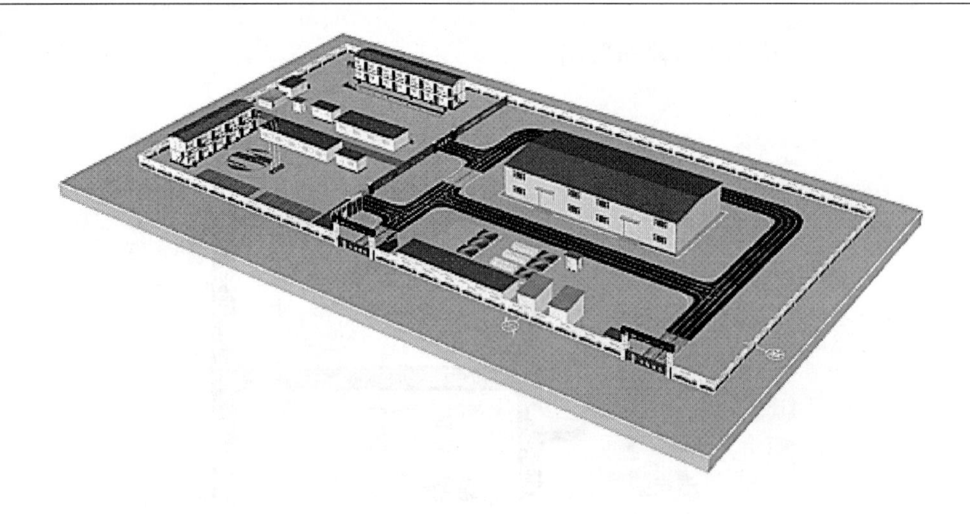

模块7 保障措施

知识目标：

1. 了解单位工程主要保障措施的相关内容；
2. 掌握单位工程保障措施的编制方法。

教学目标：

1. 能写出单位工程主要保障措施内容；
2. 能解释单位工程主要保障措施；
3. 能用给定的条件制定主要的保障措施。

【模块介绍】

项目在施工中，采取保障措施的目的是为了提高效率、降低成本、减少支出、保证工程质量、保证工期、保证施工安全、节能减排、绿色环保等，因此任何一个项目的施工，都必须制定相的保障措施。保障措施制定必须严格执行现行的建筑安装工程施工及验收规范、建筑安装工程质量检验及评定标准、建筑安装工程技术操作规程、建筑工程建设标准强制性条文等有关法律法规以及工程特点、施工中的重难点和施工现场的实际情况、项目所处的环境等。

【模块分析】

熟悉图纸和施工说明，了解项目所处环境、现场情况，了解建设单位、施工单位的情况，熟悉规范、规程、标准、强制性条文等，编制保证措施内容如下。

(1) 技术组织措施。

(2) 工程质量保证措施。

(3) 施工安全保证措施。

(4) 降低工程成本措施。

(5) 文明环保施工保证措施。

(6) 季节性施工措施。

【基础知识】

7.1 技术组织措施

技术组织措施是指为完成工程的施工而采取的具有较大技术投入的措施，通过采取技术方面和组织方面的具体措施，达到保证工程施工质量、按期完成施工进度、有效控制工程施工成本的目的。技术组织措施一般包含以下三方面的内容：措施的项目和内容、各项措施所涉及的工作范围、各项措施预期取得的经济效益。例如，怎样提高施工的机械化程度，改善机械的利用率，采用新机械、新方法、新工艺、新材料和同效价廉代用材料，采用先进的施工组织方法，改善劳动组织以提高劳动生产率，减少材料运输损耗和运输距离等。技术组织措施的最终成果反映在工程成本的降低和施工费用支出的减少上。有时在采用某种措施后，一些项目的费用可以节约，但另一些项目的费用将增加。

单位工程施工组织设计中的技术组织措施，根据施工企业组织措施计划，结合工程的具体条件拟定。认真编制单位工程成本计划对于保证最大限度地节约各项费用，充分发挥潜力以及对工程成本作系统的监督检查有重要作用。在制定降低成本计划时，要对具体工程对象的特点和施工条件，如施工机械、劳动力、运输、临时设施和资金等进行充分分析。通常包括以下几点。

(1) 科学地组织生产，正确地选择施工方案。

(2) 采用先进技术，改进作业方法，提高劳动生产率，节约单位工程施工劳动量以减少工资支出。

(3) 节约材料消耗，选择经济合理的运输工具，有计划地综合利用材料、修旧利废、合理代用、推广质优价廉材料。

(4) 提高机械利用率，充分发挥其效能，节约单位工程台班费支出。

7.2 工程质量保证措施

工程质量保证措施可以按照各主要分部分项工程施工质量要求提出，也可以按照工程施工质量要求提出。具体的保证措施可以从以下几个方面考虑。

(1) 定位放线、轴线尺寸、标高测量等准确无误的措施。

(2) 基础承载力、基础、地下结构及防水施工质量的措施。

(3) 主体结构等关键部位施工质量的措施。

(4) 屋面、装修工程施工质量的措施。

(5) 采用新材料、新结构、新工艺、新技术的工程施工质量的措施。

(6) 提高工程质量的组织措施，如现场管理机构设置、人员培训、建立质量检验制度等。

7.3 施工安全保证措施

加强劳动保护、保障安全生产，是国家保障劳动人民生命安全的一项重要政策，也是进行工程施工的一项基本原则。为此，提出有针对性的施工安全保证措施，主要是明确安全管理方法和主要安全措施，从而杜绝施工中安全事故的发生。施工安全措施，可以从以下几个方面考虑。

（1）脚手架、吊篮、安全网的设置及各类洞口防止人员坠落的措施。

（2）施工现场机械设备的安全措施。

（3）安全用电和机电设备防短路、防触电措施。

（4）易燃易爆、有毒作业场所的防火、防爆、防毒措施。

（5）季节性安全措施。如雨期的防洪、防雷，夏季的防暑降温，冬季的防火、防滑、防冻等。

（6）现场保卫治安安全措施。

（7）确保施工安全的宣传、教育及检查等组织措施。

7.4 降低工程成本措施

各工程根据具体情况，按分部分项工程提出相应的节约措施，其内容一般包括以下几个方面。

（1）合理使用资金，做好预算，按计划控制成本。

（2）加强人、材、机管理，减少浪费，降低成本。

（3）优化施工方案，降低成本。

（4）采用科学合理的施工组织方式，降低成本。

（5）现场综合管理，节约成本。

7.5 文明环保施工保证措施

文明施工的主要内容包括：规范场容、场貌，保持作业环境整洁卫生，创造文明有序安全生产的条件和氛围，减少施工对居民和环境的不利影响，落实项目文化建设。

文明施工保证措施有以下几点。

（1）工程施工现场文明设施。

（2）降尘措施。

（3）防噪声措施。

（4）污水排放措施。

（5）光污染防治措施。

（6）其他文明环保措施。

7.6 季节性施工措施

季节性施工主要指雨期施工和冬期施工。

雨期施工，应当采取措施防雨、防雷击，组织好排水。同时，注意做好防止触电和防止坑槽坍塌，沿河流域的工地做好防洪准备，傍山的施工现场做好防滑坡塌方措施，脚手架、塔机等做好防强风措施。

冬期施工，气温低，易结露结冰，天气干燥，作业人员操作不灵活，作业场所应采取措施防滑、防冻，生活办公场所应当采取措施防火和防煤气中毒。另外，春秋季天气干燥，风大，注意做好防火、防风措施；秋季还需注意饮食卫生，防止腹泻等流行性疾病。任何季节遇六级以上（含六级）强风、大雪、浓雾等恶劣气候，严禁露天起重吊装和高处作业。

【实战演练】

7.7 任 务 一

7.7.1 任务下发

根据“广联达办公大厦”资料编制本工程的保障措施。

7.7.2 任务实施

7.7.2.1 质量保证措施

（1）施工测量质量保证措施

① 测量控制的要求　测量过程中提供的各项数据必须真实准确；测量的全过程中必须如实记录各项数据；测量误差必须控制在以下范围内。

a. 标高　层高：±3mm；全高：±15mm。

b. 垂直度　层高：±3mm；全高：±15mm。

② 标高施测中的注意事项

施测标高时，应尽量做到前后视等长，以减少误差。

所用钢尺必须经过检定，量高差时，尺身应铅直并用标准拉力。

后视点和校核点的误差值应控制在±2mm以内，并进行平差取中数。各抄平点的最大误差不大于±3mm。

当高差超过一整钢尺时，应精确测定出第二条起始标高引测线，作为向上引测的依据，防止误差积累。

③ 轴线测设中的注意事项

各主控轴线点或借线点的两对应点应可通视，减少后视过近和仰角过大而造成的引测误差。

各主控线和校核线应闭合，或误差在允许范围内，否则应查明原因重新复核。

所用经纬仪等仪器要定期检验校正，架设仪器时一定要严格对中、水平，仪器投测者和定点者用对讲机联系。

项目部设专职测量员，负责工程的测量工作，专职测量员在现场各分项工长的领导安排下进行测量工作。测量前，各分项工长必须对测量员进行技术交底，提出测量的目的和要求，使测量员清楚图纸的标高和测量，了解和弄清有关标点、墨线的意义，并对测量员的测量结果进行复核，测量完成后，测量工要向工长说明测量结果。测量要严格控制标高、轴线。

（2）土方开挖质量保证措施

① 开挖基坑应注意不得超过基底标高。如个别地方超挖时，其处理方法应取得设计单位的同意，不得私自处理。

② 基坑开挖后应尽量减少对基土的扰动。

③ 土方开挖宜先从低处进行，分层、分段依次进行，形成一定坡度，以利排水。

（3）地下室底板质量保证措施

① 对轴线的要求　施工前要对轴线、边线进行复核。

② 技术关键要求　控制混凝土浇筑成型温度；利用混凝土后期强度或（和）掺入掺合料降低水泥单方用量；控制坍落度及坍落损失以符合泵送要求；浇筑混凝土适时二次振捣，抹压消除混凝土早期塑性变形；尽可能延长脱模时间并及时保湿、保温、加强温度监测。

③ 质量的关键要求　严格控制混凝土搅拌投料计量；监督膨胀剂加入量；控制混凝土的温差及降温速率。

④ 混凝土的浇筑

a. 底板混凝土的浇筑方法：厚 1m 以内宜采用平推浇筑法，即同一坡度，薄层循序推进依次浇筑到顶。厚 1m 以上宜分层浇筑，在每一浇筑层采用平推浇筑法。厚度超过 2m 时应考虑留置水平施工缝，间断施工。有可能时应避开高温时间浇筑混凝土。

b. 混凝土硬化期的温度控制：当气温高于 30℃以上可采用预埋冷水管降温法或蓄水法施工，当气温低于 30℃以下常温应优先采用保温法施工，当气温低于－15℃时应采取特殊温控法施工。蓄水养护应进行周边围挡与分隔，并设供排水和水温调节装备。必要时可采用混凝土内部埋管冷水降温与蓄热结合或与蓄水结合的养护方法。大体积混凝土的保温养护方案应详示结构底板上表面和侧模的保温方式，材料，构造和厚度。烈日下施工应采取防晒措施，深基坑空气流通不良环境宜采取送风措施。

（4）主体结构质量保证措施

① 钢筋工程　本工程钢筋施工中最容易出现的问题是钢筋偏位、钢筋保护层不足等情况。

柱筋偏位控制：柱筋上口外伸部位加水平加固筋、箍筋固定且不少于 2 道。柱混凝土浇筑时不允许将外伸钢筋板弯折。

保护层控制：保护层垫块应足够，间距控制在 1m 以内。

负筋下沉控制：梁板筋绑扎完成后，及时搭设人行道路和混凝土运输浇筑道路，严禁踩踏负筋，必要时设钢筋撑脚。

其他：加工好的钢筋要分类堆放，挂明显的料牌。钢筋的级别、种类和直径应按设计要求采用。当需要钢筋代换时，应征得设计单位的同意，并符合《混凝土结构工程施工质量验收规范》（GB 50204—2015）的要求。钢筋加工的形状、尺寸必须符合设计要求，钢筋的表面应洁净、无损伤，油渍、漆污和铁锈等应在使用前清除干净。

钢筋的绑扎应符合下列规定：梁、柱的箍筋应与受力钢筋垂直设置，箍筋弯钩叠合处，应沿受力钢筋方向错开设置；绑扎钢筋和骨架的外形尺寸的允许偏差和绑扎接头应符合《混凝土结构工程施工质量验收规范》（GB 50204—2015）的要求。

钢筋绑扎完后，由建设单位、施工单位的质检人员进行验收，做好隐蔽记录。混凝土浇筑时，安排专人值班，对位移的钢筋及时修正。

② 模板工程　本工程柱模板工作量较大，模板工程质量的好坏，直接影响到建筑的几何尺寸、标高及混凝土质量，必须高度重视。柱模板工程易出的问题主要有胀模、漏浆、截面尺寸不准，混凝土保护层过大、柱身扭曲等。

胀模控制：控制胀模主要是加强支撑的强度、刚度，保证支撑的稳定。支承在自然地面时应加设垫板，模板扣件的数量要足够，截面较大的梁、柱模板用对拉螺栓拉紧。

漏浆控制：漏浆控制主要从模板接缝和模板留洞入手，模板接缝边缘要整齐、平直，模板拼接扣件要足够，接缝不严的部位要用油毡、黏胶纸封补严密，模板留洞要规范、统一使用、统一归堆，无拉结螺杆的部位不要使用留洞模板，阴阳角连接要用阴阳角钢工具模连接。特殊角度的墙柱另外制作相应角度的定型模板连接。

支模前按图弹位置线，校正钢筋位置；支柱前，柱子应做小方盘模板，保证底部位置准确。根据柱子截面尺寸及高度，设计好柱箍尺寸及间距，柱四角做好支撑及拉杆。

其他：严格控制建筑物的标高和截面尺寸。柱模板安装必须采用双线弹法，以保证模板位置的准确性，所用的连接件及支撑必须牢固可靠。柱模板安装后必须用线锤校正，以确保模板的垂直度控制在规范要求允许值以内。预埋件和预留洞的安装留设必须位置准确、安装牢固可靠。模板拆除必须在混凝土强度达到验收规范许可的强度后方可拆除。

③ 混凝土工程　混凝土施工中易出现问题主要是蜂窝、麻面、孔洞等。

蜂窝麻面的产生主要是振捣问题，施工前工长应向混凝土工交底清楚，浇筑的混凝土用插入式振动器振实时，振动器应快插慢拔，每个插点的振捣时间应须控制在 20～30s，以混凝土不再显著下沉，泛起的水泥浆无气泡为准。使用振动捧时要避免振动棒碰撞钢筋，柱梁交接处钢筋较密，采用小直径（ϕ30mm）振动棒振捣。浇筑柱混凝土时，底层浇同强度等级的砂浆 20～30cm 高。同时，漏浆也是混凝土蜂窝麻面产生的主要原因，要求模板施工时要严格控制缝隙、孔洞，防止漏浆。此外，混凝土的浇筑厚度应控制在 500mm 以内，并采取翻铲入模。

混凝土输送管道的直管布置应顺直，管道接头应密实不漏浆，转弯宜缓，转弯位置的锚固应牢固可靠。

往下泵送混凝土时，混凝土坍落度应适当减小，混凝土泵前应有一段水平管道和弯上管道折向下方，避免垂直向下装置方式，以防混凝土产生离析和混入空气，不利于压送混凝土；往上浇筑时则反之。

浇筑混凝土时，应先确定浇筑顺序，减少送料时管的转移次数。泵管要避免对构件模板的直接冲击。

混凝土泵送过程中，要做好开泵记录、机械运行记录、压力表压力记录、塞管及处理记录、泵送混凝土量记录、清洗记录。检修时做检修记录，使用预拌混凝土时要做好坍落度抽查记录。

加强试块的复核验收工作。试块的制作应符合相关规范的要求，应及时制作拆模试块；标准养护试块和同条件养护试块，标养试块应在 48h 内进行标养，同条件养护试块应在浇捣的构件旁进行养护，达 60 天后送试验室进行强度试验。

④ 砌体质量保证措施　砌块要选择质量好的厂家的产品，进场时要认真检查，养护期不足 28 天的砌块严禁上墙。砂浆要严格按配合比拌制，砂子不宜过细。

施工方法方面保障措施如下：要坚持三检制度，杜绝违章作业。墙身位移控制：根据砌块墙位置弹出墙身轴线及边线，开始砌筑时要先摆砌块，砌时要控制墙身垂直。灰缝控制：使用皮数杆拉线，每皮砌块均拉线，皮数杆上要有砌块、灰缝厚度、门窗、过梁、圈梁等构件位置。皮数杆竖立于墙角及某交接处，其间距以不超过 6m 为宜。立皮数杆时要用水准仪来进行抄平，使皮数杆上的楼地面标高线位于设计标高位置上。

构造柱砌砌块控制：凡墙体长度超过 5m 时，应在墙中设置构造柱，构造柱砌砌块时要严格按设计和规范要求留设马牙槎，并留设拉结筋。

其他：准备好所用材料及工具，施工中所需门窗框，预制过梁、插筋、预埋铁件等必须事先作好安排，配合砌体进度及时送到现场。墙体的转角处和交接处应同时砌起，对不能同时砌起而必须留槎时，应砌成斜槎。

⑤ 抹灰工程　门窗洞口、墙面、踢脚板、墙裙上口等抹灰空鼓、裂缝，其主要原因及保障措施如下。

门窗框两边塞灰不严，墙体预埋木砖间距过大或木砖松动，经门窗开关振动，在门窗框周边处易产生空鼓、裂缝。应重视门窗框塞缝工作，设专人负责塞实。

基层清理不干净或处理不当，墙面浇水不透，抹灰后，砂浆中的水分很快被基层（或底灰）吸收，应认真清理、提前浇水。

基底偏差较大，一次抹灰过厚，干缩率较大。应分层找平，每遍厚度宜为 7～9mm。

配制砂浆和原材料质量不好或使用不当，应根据不同基层配制所需要的砂浆，同时要加强对原材料的使用管理工作。

门窗洞口、墙面、踢脚板、墙裙等面灰接槎明显或颜色不一致，主要是操作时随意留施工缝造成的。留施工缝应尽量在分格条、阴角处或门窗框边位置。

施工时注意拉线检查，抹灰后用尺把上口赶平、压光，避免踢脚板、水泥墙裙和窗台板上口出墙厚度不一致，上口毛刺和口角不方等。

⑥ 室内装饰工程质量保证措施

水泥砂浆地面质量保证措施如下：面层施工温度不应低于 5℃，否则应按冬期施工要求采取措施。面层抹压完毕后，夏季应防止曝晒雨淋，冬季应防止凝结前受冻。抹面时基层必须注意凿毛，将油污、脏物去净并湿润，刷素水泥浆一遍，立即铺抹，掌握好压抹时间，以避免出现空鼓或脱壳。抹砂浆时应注意按要求遍数抹压，并使其均匀、厚薄一致不得漏压、欠压或超压，以防表面起皮和强度不均。

腻子面层质量保证措施如下：腻子面层应与基层（基底）黏结牢固且色泽一致。成活的腻子表面应光滑洁净，不得有脱皮开裂、接槎、刮痕、气孔、瘤痕、污迹、不平整等现象。阴阳角应平直成角，不应出现凹凸不平、扭曲等现象。门窗洞口、踢脚线上口、开关插座、消防箱、装饰线条、与其他材料交接处的周边必须平整、垂直、方正。

面砖踢脚质量保证措施如下：空鼓、脱落　因冬季气温低，砂浆受冻，到来年春天化冻后因陶瓷锦砖背面比较光滑容易发生脱落。因此在进行镶贴陶瓷锦砖操作时，应保持正温，室外陶瓷锦砖不宜冬季施工。

分格缝不匀，墙面不平整：施工前认真按图纸尺寸去核对结构施工的实际情况，施工时贴灰饼控制点要足够。弹线排砖要细致，每张陶瓷锦砖的规格尺寸不一致，施工中选砖要严格、操作要规范，保证分格缝均匀。应把选好相同尺寸的陶瓷锦砖镶贴在一面墙上。非整砖甩活应设专人处理。

阴阳角不方正：主要是打底子灰时，应按规矩去吊直、套方、找规矩。墙面污染　勾完缝后砂浆及时擦净，尽量减少其他工种和工序造成墙面污染；墙面污染后用棉丝蘸稀盐酸刷洗，然后用清水冲净。

⑦ 屋面工程质量保证措施

找平层施工质量保障措施如下：找平层施工时要先将基层表面清理干净，并洒水湿润。找平层施工要按规范要求留设伸缩缝，施工时砂浆铺设要由远到近、由高到低，严格掌握坡度。待砂浆稍收水后，用抹子压实抹平，终凝前将做伸缩缝的木条取出，找平层施工完 12h 后要及时养护，养护期间不得上人上物。终凝前可能下雨时，不宜施工找平层。

保温、防水层施工质量保障措施如下：保温、防水材料必须符合设计要求，材料有出厂合格证和实验部门的检验合格证。在已铺好的保温层上不得直接行走运输小车，行走路线应铺垫脚板。

⑧ 其他质量保证措施

a. 劳务素质保证：本工程拟选择具有一定资质、信誉好、长期使用的劳务施工队伍参与本工程的施工，同时，要有一套对劳务施工队伍完整的管理和考核办法，对施工队伍进行质量、工期、信誉和服务等方面的考核，从根本上保证项目所需劳动者的个人素质，从而为工程质量目标奠定了坚实的基础。

b. 成品保护措施：装修施工期间，由于工期较紧，装修等级较高，各工种交叉频繁，对于成品和半成品，通常容易出现二次污染、损坏和丢失。工程装修材料如一旦出现污染、损坏或丢失，势必影响工程进展，增加额外费用，因此装修施工阶段成品（半成品）保护的主要措施如下。

分阶段分专业制定专项成品保护措施，并严格实施。设专人负责成品保护工作。

制定正确的施工顺序。制定重要房间（或部位）的施工工序流程，将土建、水、电、空调、消防等各专业工序相互协调，排出一个房间（或部位）的工序流程表，各专业工序均按此流程进行施工，严禁违反施工程序的做法。

作好工序标识工作，在施工过程中对易受污染、破坏的成品、半成品标识“正在施工，注意保护”的标牌。采取护、包、盖、封防护，对成品和半成品进行防护和并由专门负责人经常巡视检查，发现有保护措施损坏的，要及时恢复。

工序交接全部采用书面形式由双方签字认可，由下道工序作业人员和成品保护负责人同时签字确认，并保存工序交接书面材料，下道工序作业人员对防止成品的污染、损坏或丢失负直接责任，成品保护专人对成品保护负监督、检查责任。

7.7.2.2　施工安全保证措施

（1）脚手架工程安全措施

① 外架采用钢管、扣件等材料必须符合有关标准要求，外架不容许超载作业，外架拆除前必须进行书面安全技术交底。

② 外架底层和施工层，必须满足铺架板和安全网，外侧挂设密目安全网封闭。

③ 脚手架、井字架钢管底必须按规定垫上木板并夯实，3m距离斜撑，以加强强度。严禁攀登脚手架，以及座垂直吊篮上下，经常检查脚手架避免出现倾斜等情况，如果发现上述情况必须立即纠正。

④ 所有高空作业人员，必须按规定佩带安全装置，严格按照安全交底作业，对违反安全作业的人员，及时提出批评纠正或经济处罚。

⑤ 安全管理人员要做到眼勤、腿勤、嘴勤，要经常深入现场善于发现隐患，对危险情况要积极采取有效安全防护措施，确保人员安全。

⑥ 遇五级以上大风和雨雪天气时，停止外架作业，架子搭建不得在夜间进行。架子工长及安全员对架子的搭设必须检查验收，并填写验收单。

⑦ 本工程施工现场狭小，为了确保现场内外来往人员的安全，决定采用封闭式施工。现场周围用砖砌围墙，建筑物主要通行道路上方设置安全防护道棚，工程在进入主体结构时，钢管架四周采用绿色防护网和安全网防护。

（2）本工程的施工安全问题、危险点采取的措施

① 楼梯口、电梯井口防护　楼梯口设置防护栏杆，电梯井口除设置固定栅门外（门栅网格的间距不大于15cm），还在电梯井内每隔两层（不大于10m）设置一道安全平网。平网

内无杂物，网与井壁间隙不大于 10cm。当防护高度超过一个标准层时，不得采用支手板等硬质材料做水平防护。

② 预留洞口、坑、井防护　按照《建筑施工高处作业安全技术规范》(JGJ 80—2011) 规定，对孔洞口（水平孔洞短边尺寸大于 2.5cm 的，竖向孔洞高度大于 75cm 的）都要进行防护。较小的洞口可临时砌列或用定型盖板盖严；较大的洞口可采用贯穿于混凝土板内的钢筋构成防护网，上面满铺竹笆或脚手板；边长在 1.5m 以上的洞口，张挂安全平网并在四周设防护栏杆或按作业条件设计更合理的防护措施。

③ 通道口防护　在建工程地面入口处和施工现场在施工程人员流动密集的通道上方，设置防护棚，防止因落物产生的物体打击事故。防护棚顶部材料可采用 5cm 厚木板或相当于 5cm 厚木板强度的其他材料，两侧沿栏杆架用密目式安全网封严。出入口处防护棚的长度视建筑物的高度而定，符合坠落半径的尺寸要求。建筑高度 h＝2～5m 时，坠落半径 R 为 2m。建筑高度 h＝5～15m 时，坠落半径 R 为 3m。

(3) 施工现场机械设备安全措施

① 现场机械设备的安全必须符合有关验收标准。

② 现场机械设备的使用操作必须符合有关操作规程。

③ 机械设备操作人员必须持上岗证。

④ 经常注意现场机械设备检查、维修、养护，严禁机械带病作业，超期限作业。

⑤ 尤其注意工程现场塔吊，施工井架的防雷、避雷装置有效齐全。

⑥ 对现场各类机械操作人员在施工前要进行书面安全技术交底。对使用各种机械及小型电动工具的人员，先培训、后操作，有专人现场指导，对违章操作的人，立即停止并严肃批评。

⑦ 每周由项目经理组织有关施工人员对现场机械安全措施的落实情况进行检查。

(4) 安全用电管理措施

① 电源从建设单位配电室中引出，接入施工现场总配电箱中，在现场分设主干线、分路供电、分柜控制，在每个施工段里，均设有为小型施工机械供电的电源箱。施工现场总箱、开关箱、设备负荷线路末端处设置两级漏电保护器，并具有分级保护的功能，防止发生意外伤害事故。

② 现场电源电缆埋入地下 50cm 深，线路采用三相五线制，并进行保护接零，所有保护线末端均作重复接地。

③ 施工现场实行分级配电，动力配电箱与照明配电箱分别设置。分配电箱与开关箱距离不超过 30m，开关箱与所控设备水平距离不超过 3m。

④ 开关箱内设一机一闸，每台用电设备有自己的开关箱。

⑤ 施工现场的配电箱安装要端正、牢固，楼层的移动电箱要装在固定的支架上，固定配电箱距地面 1.8m，移动配电箱距地 1.6m。

⑥ 配电箱内的各种电器，按规定紧固在安装板上，箱外架空线及箱内线采用绝缘导线，绑扎成束，并固定在板上。

(5) 现场防火、防爆措施

① 严格执行《中华人民共和国消防条例》和公安部关于建筑工地防火的基本措施。

② 现场临时设施、仓库、易燃料场和用火处要有足够的灭火工具和设备，对消防器材要有专人管理并定期检查。

③ 各类电气设备线路不准超负荷使用，线路接头要接实接牢。穿墙电线或靠近易燃物的电线要穿保护。

④ 在高低压电线下不准搭设临时建筑，不准堆放可燃材料。

⑤ 现场内从事电焊、气焊工作的人员，均应受过消防知识教育，持有操作合格证。

⑥ 用气割切割钢材时，要对场在周围易燃易爆物品进行清除，无法清除的要采取覆盖或隔离保护措施。

⑦ 乙炔气瓶、氧气瓶等易燃易爆物品必须严格按照规范要求远离火源，搬运时要轻拿轻放。

（6）季节性安全措施

① 防雷击措施　建筑物的外架、塔吊、井架及其他高耸设施均安装避雷针。施工现场内所有的防雷装置的冲击接地电阻值不得大于10Ω。机械设备的防雷引下线利用该设备的金属结构体，并保证电气连接。设备上的避雷针长度为1～2m。安装避雷针的机械设备所用动力、控制、照明、信号及通信等线路，要采用钢管敷设，并将钢管与该机械设备的金属结构体作电气连接。

② 防暑降温措施　密切注视天气预报，遇到高温天气时要避开中午最高温度期。安排专人烧开水，确保施工人员有充足的开水饮用。发放夏季防暑降温饮料。提高机械化程度，降低工人劳动强度。现场安排专人与气象部门联系。

（7）现场保卫治安安全措施

① 现场设立八人组成现场治安保卫小组，其中由一人担任组长。夜间轮流巡逻，重点是仓库、工棚、现场机械设备、成品、半成品等。

② 门卫值班室，由三人轮流值班，白天对外来人员和进出车辆及所有进出物资登记，凭证件出入，夜间值班护场。

③ 加强对外来民工的管理，入住现场民工检验其身份证，并办理暂住证，非本工程的施人员不得住在施工现场，特殊情况要保卫科负责人批准。施工现场建立门卫和巡逻护场制度，护厂人员佩戴执勤标志。

④ 办公区、宿舍、食堂设专人管理，制定防范措施，防火、防爆、防毒、防盗，严禁赌博，打架斗殴。

（8）施工安全组织措施

① 现场各级管理人员认真贯彻“预防为主，安全第一”的方针，严格遵守各项安全技术措施，对进行施工现场的人员进行安全教育，树立安全第一的思想。

② 各项施工班组做好前进、班后的安全教育检查工作，安全文字交底，并实行安全值班制度，做好安全记录，施工现场设专职安全员。

③ 进入施工现场得施工人员注意使用“三宝”。不戴安全帽不准进入施工现场。

④ 对本工程的“四口”要焊接铁栅栏门或者用钢管架进行围护，并悬挂警示牌。

⑤ 楼梯踏步及休息平台要设置防护栏杆，立面悬挂安全网。

⑥ 本工程底层四周及建筑物出入口处搭设防护棚。

⑦ 外侧钢管架要搭设方案，对施工人员要用文字交底和专人管维修理。

⑧ 高处作业时严禁抛投物料。

⑨ 各分部、分项工程施工前，必须进行书面的安全技术交底，项目经理每周组织一次检查。

7.7.2.3　降低成本措施

（1）做好工程量的计算工作，认真进行成本控制，根据合同及总进度计划预测，制定资金使用计划，合理使用资金。

（2）经济报表与经济曲线是反应实际收支与盈亏的重要标准，也是检验施工策划是否准确与合理的杠杆，必须建立相关的经济台账。

（3）在材料管理上抓好如下几点。

① 根据预算部门的材料分析，编制单位工程月材料采购计划，加工订货由专人负责，编制具体详细的加工图，预算、器材、技术等部门采用微机网络化管理，实行多级把关，确保材料数量、规格、型号正确。

② 加强现场材料管理，做好材料回收工作，及时回收资金。严格执行公司现行材料管理制度，在价格上坚持货比三家；材料进场坚持验质、计量、记账；进场材料由专人负责管理，严格执行材料领用计划；加强成本管理。

（4）编制优化施工方案　在保证满足使用要求和设计意图的前提下，对施工方案优化技术经济指标，节省造价。根据设计要求及工程特点，编制经优化的各分项工程施工方案，提高机械化作业水平，提高生产率。

（5）均衡流水施工工艺　运用均衡流水施工工艺划分流水段，施工过程中特别是装修阶段，合理科学地安排工序样板引路，一次成优。采取“平面流水，立体交叉”法，科学组织，确保各阶段计划的落实。参照施工预算提供的材料设备数量，结合施工进度计划，合理安排材料设备进场时间，减少对大型机械、周转材料、资金的占用，同时降低保管费用。

（6）综合管理　尽量堆放在塔吊回转半径内，减少二次搬运。减少临时设施的投入量，利用原有设施。工期提前，减少周转材料、机械设备等使用周期，降低成本。

7.7.2.4　文明施工保证措施

（1）文明设施　在工地四周的围挡、宿舍外墙书写反映集团意识、企业精神、时代风貌的标志标语。现场内设阅报栏、劳动竞赛栏、黑板报，及时反映工地内外各类动态。宿舍和活动场所挂贴市民文明公约，增强内外职工意识。

（2）降尘措施　减少扬尘，防止施工现场泥土污染场外马路，施工现场全部采用硬化处理，并制定洒水降尘制度，配备洒水设备进行洒水，降低现场的扬尘发生。办公室、工人宿舍保持整洁，生活区保持卫生，污水设井，生活垃圾集中堆放并定期清理。现场设立封闭式的垃圾站，多层垃圾用垃圾袋装好下运，禁止向下抛撒垃圾。施工生产区域内的垃圾采用容器装运，生活区内设专职保洁员进行清扫，施工垃圾及时进行清运。环保人员要定期对工地进行环保检查，对不符合环保要求的采取三定原则（定人、定时、定措施），予以整改，落实后做好复查工作并填写记录。

（3）污水排放控制　现场内的厕所所产生的污水经过临时化粪池分解沉淀后，通过施工现场内的管线排入场外，清洁车定点定时对化粪池进行处理。本工程每个厕所设置一个化粪池。进行混凝土运输车清洗处设沉淀池，废水经沉淀池做技术处理后回收使用，使用不完的方可排入市政污水管线或回收用于洒水除尘。现场存放的油料，必须对库房进行防渗漏处理，储存和使用都要采取措施，防止跑、冒、滴、漏污染水体。本工程现场内的雨水排放入市政管线之前也要进行隔油除污处理（避免现场内可能产生的油污进入地下或市政管线）。

（4）光污染的控制　夜晚现场的探照灯避免射向周围环境，尽量将探照灯灯光向施工中心区投射，在关键的部位采取加高围挡防护网栏以遮光，防止对周围环境产生影响。在外部钢结构焊接期间，在作业面外围作全封闭隔离罩，防止电焊等产生的弧光采取隔离罩等措施防止对周围居民产生影响。

(5) 采取措施防止大气污染　禁止在施工现场焚烧油毡、橡胶、塑料、皮革、树叶、枯草、各种包装皮以及其他会产生有毒、有害烟尘和恶臭气体的物质。

7.7.2.5 季节性施工措施

(1) 冬季施工　根据北京市地区的气候特点，工程预计将于11月15日进入冬期施工，涉及的冬期施工工程，应采取相应措施。

保证室外工程施工的各项措施，如现场施工用水管道、消防水管接口用管道保温瓦进行保温，防止冻坏。凡使用的取暖炉，必须符合要求，经安全检查合格后方能投入使用，并注意防止煤气中毒。通道等要采取防滑措施，要及时清扫通道上的霜冻、冰块及积雪，防止滑倒出现意外事故。

冬期风大，物件要做相固定，防止被风刮倒或吹落伤人。机械设备按操作规程要求，五级风以上塔吊停止工作。高空作业人员不得穿硬底及带钉的鞋，必须衣着灵便，所有高空作业人员必须系挂安全带。外加剂与水泥分类堆放并建立领发制度，实行专门管理，标明品名，防止错用。配制外加剂的人员，佩戴好防护用具。

大雪后必须将架子上的积雪清扫干净，并检查有无松动下沉现象，务必及时处理。施工使用电气焊作业，严格遵守消防规定。电源开关、控制箱等要加锁，并由电工专门管理，防止漏电触电。易燃性材料及辅助材料库和现场严禁烟火并配备足够的灭火器。

(2) 雨季施工

① 雨季施工技术准备工作　雨季施工前认真组织有关人员分析雨季施工生产计划，根据雨季施工项目编制雨季施工措施，所需材料要在雨季来临前准备好。成立防汛领导小组，制定防汛计划和紧急预案措施，其中包括现场和与施工有关的周边地区。

② 雨季施工生产准备工作　夜间设专职值班人员，保证昼夜有人值班并做好值班记录。同时要设置天气预报员，负责收听和发布天气情况。经常检查施工现场及生产生活基地的排水设施，疏通各种排水管道，清理排水口，保证雨天排水通畅。施工现场的工棚、仓库、食堂、办公等暂设工程在雨期前进行全面检查和整修，保证基础、道路不塌陷，房间不漏雨，场区不积水。

在雨期到来前，做好各高耸构件防雷装置，在雨期前要对避雷装置做一次全面检查，确保防雷安全。在雨季，注意外用电梯的固定和防雷。

7.7.3 任务总结

编制单位工程保障措施时，必须细致研读工程相关资料及相关规范规定，全面了解工程情况后按照施工具体情况进行全面系统编写。

根据“实验厂房”资料编制本工程的保障措施。其内容与任务一大致相同，差异之处为质量保证措施，本任务中针对钢结构的部分编制质量保证措施，其他相同内容略，钢结构部分质量保证措施具体内容略。

7.8 任务二

7.8.1 任务下发

根据“钢结构厂房”资料编制本工程的保障措施。

7.8.2　任务实施

其内容与任务一大致相同，差异之处为质量保证措施和安全保证措施，本任务中针对钢结构的部分编制质量保证措施，其他相同内容略，钢结构部分质量保证措施和安全保证措施具体内容如下。

7.8.2.1　质量保证措施

（1）钢结构所选用的钢材必须有出厂合格证及原始资料，进厂的钢材经项目部质安人员验收合格后方可使用。

（2）选择性能良好，使用功能齐全的加工设备。

（3）焊条应具有出厂合格证或材质报告，要求电焊条使用前用烘干箱进行烘干。

（4）此钢结构制作完成后需进行除锈，要求除锈后涂上底漆，底漆采用喷刷，要求保证油漆的漆膜厚度满足设计要求。

（5）所有操作人员必须严格按技术、质量、安全交底内容执行，要求焊接人员必须持证上岗。

（6）钢结构为提高制孔精度采用台钻制孔。钻套用中碳钢制成，钻模内孔直径应比设计孔径大 0.3mm，钻模厚度不宜过大，一般用 15mm 左右。

（7）为保证制作精度，钢构件下料时要预放收缩量，预放量视工件大小而定，一般工件在 40～60mm，重要的又大又长的工件要预放 80～100mm。

（8）制定合理的焊接顺序是不可少的，当几种焊缝要施焊时，应先焊收缩变形较大的横缝，而后焊纵向焊缝，或者是先焊对接焊缝而后再焊角焊缝。

（9）焊接型钢的主焊缝应在组装加劲肋板零件之前焊接。主焊缝的焊接顺序应按焊后变形需要考虑其焊接顺序应交错进行。

7.8.2.2　安全保证措施

（1）防止起重机倾翻措施

① 吊装现场道路必须平整坚实，回填土、松软土层要进行处理。如土质松软，应单独铺设道路。起重机不得停置在斜坡上工作，也不允许起重机两个边一高一低。

② 严禁超载吊装。

③ 禁止斜吊。斜吊会造成超负荷及钢丝绳出槽，甚至造成拉断绳索和翻车事故。斜吊还会使重物在脱离地面后发生快速摆动，可能碰伤人或其他物体。

④ 绑扎构件的吊索必须经过计算，所有起重工具，应定期进行检查，对损坏者作出鉴定，绑扎方法应正确牢固，以防吊装中吊索破断或从构件上滑脱，使起重机失重而倾翻。

⑤ 不吊重量不明的重大构件设备。

⑥ 禁止在六级风的情况下进行吊装作业。

⑦ 指挥人员应使用统一指挥信号，信号要鲜明、准确。起重机驾驶人员应听从指挥。

（2）防止高空坠落措施

① 操作人员在进行高空作业时，必须正确使用安全带。安全带一般应高挂低用，即将安全带绳端的钩环挂于高处，而人在低处操作。

② 在高空使用撬扛时，人要立稳，如附近有脚手架或已装好构件，应一手扶住，一手操作。撬扛插进深度要适宜，如果撬动距离较大，则应逐步撬动，不宜急于求成。

③ 工人如需在高空作业时，应尽可能搭设临时操作台。操作台为工具式，宽度为 0.8～1.0m 临时以角钢夹板固定在柱上部，低于安装位置 1.0～1.2m，工人在上面可进行屋架的

校正与焊接工作。

④ 如需在悬高空的屋架上弦上行走时，应在其上设置安全栏杆。

⑤ 登高用的梯子必须牢固，使用时必须用绳子与已固定的构件绑牢。梯子与地面的夹角一般为 65°～70°为宜。

⑥ 操作人员在脚手板上通过时，应思想集中，防止踏上挑头板。

⑦ 安装有预留孔洞的楼板或屋面板时，应及时用木板盖严。

⑧ 操作人员不得穿硬底皮鞋上高空作业。

(3) 防止高空落物伤人措施

① 地面操作人员必须戴安全帽。

② 高空操作人员使用的工具、零部件等，应放在随身佩带的工具袋内，不可随意向下丢掷。

③ 在高空用气割或电焊时，应采取措施，防止火花落下伤人。

④ 地面操作人员，应尽量避免在高空作业面的正下方停留或通过，也不得在起重机的起重臂或正在吊装的构件下停留或通过。

⑤ 构件安装后，必须检查连接质量 ，只有连接确实安全可靠边，才能松钩或拆除时固定工具。

⑥ 吊装现现场周围应设置临时栏杆，禁止非工作人员入内。

(4) 防止触电、气瓶爆炸措施

① 起重机从电线下行驶时，起重机司机要特别注意吊杆最高点与电线的临空高度，必要时设专人指挥。

② 搬运氧气瓶时，必须采取防震措施，绝不可向地上猛摔。氧气瓶不应放在阳光下暴晒，更不可接近火源，还要防止机械油落到氧化瓶上。

③ 电焊机的电源长度不宜超过 5 m，并必须架高。电焊机手把线的正常电压，在用交流电工作时为 60～80V，要求手把线质量完好无损，如有破皮情况，必须及时用胶布严密包扎。电焊机的外壳应该接地。

7.8.3 任务总结

略。

模块8 编制专项施工方案

知识目标：

1. 了解专项施工方案的分类；
2. 熟悉专项施工方案的编制内容和方法；
3. 掌握模板专项施工方案；
4. 掌握外脚手架（专项施工方案）；
5. 了解模板脚手架设计的力学原理。

教学目标：

1. 知道专项施工方案的类型和相关的编制内容；
2. 能应用 BIM 模板脚手架设计软件编制模板专项施工方案；
3. 能应用 BIM 模板脚手架设计软件编制外架专项施工方案。

【模块介绍】

本模块主要介绍专项施工方案的定义、分类，说明一般专项施工方案的编制内容、方法和规定，以模板和外脚手架为例，介绍了广联达 BIM 模板脚手架设计软件的操作。

【模块分析】

某些专项施工方案是因在工程中采用新技术、新工艺、新材料、新设备的内容，需要进行编制的，除此目前大部分专项施工方案是指针对危险性较大的分部分项工程编制的施工方案。危险性较大的分部分项工程专项施工方案与一般的施工方案类似内容，如编制依据、工程概况、施工计划等，主要不同点在于有监测监控措施、突发事件处理、相应的计算书及相关的图纸等内容。

在编制前，需要熟悉图纸，根据工程实际情况和施工单位或市场的实际情况，选择合适的专项施工方案类型，例如根据建筑物的高度、标准层的平面形状等工程情况，决定采用合适的脚手架方案（落地式脚手架、悬挑式脚手架、附着式升降脚手架、吊篮脚手架等）。在决定了专项方案的类型后，根据工程的实际情况，关注本类型施工方案的施工关键点，进行相关计算并绘制图纸，编制出相应的专项施工方案。随着技术的发展，大多数的计算及绘制图纸可以由软件完成，编制者需要将各项参数输入，经验算后，根据需要调整相关参数后再重新验算，直到达到安全要求和成本要求。

【基础知识】

专项施工方案是以施工过程中有特殊要求的分部（分项）工程、专项工程为主要对象编制的施工技术与组织方案，用于具体指导其施工过程。住房和城乡建设部于 2009 年 5 月 13 日印发了《危险性较大的分部分项工程安全管理办法》（建质［2009］87 号）（以下简称《办法》），规定了对于超过一定规模危险性较大的工程，需要单独编制专项施工方案。

危险性较大的分部分项工程安全专项施工方案（以下简称“专项方案”），是指施工单位在编制施工组织（总）设计的基础上，针对危险性较大的分部分项工程单独编制的安全技术措施文件。

施工单位应当在危险性较大的分部分项工程施工前编制专项方案，对于超过一定规模的危险性较大的分部分项工程，施工单位应当组织专家对专项方案进行论证。建筑工程实行施工总承包的，专项方案应当由施工总承包单位组织编制。其中，起重机械安装拆卸工程、深基坑工程、附着式升降脚手架等专业工程实行分包的，其专项方案可由专业承包单位组织编制。

如因设计、结构、外部环境等因素发生变化确需修改的，修改后的专项方案应当按本办法第八条重新审核。对于超过一定规模的危险性较大工程的专项方案，施工单位应当重新组织专家进行论证。

危险性较大的分部分项工程范围和超过一定规模的危险性较大的分部分项工程范围详见附录 1，常见的有基坑支护、降水工程，土方开挖工程，模板工程及支撑体系，起重吊装及安装拆卸工程，脚手架工程，拆除、爆破工程等。

《办法》第七条明确规定了专项方案编制应当包括的内容有工程概况、编制依据、施工计划、施工工艺技术、施工安全保证措施、劳动力计划、计算书及相关图纸等七项内容，每一项内容均有明确的要点。方案编制时，要按照七项内容及要点展开，并编排目录，这样才能保证方案内容的齐全。

（1）工程概况　内容包括明确为危险性较大的分部分项工程概况、施工平面布置、施工要求和技术保证条件。

与一般的施工组织设计相比，专项施工方案中的工程概况更强调与明确为危险性较大的分部分项相关的内容，相对深入和全面。例如，土方工程专项施工方案的工程概况应描述的内容有工程地址、施工场地地形、地貌、地质水文、河流、气象、运输道路、邻近建筑物、地下基础、管线、电缆坑基、防空洞、地面上施工范围内的障碍物和堆积物状况，供水、供电、通讯情况，防洪排水系统，基坑平面尺寸、基坑开挖深度、地下水位标高、工程地质情况、水文地质情况、气候条件（极端天气状况、最低温度、最高温度、暴雨）、测量控制点位置、施工要求和技术保证条件等。对于起重吊装及安装拆卸工程专项施工方案，可简单描述工程名称、位置、结构形式、层高、建筑面积、起重吊装部位、主要构件的重量、进度要求等。

施工要求一般是依据设计要求提出，也可结合危险性较大的分部分项工程施工环境、工程特点等特殊因素提出。技术保证条件是针对施工要求应当满足的技术保证措施，如管理制度、管理人员配置、机械设备及材料供应条件、施工技术条件等情况。

（2）编制依据　内容包括相关法律、法规、规范性文件、标准、规范及图纸（国标图集）、施工组织设计、设计文件、施工组织设计等。

编制依据应完整齐全，针对性强。方案编制中引用的相关法律、法规、规范性文件、标准、规范名称及编号应具体正确，应注意防止出现名称及编号有误，或引用的规范、标准已废止，或图纸（国标图集）、施工组织设计遗漏等情况，以及注意防止出现与本危险性较大的分部分项工程有关的规范、标准引用不全，无关的规范、标准加以引用的情况，避免出现编制依据不完整、编制依据针对性不强等问题。

超过一定规模的危险性较大分部分项工程的编制依据与普通危险性较大分部分项工程的编制依据在一般工程中基本类同，对于大型工程（如超高层建筑）才会有差异。最容易出现的问题是引用的施工组织设计、设计文件无名称，缺少专业设计规范。

（3）施工计划　内容包括施工进度计划、材料与设备计划等。

施工进度计划应内容全面、安排合理、科学实用，在进度计划中应反映出各施工区段或各工序之间的搭接关系、施工期限和开始、结束时间。同时，施工进度计划应能体现和落实总体进度计划的目标控制与要求；通过编制专项工程进度计划进而体现总进度计划的合理性。可以采用网络图或横道图表示，并附必要文字说明，材料与设备计划应当明确使用材料和周转材料的品种、规格、型号、数量和施工机具配置及计量、测量和检验仪器等配置情况，可以采用图表形式说明。

（4）施工工艺技术　内容包括工艺流程、技术参数、施工方法、监测监控、信息化施工、检查验收等。

本项内容是专项方案的主要内容之一，它直接影响施工进度、质量、安全以及工程成本。要针对危险性较大的分部分项工程的质量安全要求进行展开，将施工组织总设计和单位工程施工组织设计的相关内容进行细化。对容易发生质量通病、容易出现安全问题、施工难度大、技术含量高的分项工程或工序等做出重点说明，可以按照施工方法、工艺流程、技术参数、检查验收等顺序进行编写。

对于工程中推广应用的新技术、新工艺、新材料和新设备，可以采用目前国家和地方推广的，也可以根据工程具体情况由企业创新。对于企业创新的技术和工艺，要制定理论和试验研究实施方案，并组织鉴定评价。

根据施工地点的实际气候特点，提出具有针对性的施工措施。在施工过程中，还应根据气象部门的预报资料，对具体措施进行细化。施工内容与气候影响要有明确的对应性，如对台风影响时的施工部位、冬期施工的部位等明确说明。

施工工艺技术的内容编制，要注意避免与一般施工方案基本类同、重点不突出的问题。一些技术参数的应用要避免直接引用规范的原文，没有明确的数值，如剪刀撑设置的间距、夹角、位置等规范给出的是一个区间值，在专项方案应当给予具体明确，否则方案的可操作性难以保证，即各方在检查或验收时没有了统一具体的标准尺度，从而导致施工工艺技术针对性不强。

（5）施工安全保证措施　内容包括组织保障、技术措施、应急预案、监测监控、季节性施工等。本项内容是专项方案的重要内容之一，属于安全管理计划的范畴，应针对项目具体情况进行编制。

组织保障是针对每项工程在施工过程中可能发生的事故隐患和可能发生安全问题的环节进行预测，从而建立管理人员组织机构。建立安全管理组织，可以用图表加以说明，工程管理的组织机构及岗位职责应在施工安排中确定，并应符合总承包单位的要求。

技术措施是针对每项工程在施工过程中可能发生的事故隐患和可能发生安全问题的环节

进行预测，从而在技术上采取措施，消除或控制施工过程中的不安全因素，防范发生事故。常见的施工安全技术措施主要包括以下几点。

① 进入施工现场的安全规定。

② 地面及深坑作业的防护。

③ 高处及立体交叉作业的防护。

④ 施工用电安全。

⑤ 机械设备的安全使用。

⑥ 为确保安全，对于采用的新工艺、新材料、新技术和新结构，制定有针对性的、行之有效的专门安全技术措施。

⑦ 预防因自然灾害（防台风、防雷击、防洪水、防地震、防暑降温、防冻、防寒、防滑等）促成事故的措施。

⑧ 防火、防爆措施。技术措施编制中，当引用相应的规范、标准时要注意针对性，特别要注意规范、标准中规定的区间值引用，必须明确为具体数值，否则就会出现针对性问题。

应急预案又称应急计划，是针对可能的重大事故（件）或灾害，为保证迅速、有序、有效地开展应急与救援行动、降低事故损失而预先制定的有关计划或方案。它是在辨识和评估潜在的重大危险、事故类型、发生的可能性及发生过程、事故后果及影响严重程度的基础上，对应急机构职责、人员、技术、装备、设施（备）、物资、救援行动及其指挥与协调等方面预先做出的具体安排。应急预案明确了在突发事故发生之前、发生过程中以及刚刚结束之后，谁负责做什么、何时做，以及相应的策略和资源准备等。

建筑施工安全事故（危害）通常分为七大类，分别为高处坠落、机械伤害、物体打击、坍塌倒塌、火灾爆炸、触电、窒息中毒，应针对项目具体情况制定。

应急预案在编制的要求上，要做到“三个明确”，即明确职责、明确程序、明确能力和资源。明确职责就是必须在应急预案中明确现场总指挥、副总指挥、应急指挥中心以及各应急行动小组在应急救援整个过程中所担负的职责。明确程序包含两个方面的含义，一是要尽可能详细地明确完成应急救援任务应该包含的所有应急程序，以及对各应急程序能否安全可靠地完成对应的某项应急救援任务进行确认；二是这些程序实施的顺序及各程序之间的衔接和配合。明确能力与资源能力与资源包含两层含义，一是明确项目部现有的可用于应急救援的设施设备的数量及其分布位置，二是明确项目部应急救援队伍的应急救援能力及外部救援资源（如医院、消防单位及其通讯联系方式）。

监测监控是指针对涉及专项施工安全相关数据或信息的监测监控措施，如模板支撑系统在搭设、钢筋安装、混凝土浇捣过程中及混凝土终凝前后模板支撑体系位移的监测监控措施。编制内容应明确监测目的、监测要求、监测仪器及方法等，并有相应的图示及说明。

（6）劳动力计划　主要针对专职安全生产管理人员、特种作业人员等。要求确定工程用工量并编制专业工种劳动力计划表；要注意不同施工阶段劳动力需求的变化及施工组织设计的协调以及应急预案的人员要求。

（7）计算书及相关图纸　计算内容主要是针对施工工艺技术中的技术参数进行验算，附图包括工程概况示意图，危险分部分项施工工艺技术和安全措施的平面图、立面图、剖面图、大样图以及与周边环境的关联图示及说明。此外，计算内容还应当与图纸内容一一对应。计算书的编写要符合专业设计计算书的要求，一般情况下，图纸应当符合建筑制图标准的要求，当涉及机械设备制作安装时，要符合机械设备制图标准的要求。

这项内容要求对施工单位来说难度较大，编制人员需要熟悉相关法规并有一定的理论功底。为避免手工计算错误，通常需要一些专业的相关计算软件来辅助计算，有的情况下甚至需要通用或专用的有限元软件来辅助计算。若使用计算机软件进行设计验算的，要说明软件名称、版本号、有效期等信息，便于核查比对。

随着BIM技术的发展，一些专业的BIM软件（例如广联达BIM模板脚手架设计软件）既能进行传统的力学计算，也能发挥BIM软件的优势，如可以三维形式设计和观察、自动绘制相关图纸、精确的统计相关工程量等，极大地提高了编制效率。

【实战演练】

8.1　任　务　一

广联达办公大厦的模板脚手架专项施工方案如下。可以在“广联达BIM模板脚手架设计软件”中填写并由软件自动生成，也可由参考施工组织总设计、单位工程施工组织设计、施工图纸等进行撰写。

8.1.1　工程概况

【例8-1】

广联达办公大厦整体效果图如图8-1所示。

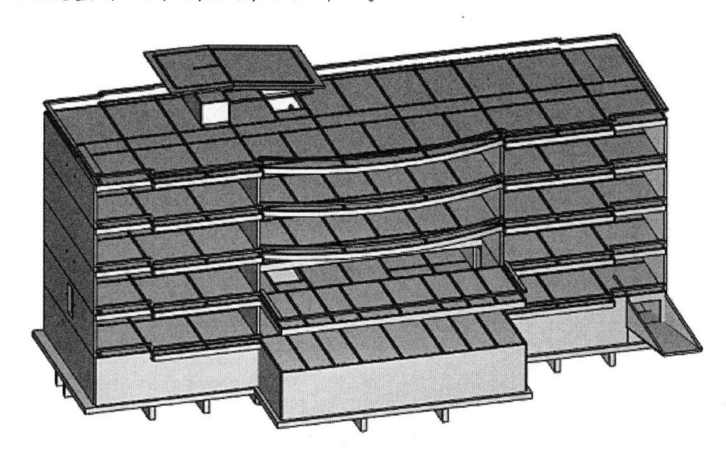

图8-1　广联达办公大厦整体效果图

① 工程建设概况　工程建设概况一览表见表8-1。

表8-1　工程建设概况一览表

工程名称	广联达办公大厦
工程地点	北京上地科技园区北部
建设单位	略
监理单位	略
设计单位	略
勘察单位	略
施工单位	略
工程建设内容及规模	略

② 结构设计概况　结构概况一览表见表 8-2。

表 8-2　结构概况一览表

<table>
<tr><td>结构类型</td><td colspan="2">框架剪力墙结构</td><td>结构设计使用年限</td><td>50 年</td></tr>
<tr><td>基础形式</td><td colspan="4">广联达办公大厦工程:交叉梁下条形基础+防水板
广联达办公大厦工程:平板式筏基</td></tr>
<tr><td>抗震设防类别</td><td colspan="2">丙类</td><td>抗震设防烈度</td><td>8 度</td></tr>
<tr><td>设计地震分组</td><td colspan="2">第一组</td><td>设计基本地震加速度</td><td>0.20g</td></tr>
<tr><td rowspan="2">建筑场地类别</td><td colspan="2" rowspan="2">Ⅲ类</td><td>地基基础设计等级</td><td>一级</td></tr>
<tr><td>场地冰冻深度</td><td>0.7m</td></tr>
<tr><td>基本雪压值</td><td colspan="2">0.4kN/m²</td><td>基本风压值</td><td>0.45kN/m²</td></tr>
<tr><td>结构抗震等级</td><td colspan="2">框架三级;
楼剪力墙二级</td><td>建筑结构安全等级</td><td>二级</td></tr>
<tr><td rowspan="4">主要构件截面尺寸/mm
(软件生成)</td><td>墙厚</td><td colspan="3">100,200,250</td></tr>
<tr><td>梁截面</td><td colspan="3">200×400,250×300,250×400,250×500,250×600,250×650</td></tr>
<tr><td>板厚</td><td colspan="3">180</td></tr>
<tr><td>柱截面</td><td colspan="3">100×100,200×200,200×250,600×600</td></tr>
</table>

③ 超危大工程范围概况　依照建设部建质［2009］87 号文件《危险性较大的分部分项工程安全管理办法》(附录 1) 第三条 (二) 中的内容，针对模板工程及支撑体系，搭设高度 8m 及以上，搭设跨度 18m 及以上，施工总荷载 15kN/m² 及以上，集中线荷载 20kN/m 及以上，属于超过一定规模的危险性较大的分部分项工程，属专家论证范畴，需施工单位组织专家对专项方案进行论证。

依据《建筑施工模板安全技术规范》(JGJ 162—2008) 中荷载取值和荷载组合进行核算，反推得梁截面在 0.52m²、楼板厚度在 0.35m 以上则属于超过一定规模的危险性较大的模板支撑体系。

【例 8-2】 根据本工程情况超过一定规模的危险性较大的模板支撑体系的具体区域详见表 8-3。

表 8-3　超过一定规模的危险性较大的模板支撑体系施工区域统计表

结构构件	规格信息	位置信息	搭设高度/m	搭设跨度/m	施工总荷载/(kN/m²)	集中线荷载/(kN/m)
梁	250mm×500mm	4-7 轴/B-B 轴〈第-1 层-KL-6 250×650〉	4150	10400	—	5.738
楼板	120mm	6-7 轴/B-C 轴〈第 2 层-LB-3 大厅上空〉	7680	5750	6.727	—
…	…	…	…	…	…	…

8.1.2　编制依据

【例 8-3】 广联达办公大厦编制依据包括广联达 BIM 模板脚手架专项施工软件 (以下简称模架设计软件)，本工程的图纸、地质勘探报告等。

编制依据标准见表 8-4。

表 8-4　广联达办公大厦编制依据

类别	名称	编号
国标	《建筑结构荷载规范》	GB 50009—2012
	《建筑抗震设计规范》	GB 50011—2010
	《工程测量规范》	GB 50026—2007
	《混凝土结构工程施工质量验收规范》	GB 50204—2015
	《混凝土结构工程施工规范》	GB 50666—2011
行标	《建筑机械使用安全技术规程》	JGJ 33—2012
	《施工现场临时用电安全技术规范》	JGJ 46—2005
	《建筑施工安全检查标准》	JGJ 59—2011
	《建筑施工高处作业安全技术规范》	JGJ 80—2016
	《建筑施工扣件式钢管脚手架安全技术规范》	JGJ 130—2011
	《建筑施工模板安全技术规范》	JGJ 162—2008
	《建筑施工临时支撑结构技术规范》	JGJ 300—2013
	《建筑工程施工现场消防安全技术规范》	GB 50720—2011
	《建筑施工安全检查评定标准》	JGJ 59—2011
	《建筑施工碗扣式钢管脚手架安全技术规范》	JGJ 166—2016
地标	《钢管脚手架、模板支架安全选用技术规程》	DB11/T 583—2015
	《建筑施工组织设计规范》	GB/T 50502—2009
	《建设工程施工现场安全防护、场容卫生和消防标准》	DB11/945—2012
	《北京市建筑工程施工安全操作规程》	DBJ 01—62—2002
	《建筑结构长城杯工程质量评审标准》	DB11/T 1074—2014
	《北京市危险性较大的分部分项工程安全专项施工方案专家论证细则(2015 版)》	/
其他	《工程建筑标准强制性条文》	建标[2002]219 号
	《住房和城乡建设部关于印发〈危险性较大的分部分项工程安全管理办法〉的通知》	建质[2009]87 号
	《建设工程高大模板支撑系统施工安全监督管理导则》	建质[2009]254 号
	《危险性较大的分部分项工程安全管理办法》	京建施[2009]841 号
	《建设工程安全生产管理条例》	中华人民共和国国务院第 393 号令
	《工程建设标准强制性条文》	2009 版房屋建筑部分
其他	《建设工程质量管理条例》	国务院令第 279 号
	《中华人民共和国建筑法》	
	《中华人民共和国安全法》	

8.1.3　施工计划

施工计划包括施工进度计划、材料与设备计划等。材料设备计划可以由模架设计软件导出。

(1) 模板材料统计表可经模架设计软件进行拼模设计后获得，点击“拼模设计”菜单“工程量”功能区中“材料统计”按钮中的下拉按钮“整楼材料统计”，可生成“材料统计”窗口，并导出为“材料统计表 . xls”。

【例8-4】 广联达办公大厦下料统计表见表8-5。

表8-5 下料统计表

下料统计表				
工程名称	广联达办公大厦		日期	XXXX-XX-XX
施工单位				
序号	规格/mm	单位	数量	面积/m^2
1	2440×1220	张	1492	4441.38
2	2440×1210	张	4	11.81
3	2440×1190	张	2	5.81
…	…	…	…	…
1023	85×45	张	3	0.01
1024	异形面板	张	256	191.82
			面积合计/m^2	10449.71
1026	2440×500 弧面板	张	24	29.28
1027	2440×380 弧面板	张	16	14.84
1028	2440×380 弧面板	张	2	1.85
…	…	…	…	…
1042	2309×500 弧面板	张	2	2.31
			面积合计/m^2	83.95
需要原材总张数/张			3641	

(2) 模板支架材料统计可经模架设计软件进行模板支架设计，完成后，点击“支架设计”菜单“工程量”功能区中“材料统计”按钮中的下拉按钮“整楼材料统计”，可生成某层的“材料统计”窗口，并导出为“材料统计表.xls”。

需要注意的是材料选型参数输入时要考虑材料实际尺寸、壁厚进行计算，避免由于材料理论和实际偏差造成计算结果产生误差。

【例8-5】 本工程模板支架统计表见表8-6～表8-8。

表8-6 模板支架统计表1

结构构件	面板规格	面板统计/m^2	次楞规格	次楞统计/m	主楞规格	主楞统计/m
板模板	12mm厚	705.96	100×50 木方	2159	80×80 木方	873
梁模板	12mm厚	517.64	100×50 木方	6055	48×3 钢管	1446
					80×80 木方	574
					钢筋	171
墙模板	15mm厚	587.63	100×50 木方	4261	48×3 钢管	2171
洞口模板	—	—	100×50 木方	27	—	—
汇总	12mm厚	1223.6	100×50 木方	12502	—	—
	15mm厚	587.63				

表 8-7　模板支架统计表 2

钢管规格	钢管/m	扣件/个			垫板规格	垫板/m
		直角扣件	旋转扣件	对接扣件		
48×3.5 钢管	17902	8647	16290	332	垫板	791
48×3.5 钢管	10203	7419	2757	176	垫板	424
—	—	—	132	—	—	—
—	—	—	—	—	—	—
48×3.5 钢管	28105	16066	19179	508	垫板	1215

表 8-8　模板支架统计表 3

可调托座规格	可调托座数量/套	对拉螺栓规格	对拉螺栓/套	洞口护角/套
T38×6	981	—	—	—
T38×6	1277	直径 14mm,长 700 mm	266	—
		直径 14mm,长 750 mm	1422	
—	—	直径 14mm,长 700 mm	180	—
		直径 14mm,长 750 mm	942	
—	—	—	—	—
T38×6	2258	直径 14mm,长 700 mm	446	—
		直径 14mm,长 750 mm	2364	

(3) 施工进行计划　一般说明施工段的划分，如何组织流水施工，并绘制横道图（或双代号网络图）。例如，本工程分为 N 个施工段，各个施工段为从 X 与 Y 轴相交到 S 轴线与 T 轴线相交，在 N 个施工段中组织流水施工。

8.1.4　施工工艺技术

高大模板支撑系统的基础处理、主要搭设方法、工艺要求、材料的力学性能指标、构造设置以及检查、验收要求等。

【例 8-6】　梁模板安装工艺流程见图 8-2。

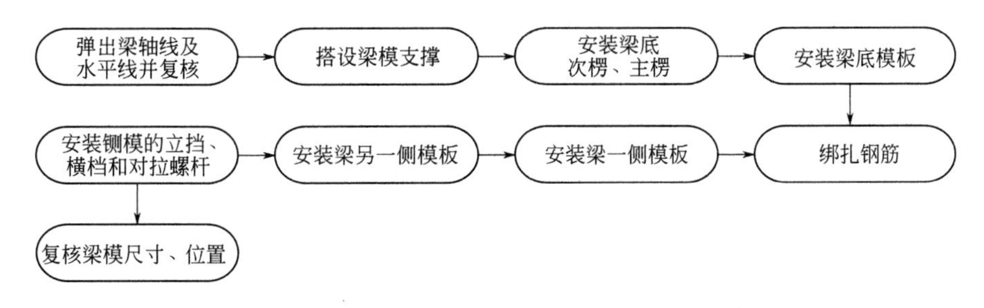

图 8-2　梁模板安装工艺流程图

其他内容（略）。

8.1.5　施工安全保证措施

模板支撑体系搭设及混凝土浇筑区域管理人员组织机构、施工技术措施、模板安装和拆除的安全技术措施、施工应急救援预案，模板支撑系统在搭设、钢筋安装、混凝土浇捣过程中及混凝土终凝前后模板支撑体系位移的监测监控措施等，一般包括以下内容。

① 模板专项工程管理的组织机构。

② 模板施工安全技术措施。

③ 模板拆除安全技术措施。

④ 检测监控。

⑤ 应急救援措施。

8.1.6 劳动力计划

【例 8-7】 专职安全生产管理人员表见表 8-9，模板专业工程劳动力计划表见表 8-10。

表 8-9 专职安全生产管理人员表

序号	安全生产管理人员姓名	职责岗位	备注
1	张××	项目经理	
2	李××	项目总工	
3	王××	生产经理	
4	刘××、罗××	安全员	

表 8-10 模板专业工种劳动力计划表

序号	工种	人数	专业要求	工作内容
1	木工	10 人		负责模板的安装
2	架子工	25 人	持证上岗	负责扣件式支撑架的搭设
3	测量工	2 人	持证上岗	负责测量放线垂直度控制
4	杂工	2 人		负责材料运输

8.1.7 计算书及相关图纸

可以通过参照《建设工程高大模板支撑系统施工安全监督管理导则》（建质［2009］254号）对高大模板支撑的具体要求加以理解：验算项目及计算内容包括模板、模板支撑系统的主要结构强度和截面特征及各项荷载设计值及荷载组合，梁、板模板支撑系统的强度和刚度计算，梁板下立杆稳定性计算，立杆基础承载力验算，支撑系统支撑层承载力验算，转换层下支撑层承载力验算等。每项计算列出计算简图和截面构造大样图，注明材料尺寸、规格、纵横支撑间距。

附图包括支模区域立杆、纵横水平杆平面布置图，支撑系统立面图、剖面图，水平剪刀撑布置平面图及竖向剪刀撑布置投影图，梁板支模大样图，支撑体系监测平面布置图及连墙件布设位置及节点大样图等。

计算书及相关的图纸可以由模架设计软件进行模板支架设计完成后，点击“支架设计”菜单中“方案输出”功能区中“计算书”按钮，选择已经识别为高支模的梁并右击，则弹出相应的“计算书”窗口，在窗口的“文件”菜单中，可将计算书以 rtf. 格式或 doc. 格式保存到合适的位置。

【例 8-8】 以 4-7 轴线、B 轴线以南的弧形梁为例，其计算书详见附录 2。

8.1.8 广联达办公大厦模板专项施工方案软件操作流程

(1) 打开广联达 BIM 模板脚手架设计软件，在电脑桌面双击软件图标，或在资源管理器中找到“C:\Glodon\GMJ\1.3\Bin\GMJ.exe”并双击，即可打开软件。打开后界面如图 8-3所示。

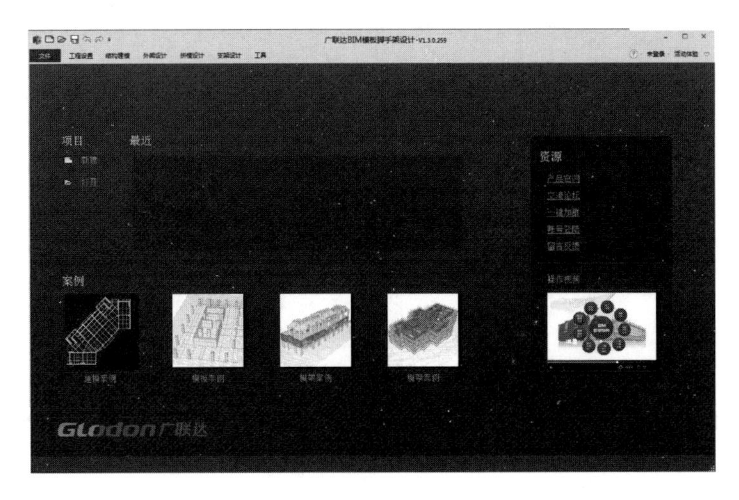

图 8-3　广联达模板脚手架设计软件开始界面

如果第一次打开软件，可以点击“新建”图标，即可进行一个全新的工程。可点击文件菜单中的“保存”或最上方的磁盘图标进行存盘，选择合适的文件并输入文件名，即可保存文件，如图 8-4 所示。

图 8-4　保存工程文件

(2) 进行工程参数设置　在“工程设置”选项卡中，可以进行一些相关参数的设定，如图 8-5 所示。

(3) 工程信息填写　点击“工程信息”，可以根据工程概况，填写一些工程的相关信息，如图 8-6 所示。

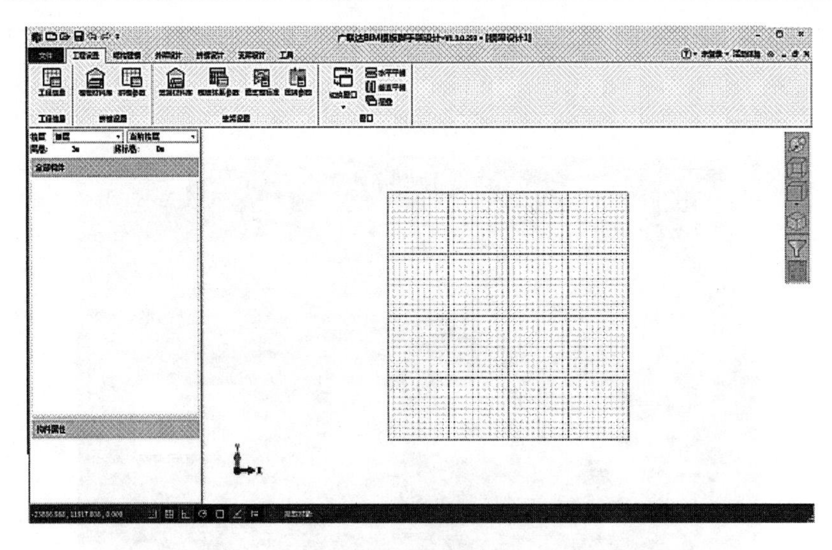

图 8-5　工程参数设置

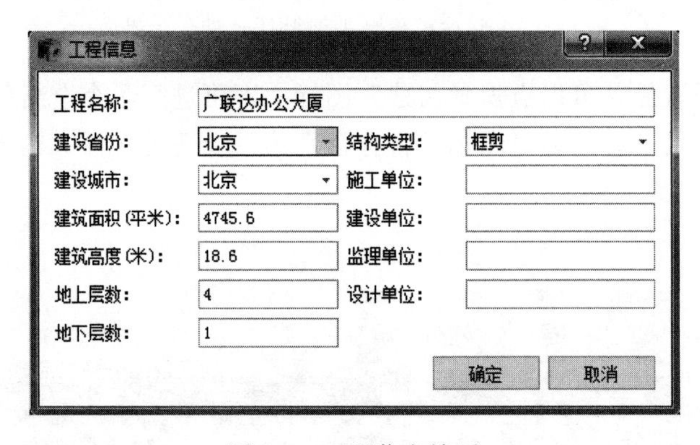

图 8-6　工程信息填写

（4）拼模设置　在“拼模设置”的“模板材料库”中，可以根据实际情况选择合适的木模板型号参数和组合钢筋钢模板型号参数，这将对模板拼板设计有影响，如图 8-7 所示。

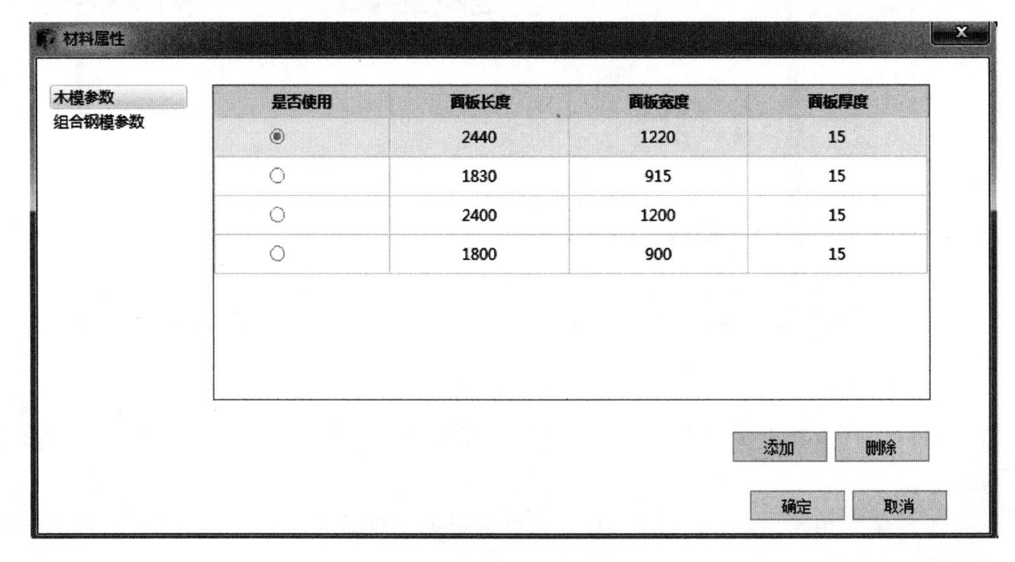

图 8-7　模板型号设置

在“拼模设置”的“拼模设计”中，规定了模板交接处是由哪方面的模板进行伸出“延长”及“延长量”，以及考虑浇筑混凝土需要多出的“上探值”，如图 8-8 所示。

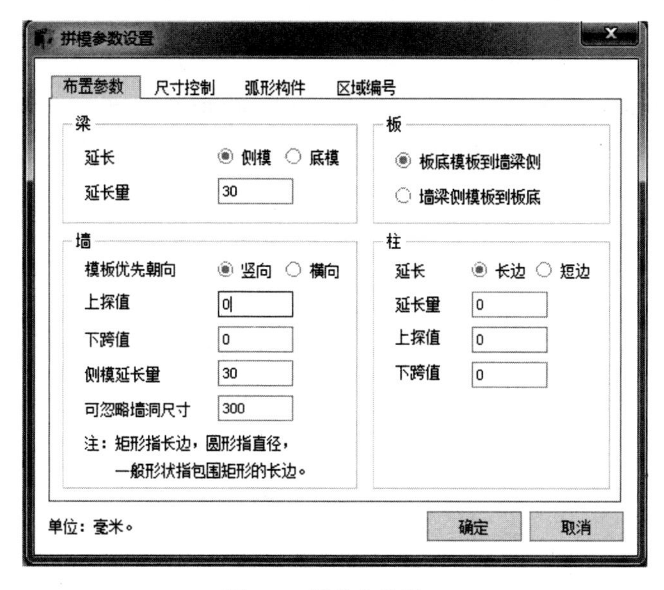

图 8-8　拼模参数设置

（5）支架设置　在“支架设置”的“模板体系参数”中，可以预设一些各类构件中的模板参数。如果经验算后不能通过，可以将一些构件的尺寸加大或选择更强的构件种类或减少构件之间间距，以满足验算。反之，如果验算通过了，也可以作相反的选择，以节约成本，如图 8-9 所示。

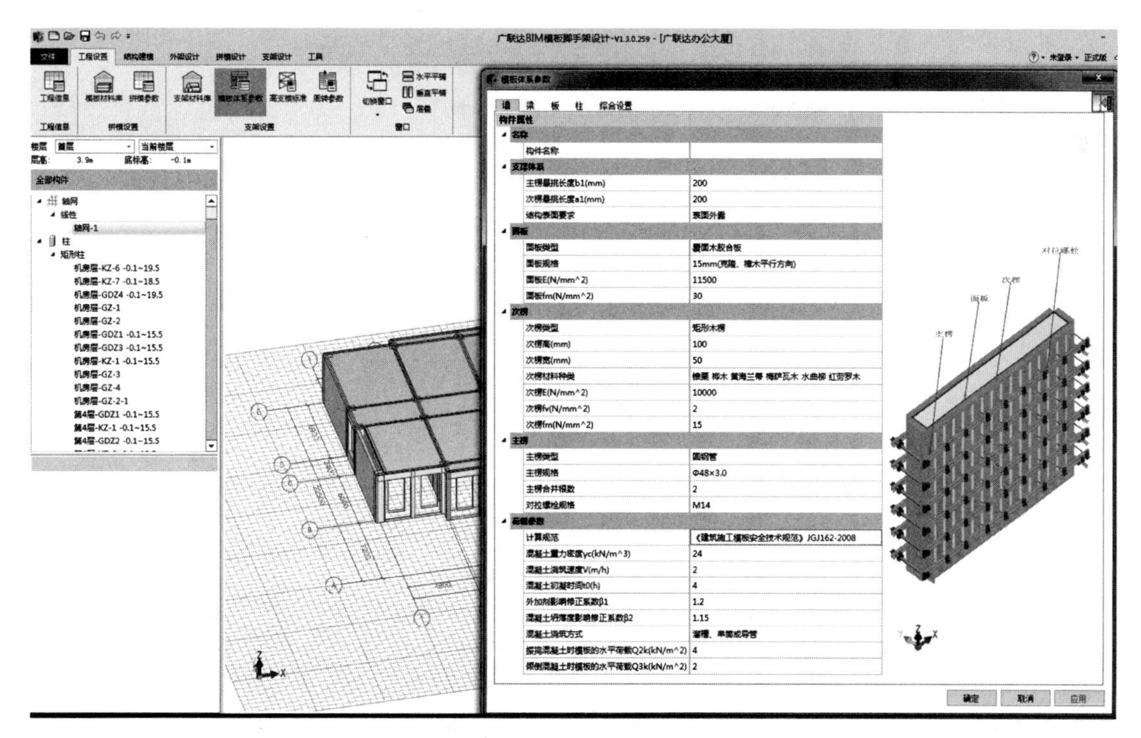

图 8-9　模板体系参数设置

在“支架设置”的“高支模标准”中，根据《危险性较大的分部分项工程安全管理办法》中规定设置相关参数，也可以根据地方标准做进一步改动，如图 8-10 所示。

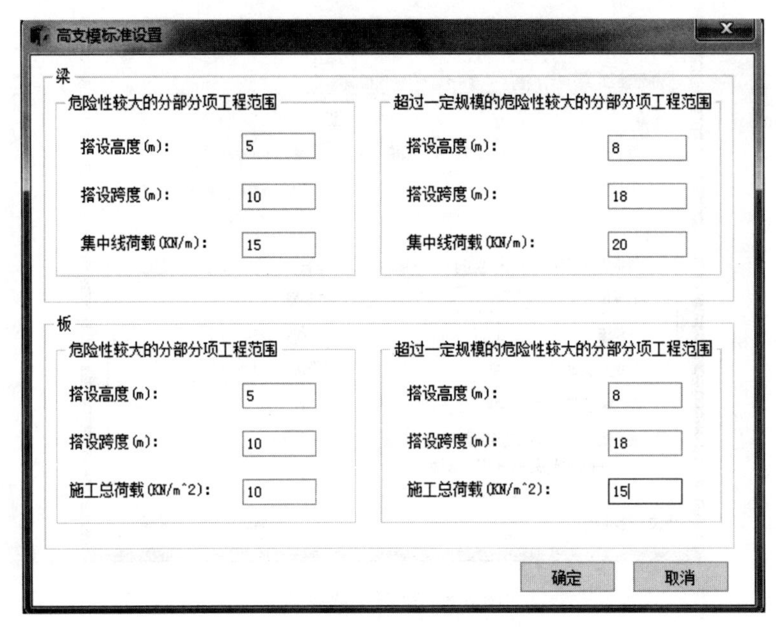

图 8-10　高支模标准设置

在“支架设置”的“周转参数”中，可以根据工程的气候、温度、施工段的划分、施工的速度等工程实际情况，决定模板及其支架的周转保留层数，根据材料的实际情况决定其使用次数，如图 8-11 所示。

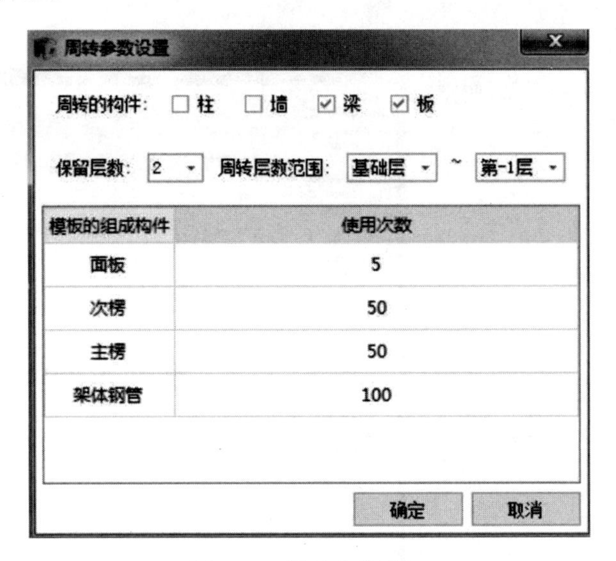

图 8-11　周转参数设置

(6) 导入模型或建立模型　在“结构建模”选项卡中，可以导入 revit 或广联达的 GCL 模型，如图 8-12、图 8-13 所示。如果只是个别少量的构件需要分析，也可以通过“模型绘制”中的命令进行手工绘制，或者通过“CAD 识别”中的“导入 CAD”命令，识别导入的 CAD 图纸中各类构件。

图 8-12　导入模型

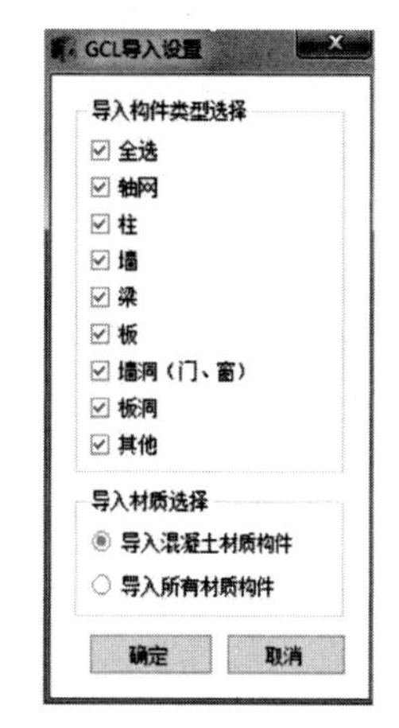

图 8-13　导入模型设置

首先显示的首层的模型，可以用“Ctrl＋鼠标滚轮”进行动态观察。在左侧工具“楼层”栏中，可以将“首层”更改选择为其他层进行观察，当前层模型如图 8-14 所示；也可以将“当前楼层”改为“相邻楼层”或“全部楼层”，可以将更多的模型进行展示，如图 8-15所示。

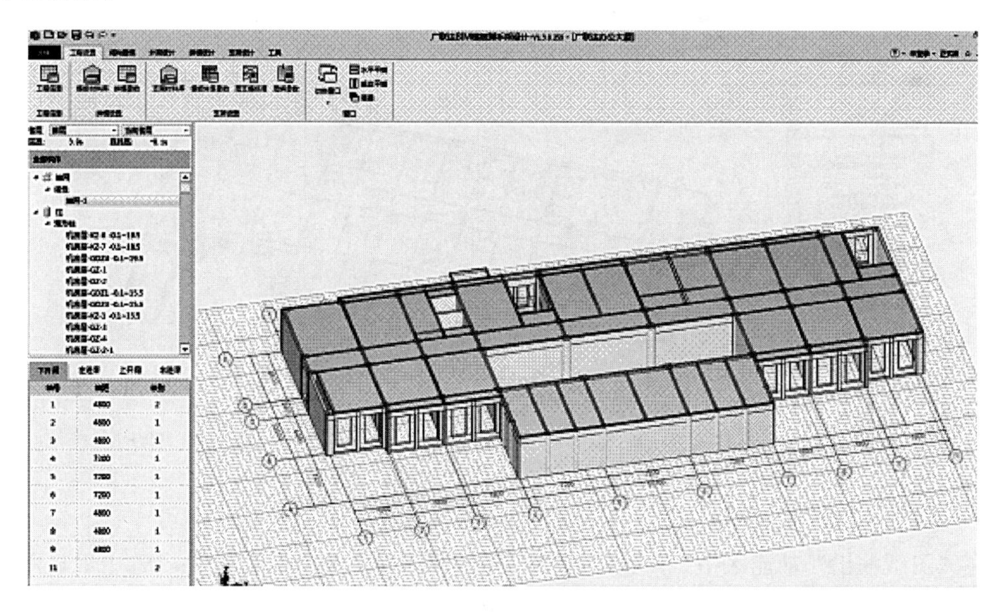

图 8-14　当前层模型展示

（7）进行拼模设计　在拼模设计前，如果没有设置相关参数设计的，可以在“工程设置”选项中的“拼模设置”功能区中，用“拼模参数”命令来设置相关参数。

在进行拼模设计时，只能逐层进行拼模设计，因此需要在左侧的“楼层”项中，分别选

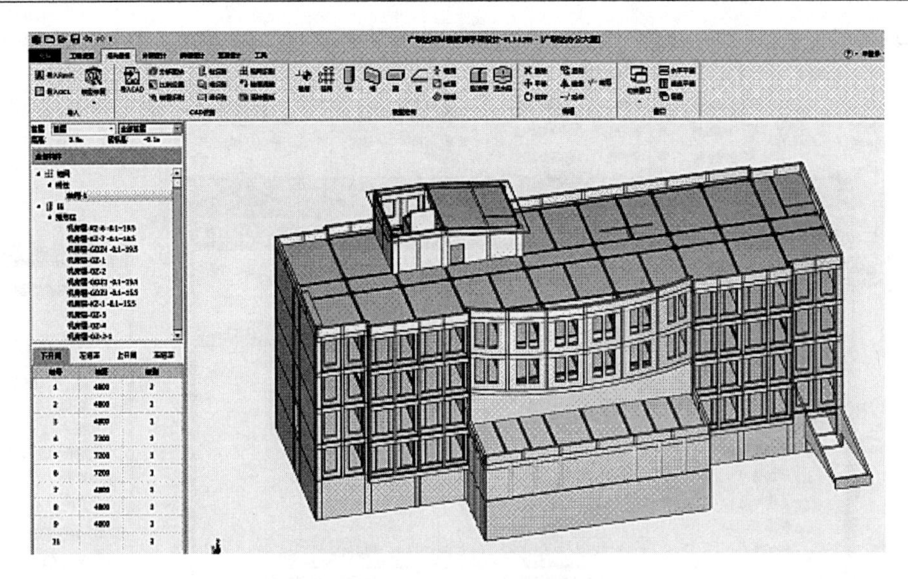

图 8-15　全部楼层模型展示

择各层（例如“首层”）和“当前楼层”，在俯视图框选所有平面，选中的部分以粉红色显示。如需进行局部拼模设计的，可以采用“区域拼模”和“清除模板”等命令来选中部分区域。

点击“整层拼模”后，软件开始对选定的楼层进行设计（显示为淡黄色为整板），其余为需要裁剪的拼接的模板（以木模板为例），如图 8-16 所示。

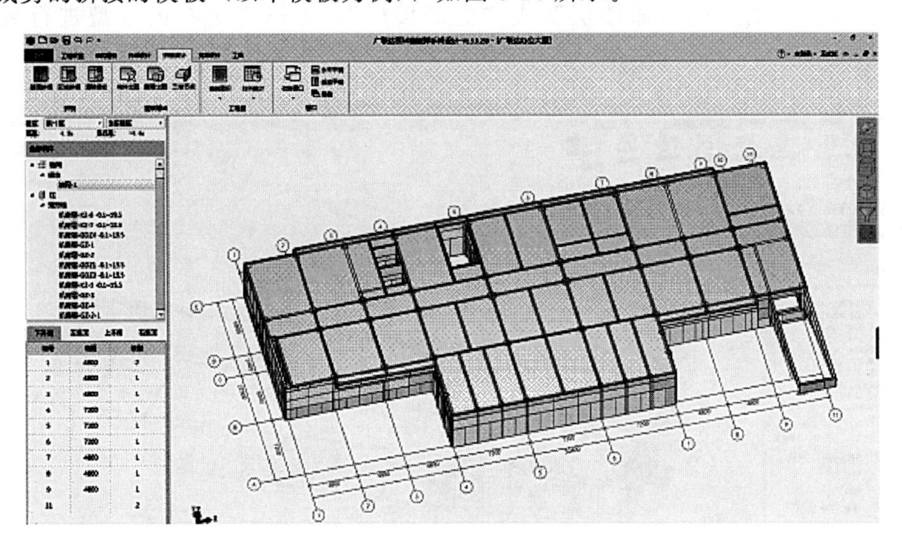

图 8-16　拼模设计

在“图纸输出”功能区中，点击“构件出图”后，可以选择部分构件（选中后显示为粉红色），若点击“整层出图”，则为选中该层全部构件。经软件处理后，弹出“导出拼模图”文件对话框，选择合适的位置后，可导出相应的 DWG 格式的拼模文件，如图 8-17 所示。为了得到整栋楼的拼模方案，需要将各层楼分别进行拼模设计。

当所有楼层都进行拼模设计完成后，在“工程量”功能区中可通过“接触面积”和“材料统计”两个功能键进行模板与混凝土之间接触面积的统计和模板材料的统计如图 8-18 所

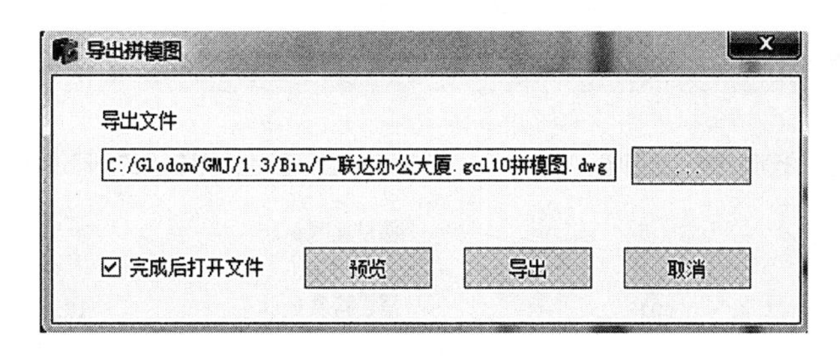

图 8-17　导出拼模文件

示。注意：如果前面只完成部分楼层的拼模设计，而按“整楼”的统计数据实际是部分楼层的数据，是不完整的数据。模板材料统计如图 8-19 所示。

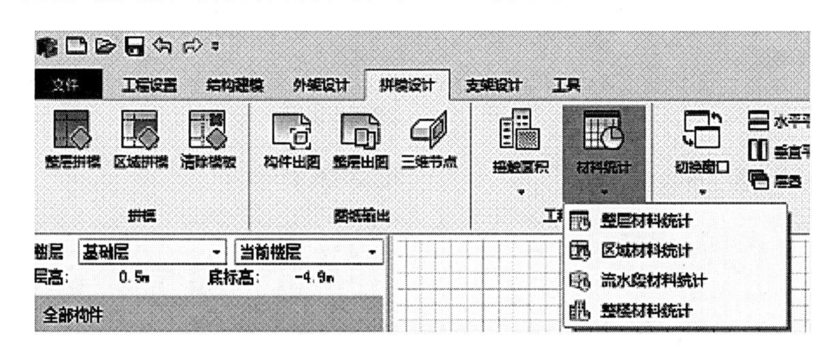

图 8-18　材料统计菜单

下料统计表

工程名称：广联达办公大厦　　日期：2017-9-18

施工单位：

序号	规格（mm）	单位	数量	面积（m^2）
1	2440×1220	张	1800	5358.24
2	2420×1220	张	3	8.86
3	2440×1210	张	4	11.81
4	2390×1220	张	1	2.92
5	2440×1190	张	2	5.81
6	2340×1220	张	2	5.71
7	2440×1150	张	3	8.42
8	2295×1220	张	1	2.80
9	2285×1220	张	15	41.82
10	2280×1220	张	1	2.78
11	2440×1135	张	6	16.62
12	2440×1130	张	2	5.51
13	2250×1220	张	2	5.49
14	2235×1220	张	3	8.18
15	2225×1220	张	2	5.43
16	2440×1110	张	6	16.26
17	2220×1220	张	2	5.42
18	2210×1220	张	2	5.39
19	2440×1100	张	10	26.84
20	2215×1210	张	1	2.68
21	2410×1110	张	1	2.68
22	2195×1220	张	7	18.75
23	2180×1220	张	1	2.66
24	2170×1220	张	1	2.65

图 8-19　模板材料统计（下料统计表）

（8）模板支架设计　高支模通常指按《危险性较大的分部分项工程安全管理办法》中危险性较大的模板分部分项工程，即搭设高度 5m 及以上、搭设跨度 10m 及以上、施工总荷载 $10kN/m^2$ 及以上、集中线荷载 15kN/m 及以上等均属于高支模板。在“工程设置”菜单的“支架设置”功能区中，点击高支模标准，弹出“高支模标准”设置窗口，如图 8-20 所示。高支模板支撑系统需要编制专项施工方案。

图 8-20　高支模标准设置

根据住房和城乡建设部下发的《建设工程高大模板支撑系统施工安全监督管理导则》（建质［2009］254号）第1.3条规定，高大模板支撑系统是指建设工程施工现场混凝土构件模板支撑高度超过8m，或搭设跨度超过18m，或施工总荷载大于15kN/m^2，或集中线荷载大于20kN/m的模板支撑系统。高大支模板支撑系统不仅需要编制专项施工方案，还需要进行专家认证。

在模板专项施工方案中，应首先进行高支模或高大支模的设计。在进行设计前，应首先进行定义高支模或高大支模。在软件中，将高支模或高大支模统一称为高支模。其设置命令是在“工程设置”选项卡中的“支架设置”功能区的“高支模标准”。

① 高支模识别　在“支架设计”命令选项卡中支架布置功能区中，点击“高支模识别”，可以按整层、区域、流水段、整楼（注：软件目前只能按整层）识别出符合要求的高支模，软件中将用红色标记出符合要求的高支模，如图 8-21 所示。

② 高支模布置　在“支架设计”命令选项卡中支架布置功能区中，点击“高支模布置”，软件将对符合定义并设定的高支模进行支架的布置，如图 8-22 所示。通过“高支模计算”，点击相关构件，可以对选中的相关梁、板进行危险性判断和进行计算。通过“高支模汇总”将判断出的高支模进行汇总，生成“高支模汇总表”，见表 8-23。

③ 成果输出　在“支架设计”菜单的“方案输出”功能区中，点击“计算书”并选择要计算的构件，则可以弹出相应的“计算书”窗口，可将内容保存为rtf.格式或doc.格式，点击“专项方案”，则可以生成相应的“安全方案书”窗口，可生成rtf.格式的专项方案，如图 8-24 所示。

在“工程量”功能区中的“材料统计”按钮中，可以分别按各层、整楼、流水段、自定义区域等要求进行统计各项材料的工程量。

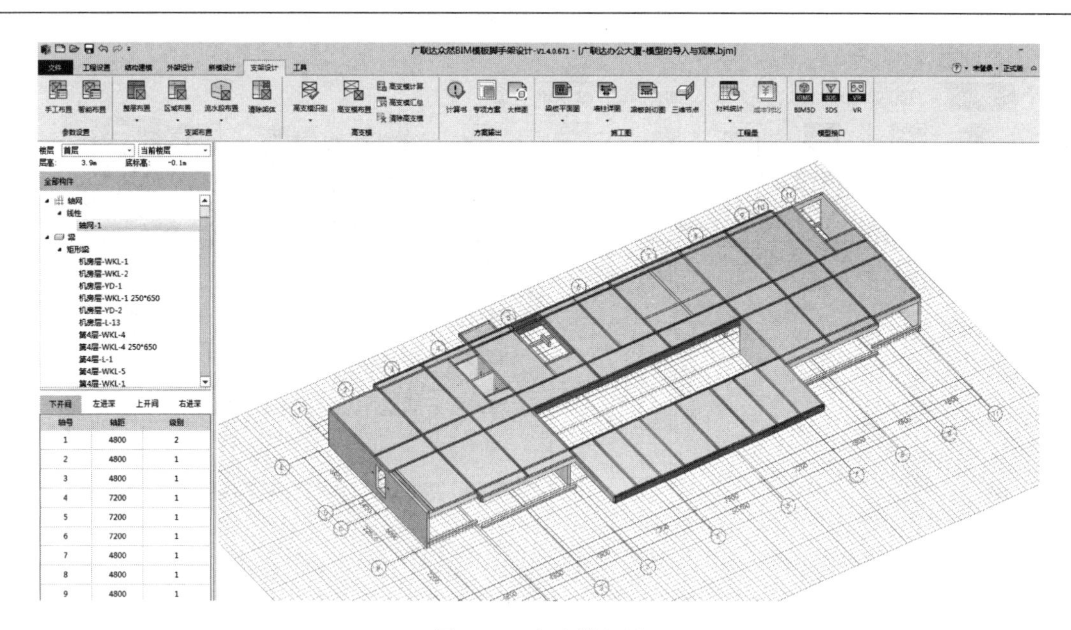

图 8-21　高支模识别

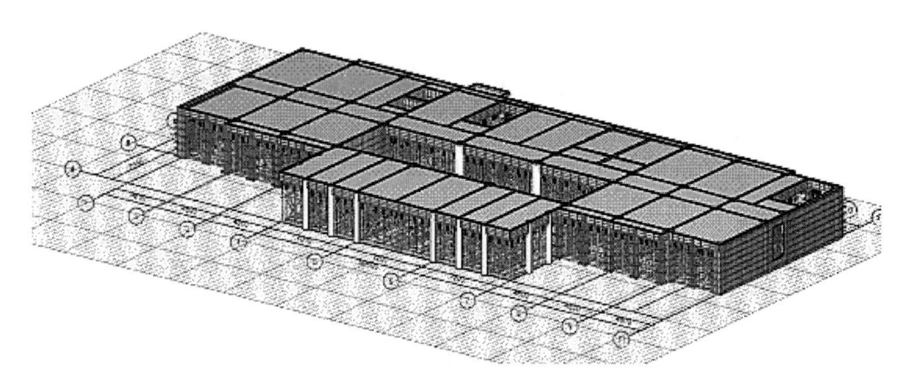

图 8-22　整层支架布置

材料统计

高支模汇总总表

高支模汇总统计表

工程名称：	广联达办公大厦				日期：	2017-05-31
施工单位：						
结构构件	构件规格	构件位置	搭设高度(m)	搭设跨度(m)	施工总荷载(kN/m^2)	集中线荷载(kN/m)
楼板	120mm	4-4轴/B-C轴	7.68	5.75	6.727	/
	120mm	4-5轴/B-C轴	7.68	5.75	6.727	/
	120mm	5-5轴/B-C轴	7.68	5.15	6.727	/
	120mm	5-6轴/B-C轴	7.68	5.15	6.727	/
	120mm	6-6轴/B-C轴	7.60	5.75	6.727	/
	120mm	6-7轴/B-C轴	7.68	5.75	6.727	/
	250mm×500mm	1-2轴/E-H轴	7.3	4.975	/	4.575
	250mm×650mm	4-7轴/E-H轴	3.25	21.6	/	5.138
	250mm×500mm	2-8轴/E-H轴	8.4	17.05	/	4.578
	250mm×500mm	9-9轴/E-H轴	7.3	17.05	/	4.578

高支模汇总表

图 8-23　高支模汇总

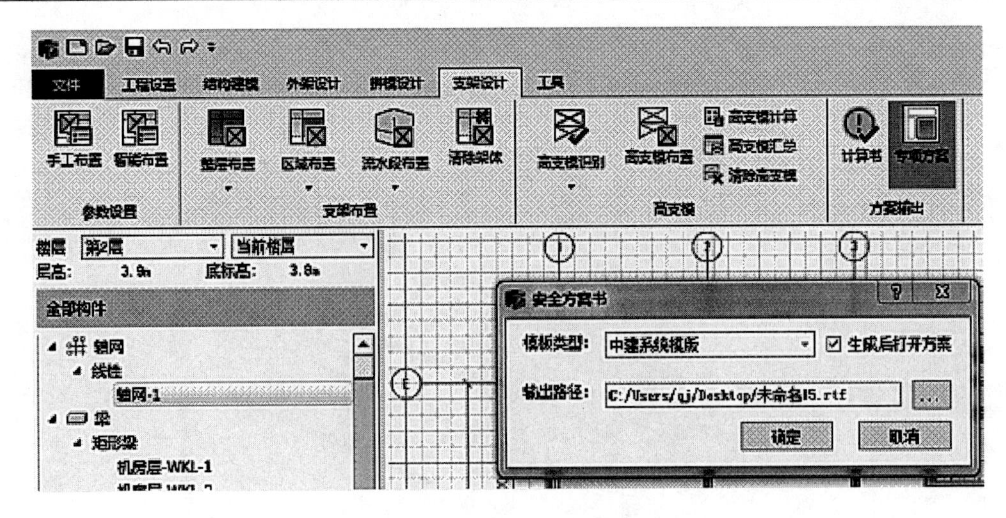

图 8-24　导出安全方案书

在“施工图”功能区中，可以根据要求，分别绘制出梁板平面图、墙柱详图、梁板剖切图和三维节点图。

8.2　任　务　二

泰州高新写字楼的脚手架专项施工方案编制如下。

8.2.1　工程概况

描述建筑物的平面尺寸、层数、层高、总高度、建筑面积、结构形式、地质情况、工程所处位置及周边环境等。可附施工平面图、相关结构平面图、剖面图，描述脚手架的施工及使用时间，使用脚手架操作的工作内容，描述脚手架工程施工的重点、难点、特点。

(1) 根据《危险性较大的分部分项工程安全管理办法》，对于脚手架工程，以下范围属于危险性较大的脚手架工程。

① 搭设高度 24m 及以上的落地式钢管脚手架工程。

② 附着式整体和分片提升脚手架工程。

③ 悬挑式脚手架工程。

④ 吊篮脚手架工程。

⑤ 自制卸料平台、移动操作平台工程。

⑥ 新型及异型脚手架工程。

(2) 以下属于超过一定规模的危险性较大的脚手架工程范围。

① 搭设高度 50m 及以上的落地式钢管脚手架工程。

② 提升高度 150m 及以上的附着式整体和分片提升脚手架工程。

③ 架体高度 20m 及以上的悬挑式脚手架工程。

(3) 悬挑式外脚手架适用范围和支承结构　在高层建筑施工中，遇到以下三种情况时，可采用悬挑式外脚手架。

① 标高为±0.000 以下结构工程回填土不能及时回填，而主体结构工程必须立即进行，否则将影响工期。

② 高层建筑主体结构四周为裙房，脚手架不能直接支承在地面上，也不能支承在裙房屋面上。

③ 超高层建筑施工，脚手架搭设高度超过了架子的容许搭设高度，因此将整个脚手架按容许搭设高度分成若干段，每段脚手架支承在由建筑结构向外悬挑的结构上。

【例 8-9】 本工程位于泰州医药高新区东部新城，北临海关国检和公检法大楼，东临医药高新区管委会行政办公楼，南临大华商务中心。项目由商务办公、休闲商业配套功能区构成。本工程建筑面积 45112.83m^2，裙房 4 层，塔楼地下 2 层，地上 24 层；高 103.45m，剪力墙结构。

本工程拟采用双排落地式钢管脚手架和悬挑脚手架，1～4 层的塔楼和裙楼均采用双排落地式钢管脚手架，最高搭设高度为 20.65m。自 5 层起因塔楼的南边为裙楼，无法架设落地式钢管脚手架，因此自 5 层向上塔楼拟采用悬挑脚手架，每 5 层设一道悬挑式脚手架，即从第 5 层、10 层、15 层、20 层分别进行悬挑，悬挑高度均为 $5\times3.9=19.5$m。在 24 层楼层再设一层悬挑脚手架，高 6.8m，用于屋顶层的施工。各悬挑脚手架高度均不超过 20m，属于危险性较大的分部分项工程。

8.2.2　编制依据

【例 8-10】 本工程编制依据如下。

《建筑施工悬挑式钢管脚手架安全技术规程》(DGJ32/J 121—2011)

《建筑施工扣件式钢管脚手架》(JGJ 130—2011)

《建筑施工安全检查标准》(JGJ 59—2011)

《钢结构设计规范》(GB 50017—2014)

《钢管脚手架扣件》(GB 15831—2006)

《施工高处作业安全技术规范》(JGJ 80—2016)

本工程的施工组织设计总设计及相关文件，本工程的施工图纸，广联达 BIM 模板脚手架设计软件（版本号 1.4.0.634）。

8.2.3　施工组织与管理

描述搭设脚手架应由具有相应资质的专业施工队伍施工，操作人员持证上岗等组织管理措施。

8.2.4　施工工艺

详细描述型钢安装、锚固要求，脚手架搭设与拆除工艺流程、施工方法、检查验收（质量标准）等。特别是对脚手架构配件的质量和允许缺陷的规定，脚手架的构架方案、尺寸以及对控制误差的要求，连墙件的设置方式、布点间距，对支撑物的加固要求（需要时）以及某些部位不能设置时的弥补措施，在工程体形和施工要求变化部位的构架措施，作业层铺板和防护设置要求，对脚手架中荷载大、跨度大、高空间部位的加固措施，对实际使用荷载（包括架上人员、材料机具以及多层同时作业）的限制，对施工过程需要临时拆除杆部件和拉结的限制以及在恢复前的安全弥补措施，安全网及其他防（围）护措施的设置要求；脚手架支撑物的技术要求和处理措施。

悬挑支承结构主要有以下两类。

(1) 用型钢作梁挑出，端头加钢丝绳或用钢筋花篮螺栓拉扦斜拉，组成悬挑支承结构。由于悬出端支承杆件是斜拉索或拉杆，又简称为斜拉式悬挑支承结构。

(2) 用型钢焊接的三角架作为悬挑支承结构，悬出端的支承杆件是三角斜撑压杆，又称为下撑式悬挑支承结构。

【例 8-11】

(1) 技术参数

① 斜拉式悬挑钢管双排脚手架，搭设高度 19.5m，立杆采用单立管，采用的钢管类型为 ϕ48mm×3.0mm。在首层楼板预留锚环、安放钢梁。

② 立杆距结构 0.30m（同时满足幕墙装修用）立杆横距为 0.8m，立杆纵距 1.5m，脚手架步距 1.2m。

③ 在有梁无板处（即井道结构）的结构边缘设置加长钢梁。

④ 活荷载为 3.0kN/m^2，同时考虑 2 层施工。

⑤ 脚手板采用竹笆片脚手板，荷载为 0.35kN/m^2，按照铺设三层计算。

⑥ 栏杆采用木板，荷载为 0.15N/m，安全网荷载取 0.0050kN/m^2。

⑦ 脚手板下小横杆在大横杆上面，且主结点间增加一根小横杆。

⑧ 基本风压 0.3kN/m^2,，高度变化系数 0.84，体型系数 1.3。

⑨ 悬挑水平钢梁选型：悬挑长度为 1.5m，锚固长度取 2m（注：锚固长度不小于悬挑长度 1.25 倍），因此本工程悬挑梁选用 4.5m 长的 18 号工字钢。

⑩ 采用直径 15.5mm 的钢丝绳卸载，卸载间距为每三跨钢梁设置一道。

⑪ 连墙件采用 2 步 2 跨，竖向间距 4.5m，水平间距 4.5m 横杆。

(2) 工艺流程

★工字钢梁悬挑式脚手架的搭设、拆除工艺流程

① 搭设工艺流程　结构施工时预埋锚环→安装悬挑梁→搭设底部水平杆及其临时支撑→铺操作脚手板→逐根树立立杆，随即与扫地杆扣紧→装扫地小横杆并与立杆或扫地杆扣紧→铺脚手板→安装第一步大横杆（与各立杆扣紧）→安装第一步小横杆→第二部大横杆→第二步小横杆→设置预埋件、地锚→设置钢丝绳→连墙件→接立杆→加设剪刀撑→铺脚手板→挂安全网→架体验收。

② 拆除工艺流程　安全网→护身栏→挡脚板→脚手板→剪刀撑→小横杆→大横杆→立杆→连柱杆→水平安全网→卸荷。

★脚手架搭设要求与措施

① 预埋锚环及悬挑梁　结构施工时，按本方案的要求预埋各种预埋件，预埋位置必须准确，位置偏差不超过 10mm。悬挑型钢采用 3m 长 16＃工字钢，悬挑支点应设在结构梁上，悬挑端应按梁长起拱 0.5%～1%。悬挑钢梁应按架体立杆位置对应位置，每一纵距设置一根，在工字钢上按立杆位置焊接直径为 25mm、长 100mm 的 HRB335 级短钢筋，使竖向钢筋插入脚手架立杆内部，保证架子根部的稳定性，防止钢管位移。悬挑钢梁放入预留的锚环后必须用木楔子楔实、楔紧，保证悬挑钢梁牢固，不得晃动。悬挑工字钢安装完成后，在悬挑工字钢上铺设临时施工脚手板和挡脚板。铺设宽度不得小于 700mm，不得有悬挑板、探头板，脚手板的材质必须符合本方案的相关规定。

有梁无板的结构（即有框架梁、柱，无楼板）处采用加长钢梁，钢梁锚固远端边梁处均埋设预埋锚固件，洞口区域设置满堂红架体进行维护。

② 立杆

a. 立杆支设位置必须按本方案距离要求。施工前专业工长应对操作人员进行详细施工

技术安全交底。立杆用扣件与上横杆连结，拧紧力矩不得大于 65N·m。建筑物转角处横杆应建立一一对应的连接方式，并用扣件联结牢固，末端超出扣件的长度不应小于 150mm，建筑物转角处应设置横向斜撑和钢丝绳拉结。

b. 立杆支设时，先支设大横杆（纵向水平管）两端的立杆，再支设大横杆中间的立杆。立杆支设时，里、外排立杆同时支设，并及时用小横杆连结，立杆的接长采用对接，相邻立杆接头位置不可设置在同一步距内，同步内隔一根立杆的两个相隔接头在高度方向错开的距离不宜小于 500mm。各接头中心至主节点的距离不宜大于步距的 1/3。

③ 纵向水平杆（大横杆）

a. 大横杆步距为 1.5m，设置在立杆内侧，其长度不宜小于 3 跨。

b. 横杆的接长采用对接扣件连接，对接扣件应交错布置，两根相邻纵向水平杆的接头不宜设置在同步同跨内，不同步或不同跨两个相邻接头在水平方向错开的距离不应小于 500mm。各接头中心至最近主节点的距离不宜大于纵距的 1/3。同一排大横杆的水平偏差不大于该片脚手架总长度的 1/250，且不应大于 50mm。

c. 操作层外排架距主节点 600mm 和 1200mm 高度处各搭设一根纵向水平横杆作为防护栏杆。

d. 脚手架必须连续设置纵向扫地杆。纵向扫地杆钢管中心距工字钢顶面不得大于 200mm。脚手架底部主节点处应设置横向扫地杆，其位置应在纵向扫地杆下方。

④ 横向水平杆（小横杆）

a. 主节点处必须设置一根横向水平杆，横向水平杆应放置在纵向水平杆上部，用直角扣件连接且严禁拆除。主节点处两个直角扣件的中心距不应大于 150mm。

b. 小横杆靠墙一端至墙装饰面距离不宜大于 100mm。

c. 小横杆要贴近立杆布置，在相邻立杆之间根据需要加设 1～2 根，搭于大横杆之上，并用直角扣件扣紧，在任何情况下，均不得拆除作为基本构架结构杆件的小横杆。

d. 小横杆在立杆的位置应按上下步距合理地设置在立杆两侧，这样可抵消立杆因上下小横杆偏心荷载所引起的纵向弯曲，使立杆基本上处于轴心受力状态。

e. 操作层上非主节点处的横向水平杆，需根据支撑脚手架的需要等间距设置，最大间距不应大于柱距的 1/2。

⑤ 剪刀撑

a. 从架子两端转角处开始沿高度、水平方向连续设置，每道剪刀撑宽度 6m。斜杆与地面的倾角为 45°～60°。

b. 剪刀撑斜杆的接长采用搭接，搭接长度不应小于 1m，采用 3 个旋转扣件固定，端部扣件盖板的边缘至杆端距离不应小于 100mm；剪刀撑斜杆应用旋转扣件固定在与之相交的横向水平杆的伸出端或立杆上，旋转扣件中心线至主节点的距离不宜大于 150mm。

⑥ 脚手板

a. 作业层脚手板沿纵向满铺、铺稳，距墙面 120～150mm；脚手板之间以及脚手板与脚手架之间用 16# 铅丝拧紧。

b. 脚手板设置在三根横向水平杆上。当脚手板长度小于 2m，可采用两根横向水平杆支承，但应将脚手板两端与其可靠固定，严防倾覆。

c. 脚手板对接平铺时，接头处必须设两根横向水平杆，脚手板外伸长应取 130～150mm，两块脚手板外伸长度的和不应大于 300mm。

d. 脚手板搭接铺设时，接头必须支在横向水平杆上，搭接长度应大于200mm，其伸出水平杆的长度不应小于100mm。

e. 作业层端部脚手板探头取150mm，其板长两端均应与支承杆可靠地固定。

⑦ 安全防护

a. 栏杆和挡脚板均应搭设在外立杆的内侧，上栏杆上皮高度为1.2m，中栏杆应居中设置；挡脚板高度不小于180mm，立挂密目安全网；顶层作业面内立杆内侧应设一道防护栏杆。

b. 沿脚手架外立杆内侧满挂密目安全网，用14#镀锌钢丝绑扎牢固，不留缝隙，四周应交圈。

c. 挑层底层满铺脚手板及兜设大眼安全网，并与结构封严绑牢；重要出入口通道处设大眼安全网，并与结构封严绑牢。

d. 所有进入楼内的通道上方均必须用钢管搭设防护棚，防护棚应宽于出入口宽度，其大小为4.0m×3.5m×3.5m（长×宽×高）；顶棚用双层脚手板，设两道防砸棚，间距为0.5m，上部铺满50mm厚的脚手板。在出入口两侧采用双立杆，立杆横向间距0.75m，纵向间距1.8m，大横杆步距1.65m，小横杆间距1.8m，立柱用短管斜撑相互联系，门洞两侧分别增加两根斜腹杆，并用旋转扣件固定在与之相交的小横杆的伸出端上，旋转扣件中心线至主节点的距离在150mm内。当斜腹杆在1跨内跨越2个步距时，应再在交的大横杆处增设一根小横杆，将斜腹杆固定在其伸出端上；斜腹杆宜采用通长杆件，必须接长时用对接扣件连接，并用密目安全网封闭。

⑧ 脚手架的卸荷

a. 本工程中悬挑脚手架采用直径15.5mm的钢丝绳斜拉的措施卸荷，每根悬挑钢梁与外立杆的交点处设置一卸荷点，钢丝绳从钢梁底部兜紧，且与结构外墙或圆钢拉环拉结牢固，每三跨一道。

b. 卸荷吊件用花篮螺栓和钢丝绳组成，卸荷吊件安装好后，拧动花篮螺栓使吊件拉紧程度达到基本一致，受力均匀。钢丝绳接头位置应设置安全弯，以便检查钢丝绳的松动情况。结构留洞用直径25mm的PVC套管进行预留。

⑨ 钢筋悬挑架角部做法　楼层转角处由于荷载过于集中，考虑此处悬挑四根水平钢梁并在外角增加钢丝绳拉结。角部悬挑梁两根长4.5m，其中悬臂1.8m、固定端2.7m；两根长3.5m，其中悬挑端1.4m、固定端2.1m。梁上沿纵向焊接14号槽钢做脚手架竖向钢管支撑用，槽钢与脚手架连接方法同工字钢梁与脚手架连接做法，角部脚手架应相互连通，悬挑外角设一道钢丝绳拉结。

（3）脚手架使用要求与措施

① 脚手架搭设完成后，工长必须组织技术、安全人员进行验收，验收合格办理手续后方可投入使用。

② 结构施工阶段，双排架只作为防护架，结构支撑架、泵管固定架不得与防护架相连，施工荷载不得大于300kg/m^2，严禁使用架子起吊重物。

③ 脚手架使用时，应避免交叉作业，作业面不得超过一层，并在上层作业面满铺脚手板封严，工长做好交底，不得乱扔杂物。

（4）脚手架拆除要求与措施

① 脚手架拆除前应由单位工程负责人召集有关人员对工程进行全面检查与签证，确认建筑物已施工完毕，确已不需要脚手架时方可拆除。

② 脚手架拆除前对架子工进行技术、安全交底，把脚手架上的存留材料、杂物等清理干净，应设置警戒区，设专人负责警戒。

③ 脚手架拆除应按“自上而下，先横杆后立杆，先搭后折，后搭先折”的原则进行，严禁先拆除或松开下层脚手架的杆件连接和拉结。

④ 脚手架拆除自上而下逐步拆除，一步一清，不得采用踏步式拆法，不准上下层同时作业，拆除大横杆、剪刀撑时应先拆中间扣，然后托住中间，再解端头扣。

⑤ 连墙件应随脚手架逐层拆除，分段拆除时高差不得大于两步，否则应增加临时连墙件。

⑥ 拆除的各构、配件严禁抛掷地面。

8.2.5　脚手架施工质量要求及验收

描述脚手架搭设的技术要求、允许偏差与检查验收方法。

【例 8-12】

(1) 材料要求（内容略）。

(2) 材料检验控制措施（内容略）。

8.2.6　脚手架安全管理

制定有针对性的安全措施，包括日常检查、特殊气候过后、停工复工后检查等。

8.2.7　施工安全保证措施

组织保障、技术措施、应急预案、监测监控录像等。

8.2.8　计算书及相关图纸

设计计算书包含荷载计算、横杆强度变形计算、立杆稳定计算、连墙件计算、悬挑梁验算（包括阳角特殊部位悬挑梁验算）、边梁局部承压验算等，一般包括以下图纸：脚手架平面图，手架各立面图，脚手架剪刀撑布置图，脚手架连墙件布置图，悬挑脚手架、悬挑梁平面布置图、剖面图、节点大样图。

【例 8-13】 设计书示例详见资源文件：《钢梁悬挑扣件式脚手架计算书》。

泰州高新写字楼的脚手架专项施工方案软件操作流程。

(1) 脚手架参数布置　在“参数设置”功能区的“脚手架参数”中，在弹出的对话框中，默认是“外架布置参数-1”，其“架体类型”为“落地扣件式”。若准备全部采用悬挑式外脚手架，则直接将“架体类型”选择为型钢悬扣件式；若只是部分采用悬挑式外脚手架，需要保留一定范围的落地式脚手架，需要右击“外架参数”进行添加另一组参数。各组外架布置参数可进行重命名，以便于区别。根据工程的特点，主体工程周围有裙房，因此 1～4 层（包括主体和裙房）均采用落地式脚手架，从 5 层开始主体采用悬挑式脚手架，根据层高为 3.9m 的情况，采用每 5 层设一道悬挑式脚手架的方案。

① 基本参数选择　脚手架钢管类型设置。目前脚手架主要采用直径为 48mm 的钢管，但市场上直径为 48mm 的钢管多数达不到规范要求（48.3mm×3.6mm）的壁厚，因此需要对“脚手架钢管的类型”进行改动，以适应市场的实际情况，如图 8-25 所示。

② 架体高度　根据实际每道脚手架的高度的来确定，本例中五层标准层的高度 19.5m，因此“脚手架架体高度”值采用 19.5m。

③ 立杆、横杆之间的纵距、横柜、步距可按《建筑施工扣件式钢管脚手架》（JGJ 130—2011）中的表 6.1.1-2（表 8-11）来取值。若计算结果偏于安全，可适当将间距调整稀疏以节约成本。

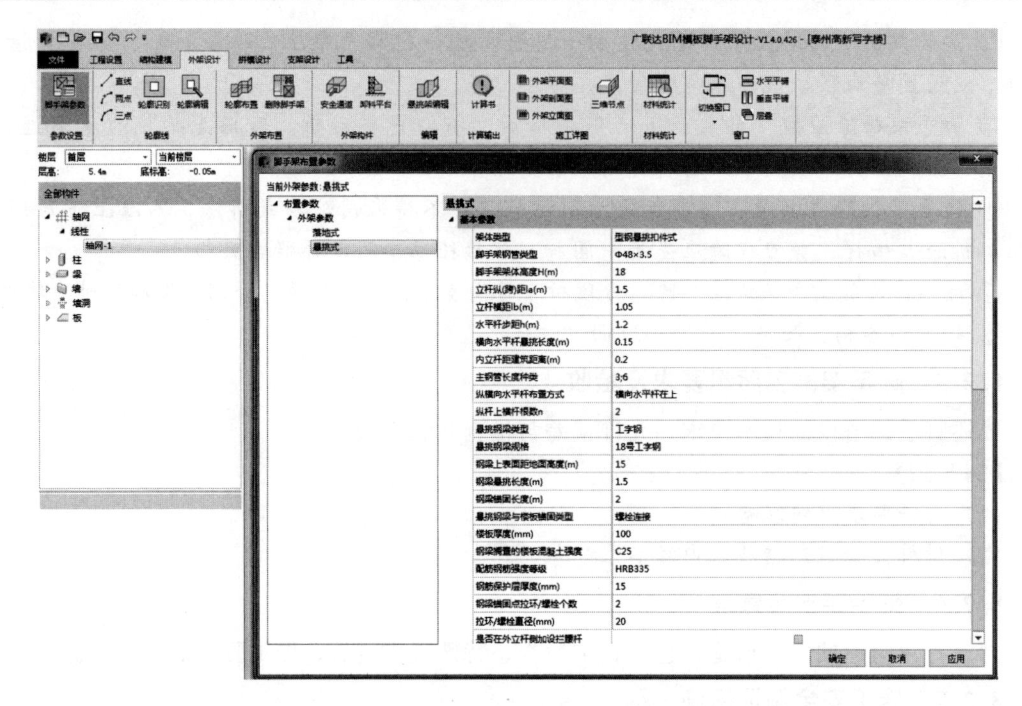

图 8-25　脚手架参数设置

表 8-11　常用密目式安全立网全封闭式双排脚手架的设计尺寸

连墙件设置	立杆横距 l_b/m	步距 h/m	下列荷载时的立杆纵距/m				脚手架允许搭设高度[H]
			2+0.35 /(kN/m²)	2+2+2×0.35 /(kN/m²)	3+0.35 /(kN/m²)	3+2+2×0.35 /(kN/m²)	
二步三跨	1.05	1.5	2.0	1.5	1.5	1.5	50
		1.80	1.8	1.5	1.5	1.5	32
	1.30	1.5	1.8	1.5	1.5	1.5	50
		1.80	1.8	1.2	1.5	1.2	30
	1.55	1.5	1.8	1.5	1.5	1.5	38
		1.80	1.8	1.2	1.5	1.2	22
三步三跨	1.05	1.5	2.0	1.5	1.5	1.5	43
		1.80	1.8	1.2	1.5	1.2	24
	1.30	1.5	1.8	1.5	1.5	1.2	30
		1.80	1.8	1.2	1.5	1.2	17

“钢梁上表面距地面高度”指是在布置脚手架时从“当前楼层”的建筑地面标高开始计算的高度，由于其设定值至少为 1m，因此，可以选择布置楼层的低一层为当前楼层，其数值为层高度加上钢梁高度。本例中采用 18 号工字钢，则钢梁的高度为 180mm，第 4 层层高为 5.1m，结构标高与建筑标高相差 0.05mm，则在设定第 5～9 层的悬挑脚手架时，“钢梁上表面距地面高度”取值为 5.23m。

从第 10～14 层开始架体时，第 9 层的层高为 3.9m，因此需要再增加一个外加参数，“钢梁上表面距地面高度”取值为 4.03m。其后的 12～20 层、21～屋顶层均可采用这一组参数。

根据《建筑施工悬挑式钢管脚手架安全技术规程》(DGJ 32/J121—2011) 规定，钢梁锚固长度为钢梁悬挑长度的 1.25 倍以上。

④ 连墙体的布置方式　根据《建筑施工扣件式钢管脚手架》（JGJ 130—2011）中的表 6.4.2 规定，可采用二步二跨或二步三跨，每根连墙件覆盖面积不大于 $27m^2$。

其余参数根据工地实际情况选用。

（2）在进行架体布置　在布置前需要进行轮廓线布置，对于比较简单的形体，可以采用“轮廓线”这个功能区中的“轮廓识别”直接将建筑物的外轮廓线标出；对于复杂的情况（比如有变形缝），软件识别后需要较多的进行轮廓编辑，可以直接用“直线”、“两点”、“三点”等命令直接画出轮廓。完成轮廓线后，在“外架布置”功能区中，点击“轮廓布置”，选择相应的轮廓线，再选择向外侧的方向，完成一道外脚手架的布置。

（3）生成计算书　悬挑式钢管脚手架杆件强度、刚度及稳定性验算。详细描述型钢、钢管、扣件、脚手板及连墙件材料的进场质量检验标准、用量、型号规格，确定脚手架基本结构尺寸、搭设高度；确定脚手架步距、立杆横距、杆件相对应位置，确定剪刀撑的搭设位置及要求；确定连墙件的连接方式、布置间距；确定上、下施工作业面通道设置方式及位置，挡脚板的设置。明确脚手板材质，明确悬挑工字钢或槽钢的型号、长度、锚固点位置及角部或核心筒等节点的详细做法，明确钢丝绳规格，明确拉结点位置、钢丝绳位置。

在“计算输出”中，点击“计算书”，再选择相应脚手架，则弹出相应的计算书对话框，可以在“文件”菜单中选择“保存”或“另存为”，弹出“另存文件”的对话框，进行保存相应 trf. 格式或 doc. 格式的文件，如图 8-26 所示。

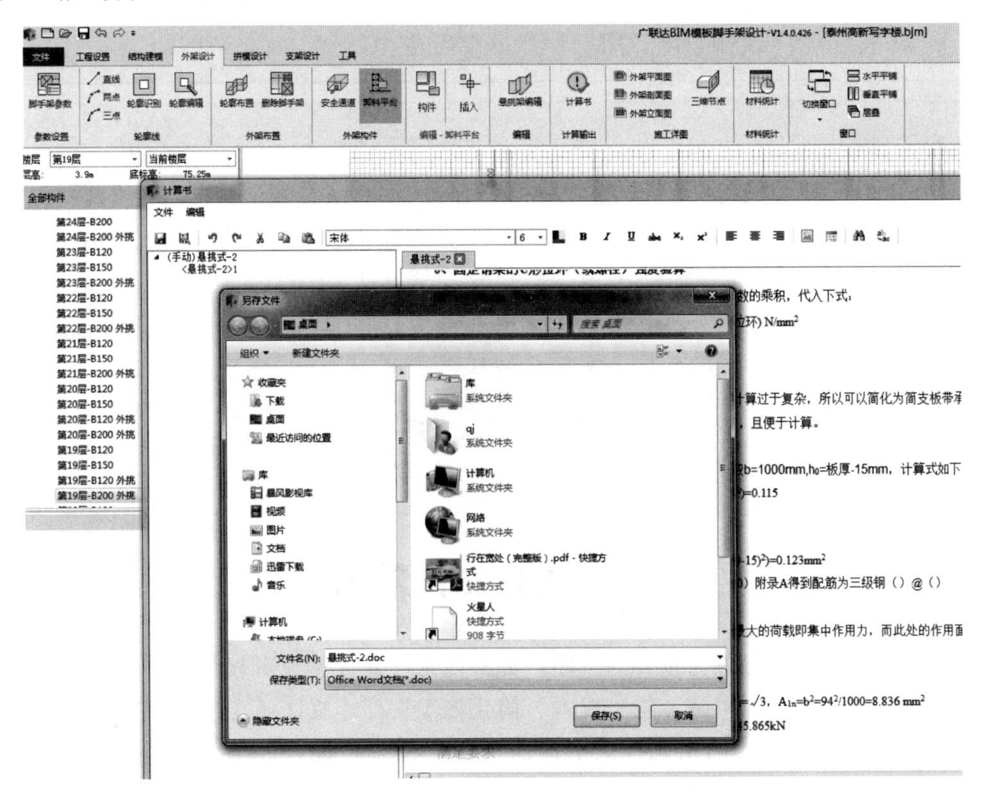

图 8-26　导出脚手架计算书

在施工详图功能区中，可以点击“外架平面图”、“外架剖面图”、“外架立面图”，再点击图中的脚手架，右键确认后，则生成二维的图纸。若点击三维节点，选择部分区域后，可以将整体三维剖开，形成局部的三维视图。

知识目标：

1. 了解 BIM5D 软件价值及在施工组织设计中的价值；
2. 掌握 BIM5D 软件与施工组织设计的结合应用点。

教学目标：

1. 依据给定的广联达办公大厦项目资料完成基于 BIM5D 软件的工程概况数据录入；
2. 依据给定的广联达办公大厦项目资料完成基于 BIM5D 软件的施工部署应用；
3. 依据给定的广联达办公大厦项目资料完成基于 BIM5D 软件的施工方案应用；
4. 依据给定的广联达办公大厦项目资料完成基于 BIM5D 软件的进度计划应用；
5. 依据给定的广联达办公大厦项目资料完成基于 BIM5D 软件的资源配置应用；
6. 依据给定的广联达办公大厦项目资料完成基于 BIM5D 软件的施工现场布置图应用。

9.1 BIM5D 简介

施工阶段是一个项目最为重要的阶段，如果能有一套成型或者较为优良的系统可以使施工变得简单快捷，从而大幅降低施工成本、简化施工程序、提高施工质量、缩短工期，势必造福建筑行业。BIM 技术的出现，似乎让这一切都变得可能，而 BIM5D 平台产品更是将 BIM 的可视化、集成性、关联性等优势发挥到极致。基于 BIM5D 平台可以在整合的三维模型基础上，任意维度看到进度、资源、资金、成本的情况，方便进行技术方案推演，提前规避问题，合理协调劳动力和工作面资源，实现项目的动态精细化管理。

9.2　BIM5D 在施工组织设计中的价值

广联达 BIM5D 以 BIM 平台为核心，能够集成多类型 BIM 软件产生的模型，并以集成模型为载体，关联施工过程中的进度、合同、成本、质量、安全、图纸、物料等信息，为项目提供数据支撑，实现有效决策和精细管理，最终达到减少施工变更、缩短工期、控制成本、提升质量的目的。

传统的施工组织设计及方案优化流程是由项目人员熟悉设计施工图纸、进度要求、现场资源情况，进而编制工程概况、施工部署以及施工平面布置，并根据工程需要编制工程投入的主要施工机械设备和劳动力投入等内容，在完成相关工作之后提交监理单位审核，审核通过后，相关工作按照施工组织设计执行。

基于 BIM5D 的施工组织设计优化了施工组织设计的流程，提高了施工组织设计的表现力。BIM5D 在施工组织设计中的价值，主要体现在以下几个方面。

（1）基于 BIM5D 的施工组织设计结合三维模型对施工进度相关控制节点进行施工模拟，直观展示不同的进度控制节点、工程各专业的施工进度。

（2）在对相关施工方案进行比选时，通过创建相应的三维模型对不同的施工方案进行三维模拟，并自动统计相应的工程量，为施工方案选择提供参考。

（3）基于 BIM5D 的施工组织设计为劳动力计算、材料、机械、加工预制品等统计提供了新的解决方法，在进行施工模拟的过程中，将资金以及相关材料资源数据录入到模型中，在进行施工模拟的同时也可以查看在不同的进度节点相关资源的投入情况。

9.3　施工组织设计在 BIM5D 中的具体应用

施工组织设计是以施工项目为对象编制的用以指导施工的技术、经济和管理的综合性文件，是对施工活动实行科学管理的重要手段，具有战略部署和战术安排的双重作用。下面各小节将结合 BIM5D 平台及广联达办公大厦项目，从施工组织设计的基本内容，如工程概况、施工部署、施工方案、施工进度计划、资源配置、施工现场布置图等方面进行具体信息化应用讲解。

9.3.1　工程概况

工程概况包括本项目的性质、规模、建设地点、结构特点、建设期限、分批交付使用的条件、合同文件，本地区的地形、地质、水文和气象情况，施工力量、劳动力、机具、材料、构件等资源供应情况，施工环境及施工条件等。

9.3.1.1　传统方案

传统模式下项目工程概况以文字形式表现在施工组织设计文件中，并标注在项目图纸的设计说明中。项目参建各方数据互通时主要以收发电子版文件或纸质版文档为基础，效率低下。

9.3.1.2　BIM5D 方案

基于 BIM5D 平台可以将项目概况、开竣工日期、参见单位全部录入系统平台，项目参建各方想要获取有关数据，可以直接登录 BIM5D 平台进行查阅。广联达办公大厦项目工程概况如图 9-1 所示。

9.3.2　施工部署

根据工程情况，结合人力、材料、机械设备、资金、施工方法等条件，全面部署施工任

	属性名称	属性值
1	工程名称:	广联达办公大厦
2	工程区域:	北京市
3	工程地点:	北京市海淀区西北旺东路
4	规模性质:	中型项目
5	投资类型:	其他
6	产业构成:	建筑业
7	专业资质:	房建
8	工程造价(万元):	0
9	合同日期:	2012-06-13
10	建筑面积(m²):	4745.6
11	开工日期:	2017-06-26
12	竣工日期:	
13	项目工期:	0
14	项目状态:	已竣工
15	结构类型:	框架剪力墙
16	业主单位:	广联达科技股份有限公司
17	建设单位:	广联达科技股份有限公司
18	设计单位:	北京市住宅建筑设计研究院有限公司
19	监理单位:	
20	施工单位:	

图 9-1　工程概况

务，合理安排施工顺序，确定主要工程的施工方案。

9.3.2.1　传统方案

传统模式下项目的施工部署主要包括对施工目标、施工程序、施工组织机构、分包管理的部署，主要以文字形式编制部署方案，组织项目各参与方以开会形式交底组织机构人员、人员职责。一旦项目情况、人员组织结构、施工条件等因素发生变化，需要重新编制施工部署文件并进行交底，因此常常出现响应速度慢，改动不及时等情况，无法保证项目的正常运转。

9.3.2.2　BIM5D 方案

在施工部署应用方面，BIM5D平台主要从组织管理、模型集成数据准备等方面进行管理。具体内容如下所示。

(1) 组织管理　BIM5D平台主要是从组织机构、权限分配方面来进行现场人员职能及职责的管理，通过清晰明了的页面管理和授权管理使项目进行有效的运转。项目利用BIM5D搭建数据与信息共享平台，各部门各岗位通过平台积累并调用过程数据，获取多维度信息，辅助业务管理决策；同时各部门数据互通共享，大大提升信息获取的效率和准确性，从而提高管理效率和质量，实现多部门多岗位的协同管理机制，如图9-2所示。广联达办公大厦项目组织管理示意如图9-3所示。

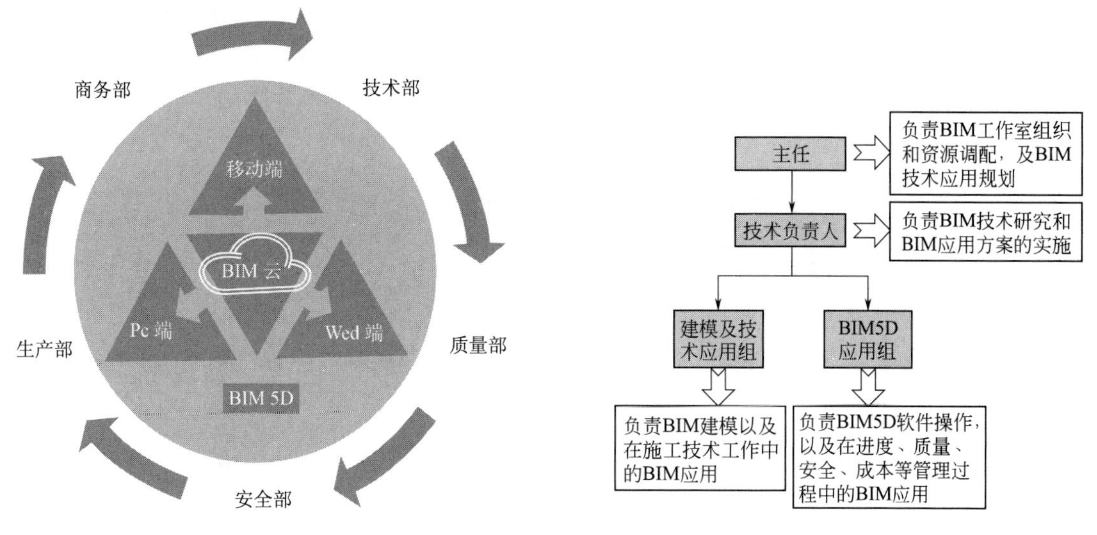

图 9-2　各部位协同办公　　　　图 9-3　组织管理模式

(2) 模型集成数据准备　基于广联达办公楼大厦项目，BIM5D 平台可将土建算量软件（土建模型）、钢筋算量软件（钢筋模型）、施工场地布置软件（场地模型）等 BIM 工具软件建立的模型数据加载，并将斑马梦龙进度计划软件编制的进度文件，以及其他图纸、质量安全、成本等业务数据与模型挂接，形成广联达办公楼大厦项目 BIM 数据中心与协同应用平台，保证了多部门、多岗位协同应用，为项目精细化管理提供支撑。广联达办公楼大厦整合模型如图 9-4 所示。

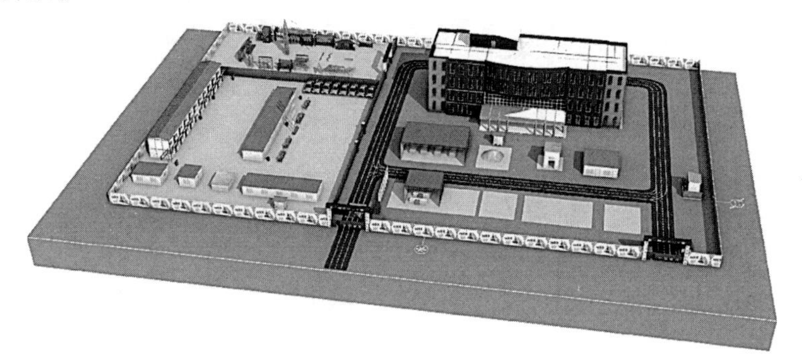

图 9-4　整合模型展示

9.3.3　施工方案

对拟建工程可能采用的几个施工方案进行定性、定量的分析，通过技术经济评价，选择最佳施工方案。

9.3.3.1　传统方案

传统模式下项目的施工方案主要是通过对项目重难点的分析，针对项目的复杂部位、难点部位（如脚手架工程、起重吊装工程、临时用水用电工程、季节性施工等）的分部分项工程编制图文并茂的方案文件，但二维的方案资料文件往往存在不直观、沟通效率低等问题。

9.3.3.2　BIM5D 方案

在施工方案应用方面，BIM5D 平台主要从可视化展示、深化设计前后对比展示、复杂部位工序模拟、重要部位筛查等方面进行管理，具体内容如下所示。

（1）可视化展示　利用BIM模型可视化的特点进行直观立体的感官展示，不仅可以在PC端浏览模型全景及细节，还可以通过Web端、移动端进行查阅，实现模型的多手段展示。广联达办公大厦项目移动端模型展示如图9-5所示。

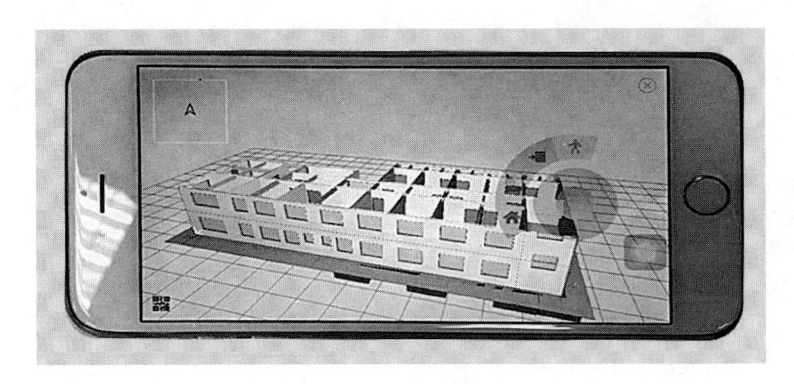

图9-5　手机移动端展示

（2）深化设计前后对比展示　BIM5D平台可以利用BIM模型进行深化设计模型的版本应用管理，在管综模型的基础上进行深化设计，并以动画形式展示深化前后模型的对比，利用深化后的模型有效指导现场施工。广联达办公大厦项目深化前后模型对比如图9-6所示。

图9-6　机电专业深化前后对比展示

（3）复杂部位工序模拟　在BIM5D平台中通过施工模拟手段预演项目复杂部位的施工过程，交底形象生动，提高技术交底质量的同时有效指导现场工人施工，减少现场的返工问题，有效保证质量。广联达办公大厦项目复杂部位工序模拟如图9-7所示。

（4）重要部位筛查　对于广联达办公大厦项目中的大跨度梁，可以轻松通过专项方案查询功能快速筛选出项目中需要关注的梁的个数、位置，通过利用导出的具体数据信息，便于开会沟通及时制定有效的专项方案，指导施工。广联达办公大厦项目中的大跨度梁方案查询如图9-8所示。

9.3.4　进度计划

施工进度计划反映了最佳施工方案在时间上的安排，采用计划的形式，使工期、成本、资源等方面，通过计划和调整达到最优配置，以便符合项目目标的要求。

图 9-7　复杂部位工序模拟展示

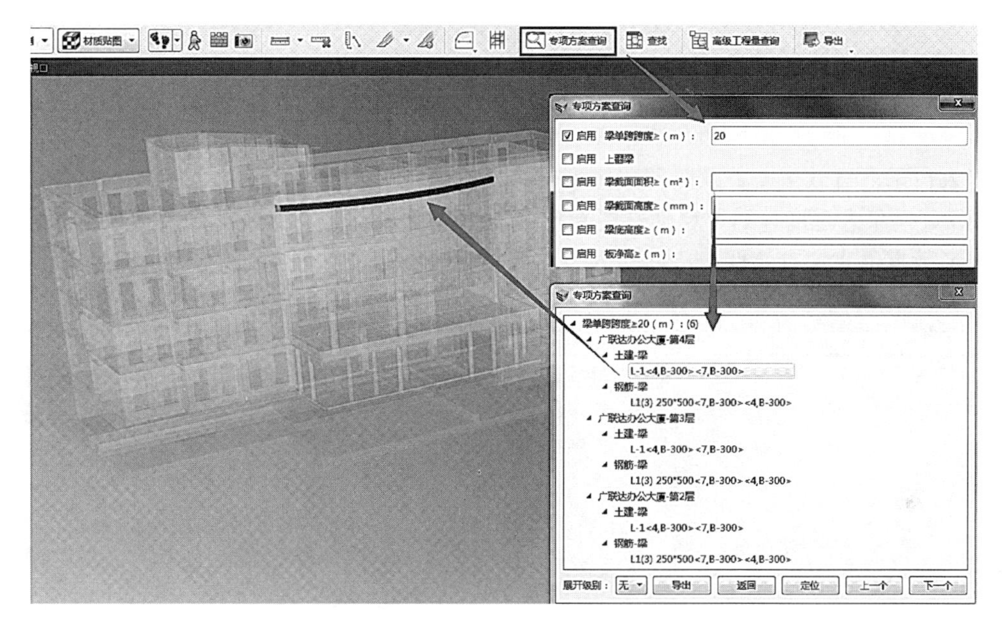

图 9-8　大跨度梁方案查询展示

9.3.4.1　传统方案

目前，我国的施工进度管理主要是采用 P6、Microsoft project 等工程管理软件对施工进度计划进行管理，以横道图的形式展示项目进展情况，管理模式仅停留在二维平面上，对于标段多、工序复杂的建设工程，对施工进度的管理难以达到全面、统筹、精细化的动态管理。

9.3.4.2　BIM5D 方案

在进度计划应用方面，BIM5D 平台主要从进度模拟、进度校核、进度优化等方面进行管理，具体内容如下。

（1）进度模拟　基于 BIM5D 平台的可视化与集成化特点，在已经生成的进度计划前提下利用 BIM5D 等软件可进行精细化施工模拟。从基础到上部结构，对所有的工序都可以提前进行预演，提前找出施工方案和组织设计中的问题，进行修改优化，实现高效率、优效益的目的。广联达办公大厦项目进度模拟如图 9-9 所示。

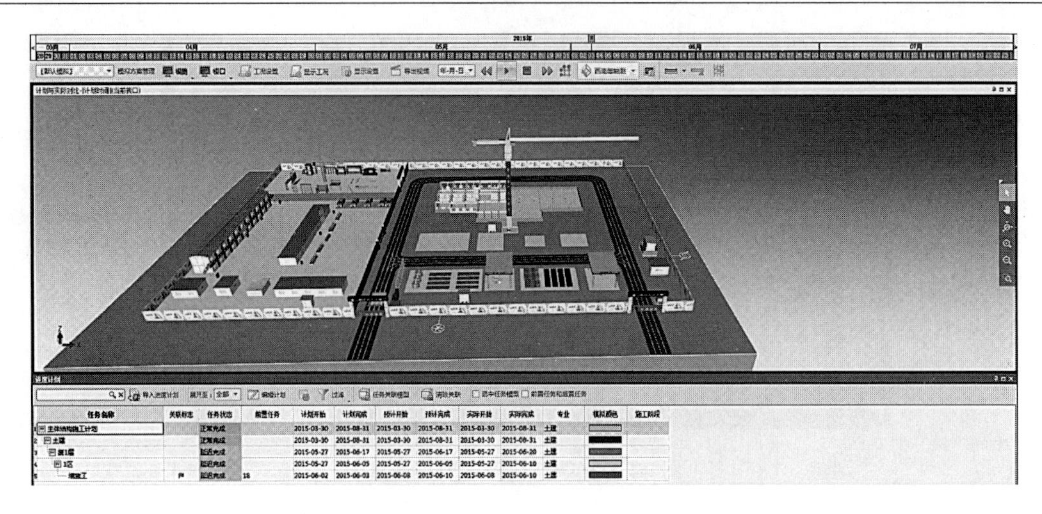

图 9-9　进度模拟展示

（2）进度校核　基于 BIM5D 平台可以实现项目计划时间与实际时间的清晰对比，以三维模型进度模拟过程中不同颜色展示滞后情况，方便直接对现场进度情况进行分析诊断，警示技术人员采取有效措施，及时调整进度安排，有效进行进度管控。在实际实施过程中，可以利用 PC 端录入进度计划，移动端更新现场进度情况，实现现场数据与模型数据的有效对接，保证数据的真实有效性。广联达办公大厦项目进度校核如图 9-10 所示。

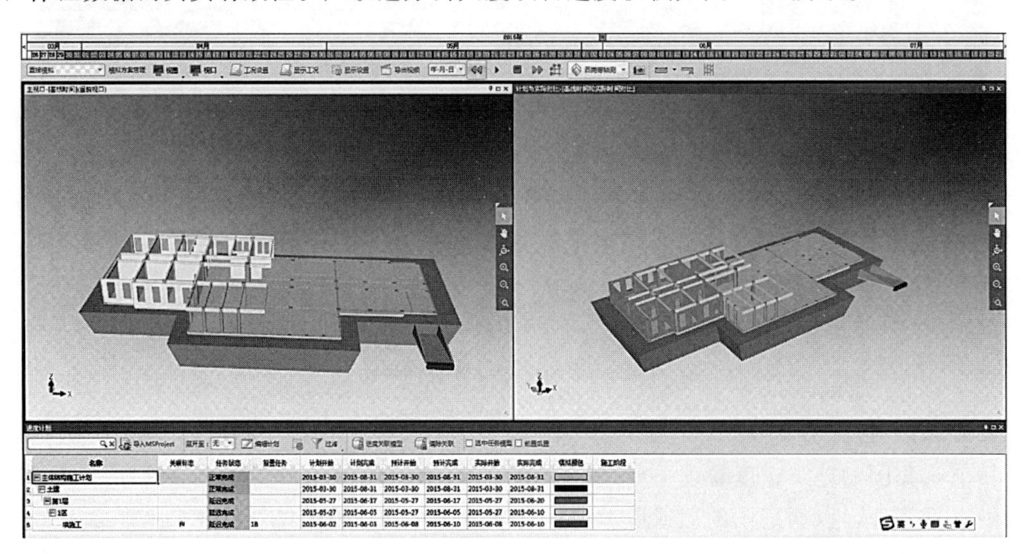

图 9-10　进度校核展示

（3）进度优化　基于 BIM5D 平台进度校核发现的进度问题，可以采取多种方案进行过程纠偏，比如将进度对接到斑马梦龙网络计划中，通过分析形象进度计划及所涉及的相关资源信息，可快速对现场进度进行最优的处理方案，并快速反馈到 BIM5D 平台，实现模型的联动修改。基于此流程可实现多次高效快捷的对现场进度情况的实时把控和纠偏。广联达办公大厦项目进度优化如图 9-11 所示。

9.3.5　资源配置

为了使工序有效地进行，使工期、成本、资源等通过优化调整达到既定目标，在此基础

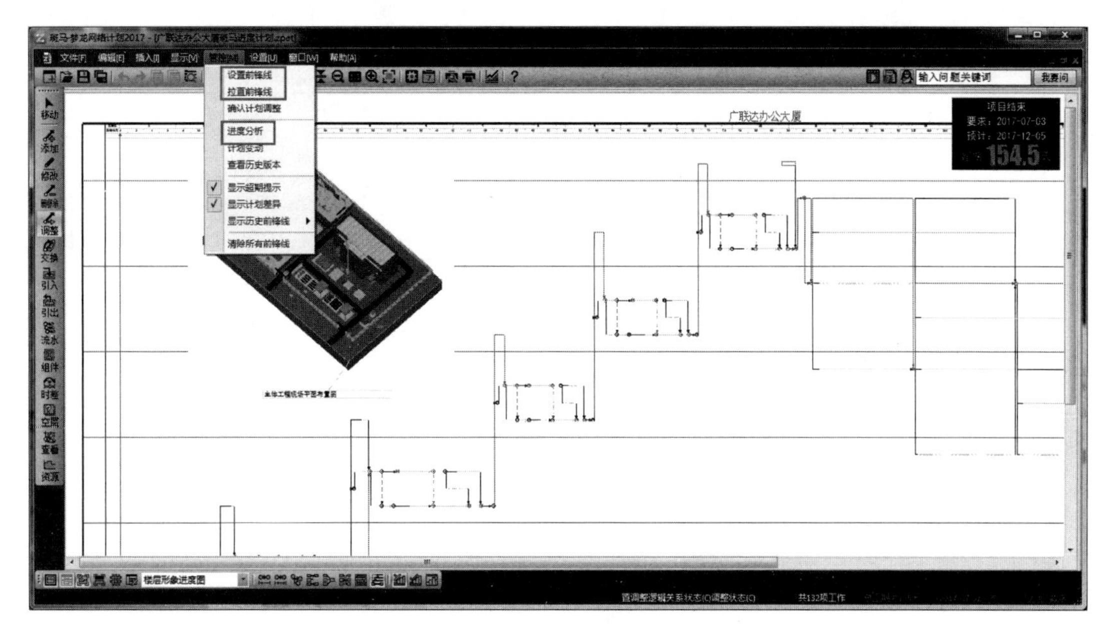

图 9-11　进度优化展示

上编制相应的人力和时间安排计划、资源需求计划和施工准备计划。

9.3.5.1　传统方案

传统模式下项目的资源配置主要是通过现场人员反馈信息，各部门人员根据现场情况、图纸信息、进度计划进行手动分析，来判断现场所需的人、材、机等资源的数量和紧急情况。存在很大的经验因素，并且由于现场施工环境复杂，往往需要考虑因素众多，很可能影响资源需求计划和施工准备计划的正确性。

9.3.5.2　BIM5D 方案

在资源配置应用方面，BIM5D 平台可以从多维度物资查询、资金资源分析、阶段报量核量展示等方面进行管理，具体内容如下。

（1）多维度物资查询　基于 BIM5D 平台中的三维数字模型，可以根据时间范围、进度计划、楼层和构件类型等多种维度生成项目工程量信息，生成的物资量表可以与现场反馈的数据进行对比分析，为项目提供及时、准确的工程基础数据，为工程造价、项目管理以及进度款管理的精细化决策提供可能。最后物资部门可根据提供的各施工区段原材用量及市场行情制定采购计划，在低价位时综合考虑储存成本，尽可能多的采购原材，做到市场原材处在高价位时所存原材满足施工需求，避免高价采购原材。广联达办公大厦项目物资查询如图 9-12所示。

（2）资金资源分析　将 BIM5D 平台中的模型与进度计划、成本文件相关联，形成数字化的 5D 模型，利用可视化模拟的直观性展示项目 5D 的成本分析，针对形成的资源资金曲线可清晰地获知项目各阶段的投入和需用资料。最后针对获取的数据进行优化分析，实现项目资源的合理分配，最终实现项目的集约管理，控制项目成本。广联达办公大厦项目资金资源分析如图 9-13 所示。

（3）阶段报量核量展示　在 BIM5D 平台中，可以根据现场实际施工情况来划分流水段，对需要施工的流水段在相应模型中提取出混凝土工程量，进行混凝土浇筑申请，可严格控制混凝土工程量，减少混凝土的浪费；提取出钢筋工程量可以指导钢筋采购计划，保证物

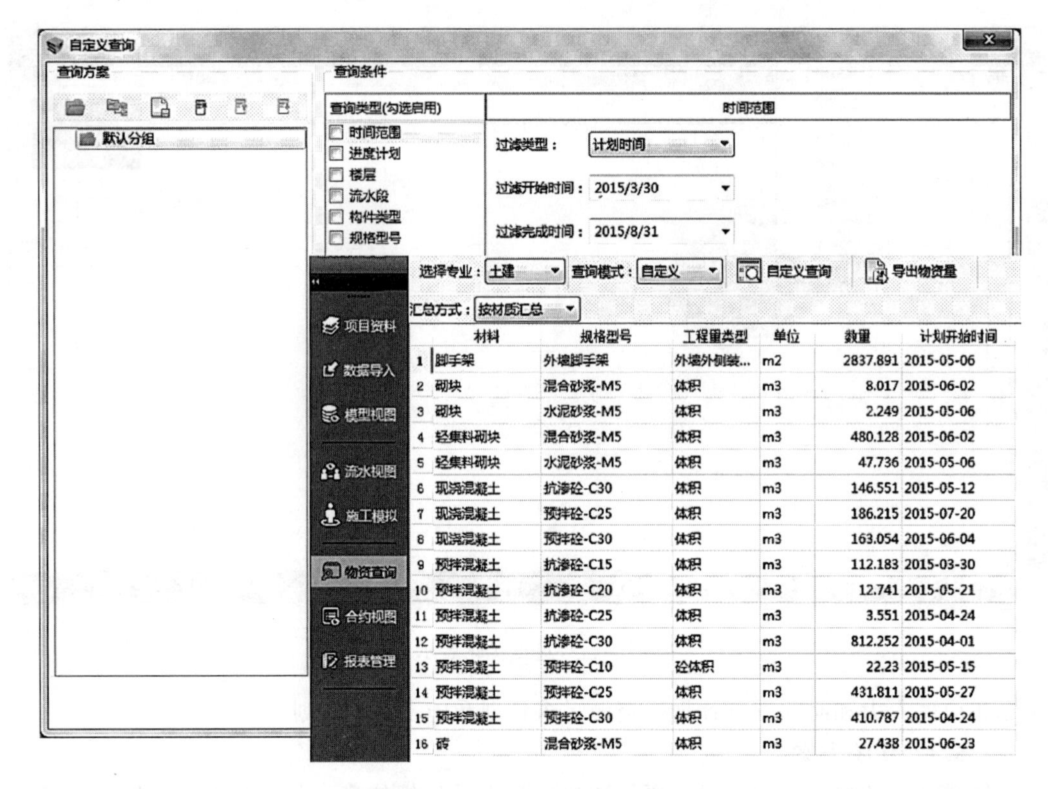

	材料	规格型号	工程量类型	单位	数量	计划开始时间
1	脚手架	外墙脚手架	外墙外侧装...	m2	2837.891	2015-05-06
2	砌块	混合砂浆-M5	体积	m3	8.017	2015-06-02
3	砌块	水泥砂浆-M5	体积	m3	2.249	2015-05-06
4	轻集料砌块	混合砂浆-M5	体积	m3	480.128	2015-06-02
5	轻集料砌块	水泥砂浆-M5	体积	m3	47.736	2015-05-06
6	现浇混凝土	抗渗砼-C30	体积	m3	146.551	2015-05-12
7	现浇混凝土	预拌砼-C25	体积	m3	186.215	2015-07-20
8	现浇混凝土	预拌砼-C30	体积	m3	163.054	2015-06-04
9	预拌混凝土	抗渗砼-C15	体积	m3	112.183	2015-03-30
10	预拌混凝土	抗渗砼-C20	体积	m3	12.741	2015-05-21
11	预拌混凝土	抗渗砼-C25	体积	m3	3.551	2015-04-24
12	预拌混凝土	抗渗砼-C30	体积	m3	812.252	2015-04-01
13	预拌混凝土	预拌砼-C10	砼体积	m3	22.23	2015-05-15
14	预拌混凝土	预拌砼-C25	体积	m3	431.811	2015-05-27
15	预拌混凝土	预拌砼-C30	体积	m3	410.787	2015-04-24
16	砖	混合砂浆-M5	体积	m3	27.438	2015-06-23

图 9-12　多维度物资查询展示

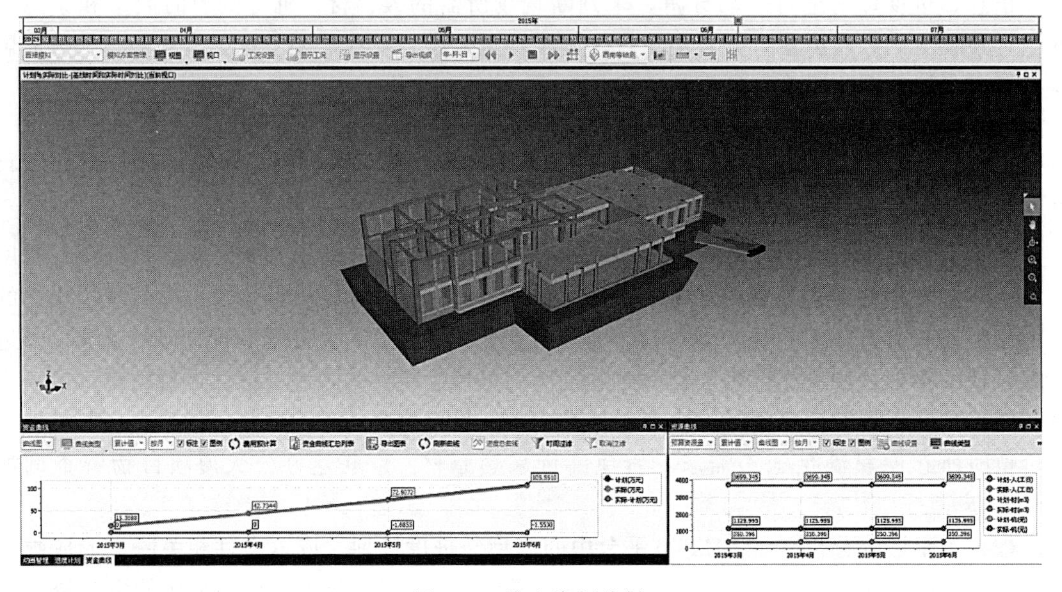

图 9-13　资金资源分析

资丰富。广联达办公大厦项目阶段报量核量展示如图 9-14 所示。

9.3.6　施工现场布置图

施工现场布置图是施工方案及施工进度计划在空间上的全面安排，它把投入的各种资源、材料、构件、机械、道路、水电供应网络、生产和生活活动场地及各种临时工程设置合理地布置到施工现场，使整个现场能有组织地进行文明施工。

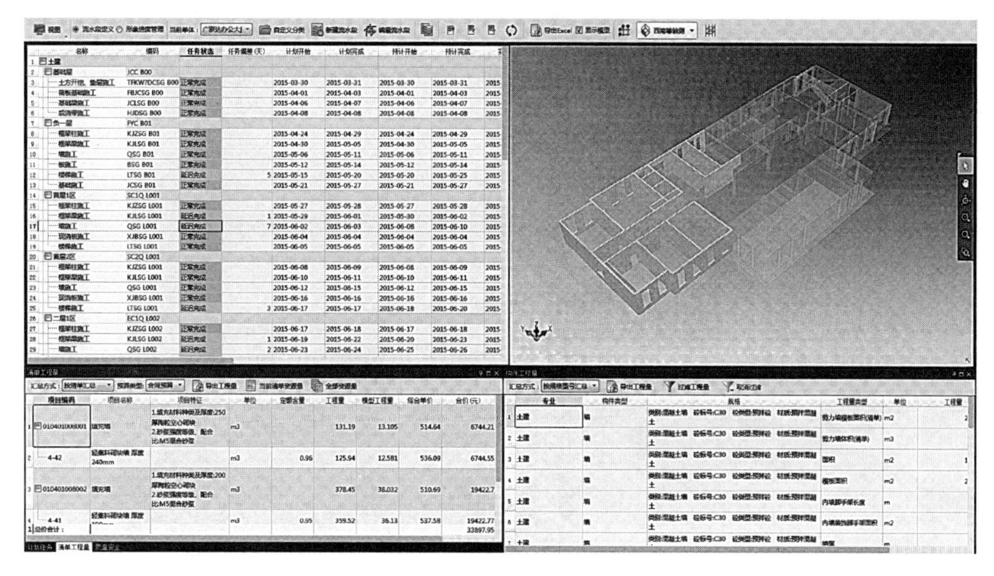

图 9-14　阶段报量核量展示

9.3.6.1　传统方案

传统模式下施工现场布置图主要是根据各类规范要求，利用 CAD 工具进行二维平面的绘制，主要绘制现场的临设、机械设备、材料堆场、加工场、施工道路、施工给排水、施工临电等施工过程所需的场地设施。由于平面图的不直观性，无法判断施工现场布置的合理性，更无法对现场危险部位进行及时识别，采取防控措施。

9.3.6.2　BIM5D 方案

在施工现场布置图布置应用方面，BIM5D 平台主要从可视化漫游展示、模拟现场生产环境等方面进行管理，具体内容如下。

（1）可视化漫游展示　基于 BIM5D 平台可将场地模型与实体模型进行整合，在此基础上进行整体的漫游展示，可以及时发现施工现场存在的安全问题或现场布置不到位、不合理的问题，提醒现场人员及时整改，避免危险发生。广联达办公大厦项目可视化漫游展示如图 9-15所示。

图 9-15　可视化漫游展示

（2）模拟现场生产环境　基于 BIM5D 平台可将场地模型与施工机械设备进行有机结合，模拟现场塔吊、卡车、挖掘机、施工电梯等机械设备运行的合理性，以此判断施工现场布置的合理性。广联达办公大厦项目现场生产环境模拟如图 9-16 所示。

图 9-16　模拟现场生产环境展示

9.4　施工组织设计在 BIMVR 中的创新应用

9.4.1　BIMVR 概述

BIMVR 是将 BIM（建筑信息模型 Building Information Modeling）和 VR（虚拟现实 Virtual Reality）结合起来的一种技术手段。BIM 技术解决了基于模型的信息管理和信息沟通的问题，BIMVR 则解决了 BIM 模型视觉效果表现不理想的问题，VR 能将 BIM 模型的外观渲染得非常逼真，交互体验更接近生活实际，为工程应用带来巨大的价值。

9.4.2　BIMVR 在企业中的应用场景

VR 技术的出现已经改变了原有 BIM 相关行业的展示业务流程，随着基于 BIMVR 软件产品的日趋成熟，建筑相关企业已经考虑如何应对这些变化，并思考如何应用 BIMVR 技术从中获得相应的经济效益。

通过 BIMVR 表达建筑未来场景，BIMVR 通过沉浸式的交互方式给人带来不同的体验感受，这对建筑施工单位和甲方来说是一个机会。每个建筑规划师或者设计师都知道电脑 3D 效果展示到此为止也只能创建一个立体的感觉，而通过图纸去了解建筑的细节内容则需要辅助很强的专业知识。基于 VR 技术研发的 BIMVR 系统允许用户通过虚拟及现实交互结合，从现实的场景中进入到虚拟的空间，看到每一个展示细节及体会到现场实际感受。北京新机场整体效果 VR 展示如图 9-17 所示。

图 9-17　北京新机场整体效果 VR 展示

人们可以通过 BIMVR 进行施工现场、施工过程、施工进度、施工工艺模拟。BIMVR 的关键点不仅是效果展示及体验的方面，更是 BIM 进度管理、BIM 成本管理、BIM 安全管理等管理的综合平台。在建筑模型设计完成后，能在 BIMVR 的 VR 体验中快速体验到实际场景感受，同时能够在 VR 中进行施工进度模拟、施工变更管理和查看、对已经建成的建筑进行 BIM 运维。相比于传统的管理过程，BIMVR 的体验方式会更加的灵活、真实。机电管道运行场景 VR 模拟如图 9-18 所示。

图 9-18　机电管道运行场景 VR 模拟

当项目管理人员利用 BIMVR 体验到一个个具有详细细节的项目时，他们就能够得到了解到他们想要的和不想要的内容，这意味着他们有了更多的方案选择，通过真实场景模拟，对项目技能改造升级提出了新要求。建筑整体效果 VR 体验如图 9-19 所示。

图 9-19 建筑整体效果 VR 体验

9.4.3 BIMVR 应用落地方式

虚拟现实设计平台（VDP）如图 9-20 所示。

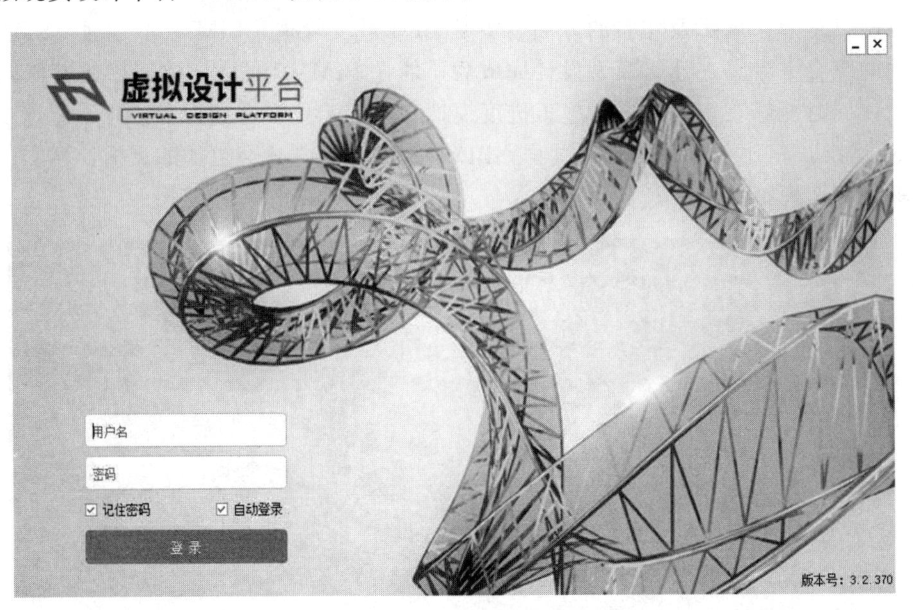

图 9-20 虚拟现实设计平台（VDP）

虚拟现实设计平台 VDP 结合虚拟现实（VR）、增强现实（AR）等技术具有的沉浸感、互动感、真实感的技术优势，组合相关硬件与软件，围绕着相关人员的识图能力、制图与表现能力、设计能力、施工组织与管理能力，构建以工作过程为导向、以任务为驱动的应用落地方案，解决企业落地应用和生活生产应用面临的诸多难题。

VDP 平台支持常用的草图大师、3Dmax、Revit 等 BIM 模型设计软件，打通 GCL、GGJ、广联达 BIM5D、广联达 BIM 施工现场布置、广联达模版脚手架、MagiCAD 等相关软件，通过后台生成 AR、VR 场景。对企业而言，用户可以通过 AR 进行项目展示、比选、讲解等操作，同时一键生成 VR 方案，沉浸式体验真实的项目场景。建筑类 BIM+VR 软件业务流程图如图 9-21 所示。

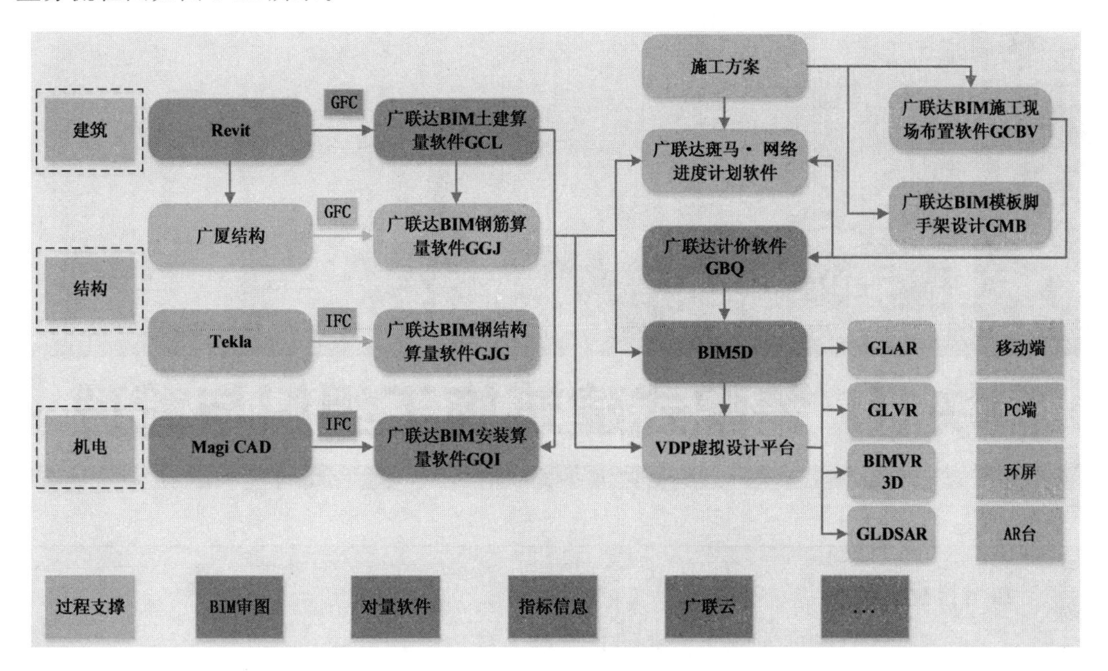

图 9-21　建筑类 BIM+VR 软件业务流程图

模块10 装配式建筑施工组织与管理

知识目标：

1. 了解装配式建筑的概念、装配式混凝土结构的分类；
2. 熟悉预制构件吊装流程及控制要点；
3. 掌握装配式施工场地布置设计的内容及设计原则；
4. 了解基于 BIM5D 平台的构件追踪管理方式。

教学目标：

1. 能够合理安排预制构件的吊装流程；
2. 能够编制装配式建筑施工的进度计划；
3. 能够进行装配式建筑施工现场的布置。

【模块介绍】

装配式建筑施工是将建筑物预制构件加工完毕后，运输至施工现场，结合构件安装知识，进行装配。与传统现浇建筑相比，具有以下特点：装配式构件在工厂内进行工业化生产，施工现场可直接安装，方便快捷，可以显著缩短施工工期，建造速度大大提高；建筑构件机械化程度高，可大大减少现场施工人员配备；装配式建筑的工程造价与传统建筑工程造价相比，要高很多；装配式建筑工厂化生产，能最大限度地改善墙体开裂、渗漏等质量通病，并提高住宅整体安全等级及质量。

【模块分析】

装配式建筑的施工特点是现场施工以构件装配为主，实现在保证质量的前提下快速施工，缩短工期，节省成本，节能环保。综合考虑施工活动中的人材机、资金和施工方法等要素，对工程的施工工艺、施工进度和相应的资源消耗等做出合理的安排。

【基础知识】

10.1　装配式混凝土结构概述

10.1.1　装配式建筑的概念

装配式建筑是指建筑的各种构件（柱、梁、墙、板、楼梯、管道、栏板、其他等）经过拆解，在加工厂生产，运输到施工现场组装成型的建筑形式。如图 10-1 所示。

图 10-1　装配式建筑

10.1.2　建筑产业化概念

运用现代工业化的组织和生产手段，对建筑生产的全过程的各个阶段的各个生产要素通过技术集成和整合，达到建筑设计标准化，构件生产工厂化，建筑总部品系列化，现场施工装配化，土建装修一体化，生产经营社会化，形成有序的工厂化流水式作业，从而达到提高质量、效率、寿命，降低成本、能耗的目的，进而实现绿色建筑。

建筑产业化的过程中涉及标准化建设、装配式设计、预制生产、装配施工、全装修产品、部品集成、新技术应用等一系列的产业链。建筑产业化中的工业化是手段，产业化是平台，预制装配是核心。如图 10-2 所示。

图 10-2　产业化规范及标准化建设

10.1.3　装配式混凝土结构的概念

装配式混凝土结构是指建筑主要结构体系中的柱、梁、墙、板、楼梯、阳台、飘窗、空调板、挑檐、女儿墙等全部或部分采用预制厂加工成型后现场拼装的混凝土建筑结构体系。

10.1.4　装配式混凝土结构的分类

（1）装配式混凝土框架结构

装配式混凝土框架结构，即全部或部分框架梁、柱采用预制构件建成的装配式混凝土结构，简称装配式框架结构，如图 10-3 所示。

（2）装配式混凝土剪力墙结构

装配式混凝土剪力墙结构，即全部或部分剪力墙采用预制墙板构建成的装配式混凝土结构，简称装配式剪力墙结构，如图 10-4 所示。

（3）装配式混凝土框架-现浇剪力墙结构

装配式混凝土框架-现浇剪力墙结构由装配整体式框架结构和现浇剪力墙（现浇核心筒）两部分组成。这种结构形式中的框架部分采用与预制装配整体式框架结构相同的预制装配技术，使预制装配式框架技术在高层及超高层建筑中得以应用，如图 10-5 所示。

图 10-3 装配式混凝土框架结构

图 10-4 装配式混凝土剪力墙结构

图 10-5 装配式混凝土框架-现浇剪力墙结构

10.1.5 装配式的生产安装

装配式的生产安装是指装配式构件从加工厂生产到现场安装的全部过程的一般性流程，主要包括以下几个方面。

(1) 构件生产。指装配式构件在加工厂生产、养护、检测的环节。

(2) 构件存放。指构件在加工厂从生产线转场到厂区后的临时存放环节。在这环节可进行构件编号（直接编码、二维码，编码原则以符合现场施工方便为主，应结合深化设计时的构件拆分进行编码）。

(3) 构件运输。是指构件从加工厂运输到施工现场的环节。此环节在建筑造价中需考虑成本核算，运输过程需要注意构件在车辆上和上下车时的临时堆放等相关事项。

(4) 进场验收。是指对输运到现场的成品的验收，包括尺寸、平整度，套筒位置、钢筋位置、其他预埋件位置等。

(5) 现场堆放。是指构件在建筑工地的堆放。此环节应配合建筑施工进度、施工场地布置、吊装的方便性进行考虑。

(6) 构件吊装。是指构件在现场的拼装就位过程，一般包括以下通用步骤：

①构件起吊；②初步定位；③设置斜撑；④垂直检测；⑤微调到位；⑥再次垂直检测；⑦构件固定。

根据吊装机械可以分为单机吊装、多机吊装、塔吊吊装等方式。

(7) 临时支护。指构件就位后的临时固定措施，包括斜杆支撑等其他固定措施。

(8) 封缝灌浆。指构件经过检测符合水平定位和垂直度要求后，对预留孔洞的缝隙进行特殊注砂作业，保证上下，左右构件之间的有效连接。

步骤：封缝、灌浆、检查。

方式：下注上冒、上注下冒，为保证注浆质量，推荐使用下注上冒方式进行。

(9) 现浇填充。对于部分设计为现浇的部位或预制构件的二次现浇部位的混凝土浇筑作业，一般有竖向构件和楼板面层或部分整个楼板。

(10) 最后验收。对于成品质量的最后验收。

10.2 施工现场组织管理

10.2.1 材料、预制构件组织管理

10.2.1.1 材料、预制构件运输管理（图 10-6）

(1) 预制柱、梁、叠合板、阳台板、楼梯宜采用平面堆放式运输，预制墙板采用斜卧式

或立式运输。

（2）构件运输可采用重型半挂牵引车或专用运输车，装卸构件时应考虑车体平衡，避免造成车体倾覆；车辆的载重量、车体的尺寸要满足构件要求，超大型构件（如双 T 板及超大外墙板）的运输主要采用载重汽车和拖车。

（3）预制水平构件宜采用平放运输，预制竖向构件宜采用专用支架竖直靠放运输，专用支架上预制构件应对称放置，构件与支架交接部位应设置柔性材料，防止运输过程中构件损伤。

（4）构件运输时的支撑点应与吊点在同一竖直线上，支撑必须坚实牢固。

（5）运载易倾覆的预制构件时，必须用斜撑牢固地支撑在梁腹上，确保构件运输过程中安全稳固。

（6）构件装车后应对其牢固程度进行检查，确保稳定牢固后，方可进行运输。运输距离较长时，途中应检查构件稳固状况，发现松动情况必须停车采取加固措施，确保构件牢固稳定后方可继续运载。

图 10-6　预制构件运输

10.2.1.2　材料、预制构件验收程序

预制构件运至现场后，施工单位组织构件生产企业、监理单位对预制构件的质量进行验收，验收的内容包括质量证明文件验收和构件外观质量、结构性能检验等。未经进场验收或进场验收不合格的预制构件，严禁使用。施工单位应对构件进行全数验收，监理单位对构件质量进行抽检，发现存在影响结构质量或吊装安全的缺陷时，不得验收通过。

10.2.1.3　材料、预制构件进场验收（图 10-7）

（1）质量证明文件。预制构件进场时，施工单位应要求构件生产企业提供构件的产品合格证、说明书、试验报告、隐蔽验收记录等质量证明文件。对质量证明文件的有效性进行检查，并根据质量证明文件核对构件。

图 10-7　预制构件进场验收

（2）观感验收。在质量证明文件齐全、有效的情况下，对构件的外观质量、外形尺寸等进行验收。观感质量可通过观察和简单的测试确定，观感质量应有验收人员通过现场检查，并应共同确认，对影响观感及使用或质量评价为差的项目应进行返修。观感验收也应符合相应的标准。观感验收主要检查以下内容：

① 预制构件粗糙面质量和键槽数量是否符合设计

要求。

② 预制构件吊装预留吊环、预留焊接埋件应安装牢固、无松动。

③ 预制构件的外观质量不应有严重缺陷，对已经出现的严重缺陷，应按技术处理方案进行处理，并重新检查验收。

④ 预制构件的预埋件、插筋及预留孔洞等规格、位置和数量应符合设计要求。

⑤ 预制构件的尺寸应符合设计要求，且不应有影响结构性能和安装、使用功能的尺寸偏差。对超过尺寸允许偏差且影响结构性能和安装、使用功能的部位，应按技术处理方案进行处理，并重新检查验收。

⑥ 构件明显部位是否贴有标识构件型号、生产日期和质量验收合格的标志。

（3）结构性能检验。在必要的情况下，应按要求对构件进行结构性能检验，具体如下：

① 梁板类简支受弯预制构件进场时应进行结构性能检验。

② 对其他预制构件，如叠合板、叠合梁的梁板类预制构件，除设计有专门要求外，进场时不做结构性能检验。

③ 对进场时不做结构性能检验的预制构件，应采取相应措施。

10.2.2 材料、预制构件现场存放

10.2.2.1 堆放场地的要求

预制构件存放场地的布置宜按照安装顺序分类存放，堆放需与吊装顺序相反，先吊后放，保证构件存放有序，安排合理，便于现场的吊装且占地面积小。

（1）堆垛宜布置在吊车工作范围内且不受其他工序施工影响的区域，满足吊装设备的最大起重重量和半径，避免吊装设备距离构件太近或太远不能起吊，且尽量避免二次搬运；要考虑吊装设备的吊装视觉盲区，避免最后定位时吊装控制员看不到安装位置。

（2）对于吊装的堆放区域，尽量做到路面硬化，且结合最终设计尽量做到一次到位，包括场地下面的管道、设施、坑池等隐藏工程的施工。这样待全部实施完成后，直接浇筑市政路面，实施室外装饰绿化等即可以完成室外工程，以最大程度节约成本（场地硬化，一次成型）。

（3）对于有地下室的工程，在所有地上预制构件未吊装完成之前，尽量保持地下室最近至少一层支架不拆除，以避免大荷载破坏地下室结构楼面（做好防范，避免破坏）。

（4）由于运输构件一般为大型的车辆，所以施工现场临时道路的设计应满足最大转弯半径的要求（留有余量，方便进出）。

（5）堆放场地的布置应结合施工组织设计进行合理规划，以最大限度满足提高施工效率的要求（方便施工，提高效率）。

10.2.2.2 预制构件堆放要求（图10-8～图10-10）

（1）预埋件吊件应朝上，标识宜朝向堆垛间的通道。

（2）构件支垫应坚实，垫块在构件下的位置宜与脱模、吊装时的起吊位置一样。

（3）重叠堆放构建时，每层构件间的垫块应上下对齐，堆垛层数应根据构件、垫块的承重确定，并应根据需要采取防止堆垛倾覆的措施。

（4）预制楼板注意存放高度和层数，应满足存放安全和吊装方便的需要。

（5）施工单位应针对预制墙板构件编制专项方案，插放架应满足强度、刚度和稳定性的要求，插放架必须设置防磕碰、防止构件损坏、倾倒、变形、防下沉的保护措施。

（6）采用靠放架直立存放的墙板宜对称靠放、饰面向外，构件与竖向垂直线的倾斜角度

不宜大于 10°。对墙板类构件的连接止水条、高低口和墙体转角等薄弱部位应加强保护。

图 10-8　预制墙体堆放

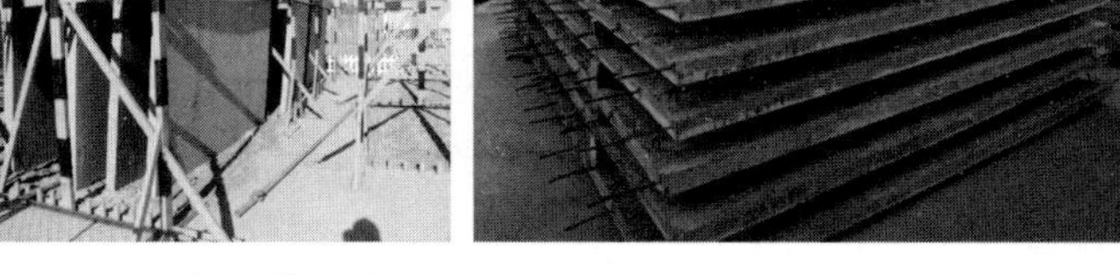

图 10-9　叠合板堆放

图 10-10　预制楼梯分层堆放

10.2.2.3　堆放区域的设计

(1) 现场堆放区域的布置应根据施工组织设计合理进行分布。

(2) 现场堆放区域的布置应尽量满足方便施工为原则。

10.2.3　施工场地布置

施工场地布置是施工方案在现场的空间体现。它反映已有建筑与拟建工程之间、临时建筑与临时设施间的相互空间关系。布置得恰当与否、执行得好坏，对现场的施工组织、文明施工、施工进度、工程成本、工程质量和安全都将产生直接的影响。根据现场不同施工阶段，施工现场总平面布置图可分为基础工程施工总平面图、装配式结构工程施工阶段总平面图、装饰装修阶段施工总平面布置图。现针对装配式建筑施工重点介绍装配式结构工程施工阶段总平面图的设计与管理工作。如图 10-11、图 10-12 所示。

图 10-11　堆放区域前期规划

图 10-12　场地布置三维图

10.2.3.1　施工场地布置的设计内容

(1) 装配式建筑项目施工用地范围内的地形状况。

(2) 全部拟建建（构）筑物和其他基础设施的位置。

(3) 项目施工用地范围内的构件堆放区、运输构件车辆装卸点、运输设施。

(4) 供电、供水、供热设施与线路、排水排污设施、临时施工道路。

(5) 办公用房和生活用房。

(6) 施工现场机械设备布置图。

(7) 现场常规的建筑材料及周转工具。

(8) 现场加工区域。

(9) 必备的安全、消防、保卫和环保设施。

10.2.3.2　施工场地布置的设计原则

(1) 平面布置科学合理，减少施工场地的占用面积。

(2) 合理规划预制构件堆放区域，减少二次搬运；构件堆放区域单独隔离设置，禁止无关人员进入。

(3) 施工区域的划分和场地的临时占用应符合总体施工部署和施工流程的要求，减少相互干扰。

(4) 充分利用既有（建）构筑物和既有设施为项目施工服务，降低临时设施的建造费用。

(5) 临时设施应方便生产和生活，办公区、生活区、生产区宜分离设置。

(6) 符合节能、环保、安全和消防等要求。

(7) 遵守当地主管部门和建设单位关于施工现场安全文明施工的相关规定。

10.2.3.3 施工场地布置的设计要点

(1) 设置大门，引入场外道路。施工现场宜设置两个以上大门。大门应考虑周边路网情况、道路转弯半径和坡度限制，大门的高度和跨度应满足大型运输构件车辆的通行要求。

(2) 布置大型机械设备。布置塔式起重机时，应充分考虑其塔臂覆盖范围、塔式起重机端部吊装能力、单体预制构件的重量以及预制构件的运输、堆放和构件装配式施工。

(3) 布置构件堆场。构件堆场应满足施工流水段的装配要求，且应满足大型运输构件车辆、汽车起重机的通行、装卸要求。为保证现场施工安全，构件堆场应设置围挡，防止无关人员进入。

(4) 布置运输构件车辆装卸点。装配式建筑施工构件采用大型运输车辆运输。车辆运输构件多、装卸时间长，因此，应合理布置运输构件车辆构件装卸点，以免因车辆长时间停留影响现场内道路的畅通，阻碍现场其他工序的正常作业施工。装卸点应在塔式起重机或者起重设备的塔臂覆盖范围之内，且不宜设置在道路上。

(5) 内部临时运输道路布置。施工现场内道路规划应充分考虑现场周边环境影响，附近建筑物情况、地下管线构筑物情况、高压线、高架线等影响构件运输、吊装工作的因素，现场临时道路宽度、坡度、地基情况、转弯半径均应满足起重设备、构配件运输要求，并预先考虑卸料吊装区域，场区内车辆交汇、掉头问题。

10.2.4 垂直起重设备及用具的选用

起重吊装设备：装配式混凝土工程中选用的起重机械，根据设置形态可以分为固定式和移动式，施工时要根据施工场地进行灵活选择。起重机械选择的关键在于作业半径，根据预制混凝土构件的运输路径和起重机施工空间等要素，然后决定采用移动式的履带起重机还是采用固定式的塔式起重机。另外，选择要素时还要考虑主体工程时间，综合判断起重机的租赁费用、组装与拆卸费用以及拆换费用。

(1) 汽车起重机。汽车起重机是以汽车为底盘的动臂起重机，主要优点是机动灵活。在装配式工程中，主要用于低层钢结构吊装和外墙吊装，现场构件二次倒运，塔式起重机或履带吊的安装与拆卸等。

(2) 履带起重机。履带起重机也是一种动臂起重机，机动性不如汽车起重机，其动臂可以加长、起重量大，并在起重力矩允许的情况下可以吊重行走。在装配式结构建筑工程中，主要针对大型公共建筑的大型预制构件的装卸和吊装，大型塔式起重机的安装与拆卸，塔式起重机难以覆盖的吊装死角的吊装等。

(3) 塔式起重机。目前，用于建筑工程的塔式起重机按架设方式分为固定式、附着式、内爬式，按变幅形式分为小车变幅和动臂变幅两种。

① 塔式起重机选型，塔式起重机的型号取决于装配式建筑的工程规模，如小型多层装配式建筑工程，可选择小型的经济型塔式起重机；高层建筑的塔式起重机选择，宜选择与之相匹配的塔式起重机。对于装配式结构，首先要满足起重高度的要求，塔式起重机的起重高度应等于建筑物高度＋安全吊装高度＋预制构件最大高度＋索具高度。

② 塔式起重机覆盖面的要求。塔式起重机的型号决定了塔式起重机的臂长幅度，布置塔式起重机时，塔臂应覆盖堆场构件，避免出现覆盖盲区，减少预制构件的二次搬运。

③ 最大起重能力的要求。在塔式起重机的选型中应结合塔式起重机的尺寸及起重荷载的特点，重点考虑工程施工过程中最重的预制构件对塔式起重机吊运能力的要求，应根据其存放的位置、吊运的部位、与塔中心的距离，确定该塔式起重机是否具备相应的起重能力。

④ 塔式起重机的定位。塔式起重机与外脚手架的距离应大于 0.6m；当群塔施工时，两台塔式起重机的水平吊臂的安全距离应大于 2m，一台塔式起重机的水平吊臂和另一台塔式起重机的塔身的安全距离也应大于 2m。

10.3　现场施工流程组织

10.3.1　楼层的吊装原则

同一楼层的构件一般按顺序依次吊装就位。吊装顺序为：第一吊装面→第二吊装面→第三吊装面→第四吊装面，按箭头方向依次逐面逐块安装，其目的是为了解决各榀预制构件之间能被有效安装的问题，如果不按照顺序安装则最后吊装的构件可能无法安装就位，如图 10-13所示。

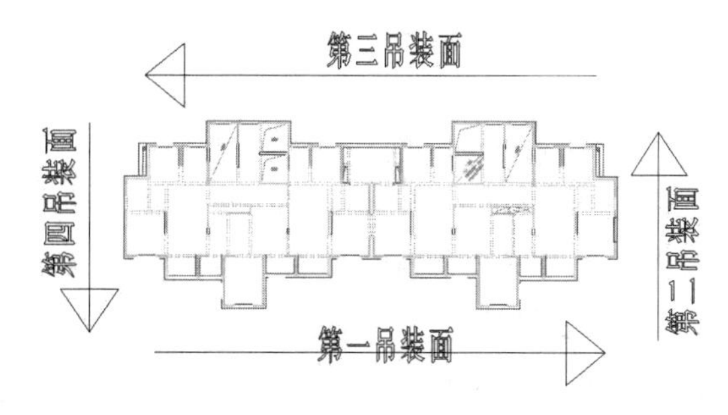

图 10-13　楼层吊装面顺序

10.3.2　标准层施工构件吊装流程

(1) 外墙吊装：测量放线，依次进行本段预制外墙吊装，安装调节斜支撑。

(2) 内墙吊装：依次进行本段预制内墙吊装，安装调节斜支撑，塞缝灌浆。

(3) 竖向结构现浇施工：竖向结构钢筋绑扎固定，模板安装并加固，墙体混凝土一次浇筑完成，混凝土达到设计强度后，拆除墙体模板。

(4) 叠合板吊装：安装叠合板独立支撑，调节龙骨标高至合适标高，测量并弹出相应周边控制线；依次进行叠合板吊装作业。

(5) 阳台板吊装：安装阳台板独立支撑，调节龙骨标高至合适标高，测量并弹出相应周边控制线；依次进行阳台吊装作业。

(6) 空调板吊装：安装空调板独立支撑，调节龙骨标高至合适标高，测量并弹出相应周边控制线；依次进行空调板吊装作业。

(7) 水平结构现浇施工：水平构件脚手架与模板支设并固定；现浇梁、现浇板底部钢筋绑扎；水电线管预埋安装，板面钢筋绑扎，混凝土浇筑。

(8) 楼梯吊装：放线、砂浆找平，楼梯吊装，注浆固定，成品保护，临边护栏安装，完成其他楼梯吊装。

10.3.3 各构件吊装流程及控制要点

10.3.3.1 预制外墙吊装流程及控制要点

（1）定位放线：墙板安装控制定位放线，在楼面板上根据定位轴线放出预制外墙定位边线，并校核楼板预埋螺栓位置。

（2）构件检查与编号确认：施工前清理施工层地面，检查连接钢筋位置、长度和垂直度、表面清洁情况；检查墙板构件编号及外观质量有无裂缝和破损；检查墙板支撑规格型号、辅助材料。

（3）吊装前准备：预制墙底部粘贴像素棉条，根据要求在楼板面已画的墙板位置两端部预先安放标高调整垫片，高度按 20mm 计算，墙板安装底部标高采用垫片找平控制，将外防护架组装在预制板外叶板上；在内页墙板相应位置上弹出控制 50 线。

（4）墙体起吊：墙板构件吊装应根据吊点位置在吊装梁上采用合适的吊点。用吊装连接件将钢丝绳与墙板预埋吊点连接；构件起吊至距离地面 500mm 处时静停，检查构件状态且确认吊绳、吊具安装连接无误后方可继续起吊，起吊要求缓慢匀速。

（5）吊装就位：构件距离安装面约 1000mm 时悬停，消除构件摆动，安装人员手扶缓速降落至安装位置；构件距离楼地面约 300mm 时，应由安装人员辅助轻推构件，根据定位线初步定位，使用镜子观察楼地面预留插筋与构件灌浆套筒应逐根对准，待插筋全部准确插入套筒后缓慢降下构件。墙板就位后，通过 500mm 标高线检查墙板标高及水平度。

（6）支撑临时支撑：标高满足设计要求后应及时安装墙板斜支撑。将支撑杆与墙板上预先安装的连接件连接；墙板稳固后，可摘除吊钩。

（7）墙体微调到位：调整斜支撑的长度以精确调墙板的水平位置及垂直度。水平位置以楼板上弹出的墙板水平位置定位线为准进行检查；垂直度通过靠尺进行检查。墙板位置精确调整后，紧固斜支撑连接；继续本段其他墙板安装。

（8）质量验收：构件安装完成后，应对构件边线、端线、垂直度、竖缝宽度进行实测实量验收。预制外墙吊装如图 10-14 所示。

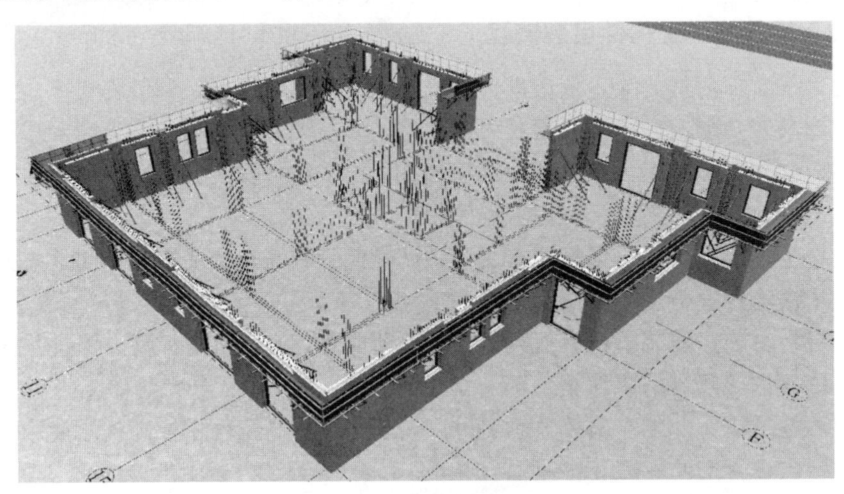

图 10-14　预制外墙吊装

10.3.3.2 预制内墙吊装流程及控制要点

（1）构件检查与编号确认：施工前清理施工层地面，检查连接钢筋位置、长度和垂直度、表面清洁情况；检查墙板构件编号及外观质量有无裂缝和破损；检查墙板支撑规格型号、辅助材料。

（2）吊装前准备：根据要求在楼板面已画的墙板位置两端部预先安放标高调整垫片，高度按 20mm 计算；在墙板相应位置弹出标高控制 50 线。

（3）墙体起吊：墙板构件吊装应根据吊点位置在吊装上采用合适的吊点。用吊装连接件将钢丝绳与墙板预埋件吊点连接；构件起吊至距离地面约 500mm 处时静停，检查构件状态且确认吊绳、吊具安装连接无误后方可继续起吊，起吊要求缓慢匀速。

（4）吊装就位：构件距离安装面约 1000mm 时悬停，消除构件摆动，安装人员手扶缓速降落至安装位置；构件距离楼地面约 300mm，应由安装人员辅助轻推构件，根据定位线初步定位，使用镜子观察楼地面预留插筋与构件灌浆套筒应逐根对准，待插筋全部准确插入套筒后缓慢降下构件。墙体就位后，通过 500mm 标高线检查墙板标高及水平度。

（5）支设临时支撑：标高满足设计要求后应及时安装墙板斜支撑。将支撑杆与墙板上预先安装的连接件连接；墙板稳固后，可摘除吊钩。

（6）墙体微调到位：调整斜支撑的长度以精确调整墙板的水平位置及垂直度。水平位置以楼板上弹出的墙板水平位置定位线为准进行检查；垂直度通过靠尺进行检查。墙板位置精确调整后，紧固斜支撑连接；继续本段其他墙板安装。

（7）质量验收：构件安装完成后，应对构件边线、端线、垂直度、竖缝宽度进行实测实量验收。预制内墙吊装如图 10-15 所示。

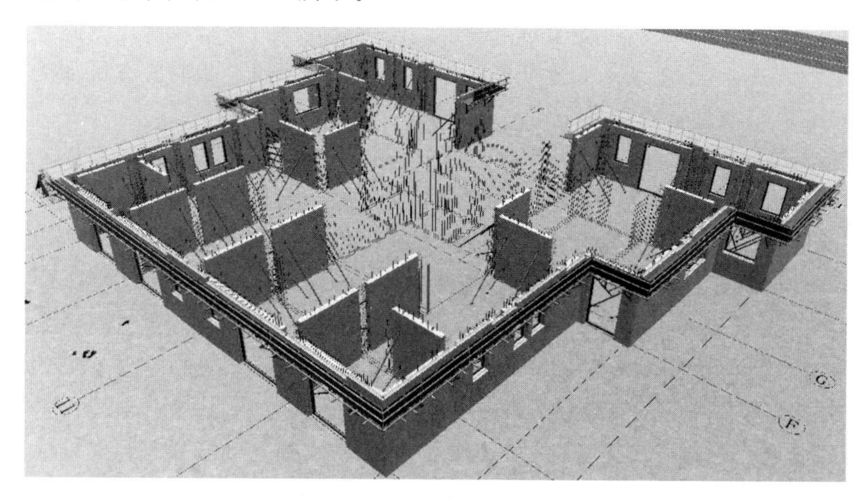

图 10-15　预制内墙吊装

10.3.3.3　塞缝灌浆工艺流程

（1）灌浆孔清理：灌浆孔应在灌浆前清理，灌浆内不得有碎石、油污、脱模剂等杂物，防止因为污浊影响灌浆后的黏结强度。

（2）灌浆区域周边封堵：墙体下口与楼板之间的 20mm 厚缝隙采用干硬性坐浆料进行封堵，内衬蛇皮管作为模板，确保密实可靠。

（3）灌浆料搅拌：浆料宜采用机械搅拌方式，搅拌时间一般为 1-2min，并宜静停 2min 后使用。

（4）流动度检测：搅拌完成后进行砂浆流动度检验，保证硬化后的各项力学性能满足要求。

（5）灌浆塞孔：塞缝完成6h后进行套筒灌浆，灌浆作业应从灌浆套筒下灌浆孔注入灌浆料拌合物，当灌浆料拌合物从构件其他灌浆孔、出浆孔流出后及时封堵；使灌浆充实；灌浆开始后，必须连续进行，不能间断，浆料拌合物应在制备30min内用完。塞缝灌浆见图10-16。

（6）场地清洁：灌浆完成后，必须将工作面和施工机具清洁干净。

图10-16 塞缝灌浆

图10-17 竖向现浇结构施工

10.3.3.4 竖向现浇结构施工（图10-17）

（1）钢筋绑扎：两块板之间20mm缝隙，使用挤塑板塞缝。校正水平连接钢筋，然后安装箍筋套，待墙体竖向钢筋连接完成后绑扎钢筋。

（2）模板安装：测量放线，安装预制板间模板，模板与混凝土接触面应清理干净并涂刷脱模剂，脱模剂不得污染钢筋和混凝土接槎处。定型模板通过螺栓（预制内螺母）或预留孔洞拉结方式与预制板构件可靠连接加固；模板支设完成后进行模板校验质量验收。

（3）混凝土浇筑：混凝土浇筑前应洒水湿润结合面，浇筑开始时先在底部接槎处浇筑一层50～100mm厚与混凝土同配合比的水泥砂浆。

（4）模板拆除：浇筑时应分段分层连续浇筑，且岁浇筑随振捣；浇筑完成24h以内开始进行浇水养护。混凝土达到设计强度后，方可拆除模板，模板拆除时，采取先支后拆，后支先拆顺序，并应从上而下进行拆除，拆下的模板分散堆放在指定地点，及时清运。

10.3.3.5 预制叠合板吊装流程及控制要点（图10-18）

（1）叠合板底板支撑布置：定位放线，确认支撑杆位置，独立支撑应距离叠合板端500mm处设置，作为施工阶段叠合板端支座；分别安装三脚架、独立支撑、支撑头和横梁，当叠合板跨度不大于4.8m时在跨内设置一道支撑即可。

（2）标高调整、检查：支撑杆通过三脚架提供侧向支撑，站稳后进行立杆标高超平，根据叠合板底标高调节高度，弹竖向垂直定位线。

（3）吊装准备与编号确认：楼板吊装前应将支座基础面及楼板底面清理干净，避免点支撑，检查楼板构件外观质量有无裂缝和破损。叠合板吊装应严格按图纸要求顺序依次吊装并严格检查构件编号，依据施工图选择正确吊点，使之均匀受力。

（4）吊具安装：安装吊具，在安装吊具时，应根据构件质量、形状选择合适钢丝绳及吊具，起吊前确认吊具与吊钉挂点紧密连接。

（5）构件吊运、落位：吊装过程中，在作业层上空500mm处静停，根据叠合板位置调整叠合板方向进行定位。吊装过程中注意避免叠合板上的预留钢筋与墙体的竖向钢筋碰撞，参照墙顶控制线，引导叠合板缓慢降落至横梁上。

（6）构件校核：楼板就位校正时，采用楔形小木块嵌入调整，不得直接使用撬棍调整；检查楼板两端支撑于墙或梁上支撑长度，以及相邻叠合板拼缝宽度。楼板铺设完毕后，板的边缘不应该出现缝隙，无法避免的空隙应做封堵处理；支撑杆做适当调整，使板的底面保持平整，无缝隙。

(7) 卸钩：确认支撑受力均匀无松动，楼面指挥向塔吊司机发出下勾指令，取出吊钩。继续本段其他叠合板安装；洞口用可防止滑动的盖板进行覆盖。

(8) 检查验收：楼板安装施工完毕后，项目部质检人员对楼板标高、相邻板面高差、搁置长度和拼缝平整度进行全面检查。

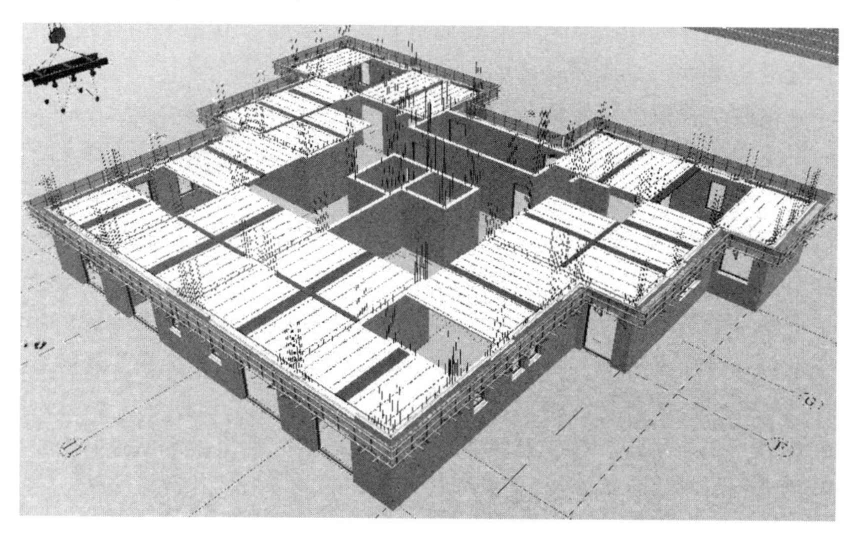

图 10-18 预制叠合板施工

10.3.3.6 预制阳台吊装流程及控制要点（图 10-19）

(1) 独立支撑安装：定位放线，确认支撑杆位置，分别安装三脚架、支撑头、独立支撑和横梁。

(2) 标高及定位控制：支撑杆通过三脚架提供侧向支撑，站稳后进行立杆标高抄平，根据阳台底标高调节高度及水平度，测量并弹出相应周边控制线。

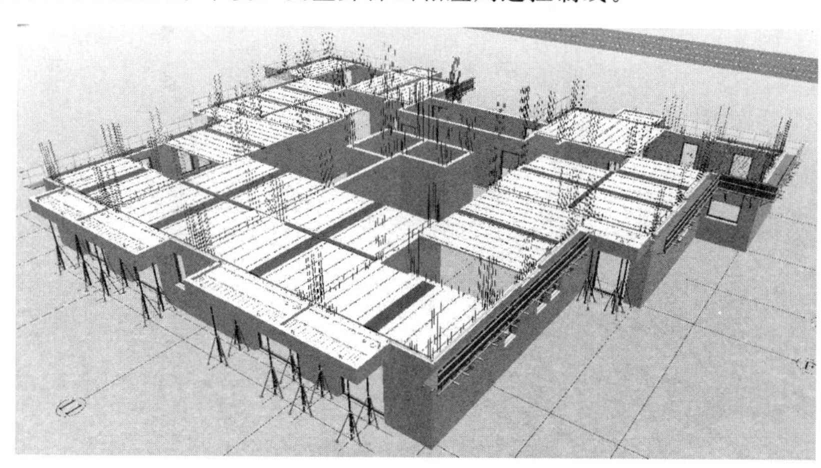

图 10-19 预制阳台施工

(3) 吊装准备与编号确认：阳台板吊装前应将支座基础面及阳台板底面清理干净，避免点支撑，检查阳台外观质量有无裂缝和破损。阳台板吊装应严格按图纸要求顺序依次吊装并严格检查构件编号。

（4）吊具安装：安装吊具，在安装吊具时，应根据构件重量、形状选择合适钢丝绳及吊具，起吊前确认吊具与吊钉挂点紧密连接。

（5）构件起运落位：塔吊缓慢将预制阳台吊起，待板的底边升至距地面 500mm 时略做停顿，再次检查吊挂是否牢固，调整构件处于正确姿态。待阳台距作业面 500mm 时悬停，施工人员手扶阳台板调整方向，辨识钢筋位置关系，边线和控制线位置，缓慢下落精确调整就位，并继续吊运其他阳台板。

（6）检查验收：阳台构件吊装完毕后，应进行检查验收，其主要内容应包括阳台标高、搁置长度、拼缝平整度等。

10.3.3.7 预制空调板吊装流程及控制要点（图 10-20）

（1）独立支撑安装：定位放线，确认支撑位置，分别安装三脚架、支撑头、独立支撑和横梁。

（2）标高及定位控制：支撑杆通过三脚架提供侧向支撑，站稳后进行立杆标高抄平，根据空调板底标高调节高度及水平度，测量并弹出相应周边控制线。

（3）吊装准备与编号确认：空调板吊装前应将支座基础面及空调底面清理干净，避免点支撑，检查空调板外观质量有无裂缝和破损。空调板吊装应严格按图纸要求顺序依次吊装并严格检查构件编号。

（4）吊具安装：安装吊具，在安装吊具时，应根据构件重量、形状选择合适钢丝绳及吊具，起吊前确认吊具与吊钉挂点紧密连接。

（5）构件起运落位：塔吊缓慢将预制空调板吊起，待板的底边升至距地面 500mm 时略做停顿，再次检查吊挂是否牢固，调整构件处于正确状态。待空调板距作业面 500mm 时悬停，施工人员手扶空调板调整方向，辨识钢筋位置关系，边线和控制线位置，缓慢下落精确调整就位，并继续吊运其他空调板。

（6）检查验收：空调板构件吊装完毕后，应进行检查验收，其主要内容应包含空调板标高、搁置长度、拼缝平整度等。

图 10-20 预制空调板施工

10.3.3.8 预制框架柱吊装流程及控制要点（图 10-21）

（1）安装准备：根据预制柱平面各轴的控制线和柱框线校核预埋件位置、标高和锚固是否符合设计要求。检查预制柱进场尺寸、规格，混凝土强度是否符合设计和规范要求，检查柱上预留套管及预留钢筋是否满足图纸要求，套管内是否有杂物。预制柱安装施工前应确认预制柱与现浇结构表面已清理干净，不得有浮灰、木屑等杂物。安装结构面应进行拉毛处理，且不得有松动的混凝土碎块及石子外漏，无明显积水。必须校核定位钢筋位置，保证吊装位置准确。检查柱子伸出的上下主筋，按设计长度将超出部分切割掉。

（2）吊装与就位：吊装前在柱四角放置抄平垫块，控制柱安装标高。用吊装卡环将钢丝绳与框架柱预埋件吊点连接。卡环安装完成后，安装缆风绳，缆风绳应放置在柱正面便于操作；柱起吊时，应对柱底部外伸钢筋进行保护，一般可以事先套上钢管三脚架或垫置垫木、轮胎。构件起吊至距地面约 50cm 处时静停，检查构件状态且确认卡环连接无误后方可继续起吊，起吊应慢起、快升、缓放；构件起吊至距离地面约 2m 时悬停，消除构件摆动，并检查构件是否平衡；构件距离安装面约 1m 时再悬停，安装人员牵引缆风绳使构件缓慢下降；构件距离楼地面约 30cm 时，应由安装人员辅助轻推构件，根据定位初步定位，楼地面预留插筋与构件灌浆套筒应逐根对准，待插筋全部准确插入套筒后缓慢降下构件，并随时进行对中调整。

（3）架设临时支撑：定位及标高满足要求后，应及时安装斜支撑，支撑最少设置两道；用螺栓将支撑杆安装在预制柱及现浇梁板螺栓连接件上，进行初调，初步就位后，利用斜支撑螺杆和靠尺进行精确调直和固定，待稳固后，紧固斜支撑连接并摘除吊环，继续本段其他构件安装。

（4）封缝灌浆：灌浆孔应在灌浆前清理，灌浆孔内不得有碎石、油污、脱模剂等杂物，防止因为污浊影响灌浆后的粘接强度。灌浆前 24h，构件应充分湿润，灌浆前 1h，应吸干积水；柱脚四周采用坐浆材料封边，形成密闭灌浆腔。浆料宜采用机械搅拌方式，搅拌时间一般为 1-2min，并宜静停 2min 后使用。搅拌完成后进行砂浆流动度检验，保证硬化后的各项力学性能满足要求。灌浆作业应从灌浆套筒下灌浆孔注入灌浆料拌合物，当灌浆料拌合物从构件其他灌浆孔、出浆孔流出后及时封堵；使灌浆充实；灌浆开始后，必须连续进行，不能间断，浆料拌合物应在制备 30min 内用完。灌浆完成后，必须将工作面和施工机具清洁干净。

（5）质量验收：构件安装完成后，应对构件中心线、边线、垂直度等进行实测实量验收。

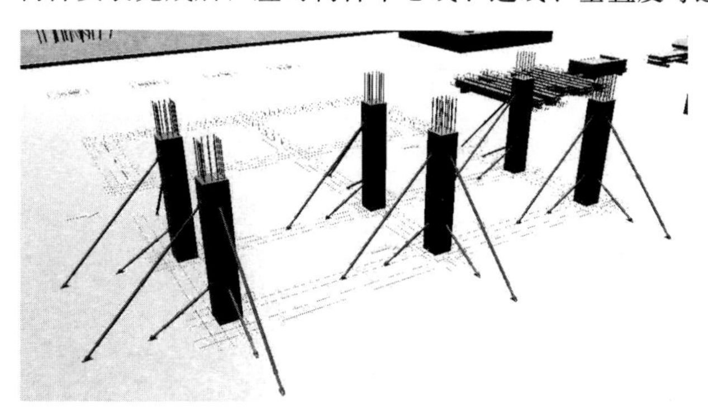

图 10-21　预制框架柱施工

10.3.3.9　预制框架梁吊装流程及控制要点（图 10-22）

（1）定位放线：测量柱顶与梁底标高误差，在柱上弹出梁边控制线及边线。

（2）安装准备：吊装前校核构件尺寸及预制叠合梁部分主筋配筋，与设计不符时，应在吊装前及时更正。

（3）支撑架体搭设：安装独立支撑和梁托，支撑杆通过三脚架提供侧向支撑，站稳后进行立杆标高抄平，根据梁底标高调节高度。

（4）起吊：确认起吊构件编号，安装吊具，吊具应有足够的长度以保证吊具与吊装之间角度不小于 60°；构件起吊至距地面约 500mm 处时静停，检查构架状态且确认吊绳、吊具安装连接无误后方可继续起吊，起吊要求缓慢匀速；构件起吊至离地 2m 左右时，稍做停顿，消除构件摆动，检查构件是否平衡。

（5）吊装与就位：吊装过程中，在作业层上空 500mm 处静停，根据叠合梁位置调整叠合梁方向进行定位。吊装过程中注意避免叠合梁的预留钢筋与框架柱的竖向钢筋碰撞，参照柱顶控制线，引导叠合梁缓慢降落。

（6）检查校正：调节独立支撑，检查梁构件是否与边线重合。

（7）继续本段其他叠合梁吊装：确认支撑受力均匀无松动，楼面指挥向塔吊司机发出下勾指令，取出吊钩。继续本段继续本段其他叠合梁板安装，梁安装顺序应遵循先主梁后次梁，先低后高原则。

（8）质量验收：构件安装完成后，应对构件标高，梁托加固质量进行验收。

图 10-22　预制框架梁施工

10.3.3.10　水平现浇结构施工（图 10-23）

（1）脚手架搭设：安放木质垫板以减少上层楼板传来的集中荷载；支设立杆，支设中间小横杆，完成满堂脚手架搭设。

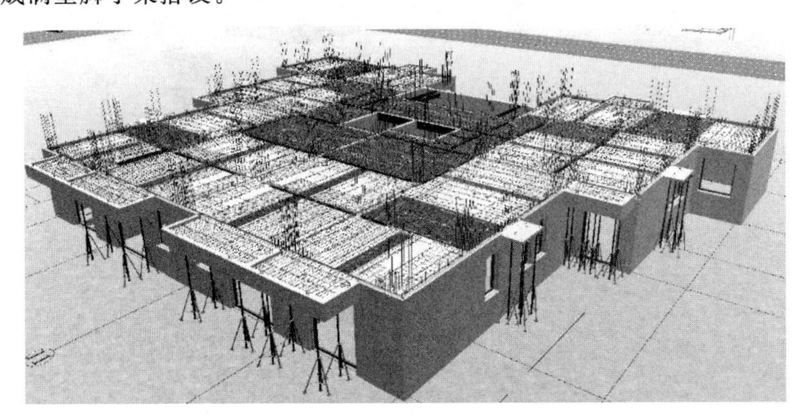

图 10-23　水平现浇结构施工

（2）模板支设：现浇梁、楼板支模并验收，校验标高和位置。

（3）现浇梁板钢筋绑扎与管线预埋：按照施工图进行现浇梁、现浇板底部钢筋绑扎；水电管线预埋安装，待机电管线铺设完毕清理干净后，根据在叠合板上方钢筋间距控制线进行板面钢筋绑扎；使用定位钢板，控制连接钢筋位置，并进行质量验收。

(4) 现浇梁板混凝土浇筑：浇筑前，清理杂物并洒水湿润，但不宜有明水；混凝土浇筑采取从中间向两边浇筑，连续施工，一次完成，同时使用平板振捣器振捣，采用 2m 刮杠刮平；浇筑完毕后立即进行养护，养护时间不得少于 7 天。

(5) 模板拆除：后浇混凝土达到设计强度后，方可拆除支撑和模板，模板拆除时，采取先支后拆，后支先拆，先拆非承重模板，后拆承重模板的顺序，并应从上而下进行拆除，拆下的模板分散堆放在指定地点，及时清运。

10.3.3.11　预制楼梯吊装流程及控制要点

(1) 标高及定位控制：在楼梯洞口外的板面放样楼梯上，下梯段板控制线，在墙面上画出标高控制线。在楼梯段上下口梯梁处铺 20mm 后 C25 细石混凝土找平砂浆。楼梯侧面距结构墙体预留 30mm 空隙，为后续初装的抹灰预留空间；梯井之间根据楼梯栏杆安装要求预留 40mm 空隙。

(2) 吊装准备与编号确认：楼梯吊装前检查构件编号，检查构件外观质量有无裂缝和破损。

(3) 起吊：构件吊运前必须进行试吊，先吊起距地面 500mm 停止，使楼梯保持水平，检查钢丝绳、吊钩的受力情况。

(4) 落位：构件吊运至安装位置上方 1m 时，调整梯段与预埋钢筋的位置关系，施工人员手扶梯板调整方向，对准控制线，引导楼梯缓慢下落，精确就位至楼梯梁上。

(5) 校正：基本就位后再用撬棍微调楼梯板，直到位置正确，搁置平实。确认标高无误后摘钩。

(6) 固定：对楼梯上部固定绞端进行固定，缝隙使用聚苯、聚乙烯棒填充，注浆孔使用灌浆料和砂浆填堵密室，底部缝隙使用聚苯填充。对楼梯下部滑动绞端进行固定，缝隙使用聚苯、聚乙烯棒填充，注浆孔聚苯填充，安放垫片，螺母固定，底部缝隙使用聚苯填充。并进行成品保护，护栏安装；然后继续其他梯段吊装。

10.3.4　吊装过程防碰撞措施

10.3.4.1　预制外墙吊装过程防碰撞措施（图 10-24）

(1) 吊装区域安全控制：吊装区域应有明显标志，并设专人警戒，非吊装人员禁止入内。

图 10-24　预制外墙吊装

(2) 吊装前安全控制：预制构件吊装前，根据构件尺寸、重量及吊装半径选择合适的吊装设备，并留有足够的起吊安全系数，并编制有针对性的吊装专项方案，吊装期间严格保证吊装设备的安全性，操作人员全部持证上岗。

（3）吊装过程中安全控制：预制构件吊装前，吊装作业人员应穿防滑鞋、戴安全帽，构件须绑扎牢固。构件应垂直匀速起吊，严禁采用斜拉、斜吊，起吊点应通过构件重心位置。构件吊装时，应防止碰撞临时拉线，以防止触电，构件起吊后，构件和起重臂下严禁站人。吊运过程应平稳，不应突然制动，不应有大幅度摆动。吊装时，吊机应有专人指挥，指挥人员应位于吊机司机视力所及地点，应能清楚看到吊装全过程。信号指挥员还须环顾相邻塔吊工作状态。吊装过程不得长时间悬在空中，不得在构件顶面行走，必须等到被吊的物体降落至离地面1m以内方准靠近。预制外墙板吊装就位固定牢固后方可进行脱钩，操作过程中的攀登作业需要使用梯子时，梯子底部应坚实，不得垫高使用，严禁在结构钢筋上攀爬，操作人员在楼层内应佩戴有穿芯自锁功能的保险带，安装过程中悬空作业处应设置防护栏杆或其他可靠的安全措施，待稳定后方可拆除固定工具或其他稳定装置。如遇六级以上大风、暴雨、浓雾、雷暴，必须停止运作。

10.3.4.2 预制楼梯吊装过程防碰撞措施（图10-25、图10-26）

（1）吊装区域安全控制：吊装区域应有明显标志，并设专人警戒，非吊装人员禁止入内。

图10-25 预制楼梯吊装施工

图10-26 预制楼梯吊装

（2）吊装前安全控制：预制构件吊装前，根据构件的尺寸、重量及吊装半径选择合适的吊装设备，并留有足够的起吊安全系数，并编制有针对性的吊装专项方案，吊装期间严格保证吊装设备的安全性，操作人员全部持证上岗。

（3）吊装过程中安全控制：预制构件吊装前，吊装作业人员应穿防滑鞋、戴安全帽，构件须绑扎牢固。构件应垂直匀速起吊，严禁采用斜拉、斜吊，起吊点应通过构架重心位置。构件吊装时，应防止碰撞临时拉线，以放触电，构件起吊后，构件和起吊臂下严禁站人。吊运过程应平稳，不应突然制动，不应有大幅摆动。吊装时，吊机应有专人指挥，指挥人员应位于吊机司机视点所及地点，应能清楚看到吊装全过程。信号指挥员还须环顾相邻塔吊工作状态。吊运过程不得长时间悬在空中，不得在构件顶面上行走，必须等到被吊的物体降落至离地面1m以内方准靠近。安装楼梯时，作业人员应在构件一侧，预制楼梯吊装就位固定牢固后方可进行脱钩，操作人员在楼层内应佩戴带有穿芯自锁功能的保险带并与楼面内预埋点扣牢，严禁在未加固的构件上行走。如遇六级以上大风、暴雨、浓雾、雷暴，必须停止运作。

10.3.5 标准层施工进度

标准层施工节点进度-六天一层。

（1）第一天施工：测量定位放线（控制线和标高）；预留钢筋复核；外墙像条粘贴；预

制墙板安装；部分钢筋绑扎。如图 10-27、图 10-28 所示。

图 10-27　测量定位放线、钢筋复核、外墙像条粘贴

图 10-28　预制墙板安装、部分竖向钢筋绑扎

(2) 第二天施工：预制墙板安装；剩余竖向钢筋绑扎；N-1 预制楼梯安装。如图 10-29 所示。

图 10-29　预制墙板安装、剩余竖向钢筋绑扎、N-1 层预制楼梯安装

(3) 第三天施工：水电管线安装；墙柱模板安装；搭设楼板排架。如图 10-30 所示。

图 10-30　水电管线安装、墙柱模板安装、搭设楼板排架

(4) 第四天施工：叠合楼板吊装；现浇模板校正；部分排架搭设；梁底板与梁侧模搭设；阳台板和空调板安装。如图 10-31、图 10-32 所示。

图 10-31　叠合楼板吊装、部分排架搭设

图 10-32　现浇模板校正（穿插）、预制阳台板和空调板安装（穿插）

（5）第五天施工：梁板钢筋铺设；楼板管线安装；现浇模板复核校正。如图 10-33 所示。

图 10-33　梁板钢筋铺设、楼板管线安装、现浇模板复核校正

（6）第六天施工：验收与修正；浇筑混凝土。如图 10-34 所示。

图 10-34　验收与校正、混凝土浇筑（验收后-浇筑完为止）

10.3.6　现场人员配置

现场各岗位人员必须经过相应岗位培训，考试合格后入岗。以下是一般工地一个单体住

宅吊装作业的班组人员配置。现场班组人数及分工表见表10-1。

表10-1　现场班组人数及分工表

序号	人员及岗位	人数	备注
1	塔吊司机	1人	
2	塔吊指挥	2人	起吊点和就位点各1人
3	构件安装—堆场挂勾	2人	起吊点2人
4	楼面安装	4人	就位点4人
5	构件固定校正	2人	
6	测量放线、埋件定位、预埋负责人	1人	
7	钢筋工	1人	
8	电焊工	1人	
9	现场管理人员	2人	
10	合计	16人	

10.3.7　装配式混凝土结构质量、安全文明施工

装配式混凝土结构质量施工保证措施如下。

（1）测量工程

① 建筑物在施工期间或使用期间发生不均匀沉降或严重裂缝时，应及时会同设计单位、监理单位、质量监督部门等共同分析原因，商讨对策。

② 沉降观测资料应及时整理和妥善保存（包括：沉降观测成果表，沉降测点平面位置布置图等）。

③ 质量监督部门在质量监督过程中，应把建筑物沉降观测检查作为质量监督重要内容。重点检查基准点埋设、观测点设置、测量仪器设备及计量检定证书，测量人员上岗证、测量原始数据记录等；并将单位工程竣工沉降观测成果表归入监督档案资料中。

④ 经纬仪工作状态应满足竖盘竖直，水平度盘水平；望远镜上下转动时、视准轴形成的视准面必须是一个竖直平面。水准仪工作状态应满足水准管轴平行于视准轴。

⑤ 用钢尺工作应进行钢尺鉴定误差、温度测定误差的修正，并消除定线误差、钢尺倾斜误差、拉力不均匀误差、钢尺对准误差、读数误差等。

⑥ 每层轴线之间的偏差在±2mm。层高垂直偏差在±2mm。所有测量计算值均应列表，并应有计算人、复核人签字。在仪器操作上，测站与后视方向应用控制网点，避免转站而造成积累误差。定点测量应避免垂直角大于45°。对易产生位移的控制点，使用前应进行校核。在3个月内，必须对控制点进行校核。避免因季节变化而引起的误差。在施工过程中，要加强对层高和轴线以及净空平面尺寸的测量复核工作。

（2）预制构件

① 混凝土结构成品生产、构件制作、现场装配各流程和环节，施工管理应有健全的管理体系、管理制度。

② 混凝土结构施工前，应加强设计图、施工图和预制混凝土结构加工图的结合，掌握有关技术要求及细部构造，编制预制混凝土结构专项施工方案，构件生产、现场吊装、成品验收等应制订专项技术措施。在每一个分项工程施工前，应向作业班组进行技术交底。

③ 每块出厂的预制构件都应有产品合格证明，在构件厂、总包单位、监理单位三方共同认可的情况下方可出厂。

④ 专业多工种施工劳动力组织，选择和培训熟练的技术工人，按照各工种的特点和要求，有针对性地组织与落实。

⑤ 施工前，按照技术交底内容和程序，逐级进行技术交底，对不同技术工种的针对性交底，要达到施工操作要求。

⑥ 装配过程中，必须确保各项施工方案和技术措施落实到位，各工序控制应符合规范和设计要求。

⑦ 每一道步骤完成后都应按照检验表格进行抽查，在每一层结构混凝土浇捣完毕后，需用经纬仪对外墙板进行检验，以免垂直度误差累积。

⑧ 预制混凝土结构应有完整的质量控制资料及观感质量验收，对涉及结构安全的材料、构件制作进行见证取样、送样检测。

⑨ 混凝土结构工程的产品应采取有效的保护措施，对于破损的外墙面砖应用专用的黏结剂进行修补。

（3）模板工程

① 模板制作的优劣直接影响混凝土的质量，保证结构垂直度控制及几何尺寸，制作安装偏差控制参照标准执行。

② 模板在每一次使用前，均应全面检查模板表面光洁度，不允许有残存的混凝土浆，否则必须进行认真清理，然后喷刷一度无色的薄膜剂或清机油。

③ 模板安装必须正确控制轴线位置及截面尺寸，模板拼缝要紧密。当拼缝≥1mm 的要用老粉批嵌或用白铁皮封钉，跨度大于 4m 时，模板应起拱 1‰～3‰。

④ 模板支承系统必须横平竖直，支撑点必须牢固，扣件及螺栓必须拧紧，模板严格按排列图安装。浇捣混凝土前对模板的支撑、螺栓、柱箍、扣件等紧固件派专人进行检查，发现问题及时整改。

⑤ 孔洞、埋件等应正确留置，建议在翻样图上自行编号，防止错放漏放。安装要牢固，经复核无误后方能封闭模板。

⑥ 平台模板支撑必须严格按照设计图纸要求做到上下、进出一致，施工员必须做到层层复核。

⑦ 模板拆除应根据“施工质量验收规范”和设计规定的强度要求统一进行，未经有关技术部门同意，不得随意拆模。现场增加混凝土拆模试块，必要时进行试块试压，以保证质量和安全。

⑧ 模板周转使用应经常整修、刷脱模剂，并保持表面的平整和清洁。

（4）钢筋工程

① 进场的钢筋必须持有成品质保书及出厂质量证明书和试验报告单。每批进入现场的钢筋，由材料员和钢筋翻样组织人员进行检查验收，认真做好清点、复核（即核定钢筋标牌、外形尺寸、规格、数量）工作，确保每次进入到现场的钢筋到位准确，避免现场钢筋堆放混乱现象，保证现场文明标准化施工。

② 对进场的各主要规格的受力钢筋，由取样员会同监理根据实际使用情况，抽取钢筋碰焊接头、原材料试件等，及时送试验室对试件进行力学性能试验，经试验合格后，方可投入使用。

③ 钢筋搭接、锚固要求按照结构设计说明及相关设计图纸要求，并符合规范施工质量要求。

④ 钢筋工程要合理布置，用铁丝绑扎牢，相邻梁的钢筋尽量拉通，以减少钢筋的绑扎接头，必要时翻样会同技术员先根据图纸绘出大样，然后再加工绑扎，梁箍筋接头交错布置在两根架立钢筋上，板、次梁、主梁上下钢筋排列要严格按图纸和规范要求布置。

⑤ 每层结构柱头、墙板竖向钢筋，在板面上要确保位置准确无偏差，该工作需钢筋翻样、关砌协同复核；如个别确有少量偏位或弯曲时，应及时在本层楼顶板面上校正偏差位，确保钢筋垂直度。确保竖向钢筋不偏位的方法为：柱在每层板面上的竖向筋应扎不少于 3 只柱箍，最下一只柱箍必须与板面梁筋点焊固定，对于墙板插筋，应在板面上 500mm 高范围内，扎好不少于三道水平筋，并扎好“S”钩撑铁。

⑥ 主次梁钢筋交错施工时，一般情况下次梁钢筋均搁置于主梁钢筋上，为避免主次梁相互交接时，交接部位节点偏高，造成楼板偏厚，中间梁部分部位采取次梁主筋穿于主梁内筋内侧；上述钢筋施工时，总体确保钢筋相叠处不得超过设计高度。遇到复杂情况时候，需会请甲方、设计、监理到场处理解决。

⑦ 梁主筋与箍筋的接触点全部用铁丝扎牢，墙板、楼板双向受力钢筋的相互交点必须全部扎牢；上述非双向配置的钢筋相交点，除靠近外围两行钢筋的相交点全部扎牢外，中间可按梅花形交错绑扎牢固。

⑧ 由班长填写“自检、互检”表格，请专职质量员验收；项目质量员及钢筋翻样、监护工严格按施工图和规范要求进行验收，验收合格后，再分区分批逐一提请监理验收；验收通过后方可进行封模工作（在封模前垃圾清除）。每层结构竖向、平面的钢筋、拉结筋、预埋件、预留洞、防雷接地全部通过监理验收由项目质量员填写隐蔽工程验收单提交监理签证。

（5）混凝土工程

① 施工前一周，由混凝土搅拌站将其配合比送交总包审核，并提请监理方审查，合格后方能组织生产。

② 为保证混凝土质量，主管混凝土浇捣的人员一定要明确每次浇捣混凝土的级配、方量，以便混凝土搅拌站能严格控制混凝土原材料的质量技术要求，并备足原材料。

③ 对不同混凝土浇捣，采用先浇捣墙、柱混凝土，后浇捣梁、板混凝土。并保证在墙、柱混凝土初凝前完成梁、板混凝土的覆盖浇捣。混凝土配制采用缓凝技术，入模缓凝时间控制在 6h。对高低标号混凝土用同品种水泥，同品种外掺剂。保证交接面质量。

④ 及时了解天气动向，浇捣混凝土需连续施工时应尽量避免大雨天。施工现场应准备足够数量的防雨物资（如塑料薄膜、油布、雨衣等）。如果混凝土施工过程中下雨，应及时遮蔽，雨过后及时做好面层的处理工作。

⑤ 混凝土浇捣前，施工现场应先做好各项准备工作，机械设备、照明设备等应事先检查，保证完好符合要求；模板内的垃圾和杂物要清理干净，木模部位要隔夜浇水保湿；搭设硬管支架，着重做好加固工作；做好交通、环保等对外协调工作，确定行车路线；制定浇捣期间的后勤保障措施。

⑥ 由项目经理牵头组成现场临时指挥小组。实行搅拌站、搅拌车与泵车相对固定，定点布料。现场设一名搅拌车指挥总调度。由于工程地处市中心，道路状况的限制，车辆设立蓄车点。为了加强现场与搅拌站之间的联系，搅拌站应派遣驻场代表，发现问题及时

解决。

⑦ 混凝土搅拌车进场后，应把好混凝土质量关。按规定检查坍落度、和易性是否符合要求，对于不合格者严格予以退回。

⑧ 混凝土养护工作：已浇捣的混凝土强度未达到 1.2N/mm² 以前，在通道口设置警戒区，严禁在其表面踩踏或安装模板，钢筋和排架；对已浇捣完毕的混凝土，在 12h 以内（即混凝土终凝后）即派人浇水养护，浇水次数应能使混凝土处于润湿状态，当气温大于 30℃ 时适当增加浇水次数，当气温低于 5℃时不要浇水。

⑨ 为保护产品质量，在混凝土施工后应注意做好产品保护。

10.4 装配式建筑项目产业化施工参考案例

10.4.1 工程概况

10.4.1.1 工程主要情况

（1）工程名称：保定市安悦佳苑小区项目-7 号住宅楼；

（2）建设单位：保定市广惠房地产开发有限公司；

（3）建设地点：用地位于保定市工业大街西侧，双鹰小区北侧；

（4）本工程为塔式高层住宅楼，总建筑面积 10819.63m²；

（5）本工程地下 1 层，层高，3.5m；地上 22 层，层高 2.9m；

（6）本工程结构体系为装配整体式混凝土剪力墙结构，−1～4 为现浇层，5～22 层为预制楼层。

10.4.1.2 产业化结构设计概况

（1）楼梯间、电梯间墙体，内外墙节点连接位置为现浇节点连接；其余大部分内外墙为预制混凝土构件。

（2）所有框架梁、连梁为现浇结构，阳台板、空调板、楼梯为预制混凝土结构。

（3）部分为现浇楼板，其余为预制混凝土叠合楼板。

（4）标准层预制外墙共 32 块，标准层预制内墙共 14 块，标准层预制叠合楼板共 32 块，标准层预制叠合阳台板共 8 块，标准层预制空调板共 8 块，标准层预制楼梯共 2 块。

10.4.2 人员组织

现场管理模式如图 10-35 所示。

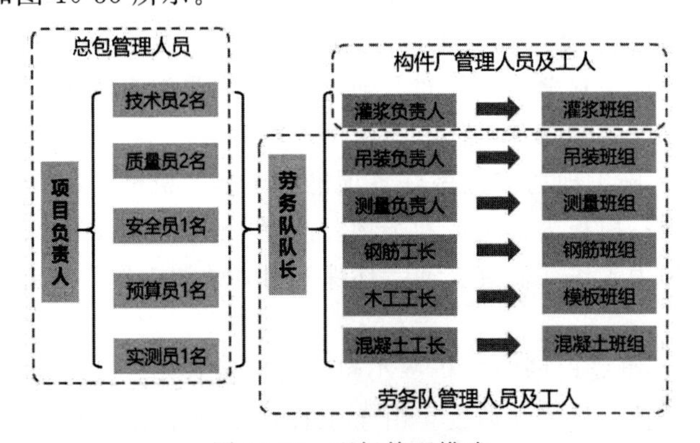

图 10-35 现场管理模式

10.4.3　垂直起重设备

10.4.3.1　塔吊选型

塔吊在基础底板施工前安装、验收完毕，为地下结构工程施工创造条件。本工程共1台塔吊（QTZ7520）自由高度54m，标准节尺寸2.1×2.1×3.0m，最大工作幅度75m，最大起重量16t。

10.4.3.2　施工电梯选型

本工程双笼外梯主要用于地上结构二次结构穿插施工，采用电梯型号SC200/200。主体施工至6层左右设立室外施工电梯，此后结构每施工三层顶升一次。

10.4.4　施工进度计划

施工进度计划是控制建设项目的施工工期及各单位工程的施工期限和相互搭接关系的依据。正确编制施工进度计划，时保证各个系统及整个建设项目如期交付使用，充分发挥效益、降低建设成本的重要条件。本工程的施工进度图如图10-36所示。

10.4.5　施工现场布置图

10.4.5.1　入口及围墙

根据建筑红线走向，在红线范围内的施工现场修建2.5m高的全封闭围墙，施工现场主入口设置在西南角，布置“五牌一图”，即工程概况牌、安全生产牌、消防保卫牌、十项安全技术措施牌、安全生产六大纪律牌、文明施工牌、施工现场布置图；次入口设在现场东南角，为材料入口。如图10-37所示。

10.4.5.2　场内交通

场内施工主干道沿永久性道路走向铺筑，宽6.0m，场内道路布置成环形道路，主干道与钢筋加工区、木工加工区、水电工作间连接，便于施工运输。

10.4.5.3　办公及生活用房

在现场西侧设置彩钢活动房3座，为现场办公、会议室及管理人员宿舍，并设有食堂、浴室和厕所。现场东侧设置彩钢房4座，为劳务宿舍。

10.4.5.4　其他附属设施

施工现场南侧主入口处，设置有安全教育培训体验馆，包含以下体验项目：安全带体验、安全急救体验、安全帽体验、安全鞋体验、洞口坠落体验、马道体验、爬梯体验、平衡木体验、墙体倾体验、操作平台倾倒体验、人字梯倾倒体验、综合用电体验、消防体验、重物体验、钢丝绳使用方法体验、镝灯展示架。现场西北角设置有篮球场一座。

10.4.6　预制构件现场存放

（1）本项目竖向构件采用构件厂组装成品插板架，架体两侧存放竖向构件，预制外墙下放垫木防止外叶板磕碰。如图10-38所示。

（2）预制叠合板采用叠放方式，层与层之间应垫平、垫实，各层支垫必须在一条垂直线上，做到上下对齐。叠放层数不应大于六层，如图10-39所示。预制楼梯叠放层数不应大于5层。如图10-40所示。施工现场布置图如图10-41所示。

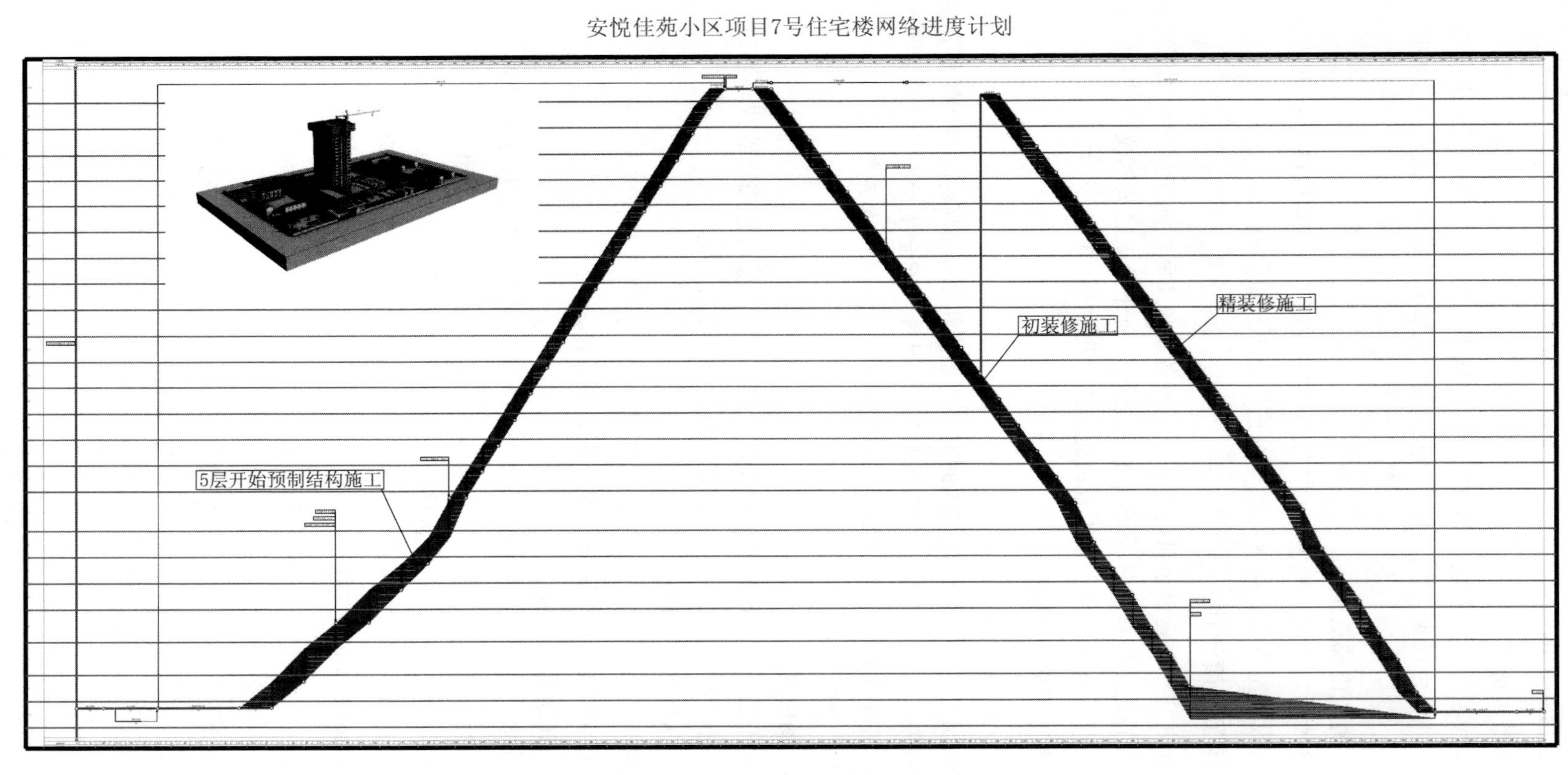

图10-36　楼层施工形象进度图

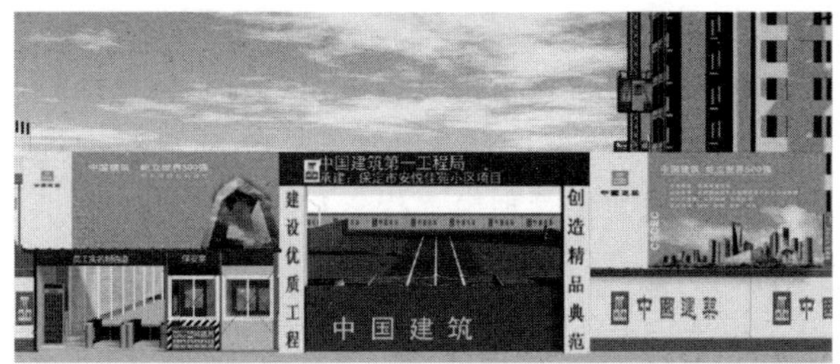

图 10-37　施工现场主入口

图 10-38　预制外墙存放

图 10-39　预制叠合板存放

图 10-40　预制楼梯存放

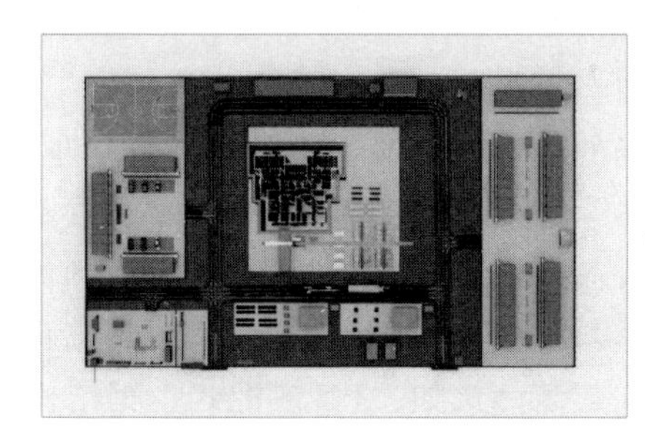

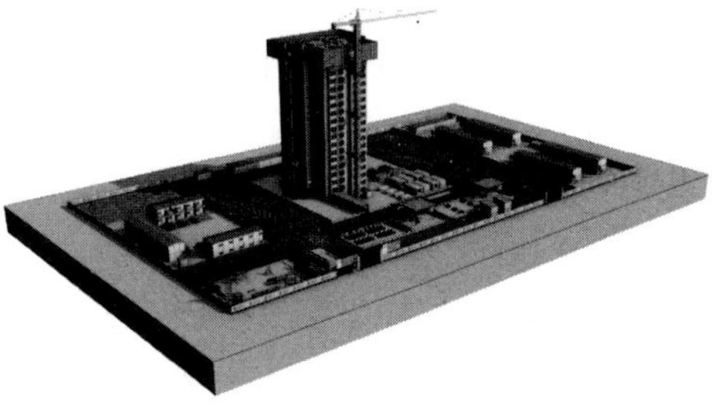

图 10-41　施工现场布置图

10.5　基于 BIM5D 平台的构件追踪管理

10.5.1　业务背景

近年来，公路、铁路、港口、机场等基础设施建设市场需求旺盛，业务发展势头强劲，未来前景看好。在未来一段时间内互联互通仍将是基础设施建设的重点，结合 BIM 技术、大数据、云计算、物联网、移动应用、人工智能等信息化技术为基础设施建设赋能成了当务之急。

2016 年国务院下发了《关于大力发展装配式建筑的指导意见》，明确提出：力争用 10 年左右的时间，使装配式建筑占新建建筑面积的比例达到 30%。到目前为止，虽然住宅产业化已经有几千万的量，但这只占了全国建筑总面积的 1%～2%，接下来要用五年的时间达到 15%，再接下来的五年就要达到 30%，所以装配式建筑未来还有很大的发展空间。

我们看到越来越多的企业加入装配式建筑转型升级，结合信息化技术的装配式理念已经深入人心。装配式建筑与传统现浇式建筑最大的不同在于：装配式建筑是以构件为单位进行过程控制，而构件的质量又要控制到工序级，现浇式建筑只是控制到工序级即可。以桥梁工程为例，桩基、承台、桥墩、装配式梁体等均以构件为单位进行管理，如何以构件为单位管理好施工过程中的各道工序也是我们亟待解决的问题。

因此，基于构件的信息化、精细化管理的需求缺口越来越大，迫切需要一种能够打通设计-生产-施工的信息化产品，实现信息协同，实现构件级的精细化管理，为项目管理提质增效。下面我们一起来看下以构件为主线的工序级精细化管理模式探索！

10.5.2 构件级管理存在的问题及解决方案

目前，装配式建筑施工管理过程中存在以下问题，如图 10-42 所示。

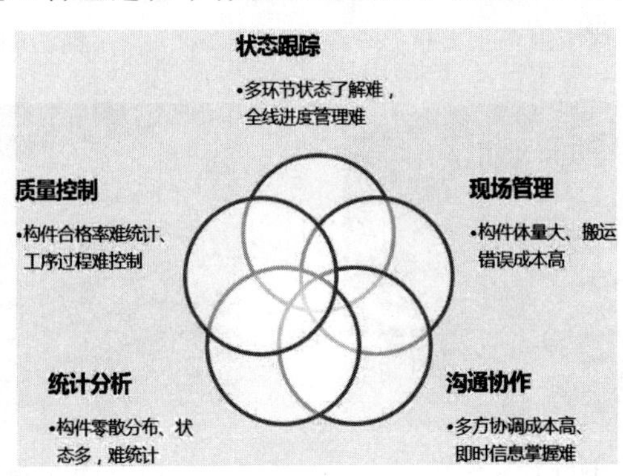

图 10-42 装配式建筑施工管理过程存在的问题

针对以上装配式项目施工管理问题，主要集中在施工现场管理中的构件的加工、运输、安装等状态信息的追踪上，解决了这个问题，现场的进度、成本、质量等问题就迎刃而解。因此，需要首先编制结合总进度计划编制构件跟踪计划，针对不同的构件类型设置不同的工序级跟踪项，然后通过这些跟踪项去跟踪构件的状态，最终每个构件都能够跟踪到位，现场的进度、质量等同时也都能够管控到位，最终实现以构件为主线的施工工序级精细化管理。

这套构件跟踪管理方法不仅适用于各种装配式建筑，比如：PC 装配式、钢结构等，对于各种以构件为管理单位的传统现浇的重点构件也是适用的，比如各种线性工程的桩基、承台、桥墩、装配式梁体等。

10.5.3 构件追踪的现场管理流程

以构件为主线的施工工序级精细化管理-构件跟踪的现场管理流程分为以下三步，如图 10-43 所示。

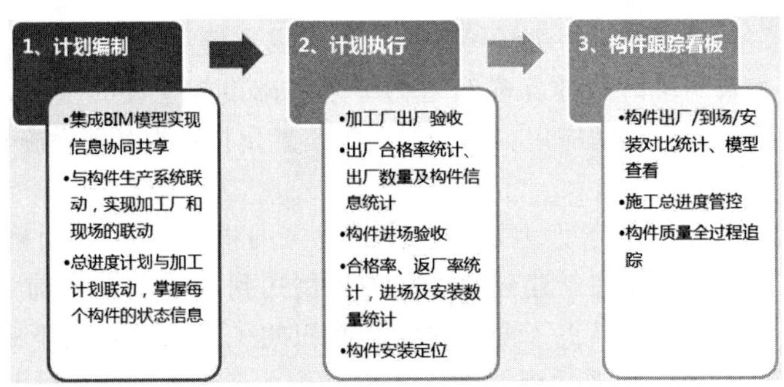

图 10-43 构件追踪的现场管理流程

第一步：计划编制。

通过 BIM 平台，接入 BIM 模型（内置好构件编码规则并完善资源信息），基于模型实现信息协同联动：加工厂系统据此进行下料、排产，加工厂的构件加工信息，同步到 BIM

平台；现场进行构件进场验收、堆放、安装，跟踪每个构件的状态；在 BIM 平台中进行深化设计、加工、运输、安装等施工状态监控。

通过施工总进度计划，编制构件跟踪计划，反推构件加工根据构件跟踪计划编制构件加工运输计划。让总计划、构件跟踪计划、构件加工运输计划的互相联通，实现构件加工厂和安装现场“两场联动”，最终实现每个构件每个工序的每个状态都能够及时掌控。掌握了每一个构件的状态信息，不但能够减少“现场急需的构件到不了场，到场的构件又安装不上”的尴尬，减少现场二次搬运，进而节约了成本；同时，通过处在关键线路、关键节点上的构件先加工，及时到场，这样又加快了装配式项目的施工总进度。

第二步：计划执行。

有了构件跟踪计划，下一步就是跟踪计划执行。装配式建筑的核心在构件上，构件质量控制的一部分在加工环节上，一部分在现场安装环节，为此设计了质量管控的“两道防火墙”体系来保证项目质量。

首先，在构件到场之前，技术员可预先定义好验收工序和管控项目，一线质检员在加工厂通过手机填写记录实测实量数据，通过采集的数据自动生成验收表单，自动统计出合格率，这样就能够及时掌握每一个构件加工环节质量信息，为项目质量管控提供“第一道防火墙”。

其次，在构件运输和进场验收阶段，现场质检员和工长通过手机扫描二维码，对于同批次构件，按批次快速验收，快速记录构件的进场信息，及时统计出构件合格率，将不合格的构件及时返厂，为项目质量管控提供“第二道防火墙”。

再次，在计划执行阶段，还可以很方便的按照我们实际构件安装位置记录下来，实现构件到场-安装环节的实际关联，这样就能够实现构件质量的全过程追踪。

第三步：构件跟踪看板。

现场定位安装之后，通过构件跟踪计划的执行，就可以关联模型及时查看出厂-到场-安装构件数量对比，随时随地掌握项目总体进度。同时，也可以多维度对构件按批次进行查询统计，通过模型查看构件的整体安装情况，掌握计划进度与实际进度的偏差。如果进度偏差太大的话，可以通过模型查看统计构件各工序的完成数量和未完成数量的方法，找到具体哪些构件的哪些工序环节影响到了总进度，真正做到了现场施工总进度心中有数、有的放矢。

通过实测实量，哪些部位、构件有质量问题可实现构件加工、运输、安装等全过程跟踪，及时追踪问题原因，为质量问题追溯提供依据。总之，通过构件跟踪看板，实现全过程进度管理、质量追踪，随时随地掌控项目全局，实现构件级精细化管理。

10.5.4　基于 BIM5D 软件的操作流程

基于 BIM5D 软件的构件追踪操作流程如图 10-44 所示。

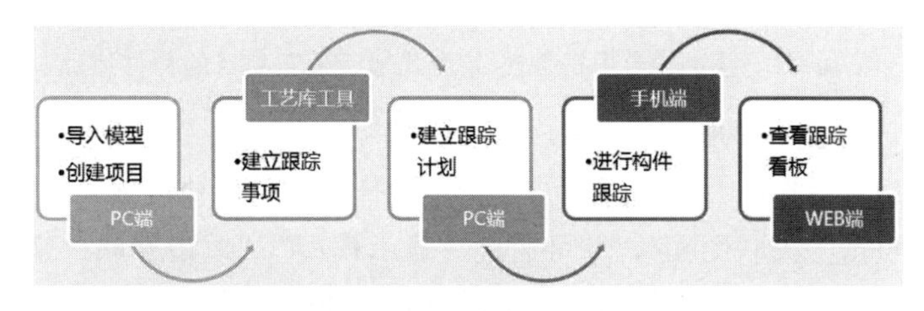

图 10-44　基于 BIM5D 软件的构件追踪的流程

(1) PC 端，导入模型、创建项目。

打开 BIM5D 软件，新建《专用宿舍楼-装配式墙、板》项目，导入《专用宿舍楼-装配式墙、板.rvt.E5D》文件，可切换到“模型视图”中查看“板”构件设置的是“装配式板”。在软件右上角“登陆云空间”，“云数据同步”，通过激活码绑定云空间。创建的“专用宿舍楼-装配式墙、板”项目如图 10-45、图 10-46 所示。

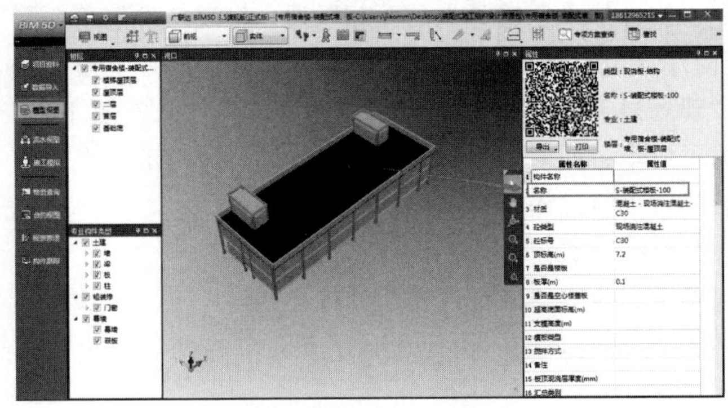

图 10-45　BIM5D 导入“专用宿舍楼-装配式墙、板.rvt.E5D”文件

图 10-46　BIM5D 绑定“专用宿舍楼-装配式墙、板”云空间

(2) 工艺库工具，建立跟踪事项

打开 BIM5D 工艺库管理工具，使用相同账号登录，并选择“专用宿舍楼-装配式墙、板”项目，进入后，通过在“构件跟踪”中“新建阶段”“新建下级”“新建工序”“新建控制点”设置具体的构件追踪事项。如图 10-47、图 10-48 所示。

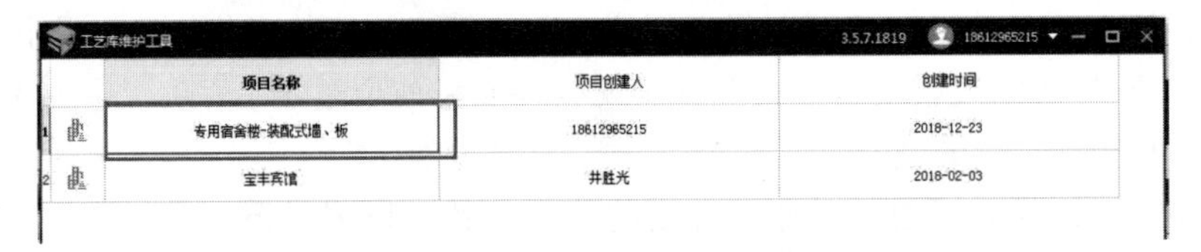

图 10-47　打开“专用宿舍楼-装配式墙、板”项目

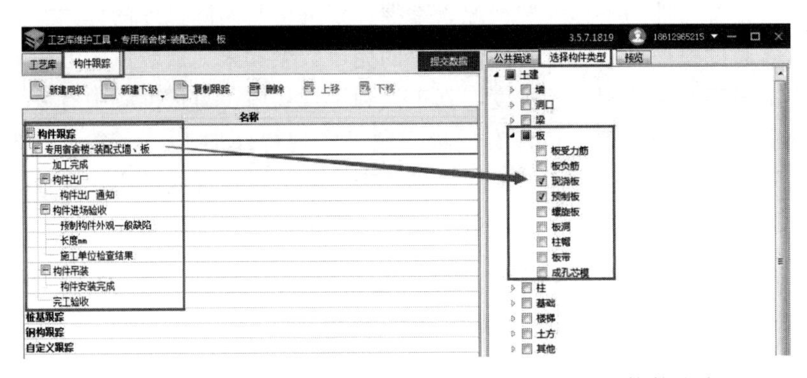

图 10-48　设置“专用宿舍楼-装配式墙、板”项目的构件追踪

(3) PC 端，建立跟踪计划

打开 BIM5D 软件，进入“构件跟踪”，在“跟踪计划”中创建计划，设置计划开始、计划完成时间。在右侧点击“关联图元”，并可通过“显示模型”“模型互联”来查看跟踪的构件。并设置“跟踪编号”和各跟踪阶段的“计划完成时间”和“跟踪人”。如图 10-49 所示。

(4) 手机端，进行构件跟踪

打开手机端 BIM5D APP 后，使用相同账号登录，并选择“专用宿舍楼-装配式墙、板”项目，进入后，点击“构件跟踪”，进入后可查看到追踪的各个阶段数据，点击具体阶段进

图 10-49　BIM5D 设置“专用宿舍楼-装配式墙、板”的构件追踪计划

行移动端数据的录入，如图 10-50 所示。

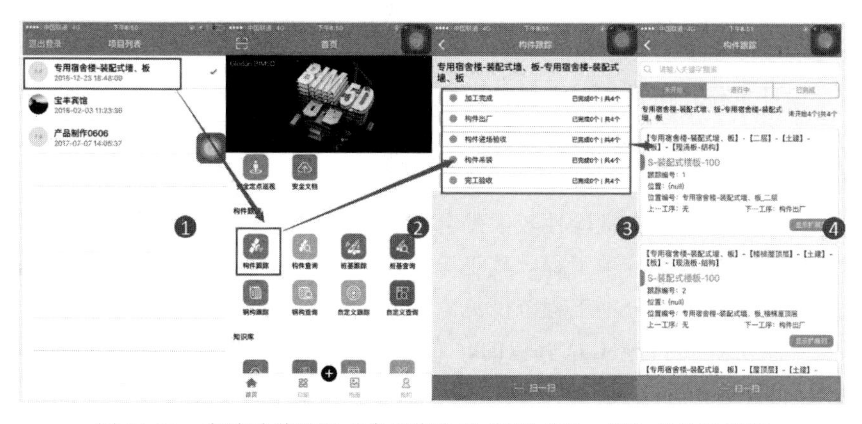

图 10-50　在移动端进行“专用宿舍楼-装配式墙、板”的构件跟踪

（5）WEB 端，查看跟踪看板

进入 WEB 端，bim5d. glodon. com 中，使用相同账号登录，并选择“专用宿舍楼-装配式墙、板”项目，进入后，点击“构件跟踪”，在左侧“构件”-“期间任务分析”中可看到当前的构件追踪情况。如图 10-51 所示。

图 10-51　在 WEB 端查看“专用宿舍楼-装配式墙、板”的构件追踪情况

附录1　危险性较大的分部分项工程安全管理办法

第一条　为加强对危险性较大的分部分项工程安全管理，明确安全专项施工方案编制内容，规范专家论证程序，确保安全专项施工方案实施，积极防范和遏制建筑施工生产安全事故的发生，依据《建设工程安全生产管理条例》及相关安全生产法律法规制定本办法。

第二条　本办法适用于房屋建筑和市政基础设施工程（以下简称“建筑工程”）的新建、改建、扩建、装修和拆除等建筑安全生产活动及安全管理。

第三条　本办法所称危险性较大的分部分项工程是指建筑工程在施工过程中存在的、可能导致作业人员群死群伤或造成重大不良社会影响的分部分项工程。危险性较大的分部分项工程范围见附件一。

危险性较大的分部分项工程安全专项施工方案（以下简称“专项方案”），是指施工单位在编制施工组织（总）设计的基础上，针对危险性较大的分部分项工程单独编制的安全技术措施文件。

第四条　建设单位在申请领取施工许可证或办理安全监督手续时，应当提供危险性较大的分部分项工程清单和安全管理措施。施工单位、监理单位应当建立危险性较大的分部分项工程安全管理制度。

第五条　施工单位应当在危险性较大的分部分项工程施工前编制专项方案；对于超过一定规模的危险性较大的分部分项工程，施工单位应当组织专家对专项方案进行论证。超过一定规模的危险性较大的分部分项工程范围见附件二。

第六条　建筑工程实行施工总承包的，专项方案应当由施工总承包单位组织编制。其中，起重机械安装拆卸工程、深基坑工程、附着式升降脚手架等专业工程实行分包的，其专项方案可由专业承包单位组织编制。

第七条　专项方案编制应当包括以下内容：

（一）工程概况　危险性较大的分部分项工程概况、施工平面布置、施工要求和技术保证条件。

（二）编制依据　相关法律、法规、规范性文件、标准、规范及图纸（国标图集）、施工组织设计等。

（三）施工计划　包括施工进度计划、材料与设备计划。

（四）施工工艺技术　技术参数、工艺流程、施工方法、检查验收等。

（五）施工安全保证措施　组织保障、技术措施、应急预案、监测监控等。

（六）劳动力计划　专职安全生产管理人员、特种作业人员等。

（七）计算书及相关图纸。

第八条　专项方案应当由施工单位技术部门组织本单位施工技术、安全、质量等部门的专业技术人员进行审核。经审核合格的，由施工单位技术负责人签字。实行施工总承包的，专项方案应当由总承包单位技术负责人及相关专业承包单位技术负责人签字。

不需专家论证的专项方案，经施工单位审核合格后报监理单位，由项目总监理工程师审核签字。

第九条　超过一定规模的危险性较大的分部分项工程专项方案应当由施工单位组织召开

专家论证会。实行施工总承包的，由施工总承包单位组织召开专家论证会。

下列人员应当参加专家论证会：

（一）专家组成员。

（二）建设单位项目负责人或技术负责人。

（三）监理单位项目总监理工程师及相关人员。

（四）施工单位分管安全的负责人、技术负责人、项目负责人、项目技术负责人、专项方案编制人员、项目专职安全生产管理人员。

（五）勘察、设计单位项目技术负责人及相关人员。

第十条　专家组成员应当由5名及以上符合相关专业要求的专家组成。本项目参建各方的人员不得以专家身份参加专家论证会。

第十一条　专家论证的主要内容：

（一）专项方案内容是否完整、可行。

（二）专项方案计算书和验算依据是否符合有关标准规范。

（三）安全施工的基本条件是否满足现场实际情况。

专项方案经论证后，专家组应当提交论证报告，对论证的内容提出明确的意见，并在论证报告上签字。该报告作为专项方案修改完善的指导意见。

第十二条　施工单位应当根据论证报告修改完善专项方案，并经施工单位技术负责人、项目总监理工程师、建设单位项目负责人签字后，方可组织实施。

实行施工总承包的，应当由施工总承包单位、相关专业承包单位技术负责人签字。

第十三条　专项方案经论证后需做重大修改的，施工单位应当按照论证报告修改，并重新组织专家进行论证。

第十四条　施工单位应当严格按照专项方案组织施工，不得擅自修改、调整专项方案。

如因设计、结构、外部环境等因素发生变化确需修改的，修改后的专项方案应当按本办法第八条重新审核。对于超过一定规模的危险性较大工程的专项方案，施工单位应当重新组织专家进行论证。

第十五条　专项方案实施前，编制人员或项目技术负责人应当向现场管理人员和作业人员进行安全技术交底。

第十六条　施工单位应当指定专人对专项方案实施情况进行现场监督和按规定进行监测。发现不按照专项方案施工的，应当要求其立即整改；发现有危及人身安全紧急情况的，应当立即组织作业人员撤离危险区域。施工单位技术负责人应当定期巡查专项方案实施情况。

第十七条　对于按规定需要验收的危险性较大的分部分项工程，施工单位、监理单位应当组织有关人员进行验收。验收合格的，经施工单位项目技术负责人及项目总监理工程师签字后，方可进入下一道工序。

第十八条　监理单位应当将危险性较大的分部分项工程列入监理规划和监理实施细则，应当针对工程特点、周边环境和施工工艺等，制定安全监理工作流程、方法和措施。

第十九条　监理单位应当对专项方案实施情况进行现场监理；对不按专项方案实施的，应当责令整改，施工单位拒不整改的，应当及时向建设单位报告；建设单位接到监理单位报告后，应当立即责令施工单位停工整改；施工单位仍不停工整改的，建设单位应当及时向住房城乡建设主管部门报告。

第二十条　各地住房城乡建设主管部门应当按专业类别建立专家库。专家库的专业类别及专家数量应根据本地实际情况设置。

专家名单应当予以公示。

第二十一条　专家库的专家应当具备以下基本条件。

（一）诚实守信、作风正派、学术严谨。

（二）从事专业工作15年以上或具有丰富的专业经验。

（三）具有高级专业技术职称。

第二十二条　各地住房城乡建设主管部门应当根据本地区实际情况，制定专家资格审查办法和管理制度并建立专家诚信档案，及时更新专家库。

第二十三条　建设单位未按规定提供危险性较大的分部分项工程清单和安全管理措施，未责令施工单位停工整改的，未向住房城乡建设主管部门报告的；施工单位未按规定编制、实施专项方案的；监理单位未按规定审核专项方案或未对危险性较大的分部分项工程实施监理的；住房城乡建设主管部门应当依据有关法律法规予以处罚。

第二十四条　各地住房城乡建设主管部门可结合本地区实际，依照本办法制定实施细则。

第二十五条　本办法自颁布之日起实施。原《关于印发〈建筑施工企业安全生产管理机构设置及专职安全生产管理人员配备办法〉和〈危险性较大工程安全专项施工方案编制及专家论证审查办法〉的通知》（建质［2004］213号）中的《危险性较大工程安全专项施工方案编制及专家论证审查办法》废止。

附件一：危险性较大的分部分项工程范围

一、基坑支护、降水工程

开挖深度超过3m（含3m）或虽未超过3m但地质条件和周边环境复杂的基坑（槽）支护、降水工程。

二、土方开挖工程

开挖深度超过3m（含3m）的基坑（槽）的土方开挖工程。

三、模板工程及支撑体系

（一）各类工具式模板工程：包括大模板、滑模、爬模、飞模等工程。

（二）混凝土模板支撑工程：搭设高度5m及以上；搭设跨度10m及以上；施工总荷载$10kN/m^2$及以上；集中线荷载15kN/m及以上；高度大于支撑水平投影宽度且相对独立无联系构件的混凝土模板支撑工程。

（三）承重支撑体系：用于钢结构安装等满堂支撑体系。

四、起重吊装及安装拆卸工程

（一）采用非常规起重设备、方法，且单件起吊重量在10kN及以上的起重吊装工程。

（二）采用起重机械进行安装的工程。

（三）起重机械设备自身的安装、拆卸。

五、脚手架工程

（一）搭设高度24m及以上的落地式钢管脚手架工程。

（二）附着式整体和分片提升脚手架工程。

（三）悬挑式脚手架工程。

（四）吊篮脚手架工程。

（五）自制卸料平台、移动操作平台工程。

（六）新型及异型脚手架工程。

六、拆除、爆破工程

（一）建筑物、构筑物拆除工程。

（二）采用爆破拆除的工程。

七、其他

（一）建筑幕墙安装工程。

（二）钢结构、网架和索膜结构安装工程。

（三）人工挖扩孔桩工程。

（四）地下暗挖、顶管及水下作业工程。

（五）预应力工程。

（六）采用新技术、新工艺、新材料、新设备及尚无相关技术标准的危险性较大的分部分项工程。

附件二：超过一定规模的危险性较大的分部分项工程范围

一、深基坑工程

（一）开挖深度超过5m（含5m）的基坑（槽）的土方开挖、支护、降水工程。

（二）开挖深度虽未超过5m，但地质条件、周围环境和地下管线复杂，或影响毗邻建筑（构筑）物安全的基坑（槽）的土方开挖、支护、降水工程。

二、模板工程及支撑体系

（一）工具式模板工程：包括滑模、爬模、飞模工程。

（二）混凝土模板支撑工程：搭设高度8m及以上；搭设跨度18m及以上，施工总荷载$15kN/m^2$及以上；集中线荷载20kN/m及以上。

（三）承重支撑体系：用于钢结构安装等满堂支撑体系，承受单点集中荷载700kg以上。

三、起重吊装及安装拆卸工程

（一）采用非常规起重设备、方法，且单件起吊重量在100kN及以上的起重吊装工程。

（二）起重量300kN及以上的起重设备安装工程；高度200m及以上内爬起重设备的拆除工程。

四、脚手架工程

（一）搭设高度50m及以上落地式钢管脚手架工程。

（二）提升高度150m及以上附着式整体和分片提升脚手架工程。

（三）架体高度20m及以上悬挑式脚手架工程。

五、拆除、爆破工程

（一）采用爆破拆除的工程。

（二）码头、桥梁、高架、烟囱、水塔或拆除中容易引起有毒有害气（液）体或粉尘扩散、易燃易爆事故发生的特殊建、构筑物的拆除工程。

（三）可能影响行人、交通、电力设施、通信设施或其他建、构筑物安全的拆除工程。

（四）文物保护建筑、优秀历史建筑或历史文化风貌区控制范围的拆除工程。

六、其他

（一）施工高度50m及以上的建筑幕墙安装工程。

（二）跨度大于36m及以上的钢结构安装工程；跨度大于60m及以上的网架和索膜结构安装工程。

（三）开挖深度超过16m的人工挖孔桩工程。

（四）地下暗挖工程、顶管工程、水下作业工程。

（五）采用新技术、新工艺、新材料、新设备及尚无相关技术标准的危险性较大的分部分项工程。

附录2　广联达办公大厦模板专项施工方案计算书示例

一、计算依据

(1)《建筑施工模板安全技术规范》(JGJ 162—2008)。

(2)《混凝土结构设计规范》(GB 50010—2010)。

(3)《建筑结构荷载规范》(GB 50009—2012)。

(4)《钢结构设计规范》(GB 50017—2003)。

1. 计算参数

计算参数表

基本参数			
混凝土梁高 h/mm	500	混凝土梁宽 b/mm	250
混凝土梁计算跨度 L/m	22.148	模板支架高度 H/m	3.4
梁跨度方向立杆间距 l_a/m	0.9	垂直梁跨度方向的梁两侧立杆间距 l_b/m	0.6
计算依据	《建筑施工模板安全技术规范》(JGJ 162—2008)		
立杆自由端高度 h_0/mm	400	梁底立杆根数 n	3
次楞根数 m	4	次楞悬挑长度 a_1/mm	250
结构表面要求	表面外露	主楞合并根数	/
剪刀撑(含水平)布置方式	普通型	架体底部布置类型	垫板
模板荷载传递方式	可调托座	扣件传力时扣件的数量	/
水平杆步距 h_1/m	1.2		
材料参数			
主楞类型	矩形木楞	主楞规格/mm	80×80
次楞类型	矩形木楞	次楞规格/mm	50×100
面板类型	覆面木胶合板	面板规格	12mm (克隆、山樟平行方向)
钢管规格/mm	ϕ48×3.5		
荷载参数			
基础类型	混凝土楼板	地基土类型	/
地基承载力特征值 f_{ak}/(N/mm²)	/	架体底部垫板面积 A/m²	0.2
是否考虑风荷载	否	架体搭设省份、城市	北京(省)北京(市)
地面粗糙度类型	/	基本风压值 W_o/(kN/m²)	/
模板及其支架自重标准值 G_{1k}/(kN/m²)	0.5	新浇筑混凝土自重标准值 G_{2k}/(kN/m³)	24
钢筋自重标准值 G_{3k}/(kN/m³)	1.5	振捣混凝土时产生的荷载标准值 Q_{2k}/(kN/m²)	2
倾倒混凝土时模板的水平荷载 Q_{3k}/(kN/m²)	/	地基承载力折减系数	/

2. 施工简图

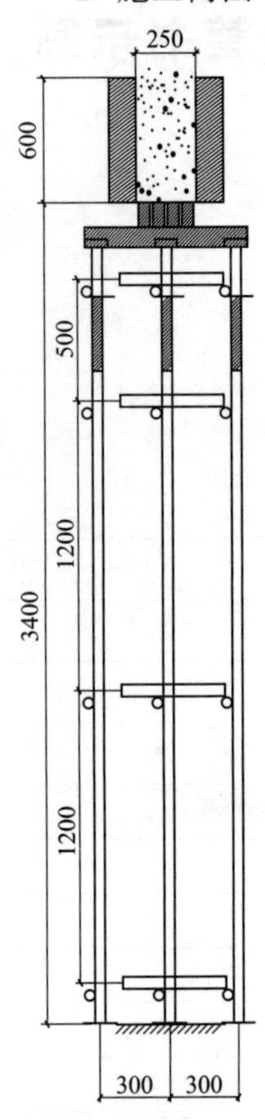

图 1　剖面图 1

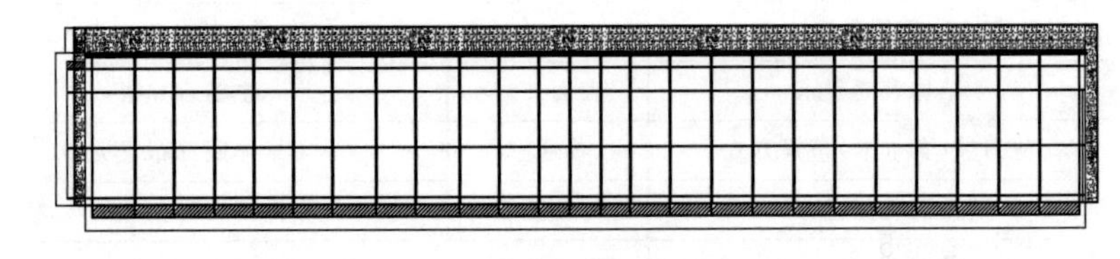

图 2　剖面图 2

二、面板验算

根据规范规定面板可按简支跨计算，根据施工情况一般楼板面板均搁置在梁侧模板上，无悬挑端，故可按简支跨一种情况进行计算，取 $b=1\text{m}$ 单位面板宽度为计算单元。

$$W=bh^2/6=1000\times12^2/6=24000\text{mm}^3$$

$$I=bh^3/12=1000\times12^3/12=144000\text{mm}^4$$

1. 强度验算

由可变荷载控制的组合

$$q_1=0.9\times\{1.2[G_{1k}+(G_{2k}+G_{3k})h]b+1.4Q_{2k}b\}$$
$$=0.9\times\{1.2\times[0.5+(24+1.5)\times500/1000]\times1+1.4\times2\times1\}$$
$$=16.83\text{kN/m}$$

由永久荷载控制的组合

$$q_2=0.9\times\{1.35[G_{1k}+(G_{2k}+G_{3k})h]b+1.4\times0.7Q_{2k}b\}$$
$$=0.9\times\{1.35\times[0.5+(24+1.5)\times500/1000]\times1+1.4\times0.7\times2\times1\}$$
$$=17.863\text{kN/m}$$

取最不利组合得

$$q=\max[q_1,q_2]=\max(16.83,17.863)=17.863\text{kN/m}$$

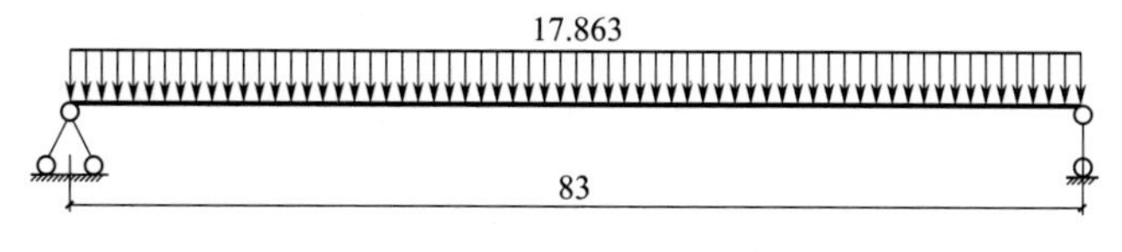

图3 面板强度计算简图

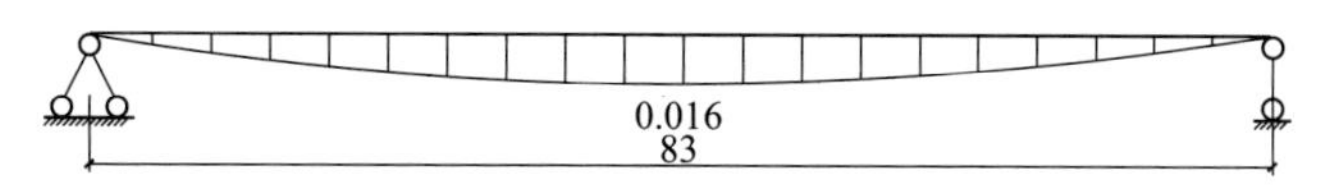

图4 面板弯矩图

$$M_{max}=0.016\text{kN}\cdot\text{m}$$

$\sigma=M_{max}/W=0.016\times10^6/24000=0.646\text{N/mm}^2\leqslant[f]=30\text{N/mm}^2$，满足要求。

2. 挠度验算

$q_k=[G_{1k}+(G_{3k}+G_{2k})\times h]\times b=[0.5+(24+1.5)\times500/1000]\times1=13.25\text{kN/m}$

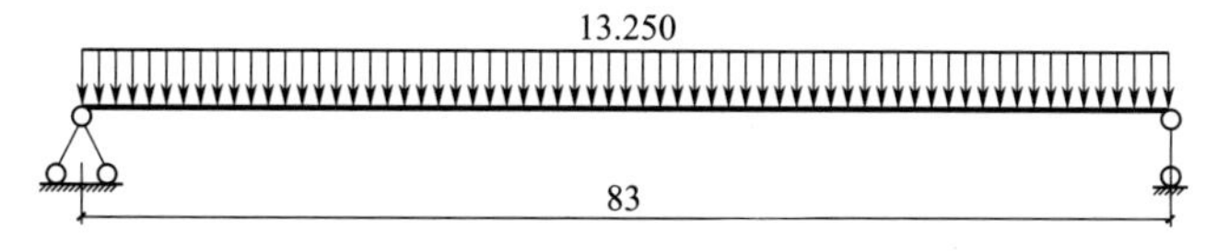

图5 面板挠度计算简图

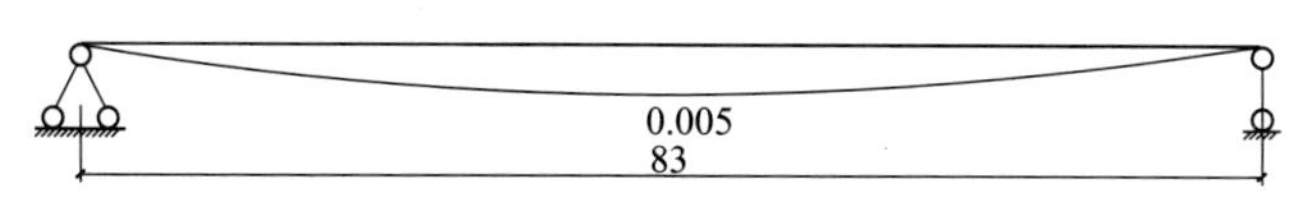

图6 面板挠度图

$\nu=0.005\text{mm}\leqslant[\nu]=250/[(4-1)\times400]=0.208\text{mm}$，满足要求。

三、次楞验算

由可变荷载控制的组合

$$\begin{aligned}q_1&=0.9\times\{1.2[G_{1k}+(G_{2k}+G_{3k})h]a+1.4Q_{2k}a\}\\&=0.9\times\{1.2\times[0.5+(24+1.5)\times500/1000]\\&\quad\times250/1000/(4-1)+1.4\times2\times250/1000/(4-1)\}\\&=1.403\text{kN/m}\end{aligned}$$

由永久荷载控制的组合

$$\begin{aligned}q_2&=0.9\times\{1.35[G_{1k}+(G_{2k}+G_{3k})h]a+1.4\times0.7Q_{2k}a\}\\&=0.9\times\{1.35\times[0.5+(24+1.5)\times500/1000]\\&\quad\times250/1000/(4-1)+1.4\times0.7\times2\times250/1000/(4-1)\}\\&=1.489\text{kN/m}\end{aligned}$$

取最不利组合得

$$q=\max\ [q_1,\ q_2]\ =\max\ (1.403,\ 1.489)\ =1.489\text{kN/m}$$

计算简图如图7、图8所示。

1. 强度验算

$$M_{max}=0.116\text{kN}\cdot\text{m}$$

$\sigma=M_{max}/W=0.116\times10^6/(83.333\times1000)=1.391\text{N/mm}^2\leqslant[f]=15\text{N/mm}^2$，满足要求。

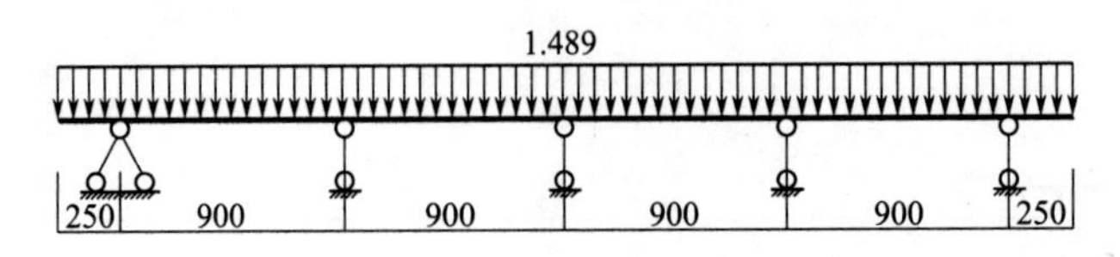

图 7　次楞强度计算简图

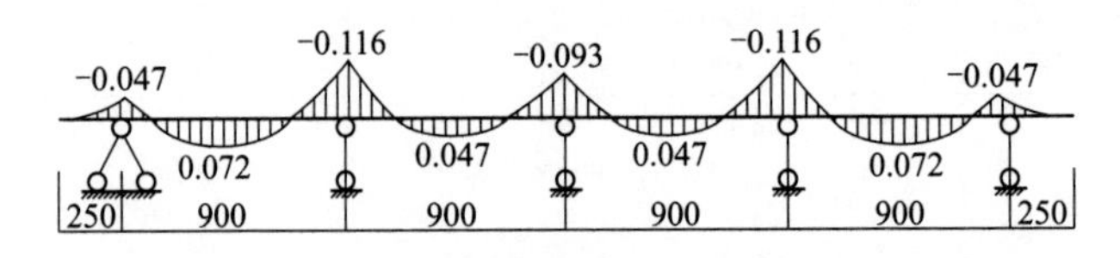

图 8　次楞弯矩图（单位：kN・m）

2. 抗剪验算

$$V_{max}=0.747\text{kN}$$

$\tau_{max}=V_{max}S/(Ib)=0.747\times10^3\times62.5\times10^3/(416.667\times10^4\times5\times10)=0.224\text{N/mm}^2\leqslant[\tau]=2\text{N/mm}^2$，满足要求。次楞剪力图如图 9 所示。

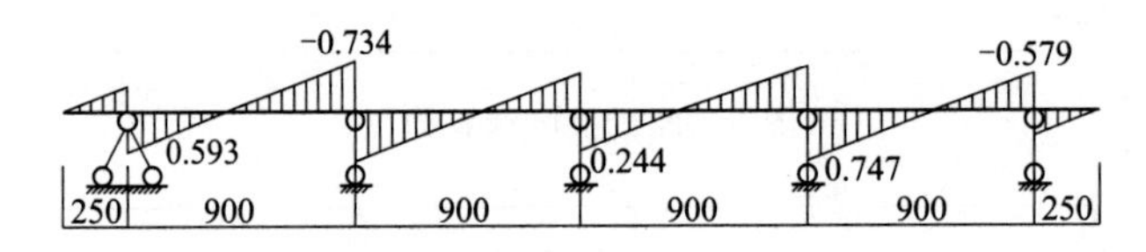

图 9　次楞剪力图（单位：kN）

3. 挠度验算

挠度验算荷载统计如下，次楞变形计算简图、次楞变形图如图 10、图 11 所示。

$$\begin{aligned}q_k&=[G_{1k}+(G_{3k}+G_{2k})\times h]\times a\\&=[0.5+(24+1.5)\times500/1000]\times250/1000/(4-1)\\&=1.104\text{kN/m}\end{aligned}$$

$\nu_{max}=0.081\text{mm}\leqslant[\nu]=0.9\times1000/400=2.25\text{mm}$，满足要求。

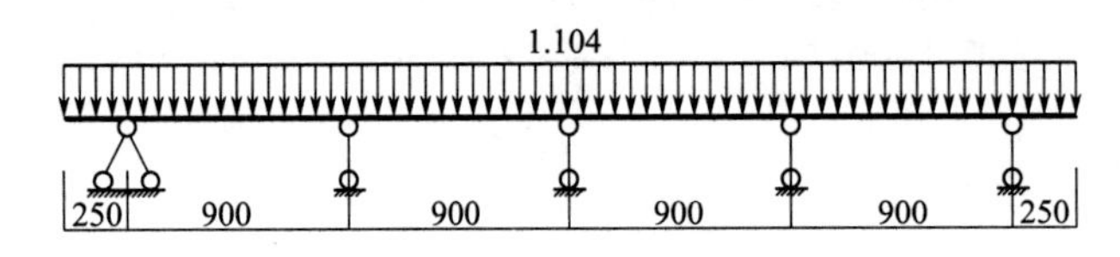

图 10　次楞变形计算简图

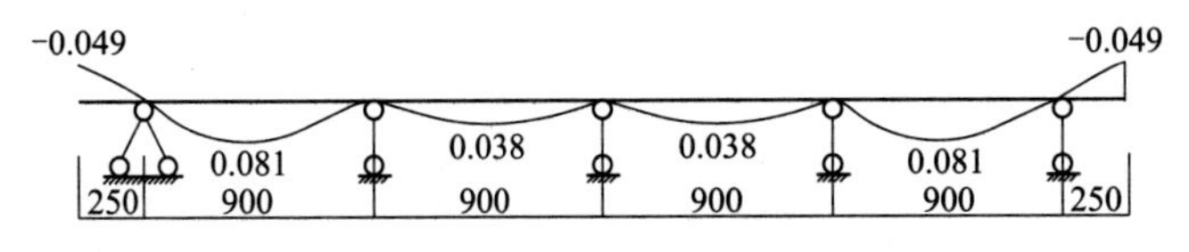

图 11　次楞变形图（单位：mm）

四、主楞验算

根据实际工况，梁下增加立杆根数为 3，故可将主楞的验算力学模型简化为 2 跨梁计算。这样简化符合工况且能保证计算的安全。将荷载统计后，通过次楞以集中力的方式传递至主楞。

由可变荷载控制的组合

$$q_1=0.9\times\{1.2[G_{1k}+(G_{2k}+G_{3k})h]a+1.4Q_{2k}a\}$$
$$=0.9\times\{1.2\times[0.5+(24+1.5)\times500/1000]\times250/[(4-1)\times1000]+1.4\times2\times250/[(4-1)\times1000]\}$$
$$=1.403\text{kN/m}$$

由永久荷载控制的组合

$$q_2=0.9\times\{1.35[G_{1k}+(G_{2k}+G_{3k})h]a+1.4\times0.7Q_{2k}a\}$$
$$=0.9\times\{1.35\times[0.5+(24+1.5)\times500/1000]\times250/[(4-1)\times1000]+1.4\times0.7\times2\times250/[(4-1)\times1000]\}$$
$$=1.489\text{kN/m}$$

取最不利组合得

$$q=\max[q_1,q_2]=\max(1.403,1.489)=1.489\text{kN}$$

此时次楞强度荷载简图如图 12 所示。

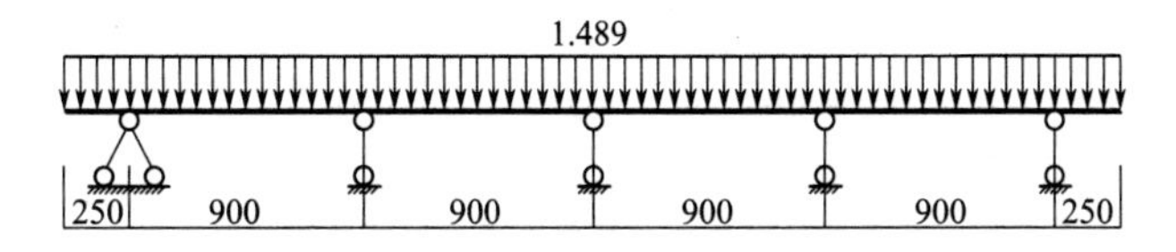

图 12　次楞强度荷载计算简图

用于挠度计算时的荷载为

$$q_k=[G_{1k}+(G_{2k}+G_{3k})h]a$$
$$=[0.5+(24+1.5)\times500/1000]\times250/[(4-1)\times1000]$$
$$=1.104\text{kN/m}$$

此时次楞变形计算简图如图 13 所示。

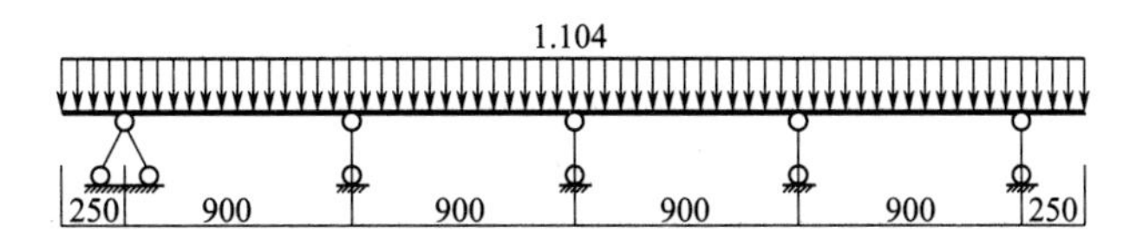

图 13　次楞变形计算简图

根据力学求解计算可得

强度计算时的支座反力：$R=1.442\text{kN}$

挠度计算时的支座反力：$R_k=1.07\text{kN}$

还需考虑主楞自重，则自重标准值为 $g_k=38.4/1000=0.038\ \text{kN/m}$

自重设计值为 $g=0.9\times1.2\text{gk}=0.9\times1.2\times38.4/1000=0.041\text{kN/m}$

主楞强度计算简图如图 14 所示。主楞变形计算简图如图 15 所示。主楞弯矩图如图 16 所示。

1. 抗弯验算

$$M_{\max}=0.132\text{kN}\cdot\text{m}$$

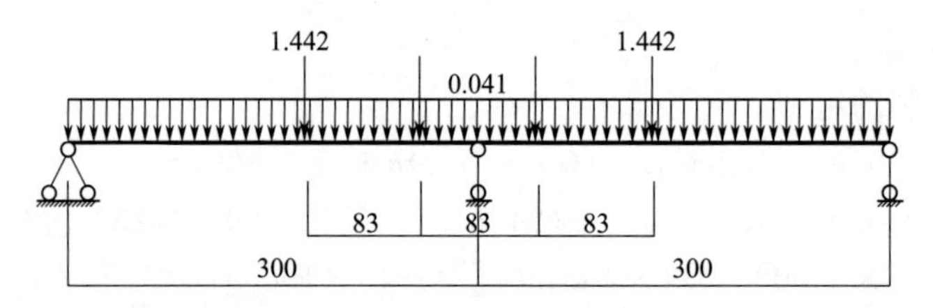

图 14 主楞强度计算简图

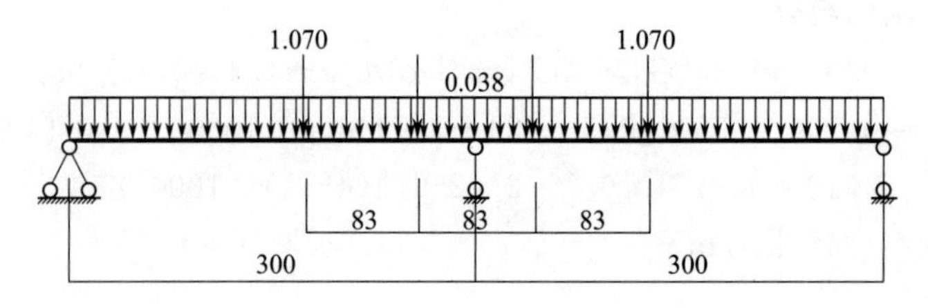

图 15 主楞变形计算简图

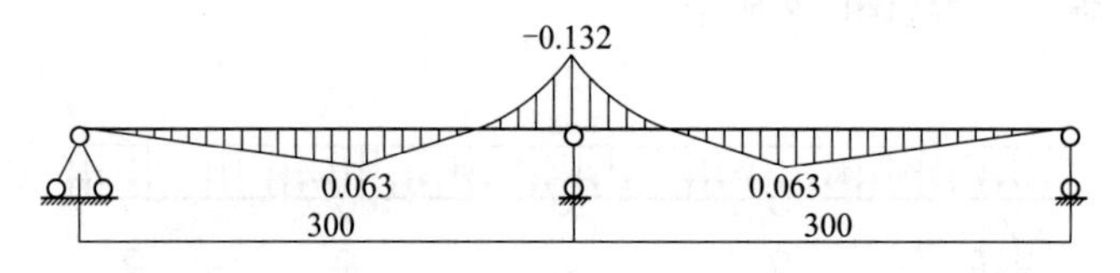

图 16 主楞弯矩图（单位：kN·m）

$\sigma = M_{max}/W = 0.132 \times 10^6/(85.333 \times 1000) = 1.546\text{N/mm}^2 \leqslant [f] = 15\text{N/mm}^2$，满足要求。

2. 抗剪验算

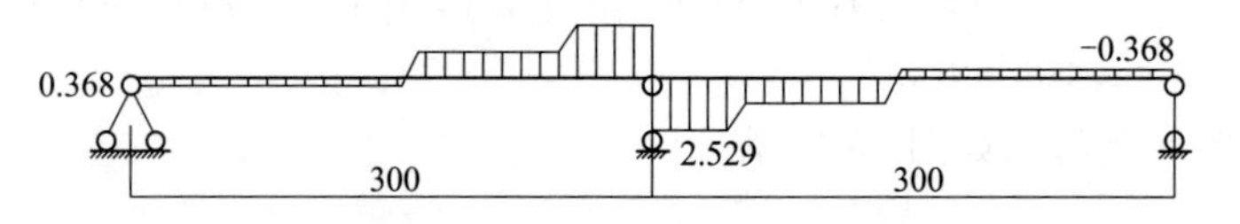

图 17 主楞剪力图（单位：kN）

$$V_{max} = 2.529\text{kN}$$

$\tau_{max} = Q_{max}S/(Ib) = 2.529 \times 1000 \times 64 \times 10^3/(341.333 \times 10^4 \times 8 \times 10) = 0.593\text{N/mm}^2 \leqslant [\tau] = 2\text{N/mm}^2$，满足要求。

3. 挠度验算

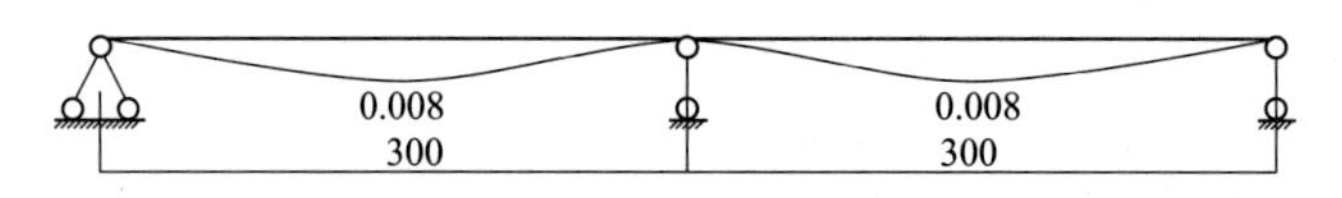

图 18 主楞变形图（单位：mm）

$\nu_{max} = 0.008\text{mm} \leqslant [\nu] = 0.6 \times 1000/400 = 1.5\text{mm}$，满足要求。

4. 支座反力计算

因立杆在验算需用到主楞在强度计算时的最大支座反力，故经计算得

$$R_{zmax} = 5.059\text{kN}$$

五、立杆验算

1. 长细比验算

立杆与水平杆扣接，按铰支座考虑，故计算长度 l_0 取步距

则长细比为

$\lambda = h/i = 1.2 \times 1000/(1.58 \times 10) = 75.949 \leqslant [\lambda] = 150$，满足要求。

2. 立杆稳定性验算

根据 λ 查《建筑施工模板安全技术规范》JGJ 162—2008 附录 D 得到 $\varphi = 0.75$

$N_1 = R_{zmax} + 1.2 \times (H - h) \times g_k = 5.059 + 1.2 \times (3.4 - 500/1000) \times 0.155 = 5.598\text{kN}$

$f = N_1/(\varphi A) = 5.598 \times 1000/[0.75 \times (4.89 \times 100)] = 15.265\text{N/mm}^2 \leqslant [\sigma] = 205\text{N/mm}^2$，满足要求。

六、可调托座验算

按上节计算可知，可调托座受力 $N = R_{zmax} = 5.059\text{kN}$

$N = 5.059\text{kN} \leqslant [N] = 30\text{kN}$，满足要求。

附录3　钢梁悬挑扣件式脚手架计算书

一、计算依据

(1)《建筑施工扣件式钢管脚手架安全技术规范》(JGJ 130—2011)

(2)《建筑地基基础设计规范》(GB 50007—2011)

(3)《建筑结构荷载规范》(GB 50009—2012)

(4)《钢结构设计规范》(GB 50017—2003)

(5)《混凝土结构设计规范》(GB 50010—2010)

(6)《建筑施工手册》第五版

(7)《建筑施工临时支撑结构技术规范》(JGJ 300—2013)

二、脚手架参数

脚手架参数见下表。立面图、剖面图如图19、图20所示。

脚手架参数表

架体搭设基本参数			
脚手架搭设方式	双排脚手架	脚手架钢管类型/mm	ϕ48×3.5
脚手架搭设高度 H/m	19.5	水平杆步距 h/m	1.2
立杆纵距(跨距)l_a/m	1.5	立杆横距 l_b/m	1.05
内立杆距建筑距离 a/m	0.2	横向水平杆悬挑长度 a_1/m	0.15
纵横向水平杆布置方式	横向水平杆在上	纵杆上横杆根数 n	2
连墙件布置方式	两步两跨	连墙件连接形式	扣件连接
连墙件截面类型	钢管	连墙件型号	ϕ48×3
扣件连接的连接种类	双扣件	支撑或拉杆(绳)设置形式	钢丝绳与钢丝杆不参与计算
悬挑钢梁参数			
悬挑钢梁类型	工字钢	悬挑钢梁规格	18号工字钢
钢梁上表面距地面高度/m	4.03	钢梁悬挑长度/m	1.5
钢梁锚固长度/m	2	悬挑钢梁与楼板锚固类型	螺栓连接
钢梁搁置的楼板混凝土强度	C25	楼板厚度/mm	100
钢筋保护层厚度/mm	15	配筋钢筋强度等级	HRB335
钢梁锚固点拉环/螺栓个数	2	拉环/螺栓直径/mm	20
荷载参数			
脚手板类型	竹笆片脚手板	挡脚板类型	木挡脚板
实际脚手板铺设层数	3	密目式安全网的自重标准值/(kN/m^2)	0.01
结构脚手架施工层数	1	装修脚手架施工层数	1
风荷载体型系数	1.275	架体顶部风压高度变化系数	1.22
脚手架状况	全封闭,半封闭	背靠建筑状况	敞开、框架和开洞墙
密目网每100cm^{2}的目数 m	2000	每目面积 A/cm^2	0.01
脚手架搭设地区	北京(省)北京(市)	地面粗糙程度	B类 田野、乡村、丛林、丘陵以及房屋比较稀疏的中小城市郊区

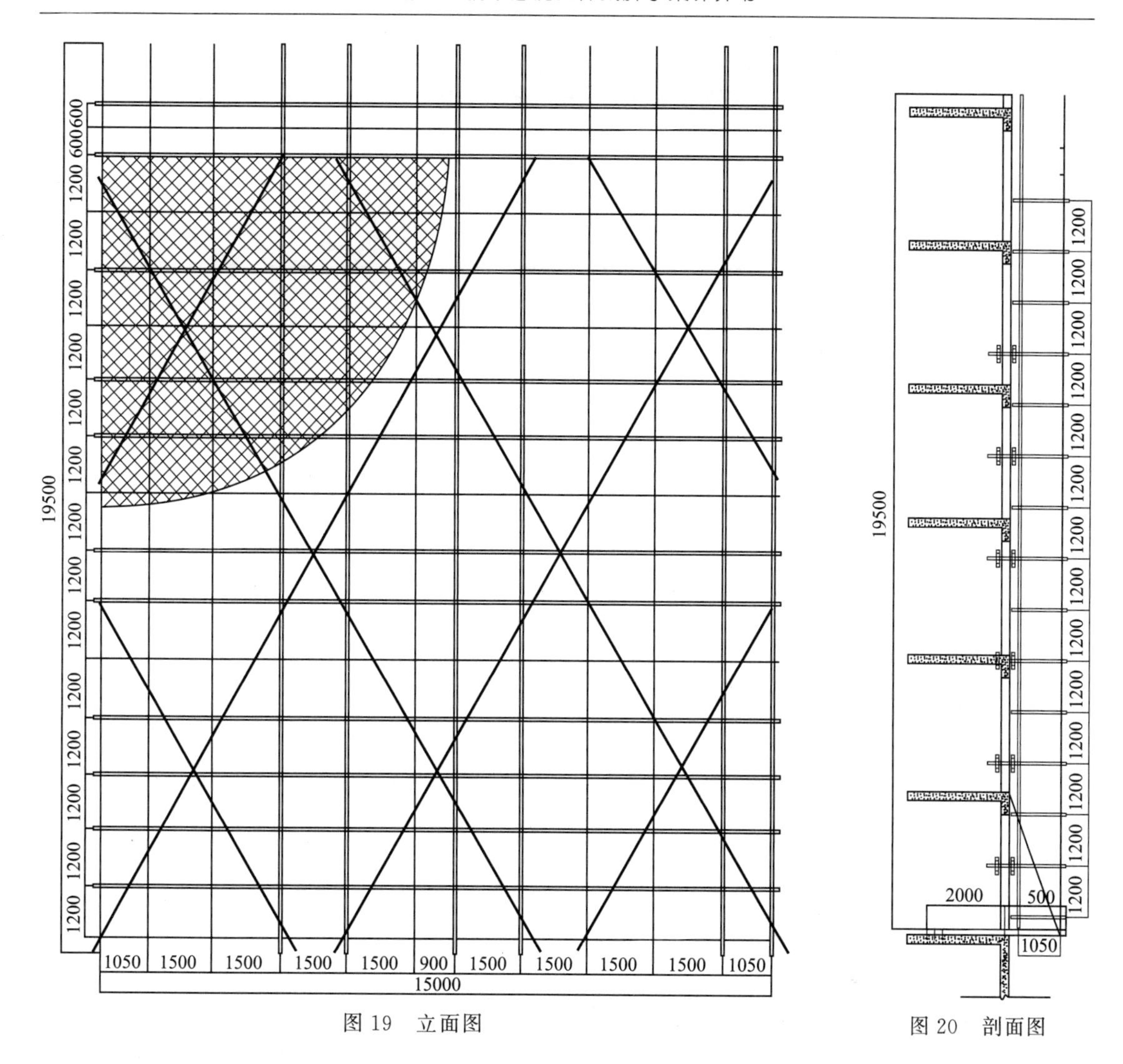

图 19　立面图

图 20　剖面图

三、横向水平杆验算

由于纵向水平杆上的横向水平杆是均等放置的缘故，横向水平杆的距离为 $l_a/(n+1)$，横向水平杆承受的脚手板及施工活荷载的面积。

承载能力极限状态

$$q = 1.2\times[g+g_{K1}\times l_a/(n+1)]+1.4\times Q_K\times l_a/(n+1)$$
$$= 1.2\times[0.038+0.1\times1.5/(2+1)]+1.4\times3\times1.5/(2+1)$$
$$= 2.206\text{kN/m}$$

正常使用极限状态

$$q_K = g+g_{K1}\times l_a/(n+1)+Q_K\times l_a/(n+1)$$
$$= 0.038+0.1\times1.5/(2+1)+3\times1.5/(2+1)$$
$$= 1.588\text{kN/m}$$

根据规范要求横向水平杆按简支梁进行强度和挠度验算，故计算简图如图 21 所示。弯矩图如图 22 所示。

1. 抗弯验算

$$M_{max} = 0.292\text{kN}\cdot\text{m}$$

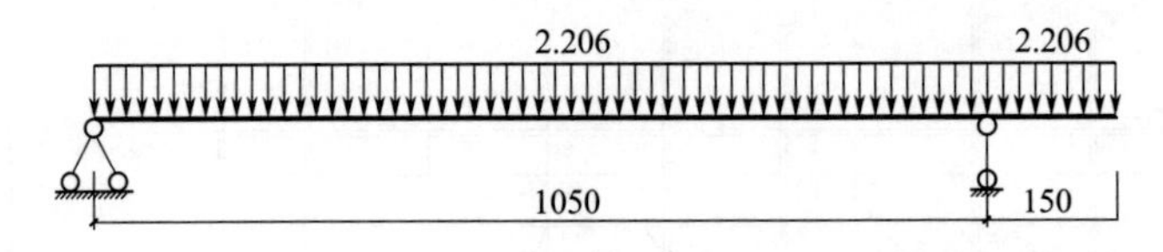

图 21　强度计算受力简图

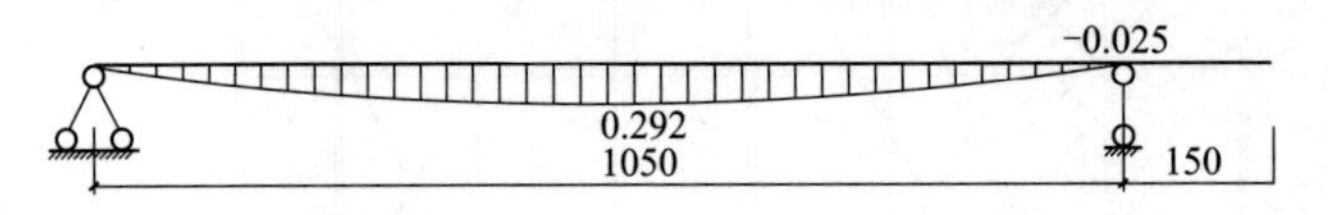

图 22　弯矩图

$\sigma = M_{max}/W = 0.292 \times 10^6 / 5080 = 57.43\text{N/mm}^2 \leqslant [f] = 205\text{N/mm}^2$，满足要求。

2. 挠度验算

挠度计算受力简图如图 23 所示。挠度图如图 24 所示。

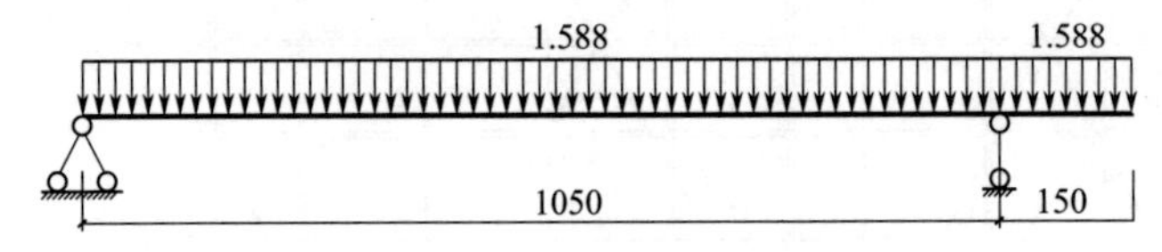

图 23　挠度计算受力简图（横杆）

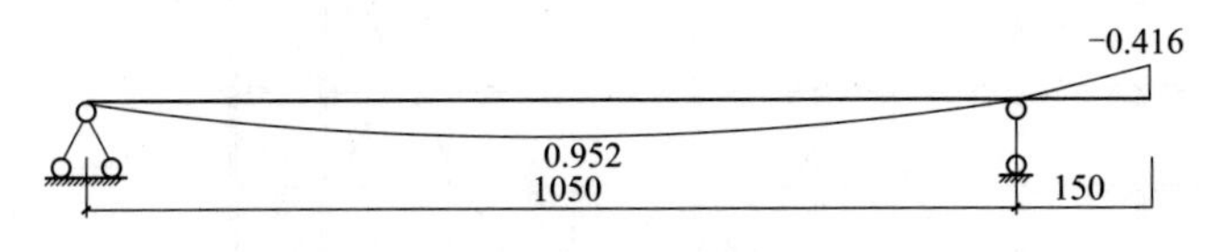

图 24　挠度图

$\nu_{max} = 0.952\text{mm} \leqslant [\nu] = \min[l_b/150, 10] = 7\text{mm}$，满足要求。

3. 支座反力计算

由于支座反力的计算主要是为了纵向水平杆的验算，故必须分为承载能力极限状态和正常使用极限状态进行计算。

承载能力极限状态 $V = 1.513\text{kN}$

正常使用极限状态 $V_K = 1.089\text{kN}$

四、纵向水平杆验算

由上节可知 $F = V$，$F_K = V_K$

$$q = 1.2 \times 0.038 = 0.046\text{kN/m}$$

$$q_K = g = 0.038\text{kN/m}$$

由于纵向水平杆按规范规定按三跨连续梁计算，那么施工活荷载可以自由布置。选择最不利的活荷载布置和静荷载按实际布置的叠加，最符合架体的力学理论基础和施工现场实际，强度计算受力简图如图 25 所示。变矩图如图 26 所示。

1. 抗弯验算

$$F_{qk} = 0.5Q_K L_a/(n+1) l_b (1 + a_1/l_b)^2$$

$$= 0.5 \times 3 \times 1.5/(2+1) \times 1.05 \times (1 + 0.15/1.05)^2$$

$$= 1.029\text{kN/m}$$

$$F_q = 1.4 \times 0.5 Q_K L_a/(n+1) l_b (1 + a_1/l_b)^2$$

$=1.4\times0.5\times3\times1.5/(2+1)\times1.05\times(1+0.15/1.05)^2$

$=1.44\text{kN/m}$

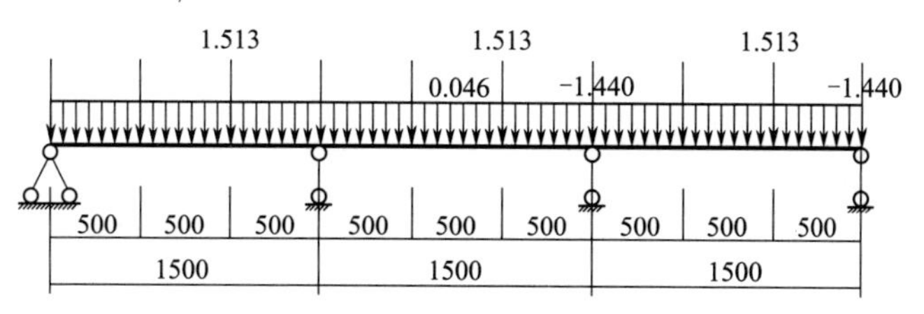

图 25　强度计算受力简图（纵杆）

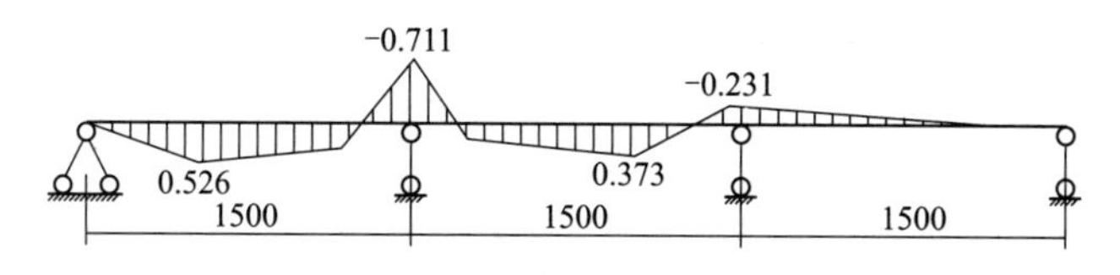

图 26　弯矩图

$$M_{max}=0.711\text{kN}\cdot\text{m}$$

$\sigma=M_{max}/W=0.711\times10^6/5080=140.052\text{N/mm}^2\leqslant[f]=205\text{N/mm}^2$，满足要求。

2. 挠度验算

挠度计算受力简图（纵杆）、挠度图如图 27、图 28 所示。

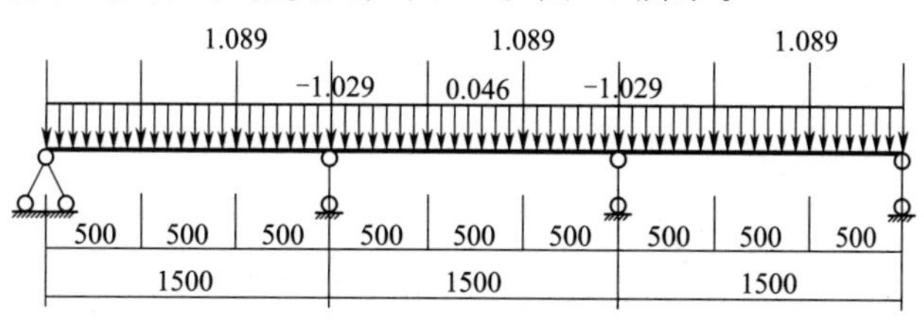

图 27　挠度计算受力简图（纵杆）

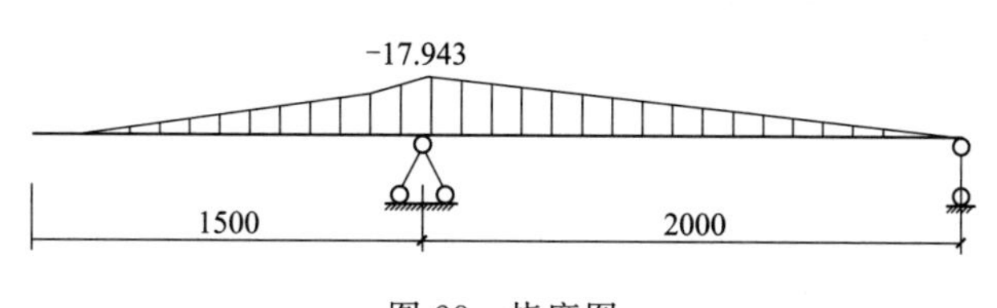

图 28　挠度图

$\nu_{max}=3.981\text{mm}\leqslant[\nu]=\min[l_a/150,10]=10\text{mm}$，满足要求。

3. 支座反力计算

$$V_{max}=5.402\text{kN}$$

五、扣件抗滑承载力验算

扣件抗滑承载力验算：

$R=V_{max}=5.402\text{kN}\leqslant R_c=8\text{kN}$，满足要求。

六、立杆稳定验算

脚手板每隔脚手板理论铺设层数

$$y=\min\{H/[(x+1)h],y\in Z\}=6$$

1. 立杆承受的结构自重标准值 N_{G1k}

$$N_{G1K}=Hg_k+y(l_b+a_1)ng/2+0.0146n/2$$
$$=19.5\times0.167+6\times(1.05+0.15)\times2\times0.038/2+0.0146\times2/2$$
$$=3.548kN$$

2. 构配件自重标准值 N_{G2K}

$$Z=\min(y, m)=3$$
$$N_{G2K}=Z(L_b+a_1)l_a g_{k1}/2+zg_{k2}l_a+l_a Hg_{k3}$$
$$=3\times(1.05+0.15)\times1.5\times0.1/2+3\times0.17\times1.5+1.5\times19.5\times0.01$$
$$=1.327kN$$

3. 施工活荷载标准值

$$\sum N_{QK}=(n_{jg}Q_{kj}+n_{zx}Q_{kx})(l_b+a_1)l_a/2=(1\times3+1\times2)\times(1.05+0.15)\times1.5/2=4.5kN$$

4. 风荷载统计

立杆稳定组合风荷载时：取距架体底部的风荷载高度变化系数 $m_z=1$

连墙件验算风荷载产生的连墙件轴向力设计值计算时：取最高处连墙件位置处的风荷载高度变化系数 $m_z=1.22$

风荷载标准值：$w_k=m_z m_s w_0=1\times1.275\times0.3=0.382kN/m^2$

风荷载产生的弯矩标准值：$M_{wk}=w_k l_a h^2/10=0.382\times1.5\times1.2^2/10=0.083kN\cdot m$

风荷载产生的弯矩设计值：$M_w=0.9\times1.4M_{wk}=0.9\times1.4\times0.083=0.104kN\cdot m$

5. 荷载组合立杆荷载组合

不组合风荷载

$$N=1.2(N_{G1K}+N_{G2K})+1.4\sum N_{QK}$$
$$=1.2\times(3.548+1.327)+1.4\times4.5$$
$$=12.15kN$$

组合风荷载

$$N=1.2(N_{G1K}+N_{G2K})+0.9\times1.4\sum N_{QK}$$
$$=1.2\times(3.548+1.327)+0.9\times1.4\times4.5$$
$$=11.52kN$$

6. 稳定系数 φ 的计算

$$l_0=kmh=1.155\times1.5\times1.2=2.079m$$

允许长细比的验算：$\lambda=\lambda_0/i=2.079\times1000/15.8=131.582\leqslant[l]=210$，满足要求。

根据 λ 值查规范 JGJ130－2011 附录 A.0.6 得到 $\varphi=0.391$

7. 立杆稳定的验算

不组合风荷载

$N/\varphi A=(12.15\times1000)/(0.391\times489)=63.547N/mm^2\leqslant f=205N/mm^2$，满足要求。

组合风荷载

$N/\varphi A+M_W/W=(11.52\times1000)/(0.391\times489)+0.104\times10^6/5080=80.744N/mm^2\leqslant f=205N/mm^2$，满足要求。

七、连墙件承载力验算

计算连墙件的计算长度

$a_0=a=0.2\times1000=200$mm，$\lambda=a_0/i=200/15.9=12.579\leqslant[\lambda]=210$

根据λ值查规范《建筑施工扣件式钢管脚手架安全技术规范》（JGJ 130—2011）附录A.O.6 得到 $\varphi=0.968$

风荷载作用在一个连墙件处的面积

$$A_w=2h2l_a=2\times1.2\times2\times1.5=7.2\text{m}^2$$

风荷载标准值：$\omega_k=m_zm_sw_0=1.22\times1.275\times0.3=0.467$kN/ m²

风荷载产生的连墙件轴向力设计值：$N_{lw}=1.4\omega_kA_w=1.4\times0.467\times7.2=4.704$kN

连墙件的轴向力设计值：$N_l=N_{lw}+N_0=4.704+3=7.704$kN

其中 N_0 由《建筑施工扣件式钢管脚手架安全技术规范》（JGJ 30—2011）5.2.12 条进行取值。

将 N_l、φ 带入下式：

强度：$\sigma=N_l/A_c=7.704\times1000/424=18.169\text{N/mm}^2\leqslant0.85f=0.85\times205=174.25\text{N/mm}^2$

稳定：$N_l/\varphi A=7.704\times1000/(0.968\times424)=18.77\text{N/mm}^2\leqslant0.85f=0.85\times205=174.25\text{N/mm}^2$

扣件抗滑移：$N_l=7.704\text{kN}\leqslant R_c=12$kN，满足要求。

八、悬挑钢梁验算

1. 计算简图

悬挑钢梁示意图如图 29 所示。

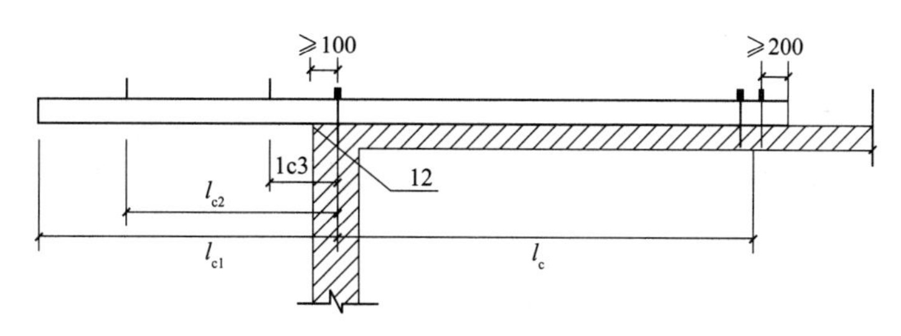

图 29　钢梁示意图

根据规范规定及钢梁的实际受力、约束条件，可将悬挑钢梁简化为一段悬挑的简支梁，计算简图如图 30 所示。

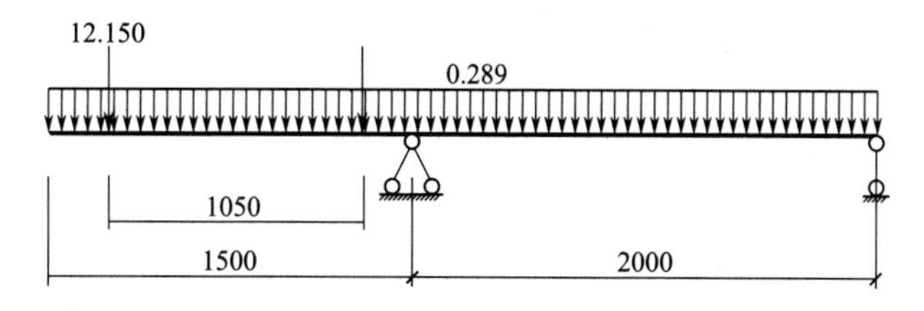

图 30　承载能力极限状态的受力简图（钢梁）

2. 荷载统计

根据钢梁的计算简图和荷载情况，利用基本力学原理进行最大弯矩、最大剪力计算。

承载能力极限状态最大弯矩

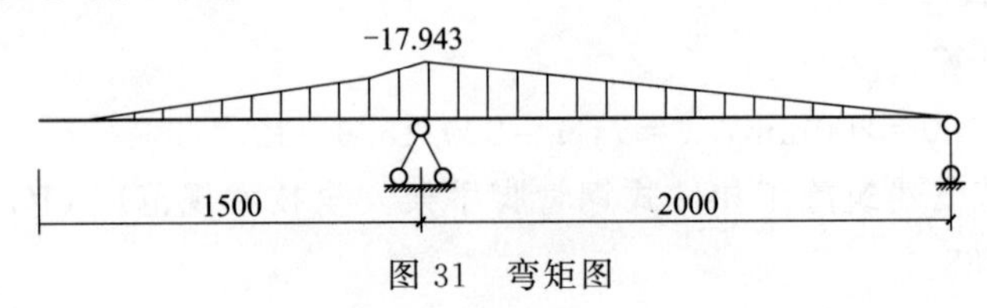

图 31 弯矩图

$$M_{max}=17.943\text{kN}\cdot\text{m}$$

正常使用极限状态最大弯矩 $M_{kmax}=13.865\text{kN}\cdot\text{m}$

承载能力极限状态下的最大剪力

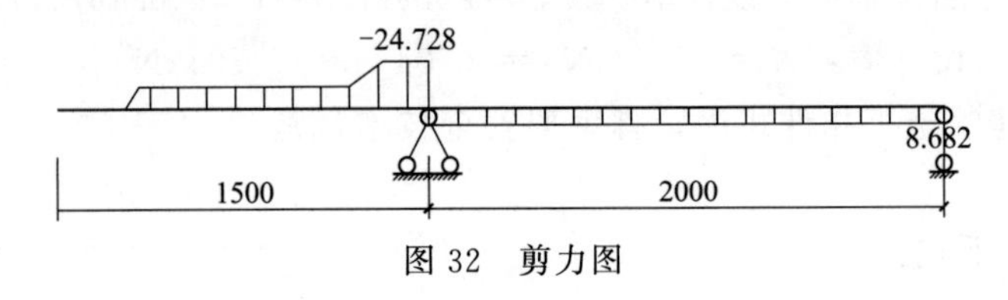

图 32 剪力图

$$Q_{max}=24.728\text{kN}$$

支座反力 $R_2=9.897\text{kN}$，$R_1=35.21\text{kN}$

3. 抗弯强度、整体稳定验算

$$\sigma=M_{max}/W_n=17.943\times10^3/185=96.989\text{N/mm}^2\leqslant f=205\text{N/mm}^2$$

因 $\lambda_y=l_c/i_y=2\times1000/122=16.393\leqslant120/(235/f_y)^2=120/(235/300)^2=195.564$

故 $\varphi_b=1.07-(\lambda_y^2/44000)f_y/235=1.07-(16.393^2/44000)\times300/235=1.062$

$\sigma=M_{max}/\varphi_bW=17.943\times1000/(1.062\times185)=91.309\text{N/mm}^2\leqslant f=205\text{N/mm}^2$，满足要求。

4. 抗剪强度验算

$\tau_{max}=Q\max/[(I:S)t_w]=24.728\times1000/(155.869\times6.5)=24.407\text{N/mm}^2\leqslant f_v=120\text{N/mm}^2$，满足要求。

5. 悬挑钢梁的挠度验算

由集中荷载产生的挠度和钢梁自重均布线荷载产生的挠度叠加。正常使用极限状态的受力简图（钢梁）如图 33 所示。挠度图如图 34 所示。

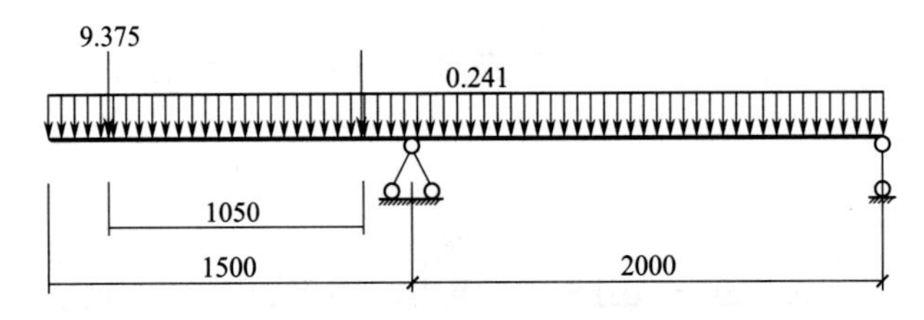

图 33 正常使用极限状态的受力简图（钢梁）

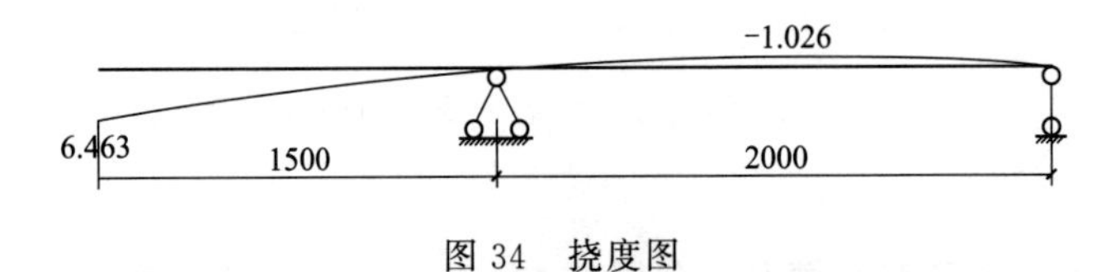

图 34 挠度图

$v_{max}=6.463\text{mm}\leqslant[v]\ \text{mm}=2l_{c1}/250=2\times1500/250=12\text{mm}$，满足要求。

6. 固定钢梁的U形拉环（或螺栓）强度验算

将 $f_1=50\text{N/mm}$，$N_m=R_2$，A_1 为拉环截面面积的2倍与拉环个数的乘积，代入下式：

$\sigma=N_m/A_1=9.897\times1000/1256.637=7.876\text{N/mm}^2\leqslant f=42.5$（多拉环）$\text{N/mm}^2$，满足要求。

7. 钢梁固定点下楼板的负弯矩钢筋计算

由于钢梁搁置在的楼板上普遍为双向板或单向板，这样计算过于复杂，所以可以简化为简支板带承受跨中集中荷载，且简支板带的跨度为 $2l_c$。简化后能够提供安全储备，且便于计算。

$$M_{max}=1/2R_2l_c=1/2\times9.897\times2=9.897\text{kN}\cdot\text{m}$$

根据《混凝土结构设计规范》(GB 50010—2010)，查相关表格得 $a_1=1.0$，取 $b=1000\text{mm}$，$h_0=$板厚-15mm，计算式如下。

$$\alpha_s=M_{max}/(\alpha_1f_cbh_0^2)=9.897\times1000000/[1\times11.9\times1000\times(100-15)^2]=0.115$$

$$\xi=1-(1-2\alpha_s)^{0.5}=1-0.877=0.123$$

$$\gamma_s=1-\xi/2=1-0.123/2=0.939$$

$$A_s=M_{max}/(\gamma_sf_cbh_0^2)=9.897\times1000000/[0.939\times11.9\times1000\times(100-15)^2]=0.123\text{mm}^2$$

因 $As=0.123$，c查《混凝土结构设计规范》(GB 50010—2010) 附录A得到配筋为三级钢。

8. 悬挑钢梁前搁置点下混凝土强度的验算

因悬挑钢梁搁置在楼板上，悬挑钢梁搁置的前端处承受最大的荷载即集中作用力，而此处的作用面积认为 $b\times b$，符合实际情况：

$$F_1=R_1=35.21\text{kN}$$

根据《混凝土结构设计规范》(GB 50010—2010) 中6.6条规定取 $\beta_c=1.0$，$\beta_l=\sqrt{3}$，$A_{ln}=b^2=94^2/1000=8.836\text{mm}^2$

$F_l=35.21\text{kN}\leqslant1.35\beta_c\beta_lf_cA_{ln}=1.35\times1\times1.732\times11.9\times8.836=245.865\text{kN}$，满足要求。

参考文献

[1] GB/T 50236—2006 建设工程项目管理规范．
[2] 张华明，杨正凯．建筑施工组织．北京：中国电力出版社，2006.
[3] 翟丽旻，姚玉娟．建筑施工组织与管理．北京：北京大学出版社，2009.
[4] 林立．建筑施工组织．北京：中国建材工业出版社，2010.
[5] 张新华，范建洲．建筑施工组织．北京：中国水利水电出版社，2008.
[6] 丛培经．建筑施工网络计划技术．北京：中国环境科学出版社，1997.
[7] 苏锋．建筑施工组织与管理．北京：化学工业出版社，2008.
[8] 王春梅．建筑施工组织与管理．北京：清华大学出版社，2014.
[9] 赵海艳，焦有权，高彦丛．建筑工程施工组织与管理．北京：化学工业出版社，2013.
[10] 李华锋，徐芸．土木工程施工管理．北京：北京大学出版社，2016.
[11] 肖凯成，王平．建筑施工组织．北京：化学工业出版社，2014.
[12] 李思康，李宁，李洪涛．建筑施工组织实训教程．北京：化学工业出版社，2015.
[13] 穆静波，侯敬峰，王亮，廖维张．建筑施工组织与管理．北京：清华大学出版社，2013.
[14] 侯洪涛，宿敏．地基与基础．北京：机械工业出版社，2011.
[15] 彭圣浩．建筑工程施工组织设计实例应用手册．北京：中国建筑工业出版社，2008.
[16] GB 50007—2012 建筑地基基础设计规范．
[17] CJJ 169—2011 城镇道路路面设计规范．
[18] 邹红烨，李为民，刘敏．施工组织设计的编制．水利天地出版社，2011.
[19] 刘瑾瑜，吴洁．建筑工程项目施工组织及进度控制．湖北：武汉理工大学出版社，2012.
[20] 徐晋仙．建筑施工中施工组织设计的重要性．科技向导，2010，26：73.
[21] 李海涛．工程投标中的施工组织设计编制．技术市场，2011，6：295.
[22] 陈兵．浅谈建筑施工组织设计．企业研究，2011，20：183.
[23] 齐新红．浅谈施工组织设计编制及其重要性．建工论坛，2010，23：181.
[24] 聂迎春．浅谈施工组织设计在工程施工中的重要作用．科技创新指导，2010，2：29.
[25] 吴永昌．简述安全、质量、进度、投资之间的关系．经济师，2010，6：233.
[26] 成虎，陈群．工程项目管理（第四版）．北京：中国建筑工业出版社，2015.
[27] 王鑫，刘晓晨．装配式混凝土建筑施工．重庆：重庆大学出版社，2018.